Python
自动化办公
应用大全

ChatGPT 版

Excel Home ◎编著

从零开始教
编程小白一键搞定烦琐工作
上册

北京大学出版社
PEKING UNIVERSITY PRESS

内 容 提 要

本书全面系统地介绍了 Python 语言在常见办公场景中的自动化解决方案。全书分为 5 篇 21 章，内容包括 Python 语言基础知识，Python 读写数据常见方法，用 Python 自动操作 Excel，用 Python 自动操作 Word 与 PPT，用 Python 自动操作文件和文件夹、邮件、PDF 文件、图片、视频，用 Python 进行数据可视化分析及进行网页交互，借助 ChatGPT 轻松进阶 Python 办公自动化。

本书适合各层次的信息工作者，既可作为初学 Python 的入门指南，又可作为中、高级自动化办公用户的参考手册。书中大量的实例还适合读者直接在工作中借鉴。

图书在版编目(CIP)数据

Python自动化办公应用大全：ChatGPT版：从零开始教编程小白一键搞定烦琐工作：上下册/Excel Home编著. — 北京：北京大学出版社，2023.5

ISBN 978-7-301-33861-2

Ⅰ. ①P… Ⅱ. ①E… Ⅲ. ①软件工具—程序设计 Ⅳ. ①TP311.561

中国国家版本馆CIP数据核字(2023)第053968号

书　　　　名	Python自动化办公应用大全（ChatGPT版）：从零开始教编程小白一键搞定烦琐工作（上下册）
	Python ZIDONGHUA BANGONG YINGYONG DAQUAN (Chat GPT BAN)：CONG LING KAISHI JIAO BIANCHENG XIAOBAI YIJIAN GAODING FANSUO GONGZUO (SHANGXIA CE)
著作责任者	Excel Home 编著
责 任 编 辑	刘沈君
标 准 书 号	ISBN 978-7-301-33861-2
出 版 发 行	北京大学出版社
地　　　　址	北京市海淀区成府路205号　100871
网　　　　址	http://www.pup.cn　　　　新浪微博:@北京大学出版社
电 子 邮 箱	编辑部 pup7@pup.cn　　　　总编室 zpup@pup.cn
电　　　　话	邮购部010-62752015　发行部010-62750672　编辑部010-62570390
印 刷 者	天津中印联印务有限公司
经 销 者	新华书店
	787毫米×1092毫米　16开本　40.75印张　1144千字
	2023年5月第1版　2024年4月第2次印刷
印　　　　数	5001—8000册
定　　　　价	139.00元（上下册）

前　言

非常感谢您选择《Python 自动化办公应用大全（ChatGPT 版）：从零开始教编程小白一键搞定烦琐工作（上下册）》。

多年来，以 Excel、Word 和 PPT 为核心的微软 Office 软件一直是办公应用的主要软件，当工作要求不断提高及用户需要更高的效率时，内置于 Office 中的 VBA 一直是普通办公人员的第一选择。在 Excel Home 技术论坛上，我们看到 VBA 的身影出现在层出不穷的新的办公场景和任务需求中，威力无穷。

同时，我们也注意到原本主要用于科研领域的新兴编程语言 Python，因为最近几年增加了一些面向办公应用的模块，可以在许多办公场景中大显身手，处理 Office 文件也越来越得心应手。

另外，受到教育部门和学校的课程安排影响，越来越多的人在接触 VB 或 VBA 以前就学习了 Python，当他们走上工作岗位，Python 也就顺理成章地成为办公自动化的第一选择。

Excel Home 的宗旨是提高所有人的办公效率，对于工具本身没有任何执念，我们根据场景推荐合适的工具。因此，我们认为非常有必要向大家讲解 Python 在办公自动化中的应用。

对，就是那些大多数人最关心的办公自动化需求，以前我们讲解如何用 VBA 实现，现在改用 Python 实现一遍。但是，我们不作两者的对比。对普通人来说，同样的问题，会一个解决方法就行，代码级地对比 VBA 和 Python 是技术狂热者才会做的事情。所以，本书其实可以看作 Excel Home 的 VBA 系列技术教程的姊妹篇。

哪些是大多数人最关心的办公自动化需求呢？分析一下 Excel Home 技术论坛中 VBA 版块的几百万帖子就一清二楚了。

本书比市面上大多数 Python 教程的内容更丰富，我们以 Excel 数据处理与分析为重点，延展到 Word、PPT、邮件、图片、视频、音频、本地文件管理、网页交互等现代办公所需要处理的各种问题，用大量易借鉴的案例帮助用户学会在各个场景中使用自动化技术。

随着以 Copilot、ChatGPT 为代表的人工智能辅助工具的爆发式发展，零基础人员学习编程的成本进一步降低。在学习了 Python 的基础语法和一些常用示例代码后，如果需要编写更个性化的解决方案，可以方便地借助 AI 来生成代码。在本书的最后一篇，详细介绍了如何用 ChatGPT 来补充学习知识点，以及如何快速生成所需的代码。

本书的作者团队是一个相当有意思的组合：王斌鑫和陈磊是专家级的 Python 程序员，主持过多个大型商业项目的开发和维护，是"靠 Python 吃饭的人"，他们俩是本书技术权威性的保证。郗金甲是资深的数据分析师和咨询顾问，精通多种数据软件和编程语言，还是 Excel Home 技术论坛 VBA 版从开版到今天都在任的版主，是多本技术图书的作者，对于 Office 自动化技术有深入的研究。周庆麟是企业信息化实战经验丰富的技术顾问和培训讲师，也是经验丰富的图书策划人和作者，有编程经验，但是 Python 零基础，他时时刻刻站在零编程经验的角度审视着书稿中的每一句话，并且评估每一个案例的实用性，确保图书内容对编程小白的友好性。

我们的最终目的只有一个：让没有编程经验的普通办公人员也能驾驭 Python，实现多个场景的办公自动化，提升效率。

读者对象

本书面向的读者群是所有需要进行自动化办公的用户，无论是零编程经验的还是 IT 技术人员，都能从本书找到值得学习的内容。

本书约定

在正式开始阅读本书之前，建议读者花上几分钟时间来了解一下本书在编写和组织上使用的一些惯例，这会对您的阅读有很大的帮助。

Python 版本

本书代码的运行基础是安装于 Windows 10 专业版操作系统上的 Python，Python 的相关库为写作时的最新版本。

图标

注意 ■ ■ ■ →	表示此部分内容非常重要或者需要引起重视
提示 ■ ■ ■ →	表示此部分内容属于经验之谈，或者是某方面的技巧
深入了解	为需要深入掌握某项技术细节的用户所准备的内容

本书主要结构

本书包括 5 篇 21 章。

第一篇　Python 基础知识

本篇包含第 1~3 章，主要介绍 Python 的特点、基本环境设置与编写 Python 程序需要熟悉的基本概念和语法，还介绍了如何使用 Python 进行最常规的数据读写及简单图表的生成，为后续使用 Python 进行更多自动化办公奠定基础。本篇主要面向零编程经验的读者，使其快速了解 Python 的基本知识。

第二篇　使用 Python 操作 Excel

本篇包含第 4~10 章，主要介绍如何使用 Python 操控 Excel 软件或者批量操作 Excel 文件，轻松准确地完成重复任务。包括常用模块对比、操作工作簿与工作表、操作单元格、操作 Shape 对象与 Excel 图表等。学完本篇后，读者可以大幅提高处理 Excel 的效率，在一定程度上"取代"VBA。

第三篇　使用 Python 操作 Word 与 PPT

本篇包含第 11~12 章，主要介绍使用 Python 批量操作 Word 文件和 PPT 文件。

第四篇　Python 日常办公自动化

本篇包含第 13~19 章，主要介绍使用 Python 处理日常办公中涉及的其他多种类型的对象，包括磁盘上的文件和文件夹、邮件、PDF 文件、图片、视频等。有些工作场景中还需要创建一些高级数据图表，甚至爬取网站上的数据或者向网站提交数据，都可以用 Python 高效地完成。

第五篇　借助 ChatGPT 轻松进阶 Python 办公自动化

本篇包含第 20~21 章，主要介绍 ChatGPT 的基础知识及如何使用 ChatGPT 快速获取完成指定任务的 Python 代码。

阅读技巧

不同水平的读者可以使用不同的方式来阅读本书，以求在花较少的时间和精力的情况下能获得最大的回报。

对于零编程经验的读者，建议从头开始顺序阅读，尤其要将基础语法部分熟练掌握。

对于有一定编程经验的读者，可以根据目录快速学习自己需要了解的场景所对应的解决方法，通过简单修改代码参数后应用到自己的工作中去，就像查辞典那么简单。

本书为读者准备了大量的示例代码，它们都有相当的典型性和实用性，并能解决特定的问题。在类似的场景中，完整示例代码中的部分语句会多次出现，而且我们仍然坚持在代码解析中"重复"地解释这些代码，这是因为我们希望每一个例子都完整且相对独立，不必"强迫"读者去回忆在其他示例中学到的知识点，并且用"重复"来自然而然地加深读者的理解和记忆。

示例文件的使用

图书配套示例文件解压后，可以保存在任意目录中，但是需要确保计算机当前登录用户对该目录具备读写权限。

当读者在图书中看到如下提示：

```
pip install <模块名称>
```

则说明运行示例代码之前需要在"Windows 终端"中运行 pip 命令安装相应的模块（具体方法请参阅第 1 章），否则示例代码可能无法正确运行。

示例文件夹的根目录中提供了名称为"requirements.txt"的文件，在"Windows 命令提示符"中运行如下 pip 命令（假设示例文件解压至 C:\pydemo 目录中），将可以一次性安装本书所需的全部模块。

```
pip install -r C:\pydemo\requirements.txt
```

强烈推荐读者在安装 Python 环境后，使用这种方式安装本书所需的模块。

写作分工与致谢

本书的第 1、2、8、9、13、14、19 章由王斌鑫编写，第 3、12、16、17、18 章由陈磊编写，第 4~7、10、11、15、20、21 章由郗金甲编写，最后由郗金甲和周庆麟完成统稿。

Excel Home 全体专家作者团队成员、Excel Home 论坛管理团队和培训团队长期以来都是 Excel Home 图书的坚实后盾，他们是 Excel Home 中最可爱的人，在此向这些最可爱的人表示由衷的感谢。

衷心感谢 Excel Home 论坛的 500 多万会员，是他们多年来不断地支持与分享，才营造出热火朝天的学习氛围，并成就了今天的 Excel Home 系列图书。

衷心感谢 Excel Home 微博的所有粉丝、Excel Home 微信公众号和视频号的所有关注者，以及抖音、小红书、知乎、B 站、今日头条等平台的 Excel Home 粉丝，你们的"赞"和"转"是我们不断前进的动力。

后续服务

在本书的编写过程中，尽管我们的每一位团队成员都未敢稍有疏虞，但纰缪和不足之处仍在所难免。敬请读者能够提出宝贵的意见和建议，您的反馈将是我们继续努力的动力，本书的后继版本也将会更臻完善。

您可以访问 https://club.excelhome.net，我们开设了专门的版块用于本书的讨论与交流。您也可以发送电子邮件到 book@excelhome.net，我们将尽力为您服务。

同时，欢迎您关注我们的官方微博（@Excelhome）和微信公众号（Excel 之家 ExcelHome），我们每日更新很多优秀的学习资源和实用的 Office 技巧，并与大家进行交流。

本书配套学习资源获取说明

步骤 **1** ● 微信扫描下面的二维码，关注 Excel Home 官方微信公众号 或"博雅读书社"微信公众号。

步骤 **2** ● 进入公众号以后，输入关键词 "232369"，点击"发送"按钮。

步骤 **3** ● 根据公众号返回的提示，获得 本书配套示例文件以及其他赠 送资源。

目　录

（上册）

第一篇　Python基础知识

第二篇 使用Python操作Excel

第一篇

Python基础知识

　　Python 是世界上最流行的编程语言之一，曾 5 次获得 TIOBE 年度编程语言称号。它简单而不失强大，门槛极低又潜力无穷。从初学者用来解决小问题的几行程序，到几亿人使用的大型互联网服务，Python 已经无处不在。本篇主要介绍 Python 的基本环境设置与编写 Python 程序需要熟悉的基本概念和语法，为后续使用 Python 进行自动化办公奠定基础。

第 1 章　初识 Python

在真正使用 Python 之前，需要了解 Python 是什么，如何搭建一套 Python 开发环境，以及安装所需的第三方库，就像在成为魔术师前，需要准备好必要的道具，然后才能学习厉害的魔术，进而像魔术师一样让计算机完成许多"神奇"的事情。

1.1　什么是 Python

1.1.1　Python 的历史

20 世纪 80 年代，个人计算机的浪潮已经被掀起。然而由于计算机配置有限，程序员必须在编程时像计算机一样思考，从而导致当时的编程语言对非计算机专业的人十分不友好。于是，1989 年 12 月，为了打发无趣的圣诞节假期，吉多·范罗苏姆（Guido van Rossum）开发了一门新的编程语言，取名为 Python。之所以选中 Python 作为这门编程语言的名字，是因为吉多·范罗苏姆是 BBC（英国广播公司）当时的热播喜剧 *Monty Python* 的爱好者。

目前，Python 分为 2.x 和 3.x 两个版本，由于设计上的原因，两个版本并不兼容。Python 2 已于 2020 年 1 月 1 日被官方终止支持，因此初学者应该尽量使用 Python 3。本书编写期间的最新版本是 Python 3.10.0，但只要安装了 Python 3.6 及更高的版本，就能运行本书中所有的代码。

1.1.2　Python 的特点和优势

➲ I　简单易学

Python 是一门容易学习的编程语言，它注重的是如何解决问题而非语言本身的语法结构。Python 语言简洁而优雅，代码可读性好。阅读一段良好的 Python 代码就像阅读一篇优美的文章，清晰而明了。

➲ II　丰富强大的库

Python 内置了种类丰富的标准库，并且有海量的第三方库，能够解决各类问题。从简单的数字处理，到复杂的视觉编程，很多场景借助标准库和第三方库即可解决。例如，使用 Python 中用于绘图的标准库 turtle，可用几行代码轻松画出一个爱心。

➲ III　开发效率高

得益于 Python 简洁的语法及其丰富、强大的库，其开发效率显著高于其他语言。实现相同的功能，Python 代码量往往只有 Java 的 1/5。同时，由于 Python 代码可直接被 Python 解释器运行，使测试代码变得无比简单。

➲ IV　跨平台移植性

Python 支持所有的主流平台，包括 Windows、Linux、macOS、FreeBSD、Solaris 等。如果 Python 代码中没有使用任何依赖系统的特性，那么无须修改就能够在所有支持 Python 的平台上运行这个程序。

➲ V　免费开源

Python 是自由、开放源码的软件。用户在使用 Python 开发和发布自己的程序时是免费的，即使是商业用途也不需要担心版权问题。

1.1.3 Python 的不足

➲ I 运行效率一般

Python 是解释型的编程语言，意味着其代码是被 Python 解释器解释成计算机看得懂的语言来执行，相对于 C 和 C++ 那种编译型语言来说，由于多了翻译的步骤，Python 的运行效率较低。不过如今的计算机配置都很好，对于处理日常工作来说，普通用户几乎感受不到这种速度上的差异。

➲ II 代码难以加密

Python 代码是明文形式存放，被 Python 解释器执行，意味着很难被加密。不过一般场景中不需要对代码进行加密。如果需要加密，则可考虑使用 C 和 C++。

1.1.4 Python 可以做什么

Python 的应用场景广泛，在自动化办公、自动化运维、自动化测试、数据分析、Web 开发、网络编程、爬虫、人工智能和游戏开发等领域都有应用。

结合本书的主题，Python 在办公自动化方面发挥着巨大的作用。例如，使用 Python 可以非常快速地将上百个 Excel 文件的数据合并到一个 Excel 文件中，能够批量对文件进行重命名，以及定时发送邮件等。凡是重复性的工作，都可以让 Python 代劳，从而让办公人员把更多的精力放在需要思考和创造力的工作上。

1.2 搭建 Python 开发环境

俗话说"工欲善其事，必先利其器"。在真正着手开发 Python 代码之前，需要先搭建好用的 Python 开发环境，为开发者带来良好的开发体验，提升工作效率。

1.2.1 安装 Python

Python 是一门解释型编程语言，需要在计算机上安装 Python 解释器才能运行 Python 代码，下面简述 Python 的安装方法。

步骤① 进入 Python 官方下载页（https://www.python.org/downloads/），找到名称以"Download Python"开头的按钮，单击进行下载，如图 1-1 所示。

图 1-1 Python 官方网站下载页

提示 ▬ ▬ ▬ ➔ 本书编写期间，最新的 Python 版本为 3.10.0，因此下载按钮名称为【Download Python 3.10.0】，实际可能有所不同。

访问 Python 官方下载页时，网站会自动识别当前操作系统类别，单击下载按钮将下载对应操作系统的 Python 解释器。本书使用 Windows 操作系统，后续安装过程以 Windows 为例进行讲解。

如果想要安装特定版本的 Python 解释器，可将鼠标滚轮向下滚动，找到"Looking for a specific release?"区域，如图 1-2 所示。选择特定版本，单击【Download】按钮，跳转至此版本的详情页，单击对应操作系统的 Python 安装包，如 Windows installer (64-bit)，即可下载特定版本的 Python 安装包，如图 1-3 所示。

Looking for a specific release?

Python releases by version number:

Release version	Release date		Click for more
Python 3.10.0	Oct. 4, 2021	Download	Release Notes
Python 3.7.12	Sept. 4, 2021	Download	Release Notes
Python 3.6.15	Sept. 4, 2021	Download	Release Notes
Python 3.9.7	Aug. 30, 2021	Download	Release Notes
Python 3.8.12	Aug. 30, 2021	Download	Release Notes
Python 3.9.6	June 28, 2021	Download	Release Notes
Python 3.8.11	June 28, 2021	Download	Release Notes
Python 3.7.11	June 28, 2021	Download	Release Notes

View older releases

图 1-2　Python 官方网站特定版本下载区域

Files

Version	Operating System	Description	MD5 Sum	File Size	GPG
Gzipped source tarball	Source release		8cf053206beeca72c7ee531817dc24c7	25399571	SIG
XZ compressed source tarball	Source release		f0dc9000312abeb16de4eccce9a870ab	18889164	SIG
macOS 64-bit Intel installer	macOS	for macOS 10.9 and later	a64f8b297fa43be07a34b8af9d13d554	29845662	SIG
macOS 64-bit universal2 installer	macOS	for macOS 10.9 and later, including macOS 11 Big Sur on Apple Silicon (experimental)	fc8d028618c376d0444916950c73e263	37618901	SIG
Windows embeddable package (32-bit)	Windows		cde7d9bfd87b7777d7f0ba4b0cd4506d	7578904	SIG
Windows embeddable package (64-bit)	Windows		bd4903eb930cf1747be01e6b8dcdd28a	8408823	SIG
Windows help file	Windows		e2308d543374e671ffe0344d3fd36062	8844275	SIG
Windows installer (32-bit)	Windows		81294c31bd7e2d4470658721b2887ed5	27202848	SIG
Windows installer (64-bit)	Windows	Recommended	efb20aa1b648a2baddd949c142d6eb06	28287512	SIG

图 1-3　Python 官方网站特定版本详情页

步骤② 双击下载好的 Python 解释器安装文件，在打开的安装界面中勾选【Add Python 3.10 to PATH】，单击【Install Now】选项进行安装，如图 1-4 所示。

图 1-4　Python 安装界面

步骤③ 等待一段时间后，如果安装界面中出现"Setup was successful"的提示文字，说明 Python 安装成功。单击【Close】按钮关闭安装界面，即可完成本次安装。

安装完成后，就获得了 Python 开发环境，包括 Python 解释器及其他一些相关工具和命令，可以运行 Python 代码、管理第三方库等。

步骤④ 在开始菜单搜索框中输入"cmd"，按 <Enter> 键打开命令提示符。然后输入"python -V"查看并确认 Python 版本，如图 1-5 所示。

图 1-5　查看 Python 版本

　　只有安装了 Python 解释器，才可以运行 Python 代码。不同版本的 Python 解释器支持的特性存在些许差异，这意味着如果在 Python 代码中使用了某个版本的特性，可能会在低版本中无法运行。因此，如果要将自己的代码放在他人的计算机上运行，须确保该计算机上安装了特定版本的 Python 解释器。

　　尽管 Python 还支持将整个代码项目打包成可执行程序共享给他人，但由于过程较为复杂且可能会遇到各种问题，不建议新手这样做。

1.2.2　常用的 Python 集成开发环境

Python 编写和运行代码有 2 种方式，一种是使用 Python 自带的 Python Shell，这是一种基于命令提示符的交互式编程方式；另一种是使用任意文本编辑器提前编写好代码，保存为 .py 文件，然后使用 Python 指令运行。第 2 种方式是主要的开发方式。

市面上有很多专业的 IDE（Integrated Development Environment，集成开发环境）工具，可大幅提高开发效率，功能远超"记事本"软件，下面简介几种。

⊃ Ⅰ　Anaconda

Anaconda 集成了 Python 解释器和许多数据科学领域常见的库，如 NumPy、Pandas 等超过 190 个库及其依赖项，十分适合在科学计算和数据处理等领域使用。此外，Anaconda 提供了 conda 命令，能够便捷地获取和管理第三方库，并对环境进行统一管理。

简单来说，如果安装了 Anaconda，用户就可以一次性获得 Python 开发的整个环境、常见的第三方库及代码编写工具，而无须一个个安装。

⊃ Ⅱ　PyCharm

PyCharm 是目前主流的 IDE 之一，具有一系列可以提升 Python 开发效率的功能，比如语法高亮、代码补全、调试、导航、重构、单元测试、版本控制、项目管理和环境管理等。

PyCharm 分为社区版和专业版。其中，社区版免费，包含了常用的基本功能，用于纯 Python 开发；专业版收费，在社区版功能的基础上，增加了对科学计算和 Web 开发的支持，且支持 HTML、JavaScript、SQL 等多种语言的开发。PyCharm 主界面如图 1-6 所示。

图 1-6 PyCharm 主界面

⊃ III Spyder

Spyder 是一个用 Python 编写的免费开源的 IDE，具有综合开发工具的高级编辑、性能分析、调试和分析等功能，又具备数据探索、交互式执行、深度检查、科学软件包的美观和可视化等特性。Spyder 主界面如图 1-7 所示。

可以访问 Spyder 的官方网站（https://www.spyder-ide.org/）下载和安装。

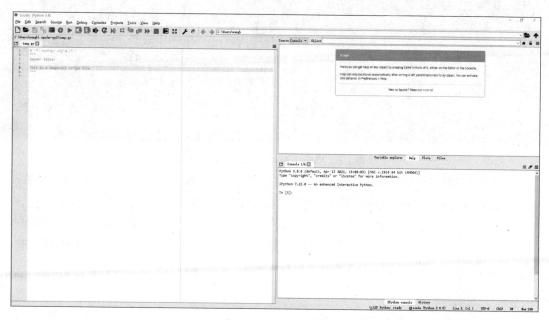

图 1-7 Spyder 主界面

提示

> Anaconda 内置了 Spyder，如果已安装 Anaconda，则无须单独安装 Spyder。

● IV   Visual Studio Code

Visual Studio Code（简称 VS Code）是一款免费开源的轻量级代码编辑器，支持绝大多数主流程序语言的语法高亮、代码补全、调试、导航、重构、版本控制等特性，支持插件扩展，并针对网页开发和云端开发做了优化。

由于 Visual Studio Code 轻量、易用、强大，本书推荐使用此编辑器作为编写和运行 Python 代码的工具。

1.2.3   安装 Visual Studio Code

步骤① 进入 Visual Studio Code 官方网站（https://code.visualstudio.com/），找到名称以"Download for"开头的下载按钮，单击进行下载，如图 1-8 所示。由于访问 Visual Studio Code 官方网站时会自动识别当前操作系统类别，本书使用 Windows 系统上的浏览器进行访问，因此下载按钮名称为【Download for Windows】。

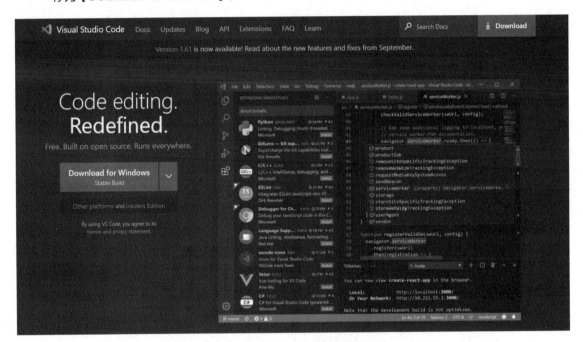

图 1-8   Visual Studio Code 官方网站

步骤② 双击下载好的 Visual Studio Code 安装包，在打开的安装界面中会显示许可协议，单击【我同意此协议 (A)】单选按钮，接下来均采用默认设置进行安装（依次单击【下一步】按钮）。

如果安装界面中出现"Visual Studio Code 安装完成"的提示文字，说明安装成功。默认情况下勾选【运行 Visual Studio Code】，单击【完成】按钮关闭安装界面，并自动运行 Visual Studio Code。

1.2.4   优化 Visual Studio Code

● I   安装中文语言包

Visual Studio Code 的默认界面是英文版。

在中文操作系统中首次启动时，Visual Studio Code 主界面右下方会自动出现安装中文语言包的提示，单击【安装并重启 (Install and Restart)】按钮，如图 1-9 所示。

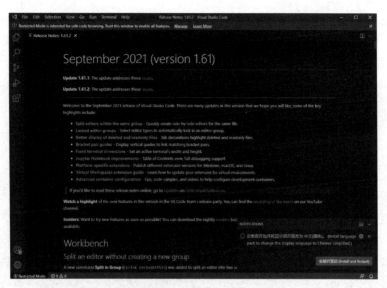

图 1-9　Visual Studio Code 首次运行界面

在弹出的安装扩展确认框中，单击【Install】按钮进行安装，如图 1-10 所示。安装好后会自动重启 Visual Studio Code。

图 1-10　Visual Studio Code 安装扩展确认框

这样，Visual Studio Code 就变成了中文界面。

⊃ Ⅱ　安装 Python 扩展

步骤① 打开 Visual Studio Code，主界面上方会提示"受限模式旨在实现安全地浏览代码。信任此窗口以启用所有功能"，单击【管理】按钮，在新打开的【工作区信任】选项卡中，单击【信任】按钮以启用所有功能，如图 1-11 所示。

图 1-11　Visual Studio Code 工作区信任选项页

步骤② 在左侧导航栏中单击 图标打开扩展商店，在搜索框中输入"python"，选中搜索结果中的第一项，单击【安装】按钮安装 Python 扩展，以获得 Python 代码智能提示、调试、格式化、单元测试等功能支持，如图 1-12 所示。

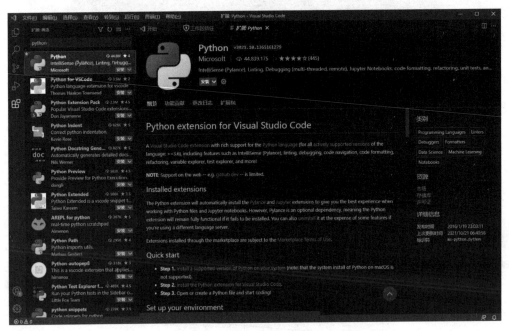

图 1-12　Visual Studio Code 扩展商店之 Python 扩展

⊃ III　更换颜色主题

如果想要改变 Visual Studio Code 的颜色主题，可以单击顶部菜单栏中的【文件 (F)】选项，在下拉菜单中依次单击【首选项】→【颜色主题】按钮，如图 1-13 所示。在弹出的颜色主题选项列表中，根据喜好选中特定的主题选项，即可改变颜色主题，如图 1-14 所示。

图 1-13　Visual Studio Code 颜色主题菜单

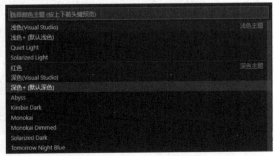

图 1-14　Visual Studio Code 颜色主题选项列表

1.2.5 第一个 Python 程序

步骤① 打开 Visual Studio Code，在左侧导航栏中单击 图标打开资源管理器，鼠标移动至【打开的编辑器】后出现相关图标按钮，单击 图标以新建文件，如图 1-15 所示。

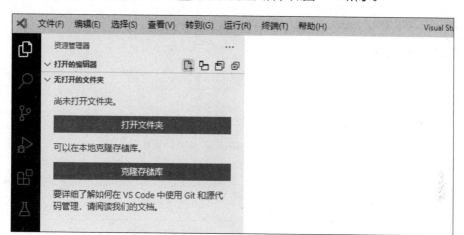

图 1-15 Visual Studio Code 资源管理器

步骤② 新建文件后，按 <Ctrl+S> 组合键保存，在弹出的【另存为】界面中选择要保存的位置，【文件名】命名为 "main.py"，【保存类型】设置为 "Python"，单击【保存】按钮，如图 1-16 所示。

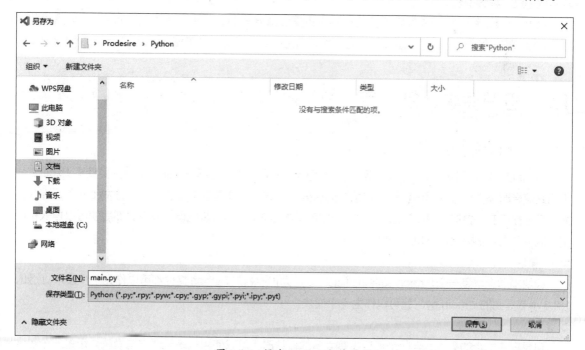

图 1-16 保存 Python 文件界面

提示 Python 文件通常以 ".py" 为扩展名，文件名则没有特别限制。

步骤③ 在 main.py 中输入 print ("Hello, Python!")，单击右上角的 ▷ 按钮，会自动在主界面下方打开终端界面，运行 Python 程序并输出结果，如图 1-17 所示。

图 1-17　Visual Studio Code 运行 Python 程序示例

> 代码解析

第 1 行代码为注释。以"#"标志开头的行会被 Python 解释器认为是注释而忽略执行。注释可以用来对程序进行解释说明。

第 2 行代码使用 Python 的内置函数 print 在屏幕上输出一行字符串"Hello, Python"。内置函数就是 Python 事先准备好的、可以直接使用的函数，而无须导入模块。关于模块的概念，请参阅 1.3 节。

1.3　初识模块、包、库

1.3.1　什么是模块、包、库

编写程序实现各种功能时常常会用到一些通用的逻辑，比如处理 Excel 数据时需要读写 Excel，分析网站信息时需要获取网页内容等。如果能把这些通用逻辑的处理方法打包，方便分发和调用，那么就能让编写程序变得更加容易和轻松。Python 支持将这些通用功能封装成模块或包，然后便可以导入和使用，以下分别介绍模块、包和库的概念。

⊃ I　模块

模块本质上就是一个 Python 文件，任何以".py"为扩展名的 Python 文件都可以作为一个模块。比如，1.2.5 小节提到的"main.py"就可以作为一个模块。

⊃ II　包

包是模块之上的概念，当一个项目中有大量的模块时，可以使用包来管理这些模块。包是一个包含了 __init__.py 文件的文件夹，在这个文件夹中可以有 0 个或若干个 Python 文件（也就是模块），图 1-18 展示了一个包的内容组成。除了将包用于组织管理模块外，还将其用于分发，也就是说当需要分享给其他人时，可以将模块打包上传到 Python 仓库中进行分享。

图 1-18 Python 包的内容组成

⊃ Ⅲ 库

库是具有相关联功能的模块和包的集合。Python 的一大特色就是拥有种类丰富的库，一方面，Python 内置了涵盖方方面面的标准库，可以直接使用而无须进行安装；另一方面，Python 社区提供了数十万个第三方库，这些库由个人、团体或公司贡献，开放给任何人下载和使用。

模块、包和库的主要区别在于组织形式上的不同，无须在概念上进行明确区分。它们都是用来封装一些通用的功能，用于快速解决工作中的问题，而无须重新编写功能类似的代码。简单起见，可以把这3 个概念都认为是模块。

1.3.2 使用 pip 命令第三方库

Python 已经内置了 200 多个标准库，如果这些标准库仍不能满足需求，可以通过 pip 命令安装第三方库。下面以安装日期、时间处理库 Arrow 为例，介绍使用命令安装和查看第三方库的方法。

步骤① 在开始菜单搜索框中输入"cmd"，按 <Enter> 键打开命令提示符。

步骤② 在命令行提示符界面中输入命令"pip install arrow"，命令中的"arrow"是第三方库的名称，按 <Enter> 键进行安装。等待一段时间，如果出现"Successfully installed"的提示文字，说明安装成功，如图 1-19 所示。

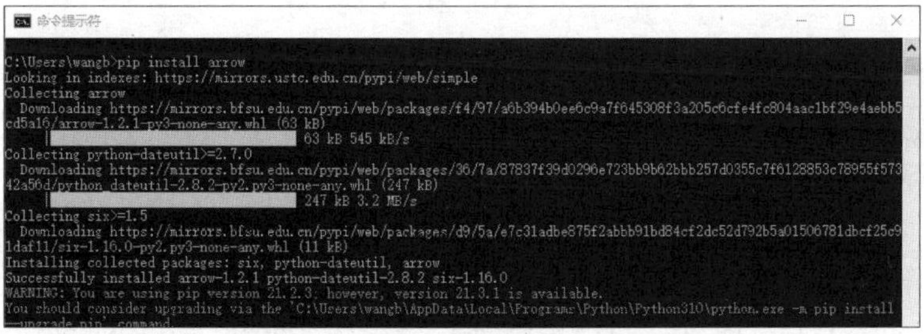

图 1-19 使用 pip 命令安装 Arrow 库

步骤③ 在命令行提示符界面中输入命令"pip list"，可查看已安装的第三方库，其中就包含 Arrow 库，如图 1-20 所示。

图 1-20 使用 pip 命令查看已安装的库

步骤④ 若想删除某个第三方库，可以输入命令"pip uninstall -y"，其中"-y"表示同意删除，不需要二次确认。例如，删除 Arrow 库可以输入命令"pip uninstall -y arrow"。

1.3.3 为 pip 命令设置镜像源

默认情况下，pip 使用 Python 官方源，由于网络原因，可能下载速度比较缓慢。通常推荐设置国内镜像源，以加快下载速度。国内比较知名的 pip 镜像源如下。

清华大学镜像源：https://pypi.tuna.tsinghua.edu.cn/simple/

中国科技大学：https://pypi.mirrors.ustc.edu.cn/simple/

豆瓣：https://pypi.douban.com/simple

阿里云镜像源：http://mirrors.aliyun.com/pypi/simple

设置镜像源有两种方式，分为临时设置和默认设置。

○ Ⅰ 设置临时镜像源

通过 pip 命令选项"—index-url"或"-i"可以临时设置镜像源。例如，安装 Arrow 库可以输入命令"pip install arrow -i https://pypi.mirrors.ustc.edu.cn/simple/"，以临时使用中国科技大学的 pip 源进行安装。

○ Ⅱ 设置默认镜像源

每次安装时都要设置临时镜像源比较烦琐，pip 允许通过配置文件的形式设置默认镜像源。不同操作系统的设置方式不同，下面介绍 Windows 和 Linux/macOS 操作系统上的设置方法。

图 1-21　pip 所在文件夹

❖ Windows

步骤① 打开文件管理器，在文件路径中输入"%APPDATA%"，按 <Enter> 键。在当前文件夹下新建名称为"pip"的文件夹，如图 1-21 所示。

步骤② 在 pip 文件夹中新建名为"pip.ini"的文件，打开此文件，输入如下内容并保存：

```
[global]
index-url = https://pypi.mirrors.ustc.edu.cn/simple/
trusted-host = pypi.mirrors.ustc.edu.cn
```

❖ Linux/macOS

步骤① 打开终端，执行"mkdir ~/.pip"命令，在用户目录下新建 .pip 文件夹，执行"vim ~/.pip/pip.conf"，新建并打开 pip.conf 文件。

步骤② 打开 pip.conf 文件后，按 <i> 键进入编辑模式，将同 Windows 系统中的 pip.ini 内容复制粘贴到当前文件中。

步骤③ 按 <Esc> 键退出编辑模式，在输入"：wq"后，按 <Enter> 键即可保存（write）并退出（quit）vim。

1.3.4 导入模块

无论是 Python 自带的标准库，还是自行安装的第三方库，都可以在导入模块后进行使用。导入模块有两种方式，一种是使用 import 语句导入，另一种是使用 from import 语句导入。

○ Ⅰ 使用 import 导入模块

使用 import 语句可以导入模块，然后可以通过"模块名 . 函数名"的形式使用模块中的函数。演示代码如下：

```
#001   import math
#002   print(math.sqrt(4))
#003   print(math.pow(2, 3))
```

➤ 代码解析

第 1 行代码导入 math 模块。math 模块是 Python 的标准库之一，用于提供数学相关的函数，如求平方根、正弦、余弦等。

第 2 行代码使用 math 模块中的 sqrt( ) 函数求解数字 4 的平方根。

第 3 行代码使用 math 模块中的 pow( ) 函数求解数字 2 的 3 次方。

代码运行结果为 2.0 和 8.0。

import 语句支持导入多级模块，使用 "." 分隔模块名。演示代码如下：

```
#001   import os.path
#002   print(os.path.join('foo', 'bar'))
```

➤ 代码解析

第 1 行代码导入 os 模块下的 path 模块。以 "os.path" 的形式导入，后续也需要通过该形式使用。此模块用于提供系统路径相关的函数，如路径拼接、获取文件夹名称等。

第 2 行代码使用 os.path 模块中的 join( ) 函数拼接 foo 和 bar 路径。

代码运行结果在 Windows 上为 foo\bar，在 Linux/macOS 上为 foo/bar。

⊃ II 使用 from import 导入模块

使用 from import 方式可以准确地控制导入模块中的哪些内容，其形式一般为 "from 模块名 import 函数名"。如果需要导入多个函数，则以英文逗号进行分隔。导入后，就能够直接通过函数名来使用对应的功能。演示代码如下：

```
#001   from math import sqrt, pow
#002   from os.path import join
#003   print(sqrt(4))
#004   print(pow(2, 3))
#005   print(join('foo', 'bar'))
```

➤ 代码解析

第 1 行代码导入 math 模块中的 sqrt 和 pow 函数。

第 2 行代码导入 os.path 模块中的 join 函数。

第 3 行代码使用 sqrt( ) 函数求解数字 4 的平方根。

第 4 行代码使用 pow( ) 函数求解数字 2 的 3 次方。

第 5 行代码使用 join( ) 函数拼接 foo 和 bar 路径。

第 3~4 行代码运行结果为 2.0 和 8.0；第 5 行代码运行结果在 Windows 上为 foo\bar，在 Linux/macOS 上为 foo/bar。

⊃ III 使用 as 为模块或函数起别名

当一个模块或函数名称较长时，可以使用 as 为其起别名，以简化使用。两种导入模块的方式均支持起别名，可以通过 "import 模块名 as 别名" 或 "from 模块名 import 函数名 as 别名" 的形式来实现。演示代码如下：

```
#001   import math as m
```

```
#002   print(m.sqrt(4))
#003   from math import sqrt as sq
#004   print(sq(4))
#005   from os.path import join as path_join
#006   print(path_join('foo', 'bar'))
```

➢ 代码解析

第 1 行代码导入 math 模块并起别名为 m。

第 2 行代码通过 m.sqrt() 使用 math 模块中的 sqrt() 函数求解数字 4 的平方根。

第 3 行代码导入 math 模块中的 sqrt() 函数并起别名 sq。

第 4 行代码通过 sq() 使用 math 模块中的 sqrt() 函数求解数字 4 的平方根。

第 5 行代码导入 os.path 模块中的 join 函数并起别名 path_join。

第 6 行代码通过 path_join() 使用 os.path 模块中的 join() 函数拼接 foo 和 bar 路径。

第 2 和 4 行代码运行结果均为 2.0；第 6 行代码运行结果在 Windows 上为 foo\bar，在 Linux/macOS 上为 foo/bar。

1.3.5 模块名称

每个模块都有名称，可通过变量 __name__（注意，两边是双下划线）获得。默认情况下，模块名称和此模块的文件名（不含后缀）相同。演示代码如下：

```
#001   import math
#002   print(math.__name__)
```

➢ 代码解析

第 1 行代码导入 math 模块。

第 2 行代码输出 math 模块名称。

代码运行结果为 math。

如果该模块被作为主模块调用，即以此模块作为入口来执行，而非被其他 Python 代码导入，那么该模块的名称即为 __main__。因此，可以通过判断模块名称是否为 __main__ 来判断 Python 脚本文件是否作为执行入口。

例如，现有一个名为"test.py"的 Python 脚本文件，代码如下：

```
#001   print('test')
#002   if __name__ == '__main__':
#003       print('main')
```

➢ 代码解析

第 1 行代码输出 test。

第 2 行代码通过判断模块名称是否等于 __main__ 来判断当前模块是否为主模块。

第 3 行代码在此模块是主模块时执行，输出 main。

如果执行"Python test.py"命令行，由于 test.py 作为执行入口，因此输出 test 和 main，说明 test.py 文件是主模块；如果在当前目录中打开 Python 交互解释器，输入"import test"语句并按回车，则输出 test，因为此时 test.py 文件不是作为执行入口，而是被其他代码导入，因此在执行完第 1 行代码后，执行第 2 行代码时条件不成立，不会执行第 3 行代码。

第 2 章　Python 编程基础

学习一门外语，需要学习语法知识。类似地，学习一门计算机语言，也需要学习计算机所能理解的语法知识。本章将详细介绍 Python 编程基础，包括快速上手的知识点、基础数据类型、基础语法和函数等。

2.1　快速上手

2.1.1　交互式解释器

在开始菜单的搜索框中输入"Python"，按 <Enter> 键打开 Python 交互式解释器，可以看到类似于图 2-1 中的提示符。

图 2-1　Python 交互式解释器界面

不同版本的 Python 交互式解释器显示的基本信息稍有不同，其中"＞＞＞"就是提示符，可以在它后面输入表达式。例如，输入"1+1"并按 <Enter> 键，Python 交互式解释器会计算表达式的结果，将结果"2"输出到屏幕上，然后再次显示提示符，如图 2-2 所示。

图 2-2　Python 交互式解释器运行表达式

通常在完成简单任务时使用 Python 交互式解释器较为方便，而面对复杂任务时，需要使用 VS Code、PyCharm 等功能更加强大的 IDE，请参阅 1.2.2 小节。

2.1.2　变量赋值

在 Python 中，变量是指向特定值的名称。例如，假设想要用名称 n 来表示 2，可以用以下代码：

```
#n = 2
```

这称为赋值，将值 2 赋给了变量 n，也就是变量 n 指向了 2。

在 Python 中为一个变量赋值的同时就声明了该变量。该变量的数据类型根据其赋值而定，并且可以根据最新的赋值发生改变。

在给变量赋值后，就可以在表达式中使用变量。例如，要计算出 n 乘以 2 的结果，可以用以下代码：

```
#n * 2
```

Python 支持同时给多个变量赋值，这有助于缩减代码量并提高可读性。进行多个变量赋值时，需要将变量用逗号分开，同样也需要将值用逗号分开，且要求变量和值的个数相同，Python 会按照顺序把每个值赋给变量。例如，将值 1 和 2 各赋给变量 x 和 y，演示代码如下：

```
#001   x, y = 1, 2
```

> **注意**
> Python 中，变量名一般由字母、数字和下划线组成，且不能以数字开头。例如，name1 是合法变量名，而 1name 是非法变量名。
>
> Python 中，推荐使用蛇形命名法，即"字母小写＋下划线"的命名方式。例如，first_name。
>
> 此外，为了方便不熟悉英语的开发者，Python 变量名还支持使用非英文字符串命名，其中就包括中文。例如，"名字 1"是合法变量名。

2.1.3 输出变量

在编写 Python 代码的过程中，用户可能想要在某一步输出变量值，以便了解运行过程和排查问题。Python 的内置函数 print 能够将变量值输出到屏幕上，并支持多种形式。

print 支持输出单个变量值，例如：

```
#001  price = 10
#002  print(price)
```

print 支持输出多个变量，例如：

```
#001  price, number = 10, 5
#002  print(price, number)
```

print 支持输出表达式结果，例如：

```
#001  price, number = 10, 5
#002  print(price * number)
```

2.1.4 获取用户输入

变量的值并不总是事先知道，可能需要外界动态输入。例如，编写的代码供别人使用，需要用户先输入名字，然后针对名字做处理。

Python 的内置函数 input 能够获取用户输入，再将结果赋给某个变量，以进行后续的操作。演示代码如下：

```
#001  name = input("请输入名字:")
#002  print("您输入的名字是:", name)
```

➤ 代码解析

第 1 行代码输出字符串"请输入名字："，提示用户输入相应信息。当输入文本"小明"并按下 <Enter> 键，这个文本被 input 返回并赋给变量 name。

第 2 行代码输出字符串"您输入的名字是："和 name 的值（也就是"小明"），如图 2-3 所示。

```
请输入名字：小明
您输入的名字是：小明
```

图 2-3　获取输入值后进行输出

2.2　数据类型

2.2.1　数值

日常生活和工作中难免要和数值打交道，比如记录价格、数量等信息，Python 能够根据数值的类型和用法进行对应的处理。

Python 中的数值类型分为整型（int）和浮点型（float）两种。如果将整数（比如 2）赋给变量，那么变量就是整型；如果将小数（比如 3.14）赋给变量，那么变量就是浮点型。

在 Python 中可以对整型和浮点型进行加（+）减（-）乘（*）除（/）运算。将任意两个数相除，其结果总是浮点型。而在其他运算中，如果有其中一个数为浮点型，那么结果也是浮点型。例如，小王要购买 5 瓶单价为 2.5 元的可乐，计算总价得到的结果为 12.5 元。演示代码如下：

```
#001    number = 5
#002    price = 2.5
#003    print(number * price)
```

2.2.2　布尔

在数学中有真值和假值，对应的，Python 中的布尔类型（Boolean）取值也分为两种：True 表示真值，False 表示假值。Boolean 的首字母大写，因为这个数据类型是根据数学家乔治·布尔命名的。演示代码如下：

```
#001    success = True
#002    print(success)
#003    fail = False
#004    print(fail)
```

代码输出结果如下：

```
True
False
```

2.2.3　字符串

在编程中，字符串是最为常见的数据类型之一。字符串就是一连串字符，比如 abc。在 Python 中，使用单引号（'）或者双引号（"）包含起来的都是字符串，而且字符串的内容可以是英文、中文或其他各种字符或符号。演示代码如下：

```
#001    print('Hello, Wolrd!')
#002    print('h好，世界！')
```

下面罗列一些常见的使用字符串的方式。

○ |　使用 r 前缀表示原始字符串

反斜杠"\"在 Python 中有转义的作用，能实现一些特殊效果，比如"\t"表示水平制表符，"\n"表示换行。

有时候，不希望字符串中的"\"被转义。比如 Windows 系统中的路径"C:\ nodejs"是一个不需要被转义的字符串，那么可以在字符串前增加 r 前缀来实现。演示代码如下：

```
#001    path1 = 'C:\nodejs'
#002    print(path1)
#003    path2 = r'C:\nodejs'
#004    print(path2)
```

代码输出结果如下：

```
C:
odejs
C:\nodejs
```

不难看出，由于 path1 中包含了转义字符"\n"，在输出时被转义而对原始字符串进行了换行。而 path2 写明了 r 前缀表示不需要进行转义，于是能正常输出字符串内容。

⊃ II 使用加号（+）对字符串进行拼接

Python 允许使用加号（+）将多个字符串进行拼接，然后生成新的字符串。演示代码如下：

```
#001  name = 'Linus Benedict Torvalds'
#002  greeting = 'Hello, ' + name + '!'
#003  print(greeting)
```

代码输出结果如下：

```
Hello, Linus Benedict Torvalds!
```

⊃ III f-string

想象一下，如果有一个字符串，里面的部分内容是固定的，而另一部分是变量，并能够将变量的值填充进来，使用起来会不会方便许多？ Python 提供了格式化字符串（f-string）的能力，只需在字符串的前引号前面加上 f，在字符串中使用花括号（{}）包含变量，就可以对字符串进行格式化，生成新的字符串。

针对上面的示例，也可以用格式化字符串实现。演示代码如下：

```
#001  name = 'Linus Benedict Torvalds'
#002  greeting = f'Hello, {name}!'
#003  print(greeting)
```

⊃ IV 使用索引获取字符或部分字符串

Python 支持使用索引获取字符串中的某个字符或部分字符串，使用方括号（[]）表示索引，索引从 0 开始。

方括号中只有一个数字时，可获取指定位置的字符。例如，获取第 2 个字符"i"，索引数字就是 1，演示代码如下：

```
#001  name = 'Linus Benedict Torvalds'
#002  print(name[1])
```

方括号中有两个数字，且以冒号（:）分隔，可获取指定范围的字符串。索引范围遵循"左闭右开"的原则，也就是说左边索引字符包含，而右边索引字符不包含。如果索引从 0 开始，则 0 可省略。例如，获取第 1 到第 5 的范围内的字符串，演示代码如下：

```
#001  name = 'Linus Benedict Torvalds'
#002  print(name[0:5])
#003  print(name[:5])
```

代码输出结果如下：

```
Linus
Linus
```

Python 还支持反向索引，只需在数字前面加上负号。如果索引范围需要到最后一个字符，则省略右边索引。例如，获取倒数第 8 位到最后 1 位的字符串，演示代码如下：

```
#001  name = 'Linus Benedict Torvalds'
#002  print(name[-8:])
```

代码输出结果如下：

```
Torvalds
```

⊃ V 修改字符串的大小写

Python 提供了非常多的方法或函数以进一步处理字符串。

title() 方法能将字符串中的每个单词修改为首字母大写，upper() 方法能将字符串全部变成大写，lower() 方法能将字符串全部变成小写。演示代码如下：

```
#001    name = 'Linus Benedict Torvalds'
#002    print(name.title())
#003    print(name.upper())
#004    print(name.lower())
```

代码输出结果如下：

```
Linus Benedict Torvalds
LINUS BENEDICT TORVALDS
linus benedict torvalds
```

○ VI 删除字符串两边的空白

对于程序来说，字符串两边的空白常常会带来问题。例如，用户登录网站输入用户名时，可能在前后输入多余的空白，网站在判断用户名是否存在时，其实是在查找这个字符串是否存在，如果不处理多余的空白就可能导致判断错误。

Python 提供了删除空白的便捷方法。strip( ) 方法能删除两侧空白，lstrip( ) 方法能删除左侧空白，rstrip( ) 方法能删除右侧空白。演示代码如下：

```
#001    name = ' linus benedict torvalds '
#002    print(name.strip())
#003    print(name.lstrip())
#004    print(name.rstrip())
```

○ VII 格式化数字

输出数字时，经常需要进行修约处理，Python 的 f-string 也支持这种处理，只需在花括号（ { } ）中的变量后添加冒号（ : ）和对应的处理方式。

":.N" 用于保留 N 位有效数字，":.Nf" 用于保留 N 位小数。例如，对变量保留两位有效数字和两位小数，演示代码如下：

```
#001    x = 1.567
#002    y = 0.564
#003    print(f'x(保留两位有效数字):{x:.2}')
#004    print(f'x(保留两位小数):{x:.2f}')
#005    print(f'y(保留两位有效数字):{y:.2}')
#006    print(f'y(保留两位小数):{y:.2f}')
```

代码输出结果如下：

```
x(保留两位有效数字):1.6
x(保留两位小数):1.57
y(保留两位有效数字):0.56
y(保留两位小数):0.56
```

":<N" 用于保留固定的 N 位字符，且向左对齐；":^N" 用于保留固定的 N 位字符，且居中对齐；":>N" 用于保留固定的 N 位字符，且向右对齐。演示代码如下：

```
#001    x = 123
#002    print(f'{x:<10}')
#003    print(f'{x:^10}')
#004    print(f'{x:>10}')
```

代码输出结果如下：

```
123
   123
      123
```

在对齐符号（即 <、^、>）前还可以加上填充字符，这意味着如果字符串长度小于指定长度 N，就使用指定的填充字符进行填充。例如，变量 month 表示月份，如果需要固定输出两位数，当月份是一位数时则在左边填充 0，演示代码如下：

```
#001   month = 1
#002   print(f'{month:0>2}')
#003   month = 12
#004   print(f'{month:0>2}')
```

代码输出结果如下：

```
01
12
```

2.2.4　列表

列表允许放一组信息，这些信息可以是数值、字符串等，甚至可以包含多种类型的变量。列表中的元素按照顺序排列，它们之间没有任何关系。

在 Python 中，使用方括号（[ ]）表示列表，并使用逗号分隔每个元素。例如，colors 列表中可以包含多种不同的颜色，演示代码如下：

```
#001   colors = ['red', 'yellow', 'blue']
#002   print(colors)
```

代码输出结果如下：

```
['red', 'yellow', 'blue']
```

❍ Ⅰ　使用索引获取元素或部分范围的列表

列表索引和字符串索引一样，也是从 0 开始，遵循"左闭右开"的原则。

索引某个元素：

```
#001   colors = ['red', 'yellow', 'blue']
#002   print(colors[1])
```

代码输出结果如下：

```
yellow
```

索引部分范围的列表：

```
#001   colors = ['red', 'yellow', 'blue']
#002   print(colors[0:2])
```

代码输出结果如下：

```
['red', 'yellow']
```

❍ Ⅱ　修改列表元素

使用索引为列表中的某元素赋值，可修改列表中该索引位置的元素。例如，将索引 0 的元素 red 替换为 pink：

```
#001   colors = ['red', 'yellow', 'blue']
#002   colors[0] = 'pink'
#003   print(colors)
```

代码输出结果如下：

```
['pink', 'yellow', 'blue']
```

Ⅲ　在列表中添加元素

在列表中添加新元素时，最常用的方式是将元素附加（append）到列表。使用 append( ) 方法可将新元素添加到列表末尾：

```
#001   colors = ['red', 'yellow', 'blue']
#002   colors.append('gray')
#003   print(colors)
```

代码输出结果如下：

```
['red', 'yellow', 'blue', 'gray']
```

使用 insert( ) 方法，可在指定索引位置前插入新元素：

```
#001   colors = ['red', 'yellow', 'blue']
#002   colors.insert(0, 'gray')
#003   print(colors)
```

代码输出结果如下：

```
['gray', 'red', 'yellow', 'blue']
```

Ⅳ　从列表中删除元素

Python 支持多种删除列表元素的方式。

使用 del 语句，结合列表索引，可删除列表中指定位置的元素：

```
#001   colors = ['red', 'yellow', 'blue']
#002   del colors[1]
#003   print(colors)
```

代码输出结果如下：

```
['red', 'blue']
```

使用 pop( ) 方法删除指定索引的元素，此方法还返回被删除元素的值：

```
#001   colors = ['red', 'yellow', 'blue']
#002   print(colors.pop(1))
#003   print(colors)
```

代码输出结果如下：

```
yellow
['red', 'blue']
```

使用 remove( ) 方法删除指定值的元素：

```
#001   colors = ['red', 'yellow', 'blue']
#002   print(colors.remove('yellow'))
#003   print(colors)
```

代码输出结果如下：

```
['red', 'blue']
```

Ⅴ　使用加号（+）对列表进行合并

和字符串加法一样，Python 允许使用加号（+）将多个列表进行合并，然后生成新的列表。演示代码如下：

```
#001   colors1 = ['red', 'pink']
#002   colors2 = ['black', 'gray']
#003   colors = colors1 + colors2
#004   print(colors)
```

代码输出结果如下：

```
['red', 'pink', 'black', 'gray']
```

⊃ VI　使用 extend( ) 方法对列表进行扩展

列表合并会生成新的列表，如果想要把 colors2 的内容放入 colors1 中，也就是对 colors1 进行扩展，那么就可使用 extend( ) 方法：

```
#001    colors1 = ['red', 'pink']
#002    colors2 = ['black', 'gray']
#003    colors1.extend(colors2)
#004    print(colors1)
```

代码输出结果如下：

```
['red', 'pink', 'black', 'gray']
```

⊃ VII　使用乘号（*）对列表进行重复

Python 允许使用乘号（*）将一个列表重复指定次数，然后生成新的列表。演示代码如下：

```
#001    colors = ['red', 'yellow', 'blue']
#002    new_colors = colors * 3
#003    print(new_colors)
```

代码输出结果如下：

```
['red', 'yellow', 'blue', 'red', 'yellow', 'blue', 'red', 'yellow',
'blue']
```

⊃ VIII　列表推导式

Python 的列表推导式提供了一种简单、高效的方式来创建列表，其语法是在一个方括号里包含一个表达式、for 语句和可选的 if 语句。其中，条件语句 if 请参阅 2.5.1 小节，循环语句 for 请参阅 2.5.2 小节。

例如，有一个价格列表，需要筛选出超过 5 元的价格，生成一个新的价格列表，演示代码如下：

```
#001    prices = [1, 2, 3, 4, 5, 6, 7, 8, 9]
#002    new_prices = [p for p in prices if p > 5]
#003    print(new_prices)
```

代码输出结果如下：

```
[6, 7, 8, 9]
```

在上述代码中，使用 for 语句遍历 prices 中的每一个元素，赋给变量 p。使用 if 语句选出大于 5 的变量值并依次放到新的列表中。

列表推导式十分清晰易懂，非常适合简单处理列表的场景。

2.2.5　元组

元组与列表类似，不同的是元组的元素不能被修改。

元组看起来很像列表，但使用圆括号（( )）而非方括号（[ ]）表示，并使用逗号分隔每个元素。在元组中关于 colors 的示例可以这样写：

```
#001    colors = ('red', 'yellow', 'blue')
#002    print(colors)
```

代码输出结果如下：

```
('red', 'yellow', 'blue')
```

如果元组只有一个元素，则必须在这个元素后加上逗号，演示代码如下：

```
#001  colors = ('red', )
#002  print(colors)
```

代码输出结果如下：

```
('red', )
```

否则，就会被当成普通元素（如字符串）处理，演示代码如下：

```
#001  colors = ('red')
#002  print(colors)
```

代码输出结果如下：

```
red
```

⊃ I　使用索引获取元素或部分范围的元组

元组索引和列表索引一样，也是从 0 开始，遵循"左闭右开"的原则。

索引某个元素：

```
#001  colors = ('red', 'yellow', 'blue')
#002  print(colors[1])
```

代码输出结果如下：

```
yellow
```

索引部分范围的元素：

```
#001  colors = ('red', 'yellow', 'blue')
#002  print(colors[0:2])
```

代码输出结果如下：

```
('red', 'yellow')
```

⊃ II　使用加号（+）对元组进行合并

和列表加法一样，Python 允许使用加号（+）将多个元组进行合并，然后生成新的合并后的元组。

演示代码如下：

```
#001  colors1 = ('red', 'pink')
#002  colors2 = ('black', 'gray')
#003  colors = colors1 + colors2
#004  print(colors)
```

代码输出结果如下：

```
('red', 'pink', 'black', 'gray')
```

2.2.6　集合

集合用来存放一组不重复的信息，是一个无序的不重复元素序列。

在 Python 中，可使用花括号（{ }）创建集合，并使用逗号分隔每个元素。演示代码如下：

```
#001  names = {'小李', '小王', '小张'}
#002  print(names)
```

代码输出结果如下：

```
{'小王', '小李', '小张'}
```

除了使用花括号，还可使用 set( ) 函数创建集合。

注意

> 如果要创建一个空集合，必须使用 set( ) 函数，因为空的花括号默认用于创建空字典。

set( ) 函数可接收列表、元组、集合等序列，能将序列中的元素去重并生成新的集合。演示代码如下：

```
#001   names = set()
#002   print(names)
#003   names = set(['小李', '小王', '小张'])
#004   print(names)
#005   colors = set(('red', 'yellow', 'blue'))
#006   print(colors)
#007   numbers = set({1, 2, 3})
#008   print(numbers)
```

代码输出结果如下：

```
set()
{'小王', '小李', '小张'}
{'red', 'yellow', 'blue'}
{1, 2, 3}
```

Python 中的集合与数学中的集合概念一样，也有交集、并集、补集等概念。假设有两个班级，班级 1 的学生有小王和小张，班级 2 的学生有小张和小李，那么定义两个集合：

```
#001   class1_names = {'小王', '小张'}
#002   class2_names = {'小张', '小李'}
```

若要查看两个班级同名的学生名字，则可使用 & 求两个集合的交集。演示代码如下：

```
print(class1_names & class2_names)
```

代码输出结果如下：

```
{'小张'}
```

若要查看两个班级所有的学生名字，则可使用 | 求两个集合的并集。演示代码如下：

```
print(class1_names | class2_names)
```

代码输出结果如下：

```
{'小王', '小李', '小张'}
```

若要查看班级 1 有但班级 2 没有的学生名字，则可使用 – 求两个集合的补集。演示代码如下：

```
print(class1_names - class2_names)
```

代码输出结果如下：

```
{'小王'}
```

2.2.7 字典

在现实生活的字典中，可以通过目录找想要查看的条目。Python 中的字典也类似，它是一系列键值对。每个键都与一个值相关联，可使用键来访问对应的值。与键相关联的值可以是数值、字符串、列表、元组、集合等任意类型的对象。

在 Python 中，可使用花括号（{}）表示字典，存放键值对。和同样使用花括号表示集合不同的是，花括号中的每个元素都是键值对，键和值之间使用冒号分隔，键值对之间用逗号分隔。在字典中存放的键值对数量没有限制。演示代码如下：

```
#001   person = {'name': '小张', 'age': 18}
#002   print(person)
```

代码输出结果如下：

```
{'name': '小张', 'age': 18}
```

在上述代码中，'name': '小张' 是一个键值对，其中键是 'name'，与之相关联的值是 ' 小张 '。而 'age': 18 是另一个键值对，其中键是 'age'，与之相关联的值是 18。

字典中的键必须是唯一且不可变的，而值可以是任意的。

不可变是指不能被修改，比如数值、字符串、元组是不可变的，可作为字典的键。而列表、集合是可变的，不可作为字典的键。

除了使用花括号，还可使用 dict( ) 函数创建字典。使用 dict( ) 函数时，键值对中的键作为函数参数，值作为参数值传入。演示代码如下：

```
#001   person = dict(name = '小张', age = 18)
#002   print(person)
```

代码输出结果如下：

```
{'name': '小张', 'age': 18}
```

⊃ Ⅰ 访问字典中的值

获取与键相关联的值，可使用方括号（[ ]）指定键索引访问某个元素。演示代码如下：

```
#001   person = {'name': '小张', 'age': 18}
#002   print(person['name'])
```

代码输出结果如下：

```
小张
```

除了使用键索引的方式访问字典外，还可使用字典的 get( ) 方法。若提供一个参数，参数为想要访问的键名称，如果键不存在，则返回 None。若提供两个参数，第二个参数为键不存在时所返回的默认值，演示代码如下：

```
#001   person = {'name': '小张', 'age': 18}
#002   print(person.get('name'))
#003   print(person.get('name', '小王'))
#004   print(person.get('weight'))
#005   print(person.get('weight', 60))
```

代码输出结果如下：

```
小张
小张
None
60
```

Python 中的 None 表示空，即什么都没有。

⊃ Ⅱ 新增或修改字典中的值

使用方括号（[ ]）指定键索引可赋予新值，若键存在，则修改与键相关联的值；反之，则新增键值对。演示代码如下：

```
#001   person = {'name': '小张', 'age': 18}
#002   person['age'] = 19
#003   print(person)
#004   person['weight'] = 60
#005   print(person)
```

代码输出结果如下：

```
{'name': '小张', 'age': 19}
```

```
{'name': '小张', 'age': 19, 'weight': 60}
```

在上述代码中，使用已存在的键 'age'，将值改成了 19。另一方面，由于键 'weight' 不存在，则新增键值对 'weight': 60。

除了使用键索引的方式外，还可使用字典的 update( ) 方法。其中，参数名为键，参数值为值。如果键不存在，则新增键值对。演示代码如下：

```
#001   person = {'name': '小张', 'age': 18}
#002   person.update(age = 19, weight = 60)
#003   print(person)
```

代码输出结果如下：

```
{'name': '小张', 'age': 19, 'weight': 60}
```

⊃ III 删除字典的键值对

Python 支持多种删除字典键值对的方式。

使用 del 语句，结合键索引，可删除指定键值对：

```
#001   person = {'name': '小张', 'age': 18}
#002   del person['name']
#003   print(person)
```

代码输出结果如下：

```
{'age': 18}
```

使用 pop( ) 方法删除指定键值对，此方法还会返回被删除键相关联的值：

```
#001   person = {'name': '小张', 'age': 18}
#002   print(person.pop('name'))
#003   print(person)
```

代码输出结果如下：

```
小张
{'age': 18}
```

2.3 运算符

2.3.1 算数运算符

算数运算符是最常见的运算符，可以对数字进行四则运算，也可以对字符串、元组、列表进行特定逻辑的运算。算术运算符的符号和含义如表 2-1 所示。

表 2-1 算数运算符含义表

符号	名称	含义
+	加法运算符	作用于数值时：计算两个数相加的和 作用于字符串时：将两个字符串合并成新字符串 作用于元组时：将两个元组合并成新元组 作用于列表时：将两个列表合并成新列表
−	减法运算符	作用于数值时：计算两个数相减的差 作用于集合时：计算两个集合的补集

符号	名称	含义
*	乘法运算符	作用于数值时：计算两个数相乘的积 以 *N 的方式作用于字符串时：将字符串重复 N 次生成新字符串 以 *N 的方式作用于元组时：将元组重复 N 次生成新元组 以 *N 的方式作用于列表时：将列表重复 N 次生成新列表
**	幂运算符	计算一个数的 N 次方
/	除法运算符	计算两个数相除的商
//	整除法运算符	计算两个数相除的商的整数部分
%	取模运算符	计算两个数相除的余数

演示代码如下：

```
#001   x = 3
#002   print(f'x+2 -> {x+2}')
#003   print(f'x-2 -> {x-2}')
#004   print(f'x*2 -> {x*2}')
#005   print(f'x**2 -> {x**2}')
#006   print(f'x/2 -> {x/2}')
#007   print(f'x//2 -> {x//2}')
#008   print(f'x%2 -> {x%2}')
```

代码输出结果如下：

```
x+2 -> 5
x-2 -> 1
x*2 -> 6
x**2 -> 9
x/2 -> 1.5
x//2 -> 1
x%2 -> 1
```

2.3.2 赋值运算符

2.1.2 小节介绍了最简单的赋值运算符 "="，"=" 结合算术运算符可以同时完成计算并赋值的操作。赋值运算符的符号和含义如表 2-2 所示。

表 2-2 赋值运算符含义表

符号	名称	含义
=	简单赋值运算符	将运算符右侧的运算结果赋给左侧
+=	加法赋值运算符	执行加法运算并将结果赋给左侧
-=	减法赋值运算符	执行减法运算并将结果赋给左侧
*=	乘法赋值运算符	执行乘法运算并将结果赋给左侧
**=	幂赋值运算符	执行幂运算并将结果赋给左侧

符号	名称	含义
/=	除法赋值运算符	执行除法运算并将结果赋给左侧
//=	整除赋值运算符	执行整除运算并将结果赋给左侧
%=	取模赋值运算符	执行取模运算并将结果赋给左侧

演示代码如下：

```
#001   x = 3
#002   x += 2
#003   print(f'x+ = 2 -> x = {x}')
#004   x = 3
#005   x -= 2
#006   print(f'x- = 2 -> x = {x}')
#007   x = 3
#008   x *= 2
#009   print(f'x*2 -> x = {x}')
#010   x = 3
#011   x **= 2
#012   print(f'x**2 -> x = {x}')
#013   x = 3
#014   x /= 2
#015   print(f'x/2 -> x = {x}')
#016   x = 3
#017   x //= 2
#018   print(f'x//2 -> x = {x}')
#019   x = 3
#020   x %= 2
#021   print(f'x%2 -> x = {x}')
```

代码输出结果如下：

```
x+= 2 -> x = 5
x-= 2 -> x = 1
x*2 -> x = 6
x**2 -> x = 9
x/2 -> x = 1.5
x//2 -> x = 1
x%2 -> x = 1
```

2.3.3　比较运算符

比较运算符用来判断两个值的大小关系，其返回结果为布尔值。比较运算符通常用于条件判断。比较运算符的符号和含义如表 2-3 所示。

表2-3 比较运算符含义表

符号	名称	含义
==	等于运算符	判断运算符两侧的值是否相等
!=	不等于运算符	判断运算符两侧的值是否不相等
<	小于运算符	判断运算符左侧的值是否小于右侧的值
>	大于运算符	判断运算符左侧的值是否大于右侧的值
<=	小于等于运算符	判断运算符左侧的值是否小于等于右侧的值
>=	大于等于运算符	判断运算符左侧的值是否大于等于右侧的值

演示代码如下：

```
#001   x = 1
#002   y = 2
#003   print(f'x == y -> {x == y}')
#004   print(f'x!= y -> {x! = y}')
#005   print(f'x<y -> {x<y}')
#006   print(f'x>y -> {x>y}')
#007   print(f'x<= y -> {x<= y}')
#008   print(f'x>= y -> {x>= y}')
```

代码输出结果如下：

```
x == y -> False
x!= y -> True
x<y -> True
x>y -> False
x<= y -> True
x>= y -> False
```

2.3.4 逻辑运算符

逻辑运算符用来处理逻辑值，其返回结果为布尔值。逻辑运算符的使用场景同比较运算符类似，也常用于条件判断。逻辑运算符的符号和含义如表 2-4 所示。

表2-4 逻辑运算符含义表

符号	名称	含义
and	逻辑与运算符	运算符两侧的值都为 True 则返回 True，否则返回 False
or	逻辑或运算符	运算符两侧的值有一个为 True 则返回 True，否则返回 False
not	逻辑非运算符	对运算符右侧值取反，若为 True 则返回 False，否则返回 True

演示代码如下：

```
#001   success = True
#002   fail = False
#003   print(f'success and fail -> {success and fail}')
#004   print(f'success and success -> {success and success}')
#005   print(f'fail and fail -> {fail and fail}')
```

```
#006   print(f'success or fail -> {success or fail}')
#007   print(f'fail or success -> {fail or success}')
#008   print(f'not success -> {not success}')
#009   print(f'not fail -> {not fail}')
```

代码输出结果如下：

```
success and fail -> False
success and success -> True
fail and fail -> False
success or fail -> True
fail or success -> True
not success -> False
not fail -> True
```

2.3.5 is 运算符

is 运算符使用 is 和 is not 关键字。其中，is 用来判断两个变量的内存引用是否相等，其返回结果为布尔值。换句话说，也就是两个变量是否指向同一个内存地址。而 is not 正好相反，用来判断两个变量的内存引用是否不相等。

演示代码如下：

```
#001   colors1 = ['red', 'yellow', 'blue']
#002   colors2 = ['red', 'yellow', 'blue']
#003   colors3 = colors2
#004   print(f'colors1 is colors2 -> {colors1 is colors2}')
#005   print(f'colors1 == colors2 -> {colors1 == colors2}')
#006   print(f'colors2 is colors3 -> {colors2 is colors3}')
#007   print(f'colors2 == colors3 -> {colors2 == colors3}')
```

代码输出结果如下：

```
colors1 is colors2 -> False
colors1 == colors2 -> True
colors2 is colors3 -> True
colors2 == colors3 -> True
```

在上述代码中，由于 colors1 和 colors2 分别指向两个列表，它们的内存引用并不相等，因此 colors1 is colors2 的结果为 False；但由于这两个变量指向的列表的内容是相等的，因此 colors1 == colors2 的结果为 True。

另一方面，由于 colors3 = colors2，也就意味着 colors3 指向了和 colors2 相同的列表，因此 colors2 is colors3 的结果为 True；由于都是相同的内存引用，列表内容也必然是相等的，因此 colors2 == colors3 的结果为 True。

2.3.6 in 运算符

in 运算符使用 in 和 not in 关键字。其中，in 用来判断值是否在给定的序列（如字符串、列表、元组、字典等）中，其返回结果为布尔值。

若 in 运算符右侧为字符串、列表、元组、集合，则判断值是否在序列中。若 in 运算符右侧为字典，则判断值是否在字典的键中。演示代码如下：

```
#001   color_string = "red, yellow, blue"
```

```
#002   print(f"'red' in {color_string} -> {'red' in color_string}")
#003   print(f"'pink' in {color_string} -> {'pink' in color_string}")
#004
#005   color_list = ["red", "yellow", "blue"]
#006   print(f"'red' in {color_list} -> {'red' in color_list}")
#007   print(f"'pink' in {color_list} -> {'pink' in color_list}")
#008
#009   color_tuple = ("red", "yellow", "blue")
#010   print(f"'red' in {color_tuple} -> {'red' in color_tuple}")
#011   print(f"'pink' in {color_tuple} -> {'pink' in color_tuple}")
#012
#013   color_set = {"red", "yellow", "blue"}
#014   print(f"'red' in {color_set} -> {'red' in color_tuple}")
#015   print(f"'pink' in {color_set} -> {'pink' in color_set}")
#016
#017   color_dict = {"red": 'pink', "yellow": 2, "blue": 3}
#018   print(f"'red' in {color_dict} -> {'red' in color_dict}")
#019   print(f"'pink' in {color_dict} -> {'pink' in color_dict}")
```

代码输出结果如下：

```
'red' in red, yellow, blue -> True
'pink' in red, yellow, blue -> False
'red' in ['red', 'yellow', 'blue'] -> True
'pink' in ['red', 'yellow', 'blue'] -> False
'red' in ('red', 'yellow', 'blue') -> True
'pink' in ('red', 'yellow', 'blue') -> False
'red' in {'yellow', 'red', 'blue'} -> True
'pink' in {'yellow', 'red', 'blue'} -> False
'red' in {'red': 'pink', 'yellow': 2, 'blue': 3} -> True
'pink' in {'red': 'pink', 'yellow': 2, 'blue': 3} -> False
```

2.3.7　运算符优先级

运算符优先级是指当多个运算符同时出现在一个表达式中时，按照怎样的顺序执行这些运算符。算数、比较、逻辑运算符的优先级由高到低，如表 2-5 所示。

表 2-5　运算符优先级

符号	名称
()	小括号
**	幂运算符
*、/、//、%	乘法、除法、整除、取模运算符
+、-	加法、减法运算符
==、!=、<、>、<=、>=	比较运算符
is、is not	is 运算符

续表

符号	名称
in、not in	in 运算符
not	逻辑非运算符
and	逻辑与运算符
or	逻辑或运算符

需要说明的是，小括号的优先级高于其他所有运算符。例如，1+2*3 先计算 2*3 的结果为 6，再计算 1+6 的结果为 7；而 (1+2)*3 则先计算括号内的 1+2 的结果为 3，再计算 3*3 的结果为 9。

若表达式使用了多层小括号，则内层的优先级高于外层。例如，(1+(1+2)/2)*3 先计算内层括号内 1+2 的结果为 3，再计算 3/2=1.5，再计算外层括号内 1+1.5 的结果为 2.5，最后计算 2.5*3 的结果为 7.5。

2.4 编码规范

2.4.1 缩进与行

随着代码量的不断增加，有必要了解 Python 代码的格式要求，让代码更易于阅读和维护。

Python 使用空格对代码进行缩进，以表示代码层级。建议每级缩进都使用 4 个空格（英文状态），这样既提高了可读性，又留下了足够的缩进空间。演示代码如下：

```
#001   colors = ['red', 'yellow', 'blue']
#002   for color in colors:
#003       print(f'Color is {color}')
#004   print(f'All colors are {colors}')
```

代码中的 for 语法请参阅 2.5.2 小节，上述代码输出结果如下：

```
Color is red
Color is yellow
Color is blue
All colors are ['red', 'yellow', 'blue']
```

注意 ■■■■➡ 不要在代码中混用制表符和空格，否则可能导致难以排查的问题。

Python 代码中，通常一行只编写一条语句，且建议长度不超过 80 字符。如果一条语句过长，可使用反斜杠（\）实现换行，而在 []、{}、() 中换行时，则可省略反斜杠。演示代码如下：

```
#001   price = 100 + 200 + 300 + \
#002       400 + 500
#003   colors = ('red', 'yellow', 'blue',
#004            'black', 'gray')
#005   names = {'小李', '小王', '小张',
#006            '小宋', '小林'}
```

如果一段代码包含了不同的部分，可使用空行将之分开，以提升整体阅读性。空行不会影响代码的运行，要合理使用空行组织程序代码，但不能滥用。例如，有 3 行声明变量的代码，有 10 行处理这些变量的代码，那么就可使用空行将这两部分分开。

2.4.2　注释

适当地添加注释，也有利于阅读和理解代码逻辑。

在 Python 中，用井号（#）进行注释，可注释一行或多行。井号后面的内容会被 Python 解释器忽略。演示代码如下：

```
#001  # 演示程序
#002  # 定义色彩列表
#003  colors = ('red', 'yellow', 'blue')
#004  for color in colors:  # 遍历色彩列表中的每个元素
#005      print(f'Color is {color}')  # 输出色彩
```

Python 解释器会忽略每一行代码中井号后的内容，只会执行除注释外的代码。

编写注释的主要目的是说明代码的作用及实现方式。即使是作为代码的作者，也可能在一段时间后忘记代码的作用，通过编写注释，有利于自己和合作者快速理解代码的作用，从而节省大量的时间。因此，推荐为代码适当添加清晰、简洁的注释。

2.5　控制语句

2.5.1　条件语句 if

在实际编程时，往往需要检查各种条件，根据不同的条件触发对应的操作逻辑。在 Python 中，使用条件语句 if 可检查条件，并执行相应的操作逻辑。

⊃ Ⅰ　if 语句

if 语句后面跟条件表达式，或者是布尔值。当条件为真（即通过）时，触发后面的操作逻辑；否则忽略这些代码。操作逻辑代码需要缩进一级，形式如下：

```
#001  if condition:
#002      do_somthing
```

假设 6 周岁及以下的儿童免票，演示代码如下：

```
#001  age = 6
#002  if age <= 6:
#003      print('You are a child.')
#004      print('Free of charge.')
```

在上述代码中，Python 检查变量 age 的值是否小于等于 6，如果条件为真，则执行 if 下面的缩进代码，调用 print() 输出字符串。代码的执行结果如下：

```
You are a child.
Free of charge.
```

⊃ Ⅱ　if-else 语句

除了在条件通过时触发操作逻辑，还可以在条件不通过时触发其他操作逻辑。在这种情况下，可使用 if-else 语句。if-else 语句块类似于 if 语句，但其中的 else 语句在条件为假（即不通过）时执行其他操作逻辑。

在上面示例的基础上，如果年龄超过 6 周岁，则告知需要购票，演示代码如下：

```
#001   age = 7
#002   if age <= 6:
#003       print('You are children.')
#004       print('Free of charge.')
#005   else:
#006       print('You are not a child.')
#007       print('Need to buy tickets.')
```

在上述代码中，Python 检查变量 age 的值是否小于等于 6，如果条件为真，就执行 if 下面的缩进代码；如果条件为假，则执行 else 下面的缩进代码。代码结果如下：

```
You are not a child.
Need to buy tickets.
```

⊃ III if-elif-else 语句

当条件不通过时，可能还需要进一步判断其他条件，来触发不同的操作逻辑。在这种情况下，可使用 if-elif-else 结构。Python 只执行 if-elif-else 结构中的一个代码块。它依次检查每个条件，直到某个条件为真，执行对应的代码块。elif 可以有 1 个或多个。

在上面示例的基础上，进一步增加条件：如果是 7~12 周岁，告知可以半价购票；如果是 13~17 周岁，可以 8 折购票；18 岁及以上则需要全价购票，演示代码如下：

```
#001   age = 17
#002   if age <= 6:
#003       print('You are children.')
#004       print('Free of charge.')
#005   elif age <= 12:
#006       print('You are between 7~12 years old.')
#007       print('Tickets can be purchased at half price.')
#008   elif age < 18:
#009       print('You are between 13~18 years old.')
#010       print('Tickets can be purchased at 20% off.')
#011   else:
#012       print('You are an adult.')
#013       print('Tickets need to be purchased at full price.')
```

在上述代码中，Python 检查变量 age 的值是否小于等于 6；如果条件为假，再检查值是否小于等于 12；如果条件为假，再检查值是否小于 18，如果条件仍然为假，则执行 else 下面的缩进代码。代码结果如下：

```
You are between 13~18 years old.
Tickets can be purchased at 20% off.
```

⊃ IV 多级条件语句

条件语句的代码块中可再写条件语句，可嵌套多层。例如，上面的示例可以使用多级条件语句完成，演示代码如下：

```
#001   age = 17
#002   if age <= 6:
#003       print('You are children.')
#004       print('Free of charge.')
```

```
#005    else:
#006        if age <= 12:
#007            print('You are between 7~12 years old.')
#008            print('Tickets can be purchased at half price.')
#009        else:
#010            if age < 18:
#011                print('You are between 13~18 years old.')
#012                print('Tickets can be purchased at 20% off.')
#013            else:
#014                print('You are an adult.')
#015                print('Tickets need to be purchased at full price.')
```

2.5.2　循环语句 for

字符串、列表、元组、集合和字典的值都是可迭代对象，这意味着可以遍历它们的每一个元素，采取相同的操作，从而高效地处理任意长度的这类对象。

⊃ I　遍历可迭代对象中的每个元素

在 Python 中，可以使用循环语句 for 结合关键字 in 来遍历可迭代对象。代码块需要缩进一级，形式如下：

```
#001    for item in iterable:
#002        do_somthing
```

在上述形式中，iterable 为可迭代对象，也就是字符串、列表、元组、集合和字典等，使用 for 对 iterable 进行迭代时，会把元素赋给变量 item，然后可以进行对应的操作，再把下一个元素赋给变量 item，如此往复，直到最后一个元素。

例如，可以迭代一个列表，输出列表中的每个元素。演示代码如下：

```
#001    colors = ['red', 'yellow', 'blue']
#002    for color in colors:
#003        print(color)
```

代码输出结果如下：

```
red
yellow
blue
```

再如，可以迭代一个字典，输出字典中的每个键和相关联的值。演示代码如下：

```
#001    person = {'name': '小张', 'age': 18}
#002    for key in person:
#003        print(f'{key}: {person[key]}')
```

代码输出结果如下：

```
name: 小张
age: 18
```

⊃ II　使用 continue 继续迭代

在遍历可迭代对象的每一个元素时，如果想要跳过一些元素，可以使用 continue 语句。例如，迭代一组数字，想要跳过 3，演示代码如下：

```
#001    numbers = [1, 2, 3, 4, 5]
#002    for n in numbers:
```

```
#003        if n == 3:
#004            continue
#005        print(n)
```

代码输出结果如下：

```
1
2
4
5
```

⊃ III 使用 break 跳出循环

在遍历可迭代对象的每一个元素时，如果满足某种条件，想要终止整个循环，可以使用 break 语句。例如，迭代一组数字，一旦值大于 3 就终止循环，演示代码如下：

```
#001  numbers = [1, 2, 3, 4, 5]
#002  for n in numbers:
#003      if n > 3:
#004          break
#005      print(n)
```

代码输出结果如下：

```
1
2
3
```

2.5.3 循环语句 while

循环语句 for 用于针对可迭代对象中的每个元素都执行一个代码块，而循环语句 while 则是不断运行，直到条件不满足后终止运行。满足条件时，执行操作逻辑，代码块需要缩进一级，形式如下：

```
#001  while condition:
#002      do_somthing
```

例如，可对变量 n 不断加 1，直至 n 的值超过 3，则终止循环。演示代码如下：

```
#001  n = 1
#002  while n <= 3:
#003      print(n)
#004      n = n + 1
```

代码输出结果如下：

```
1
2
3
```

在循环语句 while 的代码块中可以使用任意语句，也包括 while。例如，使用两层 while 语句可以输出九九乘法表，演示代码如下：

```
#001  left = 1
#002  while left <= 9:
#003      right = 1
#004      while right <= left:
#005          print(f'{left}*{right} = {left*right} ', end = '')
#006          right += 1
```

```
#007        print()
#008        left + = 1
```

代码输出结果如下:

```
1*1 = 1
2*1 = 2 2*2 = 4
3*1 = 3 3*2 = 6 3*3 = 9
4*1 = 4 4*2 = 8 4*3 = 12 4*4 = 16
5*1 = 5 5*2 = 10 5*3 = 15 5*4 = 20 5*5 = 25
6*1 = 6 6*2 = 12 6*3 = 18 6*4 = 24 6*5 = 30 6*6 = 36
7*1 = 7 7*2 = 14 7*3 = 21 7*4 = 28 7*5 = 35 7*6 = 42 7*7 = 49
8*1 = 8 8*2 = 16 8*3 = 24 8*4 = 32 8*5 = 40 8*6 = 48 8*7 = 56 8*8 = 64
9*1 = 9 9*2 = 18 9*3 = 27 9*4 = 36 9*5 = 45 9*6 = 54 9*7 = 63 9*8 = 72
9*9 = 81
```

➢ 代码解析

第 1 行代码初始化 left=1，left 代表乘法表中每一项的左乘数。

第 2~8 行代码将 left 从 1 逐步递增，每次加 1，一直到 9。

第 3 行代码初始化 right=1，right 代表乘法表中每一项的右乘数。

第 4 行到第 6 行代码将 right 从 1 逐步递增，每次加 1，一直到值和 left 相等，并将乘法表达式输出。由于是输出在同一行，因此 print( ) 行数中指定了参数 end='' 用来表示不换行。

第 7 行代码表示换行。

第 8 行代码将 left 递增 1。

循环语句 while 和循环语句 for 类似，也可以使用 continue 继续迭代，使用 break 跳出迭代。由于用法一样，这里不再赘述。

2.6　函数

2.6.1　定义函数

函数是带名字的代码块，用于完成特定的任务。Python 内置了很多函数，但如果程序中需要多次执行相同的自定义代码逻辑，也可将这部分代码定义为函数来运行。由于函数减少了重复的代码，有助于程序的可读性和可维护性。

在 Python 中，使用 def 关键字定义函数。例如，可以定义名为 greet 的函数来向世界问好。演示代码如下:

```
#001  def greet():
#002      """输出问候语"""
#003      print('Hello, World!')
#004  greet()
```

代码输出结果如下:

```
Hello, World!
```

➢ 代码解析

第 1 行代码使用 def 定义了名为 greet 的函数。

第 2 行和第 3 代码是紧跟在 def greet( ): 后面的所有缩进的代码块，它们构成了函数体。

第 2 行代码在 Python 中被称为文档字符串（docstring），描述了函数的作用，是可选的。文档字符串和井号注释都能对代码进行解释说明，不同的是，文档字符串被 Python 解释器执行，并赋值给函数的 __doc__ 属性，可使用 print(greet.__doc__) 输出它的内容。

第 3 行代码是 greet( ) 函数中真正的逻辑部分，用来输出问候语。

第 4 行代码则是调用 greet( ) 函数，以执行函数体。

2.6.2 定义函数参数

在上面的示例中，greet( ) 函数没有任何参数。Python 支持为函数定义参数，这样就能在函数体内处理来自外界的输入。比如，greet( ) 函数需要向某个用户打招呼，那么就可以定义名为 name 的参数。演示代码如下：

```
#001  def greet(name):
#002      """输出问候"""
#003      print(f'Hello, {name}!')
#004  greet('小张')
```

代码输出结果如下：

```
Hello, 小张!
```

代码 greet(' 小张 ') 调用函数 greet( )，并将值 ' 小张 ' 作为参数 name 传入。函数在收到名字后，向这个人发出了问候。

⊃ Ⅰ 实参和形参

在函数 greet( ) 的定义中，变量 name 是一个形参（parameter），即函数完成任务所需的参数。在调用函数 greet(' 小张 ') 中，值 ' 小张 ' 是一个实参（argument），即调用函数时传递给函数的参数。示例中，将实参 ' 小张 ' 传递给了函数 greet( )，这个值被赋给了形参 name。一般情况下，不需要区分实参和形参。

⊃ Ⅱ 位置实参

调用函数时，必须将每个实参关联到函数定义的形参上。最简单的关联方式是基于实参的顺序，这种关联方式称为位置实参。

例如，定义一个函数，接收长和宽两个形参，用来计算面积。演示代码如下：

```
#001  def calculate_area(x, y):
#002      area = x * y
#003      print(f'The area is {area}.')
#004  calculate_area(2, 3)
```

在上述代码中，按照顺序，实参 2 被赋给了形参 x，实参 3 被赋给了形参 y。在 calculate_area( ) 函数体内，使用了这两个形参计算出面积，并将之输出。

⊃ Ⅲ 关键字实参

调用函数时，还可以指定形参名称，将实参值传递过去，这种关联方式称为关键字实参。关键字实参无须考虑函数调用中的实参顺序，而且清晰地展示了实参的用途。

回到上述示例，既可以按顺序又可以乱序指定关键字实参。演示代码如下：

```
#001  def calculate_area(x, y):
#002      area = x * y
#003      print(f'The area is {area}.')
```

```
#004    calculate_area(x = 2, y = 3)
#005    calculate_area(y = 3, x = 2)
```

Python 允许同时使用位置实参和关键字实参，唯一的要求是关键字实参必须在位置实参之后，且不能重复。

例如，定义一个函数，接收长、宽、高 3 个形参，用来计算体积。演示代码如下：

```
#001    def calculate_volume(x, y, z):
#002        volume = x * y * z
#003        print(f'The volume is {volume}.')
#004    calculate_volume(2, y = 3, z = 4)
#005    calculate_volume(2, 3, z = 4)
```

➤ 代码解析

第 4 行代码调用函数 calculate_volume( )，将位置实参 2 赋给形参 x，另外通过关键字实参分别为形参 y 和 z 赋值。

第 5 行代码调用函数 calculate_volume( )，将位置实参 2 和 3 按顺序分别赋给形参 x 和 y，另外通过关键字实参为形参 z 赋值。

➲ Ⅳ　默认值

Python 支持为形参定义默认值，在调用函数时，如果没有为形参传递实参，则使用默认值。

例如，在函数 calculate_area( ) 中可以为 y 定义默认值 3。演示代码如下：

```
#001    def calculate_area(x, y = 3):
#002        area = x * y
#003        print(f'The area is {area}.')
#004    calculate_area(2)
#005    calculate_area(2, 4)
```

代码输出结果如下：

```
The area is 6.
The area is 8.
```

➤ 代码解析

第 4 行代码调用函数 calculate_area( )，将位置实参 2 赋给形参 x，由于没有传其他实参，形参 y 使用了默认值 3，计算的面积为 6。

第 5 行代码调用函数 calculate_area( )，将位置实参 2 和 4 按顺序分别赋给形参 x 和 y，计算的面积为 8。

➲ Ⅴ　可变参数

函数参数并不总是固定的，也就是说可能存在任意数量的参数。为了应对这种情况，Python 支持为函数定义可变参数。使用 * 参数名（一般命名为 *args）来定义可变位置参数，使用 ** 参数名（一般命名为 **kwargs）来定义可变关键字参数。在函数体内部，形参 args 为元组，形参 kwargs 为字典。演示代码如下：

```
#001    def f(*args, **kwargs):
#002        print('args:', args)
#003        print('kwargs:', kwargs)
#004        print()
#005    f()
#006    f(1, 2)
```

```
#007  f(a = 'a1', b = 'b1')
#008  f(1, 2, a = 'a1', b = 'b1')
```

代码输出结果如下：

```
args: ()
kwargs: {}

args: (1, 2)
kwargs: {}

args: ()
kwargs: {'a': 'a1', 'b': 'b1'}

args: (1, 2)
kwargs: {'a': 'a1', 'b': 'b1'}
```

> 代码解析

第 1 行到第 4 行代码定义函数 f( )，接收可变位置参数 args 和可变关键字参数 kwargs，然后分别输出这两个参数。

第 5 行代码调用函数 f( )，不传任何实参，因此形参 args 值为空元组 ( )，形参 kwargs 值为空字典 { }。

第 6 行代码调用函数 f( )，传递位置实参 1 和 2，因此形参 args 值为 (1,2)，形参 kwargs 值为 { }。

第 7 行代码调用函数 f( )，传递关键字实参 a='a1' 和 b='b1'，因此形参 kwargs 值为 {'a': 'a1', 'b': 'b1'}，形参 args 值为空 ( )。

第 8 行代码调用函数 f( )，既传递位置实参 1 和 2，又传递关键字实参 a='a1' 和 b='b1'，因此形参 args 值为 (1,2)，形参 kwargs 值为 {'a': 'a1', 'b': 'b1'}。

2.6.3　函数返回值

函数可以返回一个或一组值，被称为返回值。在函数中，可使用 return 语句将值返回到调用函数的代码行。

在 2.6.2 小节中，计算面积函数 calculate_area( ) 没有返回结果，而是将面积输出到屏幕上。可通过返回值功能让此函数返回面积，并在调用函数的代码行中将函数结果赋给变量，再将变量值输出。演示代码如下：

```
#001  def calculate_area(x, y):
#002      return x * y
#003  area = calculate_area(2, 3)
#004  print(f'The area is {area}.')
```

代码输出结果如下：

```
The area is 6.
```

> 代码解析

第 1 行到第 2 行代码定义函数 calculate_area( )，并使用 return 返回计算后的面积。

第 3 行代码调用函数 calculate_area( )，并将函数返回值赋给变量 area。

第 4 行代码使用函数 print( ) 输出面积。

函数除了支持返回一个值，还可以返回一组值。例如，可以定义求最小值和最大值的函数，将两个值作为返回值。演示代码如下：

```
#001  def min_max(x, y):
#002      if x < y:
#003          return x, y
#004      else:
#005          return y, x
#006  min_val, max_val = min_max(1, 2)
#007  print(f'Min Value: {min_val}, Max Value: {max_val}')
#008  min_val, max_val = min_max(10, 5)
#009  print(f'Min Value: {min_val}, Max Value: {max_val}')
```

代码输出结果如下：

```
Min Value: 1, Max Value: 2
Min Value: 5, Max Value: 10
```

➢ 代码解析

第 1 行到第 5 行代码定义函数 min_max( )，并使用 return 返回最小值和最大值。

第 6 行到第 7 行代码调用函数 min_max( )，传入位置实参 1 和 2，并将函数返回值按顺序赋给变量 min_val 和 max_val，然后输出。可以看到，min_val 对应最小值 1，max_val 对应最大值 2。

第 8 行到第 9 行代码调用函数 min_max( )，传入位置实参 10 和 5，并将函数返回值按顺序赋给变量 min_val 和 max_val，然后输出。可以看到，min_val 对应最小值 5，max_val 对应最大值 10。

2.6.4　使用 print 输出对象

Python 的内置函数 print( ) 用于将一个或多个对象进行输出。该函数的语法如下：

```
print(*objects, sep = ' ', end = '\n', file = sys.stdout, flush = False)
```

可变位置实参 objects 意味着 print 支持输出任意数量的对象，且这些对象可以是任意类型，包括整型、浮点型、字符串、列表、元组、集合、字典、函数等。演示代码如下：

```
#001  colors = ['red', 'yellow', 'blue']
#002  person = {'name': '小张', 'age': 18}
#003  print(colors, person)
```

代码输出结果如下：

```
['red', 'yellow', 'blue'] {'name': '小张', 'age': 18}
```

参数 sep 表示多个输出对象之间的分隔符，默认为空格，也可以指定其他字符串，比如"<|>"。演示代码如下：

```
#001  colors = ['red', 'yellow', 'blue']
#002  person = {'name': '小张', 'age': 18}
#003  print(colors, person, sep = '<->')
```

代码输出结果如下：

```
['red', 'yellow', 'blue']<->{'name': '小张', 'age': 18}
```

参数 end 表示在输出终止后附加的字符，默认为换行符"\n"。也可以指定为其他字符串，比如空格，这样每次 print 结果后都附加一个空格，而非换行。演示代码如下：

```
#001  print(1, end = ' ')
#002  print(2)
#003  print(3, end = ' ')
#004  print(4)
```

代码输出结果如下：

```
1 2
3 4
```

参数 file 表示输出到哪个文件对象，默认值是 sys.stdout，表示标准输出，也就是计算机屏幕上。

参数 flush 表示是否直接刷新缓存进行输出。默认情况下 print( ) 会将输出内容缓存起来，待 file 关闭时才将缓存的内容输出到 file 中。flush=True 则表示直接将内容输出到 file 中。假设要实现动态载入的效果，就可以使用此参数。演示代码如下：

```
#001   import time
#002   print('Loading', end = '')
#003   for i in range(6):
#004       time.sleep(0.2)
#005       print(".", end = "", flush = True)
```

在上述代码中，在输出 'Loading' 后，每隔 0.2 秒依次输出 '.'，以实现动态载入的效果。

2.6.5　使用 range 函数生成数字序列

Python 的内置函数 range( ) 能够便捷地生成数字序列，该函数的语法如下：

```
range(stop)
range(start, stop[, step])
```

当传入一个参数时，此参数 stop 表示终止值，即从 0 开始步进到最接近终止值时停止迭代。例如，range(5) 表示从 0 开始进行迭代，每次迭代加 1，一直迭代到 4。结合列表推导式，可以快速生成元素连续的列表。演示代码如下：

```
print([i for i in range(5)])
```

代码输出结果如下：

```
[0, 1, 2, 3, 4]
```

当传入两个参数时，第一个参数 start 表示起始值，第二个参数 stop 表示终止值。例如，range(2,5) 表示从 2 开始进行迭代，每次迭代加 1，一直迭代到 4。结合列表推导式，可以快速生成元素连续的列表。演示代码如下：

```
print([i for i in range(2, 5)])
```

代码输出结果如下：

```
[2, 3, 4]
```

当传入 3 个参数时，前两个参数同上，第三个参数 step 表示步进间隔。例如，range(2,10,3) 表示从 2 开始进行迭代，每次迭代加 3，一直迭代到最接近 10 的值（即 8）。演示代码如下：

```
print([i for i in range(2, 10, 3)])
```

代码输出结果如下：

```
[2, 5, 8]
```

2.6.6　使用 sorted 函数排序列表

排序是在程序中经常用到的算法，Python 的内置函数 sorted( ) 可以对列表、元组等序列进行排序，将排序后的结果放入新的列表中，默认为升序。该函数的语法如下：

```
sorted(iterable, key = None, reverse = False)
```

参数 iterable 表示可迭代对象，比如元组、列表、字符串等。演示代码如下：

```
print(sorted((1, 5, 4, 2, 3)))
```

代码输出结果如下：

```
[1, 2, 3, 4, 5]
```

sorted( ) 函数还支持反向排序，只需指定参数 reverse=True。演示代码如下：

```
print(sorted((1, 5, 4, 2, 3), reverse = True))
```

代码输出结果如下：

```
[5, 4, 3, 2, 1]
```

除了对数字进行排序，sorted 函数还支持对字符串进行排序。其排序规则是按照 ASCII 码值的大小进行排序的，且大写字母排列在小写字母的前面。演示代码如下：

```
print(sorted(('b', 'A', 'c', 'C', 'a', 'B')))
```

代码输出结果如下：

```
['A', 'B', 'C', 'a', 'b', 'c']
```

2.6.7　使用 filter 函数按条件过滤

Python 的内置函数 filter( ) 能够按条件过滤列表、元组、字典等序列，它分别接收一个条件函数和一个可迭代对象。该函数的语法如下：

```
filter(function, iterable)
```

函数 filter( ) 会遍历可迭代对象中的每个元素，把条件函数作用于每个元素，根据该函数返回的结果为真值（True）还是假值（False），来决定保留还是丢弃该元素。函数 filter( ) 返回的结果是一个惰性序列，意味着必须对返回结果进行迭代才可以推动迭代序列中的元素。可以使用 list 函数或者 for 语句对其进行迭代。

例如，利用函数 filter( ) 过滤出 1~100 中能够被 24 整除的整数。演示代码如下：

```
#001    def divisible_by_24(x):
#002        if x % 24 == 0:
#003            return True
#004        return False
#005    l = filter(divisible_by_24, range(1, 101))
#006    print(list(l))
```

代码输出结果如下：

```
[24, 48, 72, 96]
```

➤ 代码解析

第 1 行到第 4 行代码定义函数 divisible_by_24( )，判断给定的参数 x 是否能被 24 整除。

第 5 行代码调用函数 filter( )，第一个参数传入条件函数 divisible_by_24，第二个参数传入表示 1 到 100 的序列。函数 filter( ) 会依次遍历 1~100 的每个数字，将之传入函数 divisible_by_24( ) 中，若结果返回为 True，则保留此数字，反之则丢弃。

第 6 行代码将函数 filter( ) 的结果变成列表并输出。

2.6.8　使用 map 函数进行映射

Python 的内置函数 map( ) 能够对列表、元组、字典等序列中的每个元素进行映射，该函数的语法如下：

```
map(function, *iterable)
```

函数 map( ) 会遍历可迭代序列中的每个元素，把处理函数作用于每个元素，将该函数结果放入新的序列中。函数 map( ) 的返回结果同 filter( ) 类似，也是一个惰性序列，意味着必须对返回结果进行迭代才可以推动迭代序列中的元素。可以使用 list 函数或者 for 语句对其进行迭代。例如，利用函数 map( ) 将 1~10 的整数都乘 2。演示代码如下：

```
#001  def multiplied_by_2(x):
#002      return x * 2
#003  l = map(multiplied_by_2, range(1, 11))
#004  print(list(l))
```

代码输出结果如下：

```
[2, 4, 6, 8, 10, 12, 14, 16, 18, 20]
```

➤ 代码解析

第 1 行到第 2 行代码定义函数 multiplied_by_2( )，将给定的参数 x 乘 2 并返回结果。

第 3 行代码调用函数 map( )，第一个参数传入处理函数 multiplied_by_2，第二个参数传入表示 1 到 10 的序列。函数 map( ) 会依次遍历 1~10 的每个数字，将之传入函数 multiplied_by_2 ( ) 中，并把乘 2 后的结果保留。

第 4 行代码将函数 map( ) 的结果变成列表并输出。

函数 map( ) 可接受多个可迭代对象，这意味着会同时遍历多个可迭代对象的每个元素，并将对应元素都放到处理函数中，再将该函数结果放入新的序列中。例如，利用函数 map( ) 将两个序列的对应整数相乘。演示代码如下：

```
#001  def multiply(x, y):
#002      return x * y
#003  l = map(multiply, range(1, 11), range(1, 11))
#004  print(list(l))
```

代码输出结果如下：

```
[1, 4, 9, 16, 25, 36, 49, 64, 81, 100]
```

➤ 代码解析

第 1 行到第 2 行代码定义函数 multiply( )，将给定的参数 x 和 y 相乘并返回结果。

第 3 行代码调用函数 map( )，第一个参数传入处理函数 multiply，第二、三个参数传入表示 1~10 的序列。函数 map( ) 会依次遍历两个 1~10 序列的每个数字，将之传入函数 multiply( ) 中，并把相乘后的结果保留。

第 4 行代码将函数 map( ) 的结果变成列表并输出。

2.6.9　匿名函数 lambda

函数通常有名字，但是 Python 允许通过 lambda 表达式定义匿名函数。顾名思义，匿名函数就是没有名字的函数，通常用于定义简单的函数。匿名函数可以接收任意多个参数并且返回单个表达式的值，其语法如下：

```
lambda arg1, arg2, … argn: expression
```

匿名函数可以赋给变量，此变量就代表函数，使用方式和普通函数完全一样；也可被直接当作函数来使用，此时需要将匿名函数用小括号括住以进行函数调用。例如，计算两个数的和可以这样实现：

```
#001  # 方式1: 定义add1()函数
#002  def add1(x, y):
#003      return x + y
#004  result = add1(1, 2)
```

```
#005    print(result)
#006
#007    # 方式2: 使用lambda表达式定义, 并赋给add2变量
#008    add2 = lambda x, y: x + y
#009    result = add2(1, 2)
#010    print(result)
#011
#012    # 方式3: 使用lambda表达式定义并使用
#013    result = (lambda x, y: x + y)(1, 2)
#014    print(result)
```

代码输出结果如下:

```
3
3
3
```

➢ 代码解析

第 2 行到第 3 行代码使用 def 定义函数 add1(),将给定的参数 x 和 y 相加并返回结果。

第 4 行代码调用函数 add1(1, 2),计算 1+2 的和。

第 8 行代码使用 lambda 表达式定义匿名函数,接收两个参数 x 和 y,函数体表达式为 x + y,表示计算两个参数的和。此 lambda 函数赋给了变量 add2,也就是说 add2() 变成了函数,它与函数 add1() 作用一致。

第 9 行代码调用 add2(1, 2),计算 1+2 的和。

第 13 行代码同第 8 行代码类似,也使用 lambda 表达式定义相同作用的匿名函数。不同的是,它没有赋给任何变量,而是使用小括号括住函数体,即 (lambda x, y: x + y),这种形式等价于函数变量。然后和其他函数调用方式一样,计算 1+2 的和。

匿名函数通常和 sorted()、filter()、map() 等函数结合使用。例如,在 2.6.7 小节中,利用函数 filter() 过滤出 1~100 中能够被 24 整除的整数,使用 def 定义了一个判断能否被 24 整除的函数,而使用 lambda 表达式则更简单:

```
#001    l = filter(lambda x: x % 24 == 0, range(1, 101))
#002    print(list(l))
```

代码输出结果如下:

```
[24, 48, 72, 96]
```

➢ 代码解析

第 1 行代码函数 filter() 的第一个参数传入了 lambda 表达式,此匿名函数接收参数 x,并在 x 能被 24 整除时返回 True,反之返回 False。第二个参数传入了 1~100 的序列。

第 2 行代码将函数 filter() 的结果变成列表并输出。

2.7　调试代码

复杂的程序难免出现 Bug,此时学会如何调试代码至关重要。接手一个新的程序时,除了查看设计文档和阅读代码,调试代码能够帮助用户更好地理解程序的逻辑。

Visual Studio Code（下文简称 VS Code）提供了便捷易用的调试功能，以下面这段代码为例，介绍如何使用 VS Code 调试 Python 代码：

```
#001  def square(x):
#002      val = x * x
#003      return val
#004  numbers = [1, 2, 3]
#005  for x in numbers:
#006      val = square(x)
#007      output = f'Value: {val}'
#008      print(output)
```

上述代码定义了 numbers 列表，遍历列表中的每个元素，调用函数 square( ) 求元素的平方，包含平方结果的字符串赋给变量 val，再进行输出。

开始调试前，需要为代码添加断点，进入调试模式后会自动在打上断点的代码行上停止，以进行调试。在确定好需要添加断点的代码行后，单击 VS Code 代码编辑界面对应代码行的最左侧空白区域，即可添加断点。在本示例中，分别给第 2 和 8 行添加断点，如图 2-4 所示。

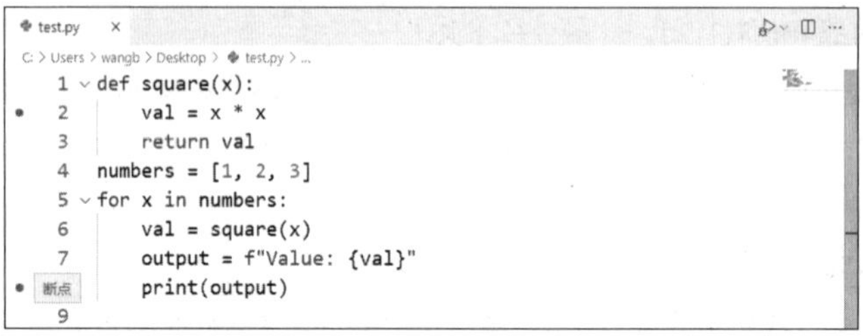

图 2-4　VS Code 示例代码断点

单击 VS Code 代码编辑界面右上角的运行下拉按钮，在下拉菜单中单击【Debug Python File】进入调试模式，如图 2-5 所示。

图 2-5　VS Code 运行下拉菜单

在调试界面中，会首先运行到第 2 行，并停止运行，VS Code 会将当前行进行高亮，如图 2-6 所示。将鼠标移动到第 1 行的变量 x 上，可查看其值为 1。

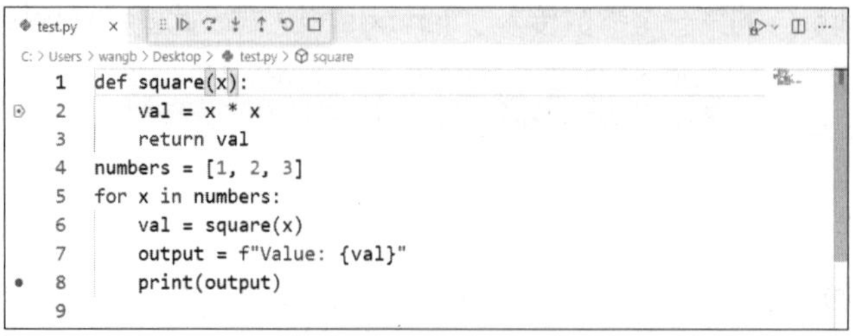

图 2-6　VS Code 运行到第一个断点的界面

单击主界面下方的【调试控制台】，可查看变量、计算表达式。例如，输入 x 并按 <Enter> 键可查看变量 x 的值为 1，输入 x*x 并按 <Enter> 键可查看表达式计算后的结果，如图 2-7 所示。

图 2-7　VS Code 调试控制台

在调试界面中，单击上方调试工具栏中的【单步调试】按钮 ↓ 或按 <F11> 键可进行单步调试，此时运行到了第 3 行，如图 2-8 所示。鼠标移动到第 3 行的变量 val 上，可查看其值为 1。

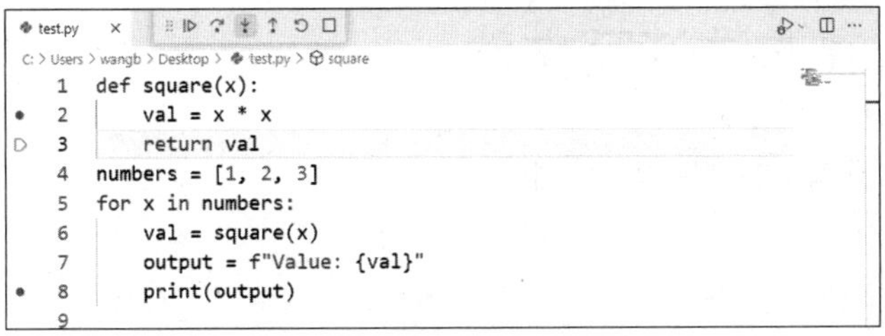

```python
def square(x):
    val = x * x
    return val
numbers = [1, 2, 3]
for x in numbers:
    val = square(x)
    output = f"Value: {val}"
    print(output)
```

图 2-8　VS Code 运行到第一个断点下一步的界面

在调试界面中，单击上方调试工具栏中的【继续】按钮 ▷ 或按 <F5> 键可继续运行至下一个断点，此时运行到了第 8 行，如图 2-9 所示。鼠标移动到第 7 行的变量 output 上，可查看其值为 'Value: 1'。

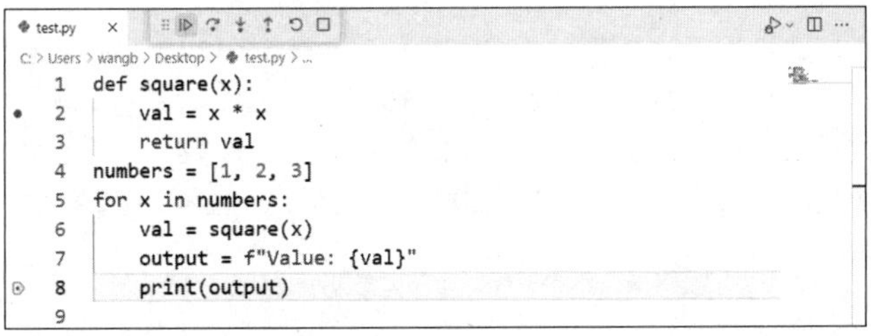

```python
def square(x):
    val = x * x
    return val
numbers = [1, 2, 3]
for x in numbers:
    val = square(x)
    output = f"Value: {val}"
    print(output)
```

图 2-9　VS Code 运行到第二个断点的界面

此外，在 VS Code 主界面左侧，可以看到调试过程中的变量、调用堆栈、调用等信息，如图 2-10 所示。

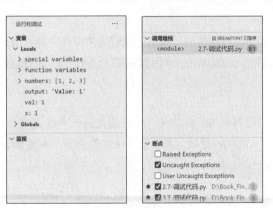

图 2-10　VS Code 调试详情界面

按照上述方法多次单击【继续】或【单步调试】按钮，即可逐步运行代码直至退出。

在调试过程中，如需重新调试，可单击重启按钮 ↺ 或按 <Ctrl+Shift+F5> 组合键。如需停止调试，可单击【停止】按钮 □ 或按 <Shift+F5> 组合键。

第 3 章　使用 pandas 进行数据分析和可视化

在日常工作中，经常需要处理各种文件中的数据，例如，以行列形式存储的 Excel 文件、csv 文本文件，又或者以树形结构存储的 JSON 文件等。从存储方式上划分，前者为结构化数据，后者为半结构化数据。

Python 极为擅长处理结构化和半结构化数据并进行可视化展示，有多个相关的库可用。本章以 pandas 模块为主，介绍数据读写、数据存储、数据查找和数据可视化等常用操作。

3.1　使用 open 方法读写文件

以下示例代码将打开指定的文件读写数据。

```
#001    import os
#002    folder_name = os.path.dirname(__file__)
#003    file_name = os.path.join(folder_name, 'test.txt')
#004    with open(file_name, 'w') as f:
#005        f.write('orderDate, itemNo, userID, province\n')
#006        f.write('2018-04-08, 1155380002, 18745802, 河北省\n')
#007        f.writelines(
#008            ['2017-12-03, 1017490001, 18789224, 河北省\n',
#009             '2018-02-02, 2138320003, 17726743, 河北省\n',
#010             '2018-07-24, 1644530013, 18467818, 河北省\n'])
#011    read_file = os.path.join(folder_name, 'txt_UTF8.txt')
#012    with open(read_file, 'r', encoding='UTF8') as f:
#013        j = 1
#014        for line in f.readlines():
#015            print('第%d' % j + '行数据是:' + line)
#016            j += 1
```

➤ 代码解析

第 1 行代码导入 os 模块，此模块提供了丰富的功能用来操作文件和目录。

第 2 行代码使用 os 模块的 path.dirname 函数获取 Python 文件所在目录，其中 __file__ 属性返回 Python 文件的全路径。

> **注意** →
>
> 使用"运行选择内容／行"或"运行选定的代码或当前行"菜单命令时，可能会因为未指定 __file__ 属性而报错。如需使用该菜单命令，应改为以下代码：
>
> ```
> import inspect, os
> file_name = inspect.getframeinfo(inspect.currentframe()).filename
> folder_name = os.path.dirname(os.path.abspath(file_name))
> ```

第 3 行代码使用 os 模块的 path.join 函数连接目录名和文件名获取全路径，其中 folder_name 为当前目录。由于不同操作系统中的目录分隔符可能会有差异，所以使用 path.join 函数可以更好地确保代码的跨平台兼容性。

第 4 行代码通过覆盖写入的方式创建文件对象 f。with open (参数 1, 参数 2) as 语句的优点在于退出 with 语句块后自动关闭文件，能避免一些操作错误。

函数 open 的参数说明如下。

参数 1：必选，用于指定文件路径与文件名称，一般有绝对路径和相对路径两种。需要注意的是，Python 语法是严格区分大小写的，编写代码时建议复制粘贴路径和文件名，以避免拼写出错。文件路径的表示方式如表 3-1 所示。

表 3-1 文件路径的表示方式

示例	说明
r'C:\pydemo\CH03\ 使用 open 方法读写文件 \test.txt'	不转义，强制按 Windows 方式解析绝对路径
'C:\\pydemo\\CH03\\ 使用 open 方法读写文件 \\test.txt'	以转义形式解析绝对路径（双反斜杠中的第一个反斜杠为转义字符）
'C:/pydemo/CH03/ 使用 open 方法读写文件 /test.txt'	以 Linux 路径形式解析绝对路径
' 使用 open 方法读写文件 /test.txt'	以 Linux 路径形式解析相对路径。表示该文件位于当前路径下的"使用 open 方法读写文件"文件夹里

深入了解

使用相对路径时，需要先把工作路径切换到 Python 文件目录下，然后添加以下代码（代码中的路径需要根据实际情况变化）：

```
#001  import os
#002  os.chdir(r'C:\pydemo\CH03\使用open方法读写文件')
#003  with open('test.txt', 'w') as f:
......
```

参数 2：必选，用于指定文件读写模式。mode 参数如表 3-2 所示。

表 3-2 mode 参数

模式	可做操作	若文件不存在	是否覆盖
r	只读	报错	—
r+	可读写	报错	是
w	只写	创建	是
w+	可读写	创建	是
a	只写	创建	否，追加写
a+	可读写	创建	否，追加写

第 5~10 行代码分别以 write 和 writelines 的方式写入数据，其中"\n"为换行符。二者之间的区别在于：write 方法仅限字符串形式写入；而 writelines 除了字符串形式外，还可以通过列表（list）或者元组（tuple）的方式写入。

第 11 行代码使用 os 模块的 path.join 函数连接目录名和文件名，获取 txt_UTF8.txt 的全路径。

第 12 行代码以 open 方式读取文件。与第 4 行代码相比，此处使用可选参数 encoding，用于指定文件编码。

　　使用 open 读取或写入文件时，参数 encoding 用于指定文件编码格式。在中文版 Windows 操作系统中，如果不指定 encoding，将默认使用 GBK 编码格式。

　　如果文本文件的编码格式为 UTF-8，且包含中文字符时（如示例文件 txt_UTF8.txt），使用默认编码格式读取此文件，将会出现乱码甚至报错，如图 3-1 所示。

　　此时，必须指定参数 encoding 为"UTF8"或"UTF-8"（不区分大小写），如图 3-2 所示。

```
read_file = os.path.join(folder_name, 'txt_UTF8.txt')
with open(read_file, 'r') as f:
    j = 0
    for line in f.readlines():
        print('第%d' % (j + 1) + '行数据是：' + line)
        j += 1
```
```
⊗ 0.2s

UnicodeDecodeError                        Traceback (most recent call last)
c:\pydemo\CH03\CH03\3.1-使用open方法读写文件\使用open方法读写文件.py in <module>
     12 with open(read_file, 'r') as f:
     13     j = 0
---> 14     for line in f.readlines():
     15         print('第%d' % (j + 1) + '行数据是：' + line)
     16         j += 1

UnicodeDecodeError: 'gbk' codec can't decode byte 0x81 in position 39: illegal multibyte sequence
```

图 3-1　使用了错误的解码方式读取文件时报错

```
read_file = os.path.join(folder_name, 'txt_UTF8.txt')
with open(read_file, 'r', encoding='UTF8') as f:
    j = 0
    for line in f.readlines():
        print('第%d' % (j + 1) + '行数据是：' + line)
        j += 1
```
```
✓ 0.3s

第1行数据是：2018-02-02,2138320003,17726743,河北省

第2行数据是：2018-07-24,1644530013,18467818,河北省

第3行数据是：2018-06-25,1920430004,18395194,上海市
```

图 3-2　调整为正确的解码方式顺利读取文件

> 提示　　在 Excel 中使用"另存为"功能可创建 UTF8 或 GBK 格式的 csv 文件。使用 Python 的 open 方法时，建议使用 encoding 参数并指定匹配的编码格式。

　　第 13 行代码定义变量 j，并初始化为 1，用于统计行数。

　　第 14~16 行代码为 for 循环代码块，以 readlines 方法读取文件并逐行输出，每输出一行数据，就将变量 j 的值递增 1。

　　类似的方法还有 read 和 readline，读取文件的 3 种方法如表 3-3 所示。

表 3-3　读取文件的 3 种方法

方法	默认参数示例	带参数示例	优劣比较
read	f.read( ) 读取整个文件，以字符串形式返回结果	f.read(68) 如字符总数低于 68 则返回全部，否则返回前 68 个字符	较常用，查看全部数据。读取超大文件时会占用较多内存
readline	f.readline( ) 读取一行字符串，以字符串形式返回结果	f.readline(68) 返回该行前 68 个字符（不足 68 字符则全部返回）	较少用，仅读取一行数据，常用于查看大文件
readlines	f.readlines( ) 读取整个文件，以列表（list）形式返回结果	f.readlines(68) 如字符总数低于 68 则返回全部，否则返回不低于 68 字符的最小行数 例如，每行有 40 个字符，则返回 2 行（80≥68）	较常用，读取超大文件时性能比 read 好一些。但查看全部数据时需要使用循环迭代

3.2　使用 pandas 模块读写 csv 文件

　　pandas 是 Python 里最常用的模块之一，提供了多种数据格式读写的接口，读取文件后以数据框（DataFrame）形式返回结果。DataFrame 是以行列为基本形式存储的数据格式，可以理解为类似于

Excel 工作表的数据组织形式（注意：在运行代码前，需要先用 pip install pandas 安装该模块）。

以下示例代码使用 pandas 模块读写 csv 文件。

```
#001   import pandas as pd
#002   import os
#003   folder_name = os.path.dirname(__file__)
#004   file_name = os.path.join(folder_name, 'test.txt')
#005   df = pd.read_csv(file_name, encoding = 'GBK')
#006   print(df)
#007   csv_default = os.path.join(folder_name, 'default_encode.csv')
#008   csv_GBK = os.path.join(folder_name, 'GBK_encode.csv')
#009   df.to_csv(csv_default)
#010   df.to_csv(csv_GBK, encoding = 'GBK', index = False)
```

➤ 代码解析

第 1 行代码导入 pandas 模块，设置别名为 pd。

第 2 行代码导入 os 模块，用于获取文件路径。

第 3 行代码使用 os 模块的 path.dirname 函数获取 Python 文件所在目录。

第 4 行代码使用 os 模块的 path.join 函数连接目录名和文件名获取全路径，其中 folder_name 为当前目录。

第 5 行代码以 read_csv 方法将文件读取到内存中，赋值给 DataFrame 对象变量 df。

虽然该方法为 read_csv，但实际上并非仅能用于读取扩展名为 csv 的文件，而是适用于绝大部分文本型文件，例如，以制表符（Tab）分隔的 DAT 文件等。

encoding 参数用于指定 read_csv 方法的编码格式。read_csv 常用参数如表 3-4 所示。

表 3-4　read_csv 常用参数

参数示例	说明
1.index_col=0 2.index_col='orderDate' 3.index_col=[0, 1] 4.index_col=['orderDate', 'itemNo']	传入列名（或列名列表）、列位置（或列位置列表），False，默认值 None 相当于 False，即不设置索引 示例 1：设置第 1 列为索引（列位置从 0 开始） 示例 2：设置"orderDate"列为索引（使用列名字符串） 示例 3、4：设置第 1~2 列为索引（即多重索引）
sep='\t'	设置分隔符为制表符（Tab），默认分隔符为逗号，与 delimiter 参数二选一
delimiter='\t'	指定备用界定符为制表符（Tab），与 sep 参数二选一
header=3	指定第 4 行（行号从 0 开始，因此是第 4 行）为表头，跳过此前的数据。默认值为 None

第 6 行代码在屏幕上将 DataFrame 显示出来。

第 7~8 行代码分别设置默认编码和 GBK 编码 csv 文件路径。

第 9 行代码以默认编码形式将 DataFrame 输出为 csv 文件。如果使用 Excel 打开此文件，会发现增加了 A 列作为索引（index），且 E 列中文显示为乱码，如图 3-3 所示。

第 10 行代码指定编码方式为"GBK"，不显示索引（index），将 DataFrame 输出为 csv 文件，使用 Excel 打开就没有乱码了，如图 3-4 所示。

	A	B	C	D	E
1		orderDate	itemNo	userID	province
2	0	2018/4/8	1155380002	18745802	娌冲寳鐪?
3	1	2017/12/3	1017490001	18789224	娌冲寳鐪?
4	2	2018/2/2	2138320003	17726743	娌冲寳鐪?
5	3	2018/7/24	1644530013	18467818	娌冲寳鐪?

图 3-3　用 Excel 打开默认编码的 csv 文件后，
中文显示为乱码

	A	B	C	D
1	orderDate	itemNo	userID	province
2	2018/4/8	1155380002	18745802	河北省
3	2017/12/3	1017490001	18789224	河北省
4	2018/2/2	2138320003	17726743	河北省
5	2018/7/24	1644530013	18467818	河北省
6				

图 3-4　指定编码为 GBK 后，
可在 Excel 中正确显示中文

3.3　使用 pandas 读写 Excel 文件

由于 openpyxl 不支持 xls 格式 Excel 文件，而 xlrd >=2.0.0 不支持 xlsx 格式 Excel 文件，在运行代码前，需要先用 pip install openpyxl 和 pip install xlrd 安装相应模块，以便读取不同格式的 Excel 文件。

3.3.1　读取单个工作表的 Excel 文件

以下示例代码读取图 3-5 所示的单个工作表 Excel 文件。

	A	B	C	D
1	Saving Stage	Actual	Forecast	Goal
2	Sum of Jan	319,782	-	252,835
3	Sum of Feb	500,581	-	435,272
4	Sum of Mar	833,476	-	600,732
5	Sum of Apr	983,144	-	766,191
6	Sum of May	1,354,426	-	919,561
7	Sum of Jun	1,523,926	-	1,065,381
8	Sum of Jul	1,523,926	118,575	1,197,404
9	Sum of Aug	1,523,926	237,150	1,329,426
10	Sum of Sep	1,523,926	355,725	1,461,449
11	Sum of Oct	1,523,926	474,299	1,593,471
12	Sum of Nov	1,523,926	568,812	1,700,813
13	Sum of Dec	1,523,926	626,160	1,808,156
14				

利润

图 3-5　待读取的单工作表 Excel 文件

```
#001   import pandas as pd
#002   import os
#003   folder_name = os.path.dirname(__file__)
#004   file_name = os.path.join(folder_name, 'read_excel.xlsx')
#005   df = pd.read_excel(file_name)
#006   print(df)
#007   df = pd.read_excel(
#008       file_name,
#009       converters = {
#010           'Saving Stage': str,
#011           'Actual': str,
#012           'Forecast': float,
#013           'Goal': str})
#014   print(df)
```

➢ 代码解析

第 1 行代码导入 pandas 模块，设置别名为 pd。

第 2 行代码导入 os 模块，用于获取文件路径。

第 3 行代码使用 os 模块的 path.dirname 函数获取 Python 文件所在目录。

第 4 行代码使用 os 模块的 path.join 函数连接目录名和文件名获取全路径，其中 folder_name 为当前目录。

第 5 行代码以 read_excel 方法将文件读取到内存中，赋值给 DataFrame 对象变量 df。

第 6 行代码在屏幕上将 DataFrame 显示出来。运行结果如图 3-6 所示。

	Saving Stage	Actual	Forecast	Goal
0	Sum of Jan	3.197823e+05	0.0000	2.528354e+05
1	Sum of Feb	5.005808e+05	0.0000	4.352720e+05
2	Sum of Mar	8.334762e+05	0.0000	6.007315e+05
3	Sum of Apr	9.831441e+05	0.0000	7.661911e+05
4	Sum of May	1.354426e+06	0.0000	9.195613e+05
5	Sum of Jun	1.523926e+06	0.0000	1.065381e+06
6	Sum of Jul	1.523926e+06	118574.8630	1.197404e+06
7	Sum of Aug	1.523926e+06	237149.7260	1.329426e+06
8	Sum of Sep	1.523926e+06	355724.5890	1.461449e+06
9	Sum of Oct	1.523926e+06	474299.4520	1.593471e+06
10	Sum of Nov	1.523926e+06	568811.9063	1.700813e+06
11	Sum of Dec	1.523926e+06	626159.8992	1.808156e+06

图 3-6　显示为科学记数法的 DataFrame

当 Excel 数值超过 11 位后，通常显示为科学记数法。

左侧为索引，默认为从 0 开始的整数，类似于行号，但并非一成不变，而是根据用户增删数据、设置或重置索引等操作而变化。详细讲解请参考 3.7 节。

第 7~14 行代码读取 Excel 文件的同时，将每一列的数字格式转换为字符串（str）或浮点数（float），然后在屏幕上显示出来。converters 也可以只输入需要转换的列，例如，converters={'Actual': str}。Actual 为需要转换的列名，str 为转换后的数据类型。

由于 Excel 和 pandas 的浮点数精度存在差异，两者显示并不能完全一致，如图 3-7 所示。

	Saving Stage	Actual	Forecast	Goal
0	Sum of Jan	319782.26351160003	0.0000	252835.43202000004
1	Sum of Feb	500580.82588230004	0.0000	435271.9816200001
2	Sum of Mar	833476.2469746	0.0000	600731.5312200001
3	Sum of Apr	983144.0931749	0.0000	766191.0808200001
4	Sum of May	1354425.5964435001	0.0000	919561.3167000002
5	Sum of Jun	1523926.3711562	0.0000	1065381.1268400003
6	Sum of Jul	1523926.3711562	118574.8630	1197403.6339600002
7	Sum of Aug	1523926.3711562	237149.7260	1329426.1410800002
8	Sum of Sep	1523926.3711562	355724.5890	1461448.6482000002
9	Sum of Oct	1523926.3711562	474299.4520	1593471.1553200001
10	Sum of Nov	1523926.3711562	568811.9063	1700813.40008
11	Sum of Dec	1523926.3711562	626159.8992	1808155.64484

图 3-7　显示为字符串的 DataFrame

提示　　当数据需要参与运算时，应以数值形式读取；当数据不参与运算时（序列型数据），可转为字符串形式。

3.3.2　读取复杂表头的 Excel 文件

有些 Excel 文件里面包含多张工作表，一张工作表中有多个表格，其中一些表格会包含比较复杂的表头，如图 3-8 所示。

	A	B	C	D	E	F	G
1	地区		3月			4月	
2		存量	流失量	流失率	存量	流失量	流失率
3	全市	1,558,195	25,828	1.66%	1,548,519	21,289	1.37%
4	城区	243,491	5,077	2.09%	239,913	3,513	1.46%
5	中区	264,773	4,367	1.65%	261,974	3,178	1.21%
6	东区	203,648	2,569	1.26%	203,031	2,273	1.12%
7	南区	213,375	3,552	1.66%	212,949	3,240	1.52%
8	北区	153,318	2,073	1.35%	152,833	1,678	1.10%
9	西区	103,318	2,173	2.10%	116,833	1,986	1.70%
10							
11							
12	地区	流失量	流失率	平均客户价值			
13	全市	86,855	3.86%	56.24337112			
14	城区	13,274	3.07%	58.69194871			
15	中区	13,818	4.23%	59.01000317			
16	东区	13,779	3.14%	53.65291363			
17	南区	12,255	4.30%	62.04023691			
18	北区	7,904	2.95%	51.12617781			
19	西区	5,348	3.81%	61.47838325			

图 3-8　复杂表头的 Excel 文件

以下示例代码通过设置细致的参数来读取该工作表的 A1:G9 单元格区域的数据，并输出结果。

```
#001   import pandas as pd
#002   import os
#003   folder_name = os.path.dirname(__file__)
#004   file_name = os.path.join(folder_name, 'multi_sheets.xlsx')
#005   result_file = os.path.join(folder_name, 'wt_excel.xlsx')
#006   pd.set_option('display.max_columns', None)
#007   df = pd.read_excel(file_name, sheet_name = 1, header = None,
#008                  usecols = 'A:G', nrows = 7, skiprows = 2, names = [
#009                      '地区', '3月存量', '3月流失量', '3月流失率',
#010                      '4月存量', '4月流失量', '4月流失率'])
#011   df.to_excel(result_file, sheet_name = '流失率', index = False)
```

➤ 代码解析

第 1 行代码导入 pandas 模块，设置别名为 pd。

第 2 行代码导入 os 模块，用于获取文件路径。

第 3 行代码使用 os 模块的 path.dirname 函数获取 Python 文件所在目录。

第 4~5 行代码使用 os 模块的 path.join 函数连接目录名和文件名，获取输入和输出文件全路径，分别赋值给变量 file_name 和 result_file。

第 6 行代码设置 set_option 参数显示全部列数。set_option 常用参数如表 3-5 所示。

表 3-5　set_option 常用参数

参数值	说明
display.max_columns/display.min_columns	最多 / 最少显示列数，None 表示无限制
display.max_colwidth	最大显示列宽，默认 50，None 表示无限制
display.max_rows/display.min_rows	最多 / 最少显示行数，None 表示无限制
display.precision	浮点输出精度（小数点后面位数），默认为 6 由于 float 精度为 38，因此设置为 38 或以上时才不会显示为科学记数法

第 7~10 行代码读取第 2 个工作表的数据读取范围为跳过前 2 行后读取 7 行，从 A 列到 G 列，即 A3:G9 区域。当不指定 sheet_name 参数时，默认读取当前的活动工作表（即打开 Excel 文件时的活动工作表）。read_excel 常用参数如表 3-6 所示。

表 3-6 read_excel 常用参数

参数示例	说明（注：索引均从 0 开始）
skiprows=2	跳过前 2 行
skiprows=[1,4]	跳过第 2 行和第 5 行
sheet_name=1	指定工作表编号，读取第 2 个工作表
sheet_name=' 流失率 '	指定工作表名称，读取 "流失率" 工作表
sheet_name=[0,1]	读取第 1~2 个工作表，返回字典形式的 DataFrame。其中 df[0] 对应第一个工作表
header=None	不指定表头。默认第 1 行为表头名称
header=1	指定第 2 行为表头名称，重复名称会出现 ".1" 之类的后缀，空值会出现 "Unnamed:2" 之类
names=[' 地区 ','3 月存量 ','3 月流失量 ']	设置各列字段名，需要与列数对应
usecols='A:B,E:E'	读取 A:B 列和 E:E 列。对于不连续的列以逗号隔开
usecols=[0,1,4]	读取 A:B 列和 E 列（第 1、2 和 5 列）
nrows=6	读取 6 行数据（不含跳过的行），这 6 行数据必须是连续的。因此，对于不连续的行，需要分别读取

第 11 行代码将 DataFrame 数据输出到新的 Excel 文件。

sheet_name=' 流失率 ' 表示设置工作表名为 "流失率"。如果不指定工作表名称，则自动分配为 "Sheet1"。

index=False 表示不输出索引。输出效果如图 3-9 所示，表格的表头被重新定义了。

	A	B	C	D	E	F	G	H
1	地区	3月存量	3月流失量	3月流失率	4月存量	4月流失量	4月流失率	
2	全市	1558195	25828	0.016575589	1548519	21289	0.013747975	
3	城区	243491	5077	0.020850873	239913	3513	0.014642808	
4	中区	264773	4367	0.016493374	261974	3178	0.012130975	
5	东区	203648	2569	0.012614904	203031	2273	0.011195335	
6	南区	213375	3552	0.016646749	212949	3240	0.015214911	
7	北区	153318	2073	0.013520917	152833	1678	0.010979304	
8	西区	103318	2173	0.021032153	116833	1986	0.016998622	
9								

流失率

图 3-9 重新定义表头的 Excel 文件

默认情况下，索引和列名会以加粗字体显示，并加上细网格线，左右居中对齐。如有合并单元格的情况，垂直方向则顶端对齐。这是由 to_excel 方法的 engine 参数决定的。

相对于输出样式，pandas 库更偏重于数据处理和分析。但读者仍然可以通过 pandas 库的 ExcelWriter 包编写自定义函数，作为默认参数传入，进行个性化设置。

3.4　使用 pandas 读写 JSON 文件

3.4.1　将 txt 文件转为 JSON 文件

以下示例代码将 txt 文件转存为 JSON 文件。

```
#001   import pandas as pd
#002   import os
#003   folder_name = os.path.dirname(__file__)
#004   file_name = os.path.join(folder_name, 'test.txt')
#005   df = pd.read_csv(file_name, encoding = 'GBK')
#006   default_json = os.path.join(folder_name, 'default.json')
#007   ascii_json = os.path.join(folder_name, 'ascii.json')
#008   df.to_json(default_json)
#009   df.to_json(ascii_json, force_ascii = False)
#010   df_json = pd.read_json(ascii_json)
#011   print(df_json)
```

➤ 代码解析

第 1 行代码导入 pandas 模块，设置别名为 pd。

第 2 行代码导入 os 模块，用于获取文件路径。

第 3 行代码使用 os 模块的 path.dirname 函数获取 Python 文件所在目录。

第 4 行代码使用 os 模块的 path.join 函数连接目录名和文件名获取全路径，其中 folder_name 为当前目录。

第 5 行代码以 read_csv 方法将文件读取到内存中，赋值给 DataFrame 对象变量 df。

第 6~7 行代码使用 os 模块的 path.join 函数分别设置默认编码和不编码文件路径。

第 8 行代码使用 to_json 函数将 DataFrame 的数据输出为 JSON 文件。

to_json 函数默认使用 ASCII 字符集输出文件，这会导致中文字符被转为 16 进制 Unicode，如"河"会变成"\u6cb3"，引起很多不便。

第 9 行代码使用 to_json 函数将 DataFrame 的数据另存为 JSON 文件，使用参数 force_ascii=False 可以避免中文字符被转码为 16 进制 Unicode。

第 10 行代码使用 read_json 函数读取新创建的 JSON 文件，参数 encoding='UTF8' 用于指定使用 UTF8 编码格式读取文件。

> 深入了解
>
> 在 Excel 中，可使用公式将中文与 Unicode 进行互相转换，如下所示。
>
> 解码公式：=UNICHAR(HEX2DEC("6cb3"))
>
> 编码公式：=DEC2HEX(UNICODE("河"))

第 11 行代码在屏幕上将读取到的内容显示出来。

3.4.2　读取多重嵌套的 JSON 文件

JSON 支持多重嵌套，但是这样的数据看起来不够直观，如图 3-10 所示。

```
data > {} complex.json > ...
  1  [
  2      {
  3      "name": "重庆小面",
  4      "order":[
  5          {"tableNO": "1A", "amount": 12.00, "date": "2021-09-14 11:25:12", "order": "QY2021091401"},
  6          {"tableNO": "1B", "amount": 12.00, "date": "2021-09-14 11:30:12", "order": "QY2021091402"}
  7          ]
  8      },
  9      {
 10      "name": "煎蛋",
 11      "order":[
 12          {"tableNO": "1A", "amount": 2.00, "date": "2021-09-14 11:25:12", "order": "QY2021091401"}
 13          ]
 14      },
 15      {
 16      "name": "凉面",
 17      "order":[
 18          {"tableNO": "2A", "amount": 8.00, "date": "2021-09-14 11:32:12", "order": "QY2021091403"},
 19          {"tableNO": "2B", "amount": 8.00, "date": "2021-09-14 11:40:12", "order": "QY2021091404"}
 20          ]
 21      }
 22  ]
```

图 3-10　多重嵌套的 JSON 文件

以下示例代码读取嵌套 JSON 里的数据：

```
#001   import pandas as pd
#002   import os
#003   folder_name = os.path.dirname(__file__)
#004   file_name = os.path.join(folder_name, 'complex.json')
#005   df = pd.read_json(file_name, encoding = 'UTF8')
#006   print(df, '\n---------')
#007   print(df['order'][2], '\n---------')
#008   print(df['order'][2][0], '\n---------')
#009   print(df['order'][2][0]['date'])
```

➤ 代码解析

第 1 行代码导入 pandas 模块，设置别名为 pd。

第 2 行代码导入 os 模块，用于获取文件路径。

第 3 行代码使用 os 模块的 path.dirname 函数获取 Python 文件所在目录。

第 4 行代码使用 os 模块的 path.join 函数连接目录名和文件名获取全路径，其中 folder_name 为当前目录。

第 5 行代码以 read_json 方法将文件读取到内存中，赋值给 DataFrame 对象变量 df。

第 6 行代码在屏幕上显示 DataFrame 数据。DataFrame 被分成两列，name 对应菜单名，order 表示订单数据，以列表（list）形式存储数据。

第 7 行代码 df['order'][2] 获取 df 订单列的第 3 行，返回值为列表，即"凉面"的全部订单。

第 8 行代码 df['order'][2][0] 获取列表的第一个元素，返回值为字典，即"凉面"第一单的明细。

第 9 行代码 df['order'][2][0]['date'] 获取字典 date 键所对应的值，返回值为字符串，即"凉面"第一单的订单时间。运行结果如图 3-11 所示。

```
    name                                    order
0  重庆小面  [{'tableNO': '1A', 'amount': 12.0, 'date': '20...
1    煎蛋  [{'tableNO': '1A', 'amount': 2.0, 'date': '202...
2    凉面  [{'tableNO': '2A', 'amount': 8.0, 'date': '202...
---------
[{'tableNO': '2A', 'amount': 8.0, 'date': '2021-09-14 11:32:12', 'order': 'QY2021091403'},
{'tableNO': '2B', 'amount': 8.0, 'date': '2021-09-14 11:40:12', 'order': 'QY2021091404'}]

{'tableNO': '2A', 'amount': 8.0, 'date': '2021-09-14 11:32:12', 'order': 'QY2021091403'}
---------
2021-09-14 11:32:12
```

图 3-11　运行结果

3.4.3　使用正则表达式读取 JSON 文件内容

对于 3.4.2 小节的 JSON 文件，也可以使用下面的示例代码进行读取：

```
#001   import pandas as pd
#002   import os
#003   import re
#004   folder_name = os.path.dirname(__file__)
#005   file_name = os.path.join(folder_name, 'complex.json')
#006   df = pd.read_json(file_name, encoding = 'UTF8')
#007   for idx in df.index:
#008       menu_name = df.iloc[idx, 0]
#009       orders = df.iloc[idx, 1]
#010       tableNO = re.findall('\d+[A-Z]', str(orders))
#011       print(menu_name, '----', tableNO)
```

➤ 代码解析

第 1 行代码导入 pandas 模块，设置别名为 pd。

第 2 行代码导入 os 模块，用于获取文件路径。

第 3 行代码导入 re 模块。该模块可以通过正则表达式对某一类字符串进行查找匹配或者替换。

第 4 行代码使用 os 模块的 path.dirname 函数获取 Python 文件所在目录。

第 5 行代码使用 os 模块的 path.join 函数连接目录名和文件名获取全路径，其中 folder_name 为当前目录。

第 6 行代码以 read_json 方法将文件读取到内存中，赋值给 DataFrame 对象变量 df。

第 7~11 行代码定义 for 循环代码块。

iloc[行位置，列位置] 用于选取指定位置（默认从 0 开始）的数据，详见 3.7 节。

数据源中的桌号都是"数字 + 大写字母"格式，因此可以通过正则表达式来查找每个菜应送达的桌号。

"\d"表示匹配数字，"+"表示匹配前面的子表达式一次或多次，即至少匹配一个数字，"[A-Z]"表示匹配任意一个大写字母。

运行结果如下：

```
重庆小面 ---- ['1A', '1B']
煎蛋 ---- ['1A']
凉面 ---- ['2A', '2B']
```

3.5　使用 pandas 进行数据库操作

3.5.1　将 csv 文件导入 SQLite 数据库

SQLite 是一款以 db 文件形式存储数据的轻量型桌面数据库，因便携性而大受欢迎。sqlite3 是 Python 自带的模块之一，可以很方便地执行 SQLite 数据库操作。

以下示例代码用于创建 SQLite 数据库，并将数据导入该数据库：

```
#001   import pandas as pd
#002   import sqlite3
#003   import os
#004   folder_name = os.path.dirname(__file__)
#005   file_name = os.path.join(folder_name, 'DataFrame.csv')
#006   db_name = os.path.join(folder_name, 'DataFrame.db')
#007   df = pd.read_csv(file_name)
#008   con = sqlite3.connect(db_name)
#009   df.to_sql('tbl_df', con = con, index = False, if_exists = 'replace')
#010   sql = '''select * from tbl_df where date = '2015-11-03' '''
#011   print(pd.read_sql(sql, con))
```

➢ 代码解析

第 1 行代码导入 pandas 模块，设置别名为 pd。

第 2 行代码导入 sqlite3 模块，用于创建 SQLite 数据库。

第 3 行代码导入 os 模块，用于获取文件路径。

第 4 行代码使用 os 模块的 path.dirname 函数获取 Python 文件所在目录。

第 5 行代码使用 os 模块的 path.join 函数连接目录名和文件名获取全路径，其中 folder_name 为当前目录。

第 6 行代码以同样的方式设置 SQLite 数据库文件路径。

第 7 行代码以 read_csv 方法将文件读取到内存中，赋值给 DataFrame 对象变量 df。

第 8 行代码使用 connect 方法创建 SQLite 数据库连接对象，赋值给 con 变量。

第 9 行代码使用 to_sql 方法将数据存入数据库的 tbl_df 表中。

该方法的第 1 个参数为 SQLite 数据库的表名称，当表不存在时自动创建，否则将根据 if_exists 参数来确定操作。

第 2 个参数为数据库连接对象，此处传入第 8 行代码创建的 con 变量作为参数值。

index=False 表示不导入 DataFrame 自动生成的行号索引。

设置 if_exists='replace' 表示表名称 DataFrame 存在时自动替换。此外，如需追加数据（如导入多个文件到同一张表），应设置 if_exists='append'。默认值为 fail，即表示表名称存在时提示插入数据失败的错误。

第 10 行代码定义 SQL 查询语句，表示查询 tbl_df 表里 date（日期）为"2015-11-03"的数据。

第 11 行代码以 read_sql 方法将查询结果在屏幕上显示出来。read_sql 方法传入两个参数，第一个参数为 SQL 语句，第二个参数为数据库连接对象 con。

另外，在已安装 sqlalchemy 库的前提下，也可以使用该库的 create_engine 包完成上面的操作。示例代码如下：

```
#001   import pandas as pd
#002   from sqlalchemy import create_engine
#003   import os
#004   folder_name = os.path.dirname(__file__)
#005   file_name = os.path.join(folder_name, 'DataFrame.csv')
#006   db_name = os.path.join(folder_name, 'DataFrame.db')
#007   con = create_engine('sqlite:///' + db_name, echo = True)
#008   ......
```

sqlalchemy 可连接多种数据库，SQLite 只是其中一种。

3.5.2　使用 sqlite3 模块执行数据库操作

以下示例代码使用 sqlite3 模块来创建数据库，导入文件、增删及查询数据：

```
#001   import pandas as pd
#002   import sqlite3
#003   import os
#004   folder_name = os.path.dirname(__file__)
#005   file_name = os.path.join(folder_name, 'DataFrame.csv')
#006   df = pd.read_csv(file_name)
#007   con = sqlite3.connect(':memory:')
#008   rows = [tuple(x) for x in df.values]
#009   sql_create = '''create table tbl_df(
#010       ID int, date varchar(10), clicks int, AvgPrice real,
#011       Searches int, avgRank real, Adds int, Purchases int)'''
#012   sql_insert = '''insert into tbl_df values(?, ?, ?, ?, ?, ?, ?, ?)'''
#013   sql_count = '''select count(*) from tbl_df'''
#014   sql_delete = '''
#015       delete from tbl_df where date like '2015-11%' '''
#016   with con:
#017       c = con.cursor()
#018       c.execute(sql_create)
#019       c.executemany(sql_insert, rows)
#020       con.commit()
#021       print('已导入', c.execute(sql_count).fetchone()[0], '行数据')
#022       print('已删除', c.execute(sql_delete).rowcount, '行数据')
```

➤ 代码解析

第 1 行代码导入 pandas 模块，设置别名为 pd。

第 2 行代码导入 sqlite3 模块，用于创建 SQLite 数据库。

第 3 行代码导入 os 模块，用于获取文件路径。

第 4 行代码使用 os 模块的 path.dirname 函数获取 Python 文件所在目录。

第 5 行代码使用 os 模块的 path.join 函数连接目录名和文件名获取全路径，其中 folder_name 为当前目录。

第 6 行代码以 read_csv 方法将文件读取到内存中，赋值给 DataFrame 对象变量 df。

第 7 行代码使用 connect 方法创建 SQLite 数据库连接对象，赋值给 con 变量。

和 3.5.1 小节的不同之处在于，此代码创建的是内存数据库，并不生成硬盘文件，只是把数据写入内存。其优点是读写速度更快，而缺点是断开连接后即清空数据。因此数据处理完毕后应及时将结果写入文件。

第 8 行代码通过推导式由 DataFrame 构建生成元组列表，这是 SQLite 数据库连接对象唯一能识别使用的数据结构。

第 9~11 行代码定义创建数据表的 SQL 语句。int、varchar（10）和 real 为数据类型，分别用于存储整数、不超过 10 个字符的字符串和浮点数。

第 12 行代码定义插入数据的 SQL 语句。8 个问号作为占位符，在后续的执行语句中，被替换为传入的数据。比起字符串拼接的方式，占位符更简洁，而且不易出错。

第 13~15 行代码分别定义统计行数和删除数据的 SQL 语句。

第 16~22 行代码定义 with 代码块。

第 17 行代码以 cursor 方法创建游标对象 c。

第 18~19 行代码分别使用 execute 和 executemany 方法执行 SQL 语句。

execute 和 executemany 方法都不能一次性执行以分号分隔的多条 SQL 语句，但后者可以传入元组列表，一次性插入多条数据。

> **深入了解**
>
> 　　根据官方文档，sqlite3 的 connection.execute( ) 属于非标准快捷方式，该命令会创建一个中间游标对象，调用游标对象的 execute( )，并返回这个游标对象。
>
> 　　因此，游标和数据库连接对象均可使用 execute 或 executemany 方法，两者等效。

第 20 行代码提交事务。提交事务是为了确保数据的完整性，以及解决数据并发（多人操作同一条数据）的安全问题。在一些数据库中，默认禁止自动提交事务，因此需要执行 commit 命令后才能查询到新数据。

第 21 行代码在屏幕上显示出导入的数据行数。fetch 的 3 种方式如表 3-7 所示。

表 3-7　fetch 的 3 种方式

方法	说明
fetchone( )	获取一条数据
fetchmany(N)	获取前 N 条数据
fetchall( )	获取全部数据

第 22 行代码通过 rowcount 属性将被删除的行数在屏幕上显示出来。

3.5.3　使用 pymysql 模块操作 MySQL 数据库

MySQL 作为一款开源数据库，在中小企业中非常受欢迎，不少公司的数据库系统由信息技术部门管理维护，供数据部门或业务部门使用，学会使用 MySQL 可以更方便地抽取数据以便后续的处理加工。

以下示例代码演示了如何连接 MySQL 数据库，以及查询目标数据。

> **提示**
>
> 　　读者需要先在计算机上安装好 MySQL 数据库，并通过 pip install pymysql 安装 pymysql 模块后再运行示例代码。

```
#001    import pandas as pd
#002    import pymysql
#003    import os
#004    folder_name = os.path.dirname(__file__)
#005    file_name = os.path.join(folder_name, 'test.txt')
#006    df = pd.read_csv(file_name, encoding = 'GBK')
#007    dict_connect = {
#008          'host': '127.0.0.1',
#009          'user': 'root',
#010          'password': 'Admin@123',
#011          'database': 'test',
#012          'port': 3306,
#013          'charset': 'UTF8'}
#014    conn = pymysql.connect(**dict_connect)
#015    sql_insert = 'INSERT INTO tbl_df VALUES(%s, %s, %s, %s)'
#016    data = [tuple(k) for k in df.values]
#017    cur = conn.cursor()
#018    cur.executemany(sql_insert, data)
#019    conn.commit()
#020    cur.close()
#021    conn.close()
```

➤ 代码解析

第 1 行代码导入 pandas 模块，设置别名为 pd。

第 2 行代码导入 pymysql 模块，用于连接 MySQL 数据库。另一个常见的模块是 pyodbc，两者接口大同小异，这里不做介绍。

第 3 行代码导入 os 模块，用于获取文件路径。

第 4 行代码使用 os 模块的 path.dirname 函数获取 Python 文件所在目录。

第 5 行代码使用 os 模块的 path.join 函数连接目录名和文件名获取全路径，其中 folder_name 为当前目录。

第 6 行代码以 read_csv 方法将文件读取到内存中，赋值给 DataFrame 对象变量 df。

第 7~13 行代码配置 MySQL 数据库连接属性。依次为数据库服务器地址、数据库登录用户名、登录密码、数据库名称、端口号和字符集。设置"UTF8"字符集是为了避免中文乱码的情况。

配置信息一般由信息技术部门提供，依次改成正确的值即可。

> **注意**
> MySQL 数据库没有使用默认的端口 3306 时，那么连接属性中应提供端口号，且必须是数值，加上引号会报错。

第 14 行代码创建 MySQL 连接。这里用了关键字参数传入字典。关键字参数写法：** 参数名，用于将字典（dict）对象解包成参数传入。另一种写法：

```
conn = pymysql.connect(host = '127.0.0.1', user = 'root', password =
'Admin@123', database = 'test')
```

相比之下，前者更为简洁，也便于存储到配置文件中进行维护和提高安全性。

第 15 行代码定义插入数据的 SQL 语句。"%s"为占位符，用于格式化字符串。

使用时不要加上引号，否则会导致数值型数据无法转换类型的错误。

第 16 行代码通过推导式由 DataFrame 构建生成元组列表。

第 17 行代码以 cursor() 方法定义游标变量 cur。

第 18 行代码以 executemany 方法执行 SQL 语句，批量插入数据。

深入了解

也可以使用循环代码块以 execute 方法来实现上面的操作，具体代码如下：

```
#001   sql = 'INSERT INTO tbl_df VALUES("%s",%d,%d,"%s")'
#002   for idx in df.index:
#003       data = tuple(df.iloc[idx, :])
#004       cur.execute(sql % data)
#005       conn.commit()
```

使用 execute 方法时，需要给字符串类型字段的占位符加上双引号。

第 19 行代码提交事务。与 sqlite3 模块不同的是，这里提交事务才能更新数据。

第 20 行代码关闭游标。

第 21 行代码关闭数据库连接。

execute、executemany 和 to_sql 的差异如表 3-8 所示。

表 3-8　execute、executemany 和 to_sql 的差异

方法	优势	劣势
execute	操作灵活，均可插入指定列 execute 可执行增删改查	需要熟悉 SQL 语法 需要在插入数据前建表
executemany	executemany 可批量插入数据	execute 批量插入数据时需要使用循环，效率会受影响
to_sql	自动建表，无须学习 SQL 批量插入数据，效率高	不够灵活，只能整表入库

3.6　使用 DataFrame 进行数据探索

以下示例代码读取 csv 文件的数据到 DataFrame 后，按照常用统计指标进行数据探索，csv 文件内容如图 3-12 所示。

图 3-12　数据源 csv 文件的内容

```
#001   import pandas as pd
#002   import os
#003   pd.set_option('display.max_columns', None)
#004   folder_name = os.path.dirname(__file__)
#005   file_name = os.path.join(folder_name, 'DataFrame.csv')
#006   df = pd.read_csv(file_name, encoding = 'GBK')
#007   print(df.head(10))
#008   df['date'] = df['date'].astype('datetime64[ns]')
#009   print(df.describe())
#010   print(df['Type'].value_counts())
```

➤ 代码解析

第 1 行代码导入 pandas 模块，设置别名为 pd。

第 2 行代码导入 os 模块，用于获取文件路径。

第 3 行代码通过 set_option 方法设置显示全部列。其他常见参数请参考表 3-5。

第 4 行代码使用 os 模块的 path.dirname 函数获取 Python 文件所在目录。

第 5 行代码使用 os 模块的 path.join 函数连接目录名和文件名获取全路径，其中 folder_name 为当前目录。

第 6 行代码以 read_csv 方法将文件读取到内存中，赋值给 DataFrame 对象变量 df。

第 7 行代码在屏幕上显示前 10 条数据。结果如图 3-13 所示，左侧序号为索引，默认从 0 开始。

```
     Type      date     clicks  Searches  Adds  Purchases
0   产品1  2015/11/2       0         0      0          3
1   产品1  2015/11/3       0         0      0         19
2   产品1  2015/11/4       0         0      0         16
3   产品1  2015/11/5       0         0      0         20
4   产品1  2015/11/6       0         4      0         16
5   产品1  2015/11/7       0         2      0         17
6   产品1  2015/11/8       0         2      0         27
7   产品1  2015/11/9       0         4      0         28
8   产品1  2015/11/10      0         2     12         16
9   产品1  2015/11/11      0         0     77         30
```

图 3-13　在屏幕上显示前 10 条数据

head 方法一般用于概览数据格式、列名，默认读取 5 条，加上数值则表示读取指定条数。该方法只能粗略地检查数据格式，如需了解准确格式，应使用 dtypes 方法，其他的数据概览常用方法如表 3-9 所示。

表 3-9　数据概览常用方法

示例	结果说明
df.tail( )	返回最后 5 条数据
df['clicks'].dtypes	返回 dtype('int64')，表示数据类型为 int64。不指定列名，则显示全部列的数据类型
df.shape	返回 (3942, 6)，表示数据为 3942 行 6 列
df['Type'].unique( )	返回 [' 产品 1', ' 产品 2', ' 产品 3',……,' 产品 10']。列出 Type 列的所有不重复值
df['Type'].nunique( )	返回 10。统计 Type 列不重复值的个数

第 8 行代码将 date 列的数据类型转为日期类型。astype 常用数据类型参数如表 3-10 所示。

表 3-10　astype 常用数据类型参数

示例	说明
df['date'].astype('datetime64[ns]')	日期类型，包含年、月、日等属性，可参与日期函数计算
df['date'].astype('datetime64[nz]')	文本型日期，通常用于展示，不参与计算
df['clicks'].astype('int')	整型数值，默认为 int64
df['clicks'].astype('float')	浮点型，默认为 float64
df['clicks'].astype(' bool')	布尔型，0 或空值转为 False，其他转为 True
df['clicks'].astype('category')	类别型，一般用于打分类标签
df['clicks'].astype('str')	字符型

注意，由于 pandas 版本变化，如 df['date'] = df['date'].astype('datetime64[ns]') 出现错误，请改为旧版格式：df['date'] = df['date'] = df['date'].astype('datetime64')。

第 9 行代码在屏幕上显示描述性统计指标。描述性统计指标只计算数值型数据，结果如图 3-14 所示。

```
            clicks      Searches         Adds     Purchases
count  3942.000000   3942.000000   3942.000000   3942.000000
mean    536.753932  11702.380518    178.973871     34.902588
std    1043.907590  11733.798885    841.318014     58.261963
min       0.000000      0.000000      0.000000      0.000000
25%      82.000000   2757.000000     17.000000      6.000000
50%     272.000000   9512.500000     59.000000     22.000000
75%     558.500000  16611.750000    121.000000     45.000000
max   19481.000000 108950.000000  18572.000000   1504.000000
```

图 3-14　在屏幕上显示描述性统计指标

描述性统计指标详细说明如表 3-11 所示。

表 3-11　描述性统计指标详细说明

名称	说明
count	该列数据行数
mean	该列数据算术平均值
std	该列数据标准差
min/max	该列数据最小值 / 最大值
25%/50%/75%	该列各个四分位数，由小到大排序，排在 25%/50%/75% 位置，50% 位置又称"中位数"

第 10 行代码在屏幕上显示各类产品的数量。结果如图 3-15 所示。

```
产品1     580
产品2     570
产品3     485
产品4     476
产品5     421
产品6     377
产品8     305
产品9     265
产品7     255
产品10    208
Name: Type, dtype: int64
```

图 3-15　各类产品的数量

value_counts 方法通常用于查看非数值型数据的分布情况。如本例中"产品 1"和"产品 10"的样本数差异较大，在抽样分析或数据建模时应加以注意。

> **深入了解**
>
> 此外，还可以根据统计学指标评估数据质量，统计学指标如表 3-12 所示。
>
> 表 3-12　统计学指标
>
> | 示例 | 说明 |
> | --- | --- |
> | df.quantile([0.1, 0.9]) | 由小到大排列，前后 10% 位置的数据 |
> | df.mad( ) | 绝对偏差 |
> | df.mode( ) | 众数，出现次数最多的数值 |
> | df.std( ) | 标准差 |
> | df.var( ) | 方差 |
> | df.skew( ) | 偏度 |
> | df.kurt( ) | 峰度 |
> | df.corr( ) | 协方差 |
> | df.cov( ) | 相关系数，两组数据的相关系数的绝对值为 0.6~0.8 时为强相关，0.8 以上为极强相关，0 为不相关，正负号则表示正 / 负相关 |
> | df.corrwith(df['avgRank']) | avgRank 列与其他列的相关系数 |

3.7　使用 DataFrame 筛选数据

在实际工作中，通常需要根据需求来筛选数据。以下示例代码读取 Excel 工作簿的数据到 DataFrame 后，使用多种方式筛选数据。数据源文件中的数据如图 3-16 所示。

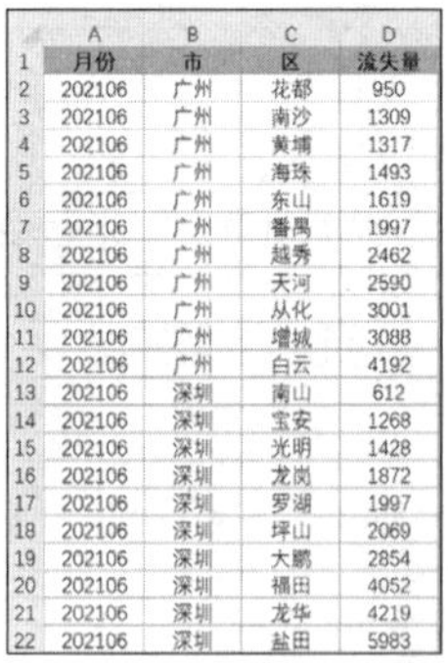

图 3-16　待读取的 Excel 文件内容

```
#001   import pandas as pd
#002   import os
#003   folder_name = os.path.dirname(__file__)
#004   file_name = os.path.join(folder_name, 'lose_rate.xlsx')
#005   df = pd.read_excel(file_name)
```

```
#006    print(df)
#007    print(df[['月份', '流失量']])
#008    print(df[5:11:2]))
#009    print(df.at[9, '流失量'])
#010    print(df.loc[:5, ['市', '流失量']])
#011    print(df.iat[3, -1])
#012    print(df.iloc[:10, [1, 3]])
#013    print(df[df['流失量'] > df['流失量'].mean()].head())
#014    print(df[df['区'].isin(['天河', '越秀'])])
#015    print(df[df['区'].str.contains('^天|秀$', regex = True)])
```

➢ 代码解析

第 1 行代码导入 pandas 模块，设置别名为 pd。

第 2 行代码导入 os 模块，用于获取文件路径。

第 3 行代码使用 os 模块的 path.dirname 函数获取 Python 文件所在目录。

第 4 行代码使用 os 模块的 path.join 函数连接目录名和文件名获取全路径，其中 folder_name 为当前目录。

第 5 行代码以 read_excel 方法将文件读取到内存中，赋值给 DataFrame 对象变量 df。

第 6 行代码选取全部数据显示到屏幕上，如图 3-17 所示。

DataFrame 会为原始数据增加一列由 0 开始的序号作为索引。默认索引可视为行号，常用于定位或检索数据。例如，索引为 0、列名为 "流失量" 所定位的数据即是 "950"。通过 reset_index、set_index 或 drop 等方法可以修改或者删除索引。

第 7 行代码选取 "月份" 和 "流失量" 两列数据并输出到屏幕上，结果如图 3-18 所示。

	月份	市	区	流失量
0	202106	广州	花都	950
1	202106	广州	南沙	1309
2	202106	广州	黄埔	1317
3	202106	广州	海珠	1493
4	202106	广州	东山	1619
5	202106	广州	番禺	1997
6	202106	广州	越秀	2462
7	202106	广州	天河	2590
8	202106	广州	从化	3001
9	202106	广州	增城	3088
10	202106	广州	白云	4192
11	202106	深圳	南山	612
12	202106	深圳	宝安	1268
13	202106	深圳	光明	1428
14	202106	深圳	龙岗	1872
15	202106	深圳	罗湖	1997
16	202106	深圳	坪山	2069
17	202106	深圳	大鹏	2854
18	202106	深圳	福田	4052
19	202106	深圳	龙华	4219
20	202106	深圳	盐田	5983

图 3-17　选取全部数据

	月份	流失量
0	202106	950
1	202106	1309
2	202106	1317
3	202106	1493
4	202106	1619
5	202106	1997
6	202106	2462
7	202106	2590
8	202106	3001
9	202106	3088
10	202106	4192
11	202106	612
12	202106	1268
13	202106	1428
14	202106	1872
15	202106	1997
16	202106	2069
17	202106	2854
18	202106	4052
19	202106	4219
20	202106	5983

图 3-18　选取两列数据

选择多列数据时，传入列名列表；选择单列数据时，传入列名字符串或列表均可。

深入了解

对于规律命名的列，也可使用 filter 方法。如数据中包含以 202101、202102……命名的列，可使用以下代码：

```
#001    df.filter(regex='(^2021)', axis=1)
#002    df.filter(like='2021', axis=1)
```

axis=1 表示列名（axis=0 为索引名）。第 1 行代码表示选取以 "2021" 开头的列，第 2 行代码表示包含 "2021" 的列。两者均能选取列名为 202101~202112 的列。

第 8 行代码隔行选取数据显示到屏幕上，结果如图 3-19 所示。

5	202106	广州	番禺	1997
6	202106	广州	越秀	2462
7	202106	广州	天河	2590
8	202106	广州	从化	3001
9	202106	广州	增城	3088
10	202106	广州	白云	4192

图 3-19　隔行选取数据的示例结果

冒号表达式与列表的冒号表达式类似，m:n:k 表示由 m（含）到 n（不含），间隔为 k–1 的区域。因此，5:11:2 表示在行位置为 5~10 的区域中选取间隔为 1 行的数据。

> **深入了解**
>
> 行位置和索引的区别在于，行位置是固定的，但是索引号可能会发生变化，如以下代码：
>
> ```
> #001  df.index = ['a0', 'a1', 'a2', 'a3', 'a4', 'a5', 'a6',
> #002              'a7', 'a8', 'a9', 'a10', 'b0', 'b1', 'b2',
> #003              'b3','b4', 'b5', 'b6', 'b7', 'b8', 'b9']
> #004  print(df[5:11:2])
> #005  df = df.sort_index(ascending=False)
> #006  print(df[5:11:2])
> ```
>
> 第 1~3 行代码改了索引后，第 4 行代码选取数据的结果与图 3-19 一致。
>
> 第 5 行代码将数据按索引倒序排序。此时位置 0 对应"b9"，位置 1 对应"b8"，以此类推。此处第 6 行代码选取了 b4、b2 和 b0 的数据。

冒号表达式常见用例如表 3-13 所示。

表 3-13　冒号表达式常见用例

示例	说明
df[::-1]	步长值为 –1，忽略起止位置，返回原数据的倒序结果
df[:-1]	忽略起始值，返回从第 1 行（含）截至倒数第 1 行（不含该行）的数据
df[4:]	忽略终止值，返回第 5 行（含）到最后 1 行的数据
df[4:-3]	返回第 5 行（含）截至倒数第 3 行（不含）的数据
df[-1:-3]	空值。因倒数第 1 行位置为终止值，只能向上返回 应改为 df[-3:-1] 或 df[-1:-3:-1]
df[-3:]	忽略终止值，返回最后 3 行的数据

冒号表达式仅支持连续的行位置，对于不连续数据，应使用条件筛选，或将多个数据块拼接成新的 DataFrame，详情请参阅 3.9 节。

第 9 行代码使用 at 方法选取索引为 9，列名为"流失量"的单个数据，该操作类似于在 Excel 中选取指定行标和列标的"单元格"。结果如图 3-20 所示。

| 9 | 202106 | 广州 | 增城 | 3088 |

图 3-20　使用 at 方法选取数据

第 10 行代码使用 loc 方法选取截至索引为 5 的 "市" 和 "流失量" 的数据区域，结果如图 3-21 所示。

图 3-21　使用 loc 方法选取数据区域

第 11 行代码使用 iat 方法选取索引为 3，倒数第 1 列的数据。和 at 方法类似，只能选取单个数据。结果如图 3-22 所示。

图 3-22　使用 iat 方法选取单个数据

第 12 行代码使用 iloc 方法选取截至行位置 10（不含），列位置为 1 和 3 的数据区域。行位置的冒号表达式与第 8 行代码的用法相同。结果如图 3-23 所示。

```
     月份    市  区   流失量
0  202106  广州  花都    950
1  202106  广州  南沙   1309
2  202106  广州  黄埔   1317
3  202106  广州  海珠   1493
4  202106  广州  东山   1619
5  202106  广州  番禺   1997
6  202106  广州  越秀   2462
7  202106  广州  天河   2590
8  202106  广州  从化   3001
9  202106  广州  增城   3088
```

图 3-23　使用 iloc 方法选取数据区域

at、iat、loc 和 iloc 的区别说明如表 3-14 所示。

表 3-14　at、iat、loc 和 iloc 的区别说明

方法	示例	行参数	列参数	说明
at	df.at['09', ' 流失量 ']	索引，必选	列名，必选	单个数据
iat	df.iat[3, -1]	行位置，必选	列位置，必选	单个数据
loc	df.loc[:5, [' 市 ',' 流失量 ']]	索引或冒号表达式，必选	列名或列名列表，可选	包含截止索引
iloc	df.iloc[:10, [1, 3]]	行位置或冒号表达式，必选	列位置或列位置列表，可选	不含截止位置

为了便于记忆，可以将 loc 视为 location，是定位范围（区域）；而 at 则表示具体的点（单个数据）。将 i 理解为 integer（整型数值），即 "i" 开头的只接受数值或数值列表，用于表示位置坐标。

第 13 行代码选取大于流失量均值的数据。

对于数值型字段，可以通过比较运算符来选择目标数据。常见的比较运算符有大于等于（>=）、小于（<）、不等于（!=）和等于 (==)。

> **深入了解**
>
> 　　使用多个条件时，每个条件以括号包含，并用"&""|"和"~"（分别为 And，Or 和 Not）来表示条件之间的逻辑关系，以下示例代码等价：
>
> ```
> #001   df[(df['流失量'] < 1000) & (df['市'] == '广州')]
> #002   df.query("流失量 > 1000 & 市 == '广州' ")
> #003   df.query("流失量 > 1000 & 市 in ('广州')")
> ```
>
> 　　query 方法相对简洁。如某列含有多个条件值，in 表达式更简洁；如列名包含空格，应加上反引号（`，即"~"所在的按键），否则出错。

　　第 14 行代码用 in 方法选取"天河"和"越秀"区的数据并输出到屏幕。该方法为精确匹配，即选取该列的值等于"天河"或"越秀"的数据。

　　第 15 行代码用 contains 方法选取"天河"和"越秀"区的数据并输出到屏幕。

　　参数 regex=True 表示使用正则表达式，默认为 False。正则表达式"^天|秀$"表示该列的值中所有以"天"开头或者以"秀"结尾的数据。

　　contains 方法比 in 更灵活。除了正则表达式，还可以模糊匹配，如 df[df['区'].str.contains('南')] 表示选取"区"列的值中所有包含"南"的数据。

3.8　DataFrame 中的行列基本操作

　　以下示例代码在 DataFrame 中进行创建计算列、删除行、删除列、排序等常用操作。

```
#001   import pandas as pd
#002   import os
#003   folder_name = os.path.dirname(__file__)
#004   file_name = os.path.join(folder_name, 'DataFrame.csv')
#005   df = pd.read_csv(file_name)
#006   df['add_rate'] = df['Adds'] / df['clicks']
#007   print(df[['Adds', 'clicks', 'add_rate']].head(10))
#008   df.drop(index = range(10), inplace = True)
#009   df.sort_values(by = ['Searches', 'date'],
#010       ascending = [False, True], inplace = True)
#011   df1 = df.reset_index().drop(columns = 'index')
```

➢ **代码解析**

　　第 1 行代码导入 pandas 模块，设置别名为 pd。

　　第 2 行代码导入 os 模块，用于获取文件路径。

　　第 3 行代码使用 os 模块的 path.dirname 函数获取 Python 文件所在目录。

　　第 4 行代码使用 os 模块的 path.join 函数连接目录名和文件名获取全路径，其中 folder_name 为当前目录。

　　第 5 行代码以 read_csv 方法将文件读取到内存中，赋值给 DataFrame 对象变量 df。

	Adds	clicks	add_rate
0	0	0	NaN
1	0	0	NaN
2	0	0	NaN
3	0	0	NaN
4	0	0	NaN
5	0	0	NaN
6	0	0	NaN
7	0	0	NaN
8	12	0	inf
9	77	0	inf

图 3-24　显示为 inf 和 NaN 的数据

第 6 行代码通过计算 Adds 列和 clicks 列的比值，创建 add_rate 列。

第 7 行代码在屏幕上显示指定列前 10 行数据，add_rate 字段的值为错误值 NaN（Not a Numeric）、inf（infinite），如图 3-24 所示。

这是由于 clicks 列作为除数，前 10 行均为 0 所致。当被除数（Adds 列）不为 0 时，返回 inf；当被除数为 0 时，则返回 NaN。

第 8 行代码通过 drop 方法删除前 10 行的数据。

index 表示删除行数据，默认 index 为数值型数据，因此传入数值或数值列表，当 index 改为其他格式时，传入值应随之调整。相应的 columns 表示删除列数据，一般传入字符串或者字符串列表，具体由列名的数据类型而定。

range(10) 生成一个 0~9 的不可变的数字序列。和 list 类似，可以通过索引来访问成员。

inplace=True 表示删除后覆盖原数据。忽略此参数，则仅在临时副本上删除，重新读取 df 时不会有任何变化。也可将操作结果赋值给新的 DataFrame 变量，详见第 11 行代码解析。

> **深入了解**
>
> 此外还可以通过 labels 参数配合 axis 来执行：
>
> ```
> #001   df.drop(labels=range(10), axis=0, inplace=True)
> ```
>
> labels 的传入值由 axis 而定。axis=0 时传入索引值，axis=1 时传入列名。

第 9~10 行代码按搜索次数降序，日期升序，将数据排序。

by 参数传入字符串或列表，表示需要排序的列名。

ascending 参数传入布尔值（True/False 分别对应顺序 / 倒序）或列表，对应 by 参数。

第 11 行代码先执行 reset_index( ) 方法来重置索引，再删除该方法所生成的 index 列，并赋值给 df1。相当于执行了以下 3 行代码：

```
#001   df = df.reset_index()
#002   df = df.drop(columns = 'index')
#003   df1 = df
```

这种写法叫作"链式函数"，即函数方法之间用点号（.）连接起来，形成一个操作链，返回最终结果。步骤较少时，可以通过链式函数来简化代码；反之，则应基于代码的可读性去避免这样的操作。

 注意　使用链式函数时，不能添加 inplace=True，否则将直接清空原数据。

索引的 3 种操作方法如表 3-15 所示。

表 3-15　索引的 3 种操作方法

示例	说明
df.reset_index( )	将 df 原先的索引转为数据列（默认列名为 index），并从 0 开始生成新的索引
df.set_index('index')	将 index 列设置为索引列
df.reindex([-1, 1, 2])	返回与原索引匹配的数据。原索引从 0 开始，示例的第一行匹配不上，故返回 NaN

3.9 合并拆分数据

在很多工作场景中，需要对数据进行合并或者拆分。例如，各市的数据需要汇总到省公司以便统筹分析。

3.9.1 使用 concat 方法合并文件

注意，在运行代码前，需要先用 pip install xlsxwriter 安装该模块。

以下示例代码使用 concat 方法来合并两个来自不同 Excel 文件的工作表的数据，并写入另一个文件中。数据源如图 3-25 所示。

	A	B	C
1	城市	店铺ID	销售额
2	深圳	0402	68734.76
3	深圳	0403	81992.43
4	深圳	0404	71326.95
5	深圳	0405	280148
6	深圳	0406	43286
7	深圳	0407	37189.49
8	深圳	0408	28356.35
9	深圳	0409	32265.63

	A	B	C
1	城市	店铺ID	销售额
2	广州	00201	23977.33
3	广州	00202	39666.59
4	广州	00203	28313.42
5	广州	00204	77448.42
6	广州	00205	13282.75
7	广州	00206	38198.53
8	广州	00207	65242.34

图 3-25　待合并的两张工作表

```
#001   import pandas as pd
#002   import os
#003   folder_name = os.path.dirname(__file__)
#004   sz_sales = os.path.join(folder_name, 'SZ.xlsx')
#005   gz_sales = os.path.join(folder_name, 'GZ.xlsx')
#006   all_sales = os.path.join(folder_name, 'all.xlsx')
#007   df0 = pd.read_excel(sz_sales, converters = {'店铺ID': str})
#008   df1 = pd.read_excel(gz_sales, converters = {'店铺ID': str})
#009   df_all = pd.concat([df0, df1])
#010   df_all.to_excel(all_sales, index = False)
```

➢ 代码解析

第 1 行代码导入 pandas 模块，设置别名为 pd。

第 2 行代码导入 os 模块，用于获取文件路径。

第 3 行代码使用 os 模块的 path.dirname 函数获取 Python 文件所在目录。

第 4~5 行代码使用 os 模块的 path.join 函数分别获取 SZ.xlsx 和 GZ.xlsx 的全路径。

第 6 行代码使用同样的方法定义输出文件的全路径。

第 7~8 行代码以 read_excel 方法将两个文件分别读取到内存中，分别赋值给变量 df0 和 df1。converters 参数表示将店铺 ID 转为文本（否则自动转为数值）数据类型。

第 9 行代码使用 concat 方法，传入 df0 和 df1 的列表合并数据，赋值给变量 df_all。

第 10 行代码输出合并结果到 all.xlsx。index=False 表示不输出默认索引序号。

all.xlsx 最终结果如图 3-26 所示。

	A	B	C
1	城市	店铺ID	销售额
2	深圳	0402	68734.76
3	深圳	0403	81992.43
4	深圳	0404	71326.95
5	深圳	0405	280148
6	深圳	0406	43286
7	深圳	0407	37189.49
8	深圳	0408	28356.35
9	深圳	0409	32265.63
10	广州	00201	23977.33
11	广州	00202	39666.59
12	广州	00203	28313.42
13	广州	00204	77448.42
14	广州	00205	13282.75
15	广州	00206	38198.53
16	广州	00207	65242.34

图 3-26　合并后的结果

3.9.2　使用 merge 方法按关键字段合并数据

示例文件中有两张工作表，分别是订单数据表和小区数据表，它们都包含一个共同的关键字段"客户 ID"，如图 3-27 所示。以下示例代码使用 merge 方法将两张工作表的数据关联后合并，然后写入另一个文件中。

	A	B	C	D	E
1	下定时间	客户ID	性别	年龄	等待天数
2	2020/7/27	F0092301	男	69	177
3	2020/12/8	F0013933	男	38	30
4	2021/5/11	F0093249	男	50	90
5	2021/5/11	F0093248	男	51	1
6	2021/6/27	F0093239	男	33	0
7	2021/6/27	F0093238	男	47	0
8	2021/6/27	F0093237	女		0
9	2021/10/14	F00101676	女	50	105
10	2021/10/18	F00104320	女	58	318

	A	B	C	D
1	客户ID	城市	小区名称	小区价格
2	F0092301	惠州	21克拉	14865
3	F0013933	深圳	32区商住楼	43000
4	F0093249	深圳	35区商住楼	46000
5	F0093248	深圳	3号院线城市公寓(森雅谷润筑园)	37600

图 3-27　订单数据表与小区数据表

```
#001   import pandas as pd
#002   import os
#003   folder_name = os.path.dirname(__file__)
#004   file_name = os.path.join(folder_name, 'merge_excel.xlsx')
#005   result_file = os.path.join(folder_name, 'result.xlsx')
#006   df0 = pd.read_excel(file_name, sheet_name = 0)
#007   df1 = pd.read_excel(file_name, sheet_name = 1)
#008   df_col = pd.merge(df0, df1, on = '客户ID', how = 'left')
#009   df_col.to_excel(result_file, index = False)
```

➢ 代码解析

第 1 行代码导入 pandas 模块，设置别名为 pd。

第 2 行代码导入 os 模块，用于获取文件路径。

第 3 行代码使用 os 模块的 path.dirname 函数获取 Python 文件所在目录。

第 4~5 行代码使用 os 模块的 path.join 函数获取输入和输出的全路径，分别赋值给变量 file_name 和 result_file。

第 6~7 行代码以 read_excel 方法将文件的两个工作表读取到内存中，分别赋值给 DataFrame 对象变量 df0 和 df1。

第 8 行代码使用 merge 方法将 df0 和 df1 按列合并。

第 1、2 个参数为必选参数，表示用来合并的 DataFrame。

当两个表具有相同的关联字段名称时，可用 on 属性来指定关联字段名称。

how=' left ' 表示以第 1 个 DataFrame（df0）为准，匹配第 2 个 DataFrame（df1）。

merge 其他常用参数如表 3-16 所示。

表 3-16　merge 其他常用参数

示例	参数说明
left_on=[' 产 品 ID', ' 销 售 月 份 '],right_on=['ID', ' 月 份 ']	左 / 右连接列名，接受字符串或列表。示例中表示第 1 个 DataFrame 的"产品 ID"和"销售月份"与第 2 个 DataFrame 的"ID"和"月份"一一对应，才视为将同一条记录进行合并
on=' 客户 ID'	和 left_on/right_on 类似，接受字符串或列表。当两个 DataFrame 关联的列名一致时，只用 on 即可

续表

示例	参数说明
suffixes=('_ 产品 1', '_ 产品 2')	两个 DataFrame 其他相同列名的后缀名，用于区分。默认为 _x(左 DataFrame) 和 _y（右 DataFrame）
how='left'/'right'/'inner'/'outer'	相当于数据库的 left/right/inner/full join 默认为 inner，表示通过关联字段得到两个 DataFrame 的交集 left 表示以第 1 个 DataFrame 通过关联字段来匹配第 2 个 DataFrame right 表示以第 2 个 DataFrame 通过关联字段来匹配第 1 个 DataFrame outer 表示通过关联字段得到两个 DataFrame 的并集

运行代码完成合并后的效果如图 3-28 所示。

图 3-28　合并后的数据表

合并数据方法总结如表 3-17 所示。

表 3-17　合并数据方法总结

示例	合并类型	说明	备注
pd.concat([df0,df1])	行合并 / 列合并	列合并时需指定 axis=1，且 how 仅有 inner 和 outer 两种	列合并时默认按行对齐简单拼接，如有关联字段，应设置索引以避免错位问题
pd.merge(df0,df1, left_on=['id1', 'date1'], right_on=['id2', 'date2'])	列合并	两个 DataFrame 的关联列名不同或存在多个组合字段关联时，可通过 left_on 和 right_on 分别指定	允许两个 DataFrame 列名相同，默认以 "_x" 和 "_y" 后缀来区分

3.9.3　拆分数据到多个工作表

拆分数据到工作表，常见于多部门协同的工作场景，降低点对点的沟通成本，以及可能遗漏反馈信息的风险。以下示例代码将数据按供应商拆分成另一个工作簿中的多个工作表。数据源如图 3-29 所示。

图 3-29　待拆分的数据源

```
#001   import pandas as pd
#002   import os
#003   from pandas import ExcelWriter
#004   folder_name = os.path.dirname(__file__)
```

```
#005    file_name = os.path.join(folder_name, 'purchase.xlsx')
#006    result_file = os.path.join(folder_name, 'result.xlsx')
#007    df = pd.read_excel(file_name)
#008    with ExcelWriter(result_file) as exl:
#009        for supplier in df['供应商'].unique():
#010            df_sup = df[df['供应商'] == supplier]
#011            df_sup.to_excel(
#012                excel_writer = exl, sheet_name = supplier, index = False)
```

➤ 代码解析

第 1 行代码导入 pandas 模块，设置别名为 pd。

第 2 行代码导入 os 模块，用于获取文件路径。

第 3 行代码导入 pandas 库的 ExcelWriter 包。

第 4 行代码使用 os 模块的 path.dirname 函数获取 Python 文件所在目录。

第 5~6 行代码使用 os 模块的 path.join 函数获取输入和输出文件的全路径，分别赋值给变量 file_name 和 result_file。

第 7 行代码以 read_excel 方法将文件读取到内存中，赋值给变量 df。

第 8 行代码传入路径，通过 with 语句实例化 ExcelWriter 包，生成一个 Excel 文件对象，并设置别名为 exl。

第 9~12 行代码通过 for 循环代码块来拆分数据到工作表。

df[' 供应商 '].unique() 表示获取供应商的不重复值，返回值为列表。supplier 变量是该列表的任一元素。

第 10 行代码选取供应商列里值等于 supplier 变量的数据。使用 for 循环遍历列表，将每个供应商的数据赋值给变量 df_sup。

第 11~12 行代码使用 to_excel 方法输出数据到工作表，设置工作表名为供应商名，index=False 表示不输出默认索引序号。

　　输出多个工作表时，一定要使用 ExcelWriter 包的实例，如果只是引用 Excel 文件路径，只能保留最后一次输出的工作表。

运行代码完成数据拆分，效果如图 3-30 所示。

图 3-30　拆分成不同工作表

3.9.4　拆分数据到多个 csv 文件

以下示例代码将图 3-29 所示的数据按供应商拆分成多个文件。

```
#001    import pandas as pd
#002    import os
#003    folder_name = os.path.dirname(__file__)
#004    file_name = os.path.join(folder_name, 'purchase.xlsx')
```

```
#005    df = pd.read_excel(file_name)
#006    for supplier in df['供应商'].unique():
#007        df_sup = df[df['供应商'] == supplier]
#008        supplier_file = supplier + '.csv'
#009        supplier_path = os.path.join(folder_name, supplier_file)
#010        df_sup.to_csv(supplier_path, index = False, encoding = 'GBK')
```

➤ 代码解析

第 1 行代码导入 pandas 模块，设置别名为 pd。

第 2 行代码导入 os 模块，用于获取文件路径。

第 3 行代码使用 os 模块的 path.dirname 函数获取 Python 文件所在目录。

第 4 行代码使用 os 模块的 path.join 函数获取目标文件的全路径。

第 5 行代码以 read_excel 方法将文件读取到内存中，赋值给变量 df。

第 6~10 行代码通过 for 循环代码块来完成拆分数据的工作。

df[' 供应商 '].unique( ) 表示获取供应商的不重复值，返回值为列表。supplier 变量是该列表的任一元素。

第 7 行代码选取供应商列里值等于 supplier 变量的数据。使用 for 循环遍历列表，将每个供应商的数据赋值给变量 df_sup。

第 8 行代码根据 supplier 变量定义输出文件名。

第 9 行代码使用 os 模块的 path.join 函数定义输出文件的全路径。

第 10 行代码使用 to_csv 方法输出文件。index=False 表示不输出默认索引序号。encoding='GBK' 表示文件为 GBK 编码格式，使用 Excel 打开时不显示为乱码。

运行代码完成拆分后，目标文件夹中会创建 3 个 csv 文件，分别为不同厂商的数据。

3.10 数据塑形

在工作中经常会遇到 "长数据" 和 "宽数据" 两种形式，如图 3-31 所示。

在 Excel 中，它们通常被称为一维表和二维表。

	A	B	C
1	区域	月份	发展量
2	天河	1月	7168
3	越秀	1月	1732
4	白云	1月	1712
5	东山	1月	824
6	南沙	1月	1205
7	花都	1月	1052
8	从化	1月	643
9	海珠	1月	2636
10	黄埔	1月	1748
11	番禺	1月	1976
12	增城	1月	543
13	天河	2月	4302
14	越秀	2月	858
15	白云	2月	750
16	东山	2月	669
17	南沙	2月	792
18	花都	2月	567
19	从化	2月	666
20	海珠	2月	1556
21	黄埔	2月	1340

	A	B	C	D	E	F	G	H	I	J
1	区域	1月	2月	3月	4月	5月	6月	7月	8月	9月
2	天河	7168	4302	5522	3264	1467	1071	1130	391	297
3	越秀	1732	858	1280	681	325	257	348	72	46
4	白云	1712	750	1366	581	287	229	222	57	50
5	东山	824	669	618	494	262	178	129	57	50
6	南沙	1205	792	933	576	215	154	199	84	49
7	花都	1052	567	849	458	150	95	123	39	45
8	从化	643	666	476	474	228	158	109	82	57
9	海珠	2636	1556	1987	1110	926	580	488	146	299
10	黄埔	1748	1340	1302	900	499	329	303	119	130
11	番禺	1976	1025	1439	728	474	320	512	91	115
12	增城	543	407	399	259	121	85	116	59	25

图 3-31　长数据（一维表）和宽数据（二维表）

根据工作要求，常常需要将这两种数据进行变换，这个过程通常被称为数据塑形（reshape）或者数据融合（melt）。

3.10.1　使用 pivot 方法将一维表转为二维表

以下示例代码将图 3-32 所示的一维表转为二维表。

	A	B	C	D	E
1	月份	片区	镇区	发展量	客户价值
2	201901	城区分公司	东城	2462	147537.08
3	201902	城区分公司	东城	2707	172352.55
4	201902	城区分公司	莞城	1699	104478.36
5	201901	城区分公司	莞城	1493	94949.82
6	201901	东区分公司	常平	4052	200189.43
7	201902	东区分公司	常平	4192	209878.28
8	201901	东区分公司	企石	1268	55771.41
9	201902	东区分公司	企石	1258	67219.08

图 3-32　待转换的一维表

```
#001   import pandas as pd
#002   import os
#003   folder_name = os.path.dirname(__file__)
#004   file_name = os.path.join(folder_name, 'long.xlsx')
#005   result_file = os.path.join(folder_name, 'result.xlsx')
#006   df = pd.read_excel(file_name)
#007   df_result = df.pivot(index = '月份', columns = ['片区', '镇区'],
#008                        values = ['发展量', '客户价值'])
#009   df_result.to_excel(result_file)
```

➢ 代码解析

第 1 行代码导入 pandas 模块，设置别名为 pd。

第 2 行代码导入 os 模块，用于获取文件路径。

第 3 行代码使用 os 模块的 path.dirname 函数获取 Python 文件所在目录。

第 4~5 行代码使用 os 模块的 path.join 函数获取输入和输出文件全路径，分别赋值给变量 file_name 和 result_file。

第 6 行代码以 read_excel 方法将数据读取到内存中，赋值给 DataFrame 对象变量 df。

第 7~8 行代码使用 pivot 方法将一维表转为宽数据，并赋值给 df_result。

pivot(index,columns,values) 的 3 个参数均可传入列名或列名构成的列表。

index 为索引列，类似于 Excel 数据透视表中的行字段；columns 参数和 values 参数分别类似于数据透视表中的列字段和值字段。

注意

    index×columns 所构建的表必须是不重复的。因此，当 index='月份', columns='片区' 时将发生错误（例如，201901 城区分公司有 6 条数据，只有细分到镇区才不重复）。

深入了解

如需保持数据维度不变，可以用转置（df.T）方法将一维表转为二维表。

第 9 行代码使用 to_excel 方法输出文件。生成的二维表如图 3-33 所示。

片区	发展量				客户价值			
	城区分公司		东区分公司		城区分公司		东区分公司	
镇区	东城	莞城	常平	企石	东城	莞城	常平	企石
月份								
201901	2462	1493	4052	1268	147537.1	94949.82	200189.4	55771.41
201902	2707	1699	4192	1258	172352.6	104478.4	209878.3	67219.08

图 3-33　输出 Excel 文件的二维表

3.10.2　使用 pivot_table 方法创建数据透视表

数据透视表是一项统计迅速、呈现直观的分析工具，Excel 就包含了这一重要功能。pandas 模块也可以创建数据透视表，示例代码演示如何使用 pivot_table 方法对图 3-34 所示的数据表创建 pandas 的数据透视表，并写入 Excel 文件中。

	A	B	C	D	E
1	月份	片区	镇区	发展量	客户价值
2	201901	城区分公司	万江	2590	137375.47
3	201901	城区分公司	东城	2462	147537.08
4	201901	城区分公司	立新	1493	94949.82
5	201901	城区分公司	南城	1997	142549.25
6	201901	城区分公司	莞城	1619	97284.8
7	201901	城区分公司	西平	1309	86715.5
8	201901	中区分公司	大朗	4192	232892.76
9	201901	中区分公司	寮步	3088	169918.14
10	201901	中区分公司	东坑	1317	63994.73
11	201901	中区分公司	大岭山	3001	165154.27
12	201901	中区分公司	松山湖	950	57700.28
13	201901	东区分公司	企石	1268	55771.41
14	201901	东区分公司	谢岗	612	31274.28
15	201901	东区分公司	常平	4052	200189.43
16	201901	东区分公司	横沥	1997	101544.3
17	201901	东区分公司	樟木头	1428	75951.77

图 3-34　待转换的一维表

```
#001    import pandas as pd
#002    import os
#003    folder_name = os.path.dirname(__file__)
#004    file_name = os.path.join(folder_name, 'long.xlsx')
#005    result_file = os.path.join(folder_name, 'result.xlsx')
#006    df = pd.read_excel(file_name)
#007    df_result = df.pivot_table(
#008        index = '片区', columns = '月份', aggfunc = {'客户价值': 'sum'})
#009    df_result.to_excel(result_file)
```

➤ 代码解析

第 1 行代码导入 pandas 模块，设置别名为 pd。

第 2 行代码导入 os 模块，用于获取文件路径。

第 3 行代码使用 os 模块的 path.dirname 函数获取 Python 文件所在目录。

第 4~5 行代码使用 os 模块的 path.join 函数获取输入和输出文件全路径，分别赋值给变量 file_name 和 result_file。

第 6 行代码以 read_excel 方法将数据读取到内存中，赋值给 DataFrame 对象变量 df。

第 7~8 行代码通过 pivot_table 方法创建数据透视表。

pivot/pivot_table 常用参数说明如表 3-18 所示。

表 3-18　pivot/pivot_table 常用参数说明

举例	pivot	pivot_table	说明
index=' 月份 '	必选，字符串或字符串列表	必选，字符串或字符串列表	索引列，相当于 Excel 数据透视表中的"行"字段
columns=[' 片区 ',' 镇区 ']	必选，字符串或字符串列表	可选，字符串或字符串列表	展开列，相当于 Excel 数据透视表中的"列"字段。多项展开时将按顺序分级。如本例中先按"片区"再按"镇区"展开
values=[' 发展量 ',' 客户价值 ']	必选，字符串或字符串列表，不参与计算	可选，字符串或字符串列表。有输入时，由 aggfunc 指定的统计函数参与计算	数据列，类似于 Excel 数据透视表中的"值"字段
aggfunc={' 客户价值 ': 'sum'}	无此参数	可选，传入值为内置函数名（字符串或字符串列表），字典，统计函数	统计方法，类似于数据透视表的"值汇总方式"。默认为均值。使用 numpy 函数时需要先导入该库

第 9 行代码使用 to_excel 方法输出文件。生成的数据透视表如图 3-35 所示。

	A	B	C	D
1		客户价值		
2	月份	201901	201902	201903
3	片区			
4	东区分公司	565030.1	668088	634368.6
5	中区分公司	689660.2	706058.7	757042.6
6	北区分公司	392266.7	448270.7	440844.6
7	南区分公司	888683.9	742202.4	925021.9
8	城区分公司	706411.9	766730.6	759101.4
9	水乡分公司	247333.8	293502.8	303676.7
10	虎门分公司	347576.4	356597.5	416956.4
11	西区分公司	297465.1	320726.1	352675.6
12	长安分公司	411882.6	466069.2	459933.3

图 3-35　pivot_table 方法生成的数据透视表

3.10.3　使用 melt 方法将二维表转为一维表

以下示例代码使用 melt 方法将图 3-36 所示的二维表转为一维表。

	A	B	C	D
1	区域	1月	2月	3月
2	天河	7168	4302	5522
3	越秀	1732	858	1280
4	白云	1712	750	1366
5	东山	824	669	618
6	南沙	1205	792	933
7	花都	1052	567	849
8	从化	643	666	476
9	海珠	2636	1330	1007
10	黄埔	1748	1340	1302
11	番禺	1976	1025	1439
12	增城	543	407	399

图 3-36　待转换的二维表

```
#001   import pandas as pd
#002   import os
```

```
#003    folder_name = os.path.dirname(__file__)
#004    file_name = os.path.join(folder_name, 'wide.xlsx')
#005    result_file = os.path.join(folder_name, 'result.xlsx')
#006    df = pd.read_excel(file_name)
#007    df_result = pd.melt(
#008            df, id_vars = '区域', value_vars = df.columns[1:],
#009            value_name = '发展量', var_name = '月份')
#010    df_result.to_excel(result_file)
```

➤ 代码解析

第 1 行代码导入 pandas 模块，设置别名为 pd。

第 2 行代码导入 os 模块，用于获取文件路径。

第 3 行代码使用 os 模块的 path.dirname 函数获取 Python 文件所在目录。

第 4~5 行代码使用 os 模块的 path.join 函数获取输入和输出文件全路径，分别赋值给变量 file_name 和 result_file。

第 6 行代码以 read_excel 方法将数据读取到内存中，赋值给 DataFrame 对象变量 df。

第 7~9 行代码用 melt 方法将二维表转为一维表，并赋值给变量 df_result。

在转换过程中，左侧是不参与转换的标识列，右侧则是列名和值。melt 常用参数说明如表 3-19 所示。

表 3-19　melt 常用参数说明

参数	说明
id_vars	标识列，不参与转换的列。不指定则将全部列进行转换
value_vas	数值列。不指定则将除 id_vars 以外的所有列作为数值列进行转换
var_name	变量列名称，默认为 variable
value_name	数值列名称，默认为 value

> **深入了解**
>
> 如宽数据含有前缀、后缀和分隔符，可使用 wide_to_long 方法。示例代码如下：
>
> ```
> #001    df.columns = ['区域',
> #002                  '2020年1月', '2020年2月', '2020年3月',
> #003                  '2020年4月', '2020年5月', '2020年6月',
> #004                  '2020年7月', '2020年8月', '2020年9月']
> #005    pd.wide_to_long(df, stubnames='2020', i='区域', j='月份',
> #006                    sep='年', suffix='[0-9]月')
> ```
>
> stubnames='2020' 用于设置前缀。i=' 区域 ' 用于设置标识列，j=' 月份 ' 用于设置（转换后）一维表的变量列名。i 和 j 分别相当于 melt 方法中的 id_vars 和 var_name；sep=' 年 ' 用于设置分隔符。suffix='[0-9] 月 ' 用于设置变量列的值，类似于 melt 方法中的 value_vars，区别在于 suffix 只能通过正则表达式指定后缀，而 value_vars 用于指定列名。

第 10 行代码使用 to_excel 方法输出文件。生成的一维表如图 3-37 所示。

	A	B	C
1	区域	月份	发展量
2	天河	1月	7168
3	越秀	1月	1732
4	白云	1月	1712
5	东山	1月	824
6	南沙	1月	1205
7	花都	1月	1052
8	从化	1月	643
9	海珠	1月	2636
10	黄埔	1月	1748
11	番禺	1月	1976
12	增城	1月	543
13	天河	2月	4302
14	越秀	2月	858
15	白云	2月	750
16	东山	2月	669
17	南沙	2月	792
18	花都	2月	567
19	从化	2月	666

图 3-37　melt 方法生成的一维表

3.11　使用 groupby 进行分组统计

按类别进行分组统计是一项常见的工作内容，pandas 提供了统计函数来处理这样的问题。

以下示例代码使用统计函数对图 3-38 所示的数据表进行分组统计，然后写入 Excel 文件。

	A	B	C	D
1	月份	片区	镇区	客户价值
2	201902	北区分公司	茶山	92086.57
3	201903	北区分公司	茶山	91238.42
4	201902	南区分公司	凤岗	188905.53
5	201903	南区分公司	凤岗	234908.34
6	201902	北区分公司	高埗	80542.45
7	201903	北区分公司	高埗	87825.93
8	201902	南区分公司	黄江	107846.51
9	201903	南区分公司	黄江	159829.02
10	201902	南区分公司	清溪	171872.15
11	201903	南区分公司	清溪	255837.9
12	201902	北区分公司	石碣	130048.74
13	201903	北区分公司	石碣	116179.36
14	201902	北区分公司	石龙	58467.62
15	201903	北区分公司	石龙	56152.44
16	201902	北区分公司	石排	87125.34
17	201903	北区分公司	石排	89448.4
18	201902	南区分公司	塘厦	273578.16
19	201903	南区分公司	塘厦	274446.59

图 3-38　待统计的原始数据

```
#001   import pandas as pd
#002   import os
#003   folder_name = os.path.dirname(__file__)
#004   file_name = os.path.join(folder_name, 'long.xlsx')
#005   result_file = os.path.join(folder_name, 'result.xlsx')
#006   df = pd.read_excel(file_name)
#007   group = df['客户价值'].groupby([df['月份'], df['片区']])
#008   df_result = group.sum().add_suffix('合计')
#009   df_result.to_excel(result_file)
```

➤ 代码解析

第 1 行代码导入 pandas 模块，设置别名为 pd。

第 2 行代码导入 os 模块，用于获取文件路径。

第 3 行代码使用 os 模块的 path.dirname 函数获取 Python 文件所在目录。

第 4~5 行代码使用 os 模块的 path.join 函数获取输入和输出文件全路径，分别赋值给变量 file_name 和 result_file。

第 6 行代码以 read_excel 方法将数据读取到内存中，赋值给 DataFrame 对象变量 df。

第 7 行代码按月份、片区对客户价值分组，生成 SeriesGroupBy 生成器对象，赋值给 group。

第 8 行代码对 group 变量求和计算。add_prefix/add_suffix 用于设置前 / 后缀。

深入了解

transform、apply 和 agg 方法均可实现同样的效果。groupby 的 4 种统计方法说明如表 3-20 所示（示例需引入 numpy 库：import numpy as np）。

表 3-20　groupby 的 4 种统计方法说明

示例	传入值	区别	返回值
group.sum( ) （统计函数）	无	仅接受单个内置统计函数方法	作用到分组数据，返回统计结果
1.group.transform(np.min) 2.group.transform(sum) 3.group.transform('sum')	numpy 统计函数（示例 1）或统计函数名（字符串）（示例 2、3），自定义函数，lambda 表达式	仅接受单个传入值	作用到行数据，返回统计结果
1.group.apply(lambda x: x-x.mean( )) 2.group.apply(lambda x: x.max( )-x.min( ))	numpy 统计函数，自定义函数，lambda 表达式	仅接受单个传入值	可作用于行级别（示例 1）或分组级别（示例 2），具体由传入变量决定
1.group.agg('sum') 2.group.agg((np.sum, np.min))	numpy 统计函数或统计函数名（字符串），自定义函数，lambda 表达式	接受单个传入值（示例 1），以列表或元组形式传入的多个值（示例 2）	仅作用于分组数据，返回分组统计结果

第 9 行代码使用 to_excel 方法输出到 Excel 文件。

运行代码，完成分组统计并写入文件，结果如图 3-39 所示。

	A	B	C
1	月份	片区	客户价值
2	201902合计	北区分公司合计	448270.72
3		南区分公司合计	742202.35
4	201903合计	北区分公司合计	440844.55
5		南区分公司合计	925021.85

图 3-39　分组统计结果

3.12　使用自定义函数计算各区域每月指定排名区间的发展量

以下示例代码使用自定义函数对图 3-40 所示的数据表计算各分组的指定排名区间的发展量，并把结果保存到原文件中。

	A	B	C	D	E
1	月份	片区	镇区	发展量	客户价值
2	201901	城区分公司	万江	2590	137375.47
3	201901	城区分公司	东城	2462	147537.08
4	201901	城区分公司	立新	1493	94949.82
5	201901	城区分公司	南城	1997	142549.25
6	201901	城区分公司	莞城	1619	97284.8
7	201901	城区分公司	西平	1309	86715.5
8	201901	中区分公司	大朗	4192	232892.76
9	201901	中区分公司	寮步	3088	169918.14
10	201901	中区分公司	东坑	1317	63994.73
11	201901	中区分公司	大岭山	3001	165154.27
12	201901	中区分公司	松山湖	950	57700.28
13	201901	东区分公司	企石	1268	55771.41
14	201901	东区分公司	谢岗	612	31274.28
15	201901	东区分公司	常平	4052	200189.43
16	201901	东区分公司	横沥	1997	101544.3
17	201901	东区分公司	樟木头	1428	75951.77
18	201901	东区分公司	桥头	1872	100298.9
19	201901	南区分公司	凤岗	4219	261197.7

图 3-40　原始数据表

提示

运行代码前，需要通过 pip install openpyxl 安装 openyxl 模块。

```
import pandas as pd
import os
import openpyxl
folder_name = os.path.dirname(__file__)
file_name = os.path.join(folder_name, 'long.xlsx')
df = pd.read_excel(file_name, sheet_name = '数据源')
def group_top_N(df, sorted_by, start = 0, end = 0):
    if start > 0:
        start -= 1
    if end == 0:
        end = df.shape[0]
    if end <= start:
        start , end = end, start
    df_new = df.sort_values(sorted_by, ascending = False)
    return df_new.iloc[start:end, :]
df_result = df.groupby('月份').apply(group_top_N, '发展量', 6, 10, include_groups=False)
wb = openpyxl.load_workbook(filename = file_name)
try:
    if '结果' in wb.sheetnames:
        wb.remove(wb['结果'])
    wb.save(filename = file_name)
    with pd.ExcelWriter(
        file_name, mode = 'a', engine = 'openpyxl') as wt:
        df_result.to_excel(wt, index = False, sheet_name = '结果')
```

```
#025   except:
#026       print('文件已打开，请关闭后重试')
#027   wb.close()
```

➤ 代码解析

第 1 行代码导入 pandas 模块，设置别名为 pd。

第 2 行代码导入 os 模块，用于获取文件路径。

第 3 行代码引入 openpyxl 库。该库用于设置 pandas 的 ExcelWriter 包的引擎（engine）参数，以及后续的创建或删除工作表。

第 4 行代码使用 os 模块的 path.dirname 函数获取 Python 文件所在目录。

第 5 行代码使用 os 模块的 path.join 函数连接目录名和文件名获取全路径，其中 folder_name 为当前目录。

第 6 行代码以 read_excel 方法将数据读取到内存中，赋值给 DataFrame 对象变量 df。

第 7~15 行代码定义函数 group_top_N。

第 8~9 行代码判断 start 是否大于 0。iloc 函数传入的 2 个参数分别是行列位置（其中列位置参数的冒号表示选择所有列），起始位置从 0 开始，行位置大于 0 的时候应减去 1。

第 10~11 行代码以同样的方式判断 end 是否等于 0（默认值）。

第 12~13 行代码根据 start 和 end 值的大小进行对调，以保证仅输入 start 或 end 时仍能正常显示结果。

使用 apply 方法将 df_long 按"月份"分组，通过传入 group_top_N 函数和参数的"发展量"，取出每个月发展量前 3 的数据。

第 14 行代码使用 sort_values 方法进行排序。该方法的第 1 个参数为排序列名，第 2 个参数为排序方式（顺序 / 倒序）。

第 15 行代码根据 start 和 end 选取指定起止行的数据。

第 16 行代码通过 apply 方法调用自定义函数 group_top_N，返回各月发展量第 6~10 名的数据。设置 include_groups 为 False，可避免产生警告提示。

当 apply 方法接收的自定义函数中含有多个参数时，还可以将参数先打包成元组，再以可变参数形式传入。

容易与 apply 混淆的函数有 applymap、map。它们之间的区别如表 3-21 所示。

表 3-21   apply、applymap 和 map 的区别

示例	说明	适用范围
df.apply('sum', axis=1)	按列求和，返回每一行的各列之和	DataFrame 或 Series（1 列或 1 行数据），可作用于分组合计、单个数据（即元素级）运算、格式转换等
df['sex'].map({' 男 ': 1, ' 女 ': 2, ' 保密 ': -1})	将 sex 列的"男 / 女 / 保密"替换为"1/2/-1"	Series，常用于转换、编码或单个数据运算，无法分组合计
df.applymap(lambda x: '%.2f' % x)	将 df 的数据转为 2 位小数精度的数据格式	DataFrame，作用于每个元素，常用于格式转换。现该方法已弃用，改为 map

> **深入了解**
>
> 此外，前 / 后 N 名也可以用 nlargest/nsmallest 方法来取值，示例代码如下：
>
> ```
> #001   df.groupby('月份').apply(
> #002        lambda x: x.nlargest(3, '发展量',keep='first'))
> ```
>
> 第 1 个参数表示取前 3 名，第 2 个参数表示用于排序的列名，第 3 个参数表示并列排名情况的处理方式。first 为默认值，表示并列排名只取第 1 条数据，也可以改成 all（全部列出）或者 last（取最后 1 条）。

第 17 行代码使用 load_workbook 方法读取现有 Excel 文件，赋值给 wb 对象变量。如文件不存在则出错。

第 18~26 行代码写一个 try…except 错误处理代码块。

try 部分一般只添加目标语句，except 部分多用于抛出错误提示，也可以添加语句对 try 出错后进行补救。例如，try 创建 Excel 文件，如文件已存在，则使用 except 读取。

第 19~20 行代码用于处理已存在"结果"工作表的情况。

sheetnames 属性用于返回 Excel 文件的所有工作表名称列表。

第 21 行代码用于保存文件。该操作有 2 个作用：第一，将删除"结果"工作表后的工作簿进行保存；第二，用于判断是否已经打开文件。保存出错时意味着文件已打开。

第 22~23 行代码使用 with 语句创建一个 ExcelWriter 对象，设置别名为 wt。

mode='a' 表示以追加模式将数据写入 Excel 表。此参数为 openpyxl 库的接口参数，因此需要配合 engine='openpyxl' 使用，否则出错。

第 24 行代码使用 to_excel 方法输出文件。传入 wt 后，to_excel 方法将继承该对象的属性和方法，以追加方式把数据输出到"结果"工作表。

第 25~26 行代码通过 except 模块将出错信息显示在屏幕上。如无须提示，可改为以下语句：

```
#001   except:
#002        pass
```

第 27 行代码关闭工作簿对象 wb。

运行示例代码后，"结果"工作表中的结果如图 3-41 所示。

	A	B	C	D	E
1	月份	片区	镇区	发展量	客户价值
2	201901	中区分公司	大岭山	3001	165154.3
3	201901	南区分公司	清溪	2854	151707.8
4	201901	城区分公司	万江	2590	137375.5
5	201901	城区分公司	东城	2462	147537.1
6	201901	西区分公司	寮厦	2304	133298
7	201902	城区分公司	东城	2707	172352.6
8	201902	南区分公司	清溪	2654	171872.2
9	201902	中区分公司	大岭山	2620	150491.5
10	201902	城区分公司	万江	2363	135979.6
11	201902	北区分公司	高埗	2345	80542.45
12	201903	南区分公司	凤岗	3529	234908.3
13	201903	南区分公司	清溪	2918	255837.9
14	201903	中区分公司	大岭山	2701	153603.3
15	201903	西区分公司	寮厦	2659	146005.2
16	201903	城区分公司	万江	2430	133584.3

图 3-41　各片区发展量统计结果，按月降序排列

3.13　在 DataFrame 中处理字符串

3.13.1　合并字符串

示例文件中的数据表如图 3-42 所示。

	A	B	C
1	负责人	项目名称	进度
2	张三	CRM用户标签	用户测试
3	张三	智能客服系统	单元测试
4	李四	拥堵预警分析	需求调研
5	李四	流失客户价值	投标立项
6	张三	点餐数据挖掘	需求调研
7	张三	景区客流应用	项目开发

图 3-42　待合并字符串的数据表

以下示例代码将每位负责人的多个项目合并到一个单元格中进行展示。

```
#001  import pandas as pd
#002  import os
#003  folder_name = os.path.dirname(__file__)
#004  file_name = os.path.join(folder_name, 'char.xlsx')
#005  result_file = os.path.join(folder_name, 'result.xlsx')
#006  df = pd.read_excel(file_name)
#007  df_result = df.groupby('负责人')['项目名称'].apply(
#008      lambda x : ', '.join(list(x)))
#009  df_result = df_result.reset_index()
#010  df_result.to_excel(result_file, index = False)
```

➤ 代码解析

第 1 行代码导入 pandas 模块，设置别名为 pd。

第 2 行代码导入 os 模块，用于获取文件路径。

第 3 行代码使用 os 模块的 path.dirname 函数获取 Python 文件所在目录。

第 4~5 行代码使用 os 模块的 path.join 函数获取输入和输出文件全路径，分别赋值给变量 file_name 和 result_file。

第 6 行代码以 read_excel 方法将数据读取到内存中，赋值给 DataFrame 对象变量 df。

第 7~8 行代码使用 apply 方法，利用 lambda 表达式对 df 合并数据，并将结果赋值给变量 df_result。lambda x : ', '.join(list(x)) 表示将传入的值转为列表，然后以逗号拼接成字符串。x 指的是按"负责人"groupby 后的"项目名称"列。

第 9 行代码对 df_result 重置索引。

第 10 行代码使用 to_excel 方法输出新文件。index=False 表示不输出默认索引序号。如需在原文件上输出结果，请参阅 3.12 小节。

运行代码后，写入文件的数据表如图 3-43 所示。

负责人	项目名称
张三	CRM用户标签，智能客服系统，点餐数据挖掘，景区客流应用
李四	拥堵预警分析，流失客户价值

图 3-43　数据合并结果

3.13.2 拆解字符串

随着移动互联网行业的发展，不少数据库已支持数组或字典等数据类型。但导出数据后，这些字段显示为字符串，不便于进一步分析。因此，需要拆解重组。

示例文件中的数据表如图 3-44 所示，以下示例代码对项目名称列中的内容进行拆解，重组表格数据。

	A	B
1	负责人	项目名称
2	张三	CRM用户标签,智能客服系统,点餐数据挖掘,景区客流应用
3	李四	拥堵预警分析,流失客户价值

图 3-44　待重组的数据表

```python
#001   import pandas as pd
#002   import os
#003   folder_name = os.path.dirname(__file__)
#004   file_name = os.path.join(folder_name, 'split.xlsx')
#005   result_file = os.path.join(folder_name, 'result.xlsx')
#006   df = pd.read_excel(file_name)
#007   df['项目名称'] = df['项目名称'].str.split(', ', expand = False)
#008   df_result = df.explode(column = '项目名称')
#009   df_result.to_excel(result_file, index = False)
```

➤ 代码解析

第 1 行代码导入 pandas 模块，设置别名为 pd。

第 2 行代码导入 os 模块，用于获取文件路径。

第 3 行代码使用 os 模块的 path.dirname 函数获取 Python 文件所在目录。

第 4~5 行代码使用 os 模块的 path.join 函数获取输入和输出文件全路径，分别赋值给变量 file_name 和 result_file。

第 6 行代码以 read_excel 方法将数据读取到内存中，赋值给 DataFrame 对象变量 df。

第 7 行代码使用 split 方法对"项目名称"列进行分列。

split 属于字符串的处理方法，需要先使用 str 属性对目标数据进行转换。

expand 参数默认为 False，表示将分列的结果转为列表，以字符串形式填充到原先的列里。也可以设置 True 将分列结果填充到各列（列名默认为 0,1,2…）。

第 8 行代码使用 explode 方法将"项目名称"列展开，得到拆解后的结果。explode 方法适用于可迭代对象（列表、元组或数组），这也是第 7 行代码不设置 expand 参数展开的原因。

column 参数为列名字符串（或列表）。传入多列时，需确保同一行的列一一对应。例如：column=[' 项目 ',' 进度 ']，假设第 1 行有 2 个项目，那么进度必须是 2 个，否则出错。

负责人	项目名称
张三	CRM用户标签
张三	智能客服系统
张三	点餐数据挖掘
张三	景区客流应用
李四	拥堵预警分析
李四	流失客户价值

第 9 行代码使用 to_excel 方法输出文件。index=False 表示不输出默认索引序号。

运行代码后，表格重组结果如图 3-45 所示。

图 3-45　拆解结果

3.13.3 使用 apply 方法进行字符串替换

有时候需要对表格中的字符串进行批量替换，例如，把全称替换为简称。在示例文件中，"数据源"工作表中的数据都是全称，每个全称对应的简称保存在"匹配表"中，如图 3-46 所示。现在需要将"数据源"工作表中的所有内容替换成简称，然后写入一张新工作表。

	A
1	data
2	公司市场营销制度及标准(电价)、公司市场营销制度及标准(稽查)、公司市场营销制度及标准(计量)、公司市场营销制度及标准(节电)
3	公司市场营销制度及标准(稽查)、公司市场营销制度及标准(计量)、公司市场营销制度及标准(节电)、公司市场营销制度及标准(客户服务)
4	公司市场营销制度及标准(计量)、公司市场营销制度及标准(节电)、公司市场营销制度及标准(客户服务)、公司市场营销制度及标准(市场预测)
5	公司市场营销制度及标准(节电)、公司市场营销制度及标准(客户服务)、公司市场营销制度及标准(市场预测)、公司市场营销制度及标准（停电统计）
6	、公司市场营销制度及标准（停电统计）、公司市场营销制度及标准(营销分析)
7	计）、公司市场营销制度及标准(营销分析)、公司市场营销制度及标准(营销项目)
8	析)、公司市场营销制度及标准(营销项目)、公司市场营销制度及标准（用检）
9	公司市场营销制度及标准(营销分析)、公司市场营销制度及标准(营销项目)、公司市场营销制度及标准（用检）、公司市场营销制度及标准(有序用电)
	公司市场营销制度及标准(有序用电)、国家市场营销法律法规及政策（抄核

	A	B
1	full_name	short_name
2	国家市场营销法律法规及政策（抄核收）	抄核收
3	公司市场营销制度及标准(电价)	电价1
4	公司市场营销制度及标准(稽查)	稽查1
5	公司市场营销制度及标准(计量)	计量1
6	国家市场营销法律法规及政策(计量)	计量2
7	公司市场营销制度及标准(节电)	节电1
8	公司市场营销制度及标准(客户服务)	客服1
9	国家市场营销法律法规及政策（客户服务）	客服2
10	公司市场营销制度及标准(市场预测)	市预
11	公司市场营销制度及标准（停电统计）	停电
12	国家市场营销法律法规及政策（业扩）	业扩2
13	公司市场营销制度及标准(营销分析)	营分1
14	国家市场营销法律法规及政策（营销分析）	营分2
15	公司市场营销制度及标准(营销项目)	营项1
16	国家市场营销法律法规及政策（营销项目）	营项2
17	公司市场营销制度及标准(有序用电)	用电1
18	国家市场营销法律法规及政策（有序用电）	用电2
19	公司市场营销制度及标准（用检）	用检1
20	国家市场营销法律法规及政策（用检）	用检2

图 3-46 数据源工作表与匹配表

以下示例代码使用 split 结合 apply 方法来完成上述工作任务。

```
#001   import pandas as pd
#002   import os
#003   folder_name = os.path.dirname(__file__)
#004   file_name = os.path.join(folder_name, 'replace.xlsx')
#005   result_file = os.path.join(folder_name, 'result.xlsx')
#006   df_source = pd.read_excel(file_name, sheet_name = 0)
#007   df_map = pd.read_excel(file_name, sheet_name = 1)
#008   dict_map = {k: v for k, v in
#009       zip(df_map['full_name'], df_map['short_name'])}
#010   df_result = df_source['data'].str.split('、', expand = False)
#011   df_result = df_result.apply(
#012           lambda x: '、'.join([dict_map[k] for k in x]))
#013   df_result.to_excel(result_file, index = False)
```

➤ 代码解析

第 1 行代码导入 pandas 模块，设置别名为 pd。

第 2 行代码导入 os 模块，用于获取文件路径。

第 3 行代码使用 os 模块的 path.dirname 函数获取 Python 文件所在目录。

第 4~5 行代码以使用 os 模块的 path.join 函数获取输入和输出文件全路径，分别赋值给变量 file_name 和 result_file。

第 6~7 行代码以 read_excel 方法将数据源和匹配表的数据读取到内存中，分别赋值给 DataFrame 对象变量 df_source 和 df_map。

第 8~9 行代码定义字典推导式 dict_map。

zip 方法将 full_name 列和 short_name 列打包成可迭代对象。除了本例的 DataFrame 列外，它还适用于列表、元组、数组等可迭代对象。

深入了解

可迭代对象不能直接 print，但可以转为列表后再 print，示例代码如下：

```
print(list(zip(df_map['full_name'], df_map['short_name'])))
```

第 10 行代码通过 split 方法对 df_source 的 "data" 列按顿号分列，并将结果赋值给变量 df_result。

参数 expand=False 表示以列表方式储存数据，目的在于利用列表推导式来处理数据。

第 11~12 行代码使用 apply 方法通过 lambda 表达式来替换字符串，并把结果重新赋值给变量 df_result（即原 df_result 变量被 apply 方法生成的结果替换了）。

推导式 [dict_map[k] for k in x] 表示对于每个 x，都作为字典 dict_map 的键（key）来匹配字典的值（value），再将结果通过 join 方法得到以顿号分割的字符串，其中 x 为 df_result 的每一行数据，使用 to_excel 方法输出文件。index=False 表示不输出默认索引序号。运行代码后得到的新数据表如图 3-47 所示。

data
电价1、稽查1、计量1、节电1
稽查1、计量1、节电1、客服1
计量1、节电1、客服1、市预
节电1、客服1、市预、停电
客服1、市预、停电、营项1
市预、停电、营项1、营项1
停电、营项1、营项1、用检1
营项1、营项1、用检1、用电1
营项1、用检1、用电1、抄核收
用检1、用电1、抄核收、计量2
用电1、抄核收、计量2、客服2
抄核收、计量2、客服2、业扩2
计量2、客服2、业扩2、营分2
客服2、业扩2、营分2、营项2
业扩2、营分2、营项2、用检2
营分2、营项2、用检2、用电2
营项2、用检2、用电2、电价1
用检2、用电2、电价1、电价1

图 3-47　替换后的结果

深入了解

也可以采用分而治之的编程思想，将任务分解为 3 步：拆分、替换、组合。示例代码如下：

```
#001  df_result = df_source['data'].str.split('、', expand=True)
#002  df_result = df_result.applymap(lambda k: dict_map[k])
#003  df_result['result'] = ''
#004  for col in df_result.columns[:-1]:
#005      df_result['result'] += df_result[col] + '、'
#006  df_result['result'] = df_result['result'].str.rstrip('、')
```

第 1 行代码将数据源按顿号分列到各列。

第 2 行代码使用 applymap 方法对 df_result 进行单元格级别的匹配。

第 3 行代码定义一个空列 result。

第 4~5 行代码将不含 result 的所有列以顿号进行拼接，并把结果赋值给 result 列。

第 6 行代码删除最后一个顿号，得到最终结果。

尽管步骤有些烦琐，但易于理解，此编程思想也能迅速突破复杂问题的思路瓶颈。

第 13 行代码使用 to_excel 方法输出文件。index=False 表示不输出默认索引序号。

3.14　使用 pandas 绘制基础图表

Python 最常用的绘图模块是 matplotlib，而 pandas 模块对它进行了封装，同时也提供了接口供 matplotlib 调用。因此，大部分常见图表均可通过 pandas 来绘制。

3.14.1　使用 pandas 绘制柱状图

柱状图常用于各类别的数量比较，通过柱子的高低可直观展示各类别的数额差距。

以下示例代码根据图 3-48 所示的数据表使用 pandas 绘制柱状图，并保存图表为图片文件。

	A	B	C	D
1	用户群	1月	2月	3月
2	小于6	18	12	9
3	6~12	61	39	64
4	12~16	62	43	57
5	16~18	1138	856	1072
6	18~23	2286	1591	2072
7	23~25	1035	985	1156
8	25~28	4283	3912	4286
9	28~35	234	151	261
10	35~45	33490	32028	33677
11	45~55	22808	22409	27315
12	55~60	1585	1064	1725
13	60~70	4283	3962	3951
14	70以上	3493	3816	3721

图 3-48　图表数据源

```
#001    import pandas as pd
#002    import matplotlib.pyplot as plt
#003    import os
#004    folder_name = os.path.dirname(__file__)
#005    file_name = os.path.join(folder_name, 'bar.xlsx')
#006    plot_name = os.path.join(folder_name, 'bar.jpg')
#007    plt.rcParams['font.sans-serif'] = ['simHei']
#008    df = pd.read_excel(file_name)
#009    bar_plot = df.plot(x = '用户群', y = ['1月', '2月', '3月'], kind = 'bar')
#010    fig = plt.gcf()
#011    fig.savefig(fname = plot_name, bbox_inches = 'tight')
#012    plt.show()
```

➤ 代码解析

第 1 行代码导入 pandas 模块，设置别名为 pd。

第 2 行代码导入 matplotlib 模块的 pyplot 包，设置别名为 plt，用于处理图表中的中文字符及展示图表。

第 3 行代码导入 os 模块，用于获取文件路径。

第 4 行代码使用 os 模块的 path.dirname 函数获取 Python 文件所在目录。

第 5 行代码使用 os 模块的 path.join 函数连接目录名和文件名获取数据文件的全路径，其中 folder_name 为当前目录。

第 6 行代码使用同样的方式定义用于存放图表的路径。后续生成的图表可以保存为 JPG、PNG

和 PDF 等多种格式。

　　第 7 行代码通过 rcParams 参数设置图表字体为黑体，这是为了让 matplotlib 模块支持中文字体的显示。注意，MacOS 系统缺少"simHei"字体，请改为 plt.rcParams['font.sans-serif'] = ['Arial Unicode MS']。

　　第 8 行代码以 read_excel 方法将文件读取到内存中，赋值给 DataFrame 对象变量 df。

　　第 9 行代码通过 plot 方法传入 x 轴数据和 y 轴数据，定义子图对象 AxesSubplot。kind 为 'bar' 表示绘制柱状图。

　　第 10 行代码使用 gcf 方法（get current figure 的开头字母）获取图表的当前画布，用于后续保存图表。

> **深入了解**
>
> 　　也可以通过 plot 的 bar 方法绘制柱状图，代码如下：
> ```
> df.plot.bar(x='用户群', y=['1月', '2月', '3月'])
> ```
> 　　绘制折线图用 line 方法，以此类推。

　　第 11 行代码使用 savefig 方法传入文件路径参数，保存图表对象。

savefig 方法参数说明如表 3-22 所示。

表 3-22　savefig 方法参数说明

参数	说明
fname	必选，图片名称，有 JPG、PNG 或 PDF 等多种图片格式
dpi	可选，分辨率单位（每英寸点数），一般设为 72，如需高清显示，可设为 300
papertype	可选，纸张类型，"a0~a10" "executive" "b0~b10" "letter" "legal" "ledger"
format	可选，文件格式，有 JPG 等。与 fname 扩展名冲突时，以 format 为准
facecolor/ edgecolor	可选，画布前景色 / 边框色，默认为白色，图表区域前景色不受影响，由 plot 方法来设置
bbox_inches	设置为"tight"表示布局紧凑，应减少空白区域，尽可能显示更多图表元素（如 x 轴标签）
pad_inches	在保存的图形周围填充白色

> **深入了解**
>
> 　　使用终端运行此文件或在 PyCharm 上运行时，可在弹出的界面上单击顶端右侧的"保存"按钮保存文件，如图 3-49 所示。
>
> 图 3-49　保存文件
>
> 　　图片尺寸以展示界面大小为准，可双击顶部最大化界面，或移动鼠标到边或角上调整尺寸后再保存。

如使用 Visual Studio Code 的"在交互窗体运行该文件"命令时，可将鼠标悬停在图表上，待按钮出现后，单击右侧的"保存"按钮，如图 3-50 所示。

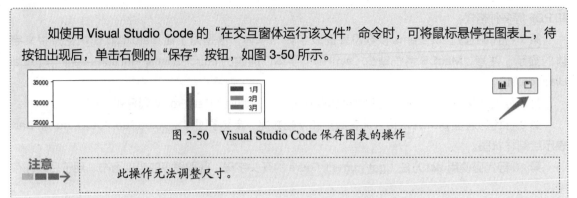

图 3-50　Visual Studio Code 保存图表的操作

注意 ■■■➡

此操作无法调整尺寸。

使用 Spyder 或 Jupyter Notebook 运行该文件时，右击图表，在弹出的菜单中单击"保存"按钮。

第 12 行代码使用 show 方法在屏幕上显示柱状图，如图 3-51 所示。

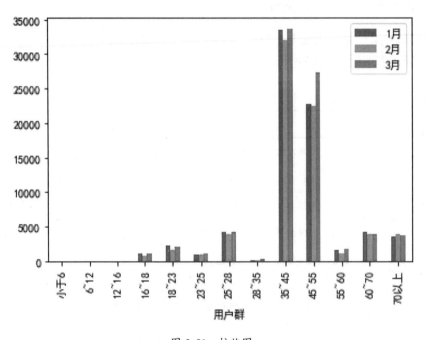

图 3-51　柱状图

注意 ■■■➡

　　内核为 Jupyter 的交互窗口的 IDE（Spyder、Jupyter Notebook）运行时无须加上这句，但在其他 IDE（如 PyCharm）或者命令行终端上运行时需要加上，才会弹出图表界面。

3.14.2　使用 pandas 绘制折线图

折线图通常用来表示时间趋势。例如，一年内某个产品的销量变化情况。

以下示例代码根据图 3-52 所示的数据表使用 pandas 绘制折线图。

	A	B
1	月份	发展量
2	1月	7168
3	2月	4302
4	3月	5522
5	4月	3264
6	5月	1467
7	6月	1071
8	7月	1130
9	8月	391
10	9月	297

图 3-52　折线图数据源

```
#001   import pandas as pd
#002   import matplotlib.pyplot as plt
#003   import os
#004   folder_name = os.path.dirname(__file__)
#005   file_name = os.path.join(folder_name, 'line.xlsx')
#006   plt.rcParams['font.sans-serif'] = ['simHei']
#007   df = pd.read_excel(file_name)
#008   df.plot(x = '月份', y = '发展量', legend = False,
#009           title = 'A门店1~9月发展量', xlabel = '')
#010   plt.gcf().tight_layout()
#011   plt.show()
```

➤ 代码解析

第 1 行代码导入 pandas 模块，设置别名为 pd。

第 2 行代码导入 matplotlib 模块的 pyplot 包，设置别名为 plt，用于处理图表中的中文字符及展示图表。

第 3 行代码导入 os 模块，用于获取文件路径。

第 4 行代码使用 os 模块的 path.dirname 函数获取 Python 文件所在目录。

第 5 行代码使用 os 模块的 path.join 函数连接目录名和文件名获取数据文件的全路径。

第 6 行代码通过 rcParams 参数设置图表字体为黑体，这是为了让 matplotlib 模块支持中文字体的显示。

第 7 行代码以 read_excel 方法将文件读取到内存中，赋值给 DataFrame 对象变量 df。

第 8~9 行代码通过 plot 方法传入 x 轴数据和 y 轴数据，绘制折线图。折线图为默认的 kind 类型，此处选择缺省。

设置参数 legend 为 False 将隐藏图表中的图例。

title 为 'A 门店 1~9 月发展量 ' 表示设置图表标题。

xlabel='' 表示通过设置空字符串的方式来隐藏 x 轴标签，该参数是 matplotlib 库的接口参数。而 DataFrame 的图表对象是基于 matplotlib 开发的，因此可传入该参数对图表进行设置。

┌─ 深入了解 ────────────────────────────────
　如需绘制多个系列的折线图，输入数据应为二维表格式，再设置 y 轴参数为列表。详细讲解请参阅 3.14.1 小节。
└──

第 10 行代码设置当前画布的图表布局为紧凑布局，以压缩图表空白边距。

tight_layout 方法表示以紧凑布局涵盖所有图表元素。

第 11 行代码在屏幕上显示折线图，如图 3-53 所示。

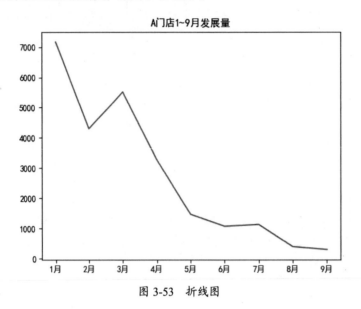

图 3-53　折线图

3.14.3　使用 pandas 绘制条形图

对于分类较多的图表，通常会使用条形图来展示，一般先按数值降序排列再作图，以增强可读性。

以下示例代码根据图 3-54 所示的数据表使用 pandas 绘制条形图，并自定义标签刻度。

	A	B	C
1	排名	国家	GDP
2	13	澳大利亚	1,330,900,925,056
3	12	巴西	1,444,733,258,971
4	4	德国	3,846,413,928,653
5	11	俄罗斯	1,483,497,784,867
6	6	法国	2,630,317,731,455
7	10	韩国	1,630,525,005,469
8	17	荷兰	913,865,395,789
9	9	加拿大	1,644,037,286,481
10	1	美国	20,936,600,000,000
11	15	墨西哥	1,076,163,316,174
12	3	日本	4,975,415,241,562
13	18	瑞士	752,248,045,730
14	20	沙特阿拉伯	700,117,873,249
15	19	土耳其	720,101,212,394
16	14	西班牙	1,281,484,640,043
17	8	意大利	1,886,445,268,340
18	7	印度	2,622,983,732,006
19	16	印尼	1,058,423,838,345
20	5	英国	2,707,743,777,173
21	2	中国	14,722,730,697,890

图 3-54　条形图数据源

```
#001    import pandas as pd
#002    import matplotlib.pyplot as plt
#003    import matplotlib.ticker as mticker
#004    import os
```

```
#005   folder_name = os.path.dirname(__file__)
#006   file_name = os.path.join(folder_name, 'barh.xlsx')
#007   plt.rcParams['font.sans-serif'] = ['simHei']
#008   df = pd.read_excel(file_name)
#009   df = df.set_index('排名').sort_index(ascending = False)
#010   ax = df.plot(
#011       x = '国家', y = 'GDP', title = '2020年GDP前20排行榜(万亿美元)',
#012       kind = 'barh', legend = False, xlabel = '')
#013   def format_num(num, pos = None):
#014       return '{:.2f}万亿'.format(num/10**12)
#015   ax.xaxis.set_major_formatter(mticker.FuncFormatter(format_num))
#016   plt.show()
```

➤ 代码解析

第 1 行代码导入 pandas 模块，设置别名为 pd。

第 2 行代码导入 matplotlib 模块的 pyplot 包，设置别名为 plt，用于处理图表中的中文字符及展示图表。

第 3 行代码导入 matplotlib 模块的 ticker 包，设置别名为 mticker。这个包主要用于刻度的单位划分及标签文本格式化。

第 4 行代码导入 os 模块，用于获取文件路径。

第 5 行代码使用 os 模块的 path.dirname 函数获取 Python 文件所在目录。

第 6 行代码使用 os 模块的 path.join 函数连接目录名和文件名获取数据文件的全路径。

第 7 行代码通过 rcParams 参数设置图表字体为黑体，这是为了让 matplotlib 模块支持中文字体的显示。

第 8 行代码以 read_excel 方法将文件读取到内存中，赋值给 DataFrame 对象变量 df。

第 9 行代码设置"排名"为索引，并按索引列进行降序排序，以增加图表可读性。

第 10~12 行代码通过 plot 方法传入 x 轴和 y 轴的数据，绘制条形图。

> **注意** ━■━■━▶　　df.plot 方法绘制的图表，除散点图外，一般 x 轴为分类标签，y 轴为数值。因此，尽管条形图 x 轴的显示结果为数值，但传入的还是类别标签"国家"。

kind 参数用于设置图表类型。

title 参数用于设置图表标题。

xlabel 参数用于隐藏 x 轴（"国家"所在的坐标轴）标签。

legend 参数用于隐藏图例。

第 13~14 行代码定义函数 format_num。对于较大的数值，刻度标签默认为科学记数法格式（如 1e13），不符合中文习惯，因此定义函数以格式化标签。

matplotlib.ticker.FuncFormatter（函数名称）要求传入的函数必须包含两个参数：刻度参数 x 和位置参数 pos。pos 一般设置为 None 即可。

第 14 行代码将传入的 num 转为带两位小数，以万亿为单位的数值。双星号运算表示乘幂运算，10**12 相当于 Excel 中的公式"=power(10,12)"。

第 15 行代码通过 set_major_formatter 方法传入函数，格式化主刻度标签。

> **深入了解**
>
> 也可以使用 lambda 表达式来代替函数，但同样需要传入 pos 参数，代码如下：
>
> ```
> lambda x, pos:'{:.2f}万亿'.format(x/10**12))
> ```

第 16 行代码在屏幕上显示条形图，如图 3-55 所示。

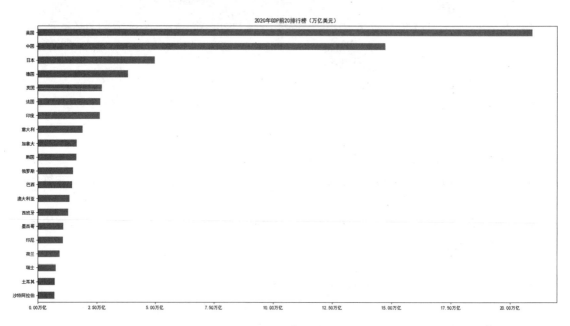

图 3-55　条形图

3.14.4　使用 pandas 绘制饼图

饼图通常以百分比形式来展示各组分的占比情况，例如，某行业各品牌的市场占有率，考虑到图表可读性，一般不超过 5 个组分。以下示例代码根据图 3-56 所示的数据表使用 pandas 绘制饼图，并自定义数据标签。

图 3-56　饼图数据源

```
#001   import pandas as pd
#002   import matplotlib.pyplot as plt
#003   import os
#004   folder_name = os.path.dirname(__file__)
#005   file_name = os.path.join(folder_name, 'pie.xlsx')
#006   plt.rcParams['font.sans-serif'] = ['simHei']
#007   df = pd.read_excel(file_name, index_col = '品牌')
#008   def percent_format(percent):
#009       total = df['出货量(百万)'].sum()
#010       actual = percent / 100 * total
#011       return '({:.1f}%)\n{:.1f}'.format(percent, actual)
#012   df.plot(
#013       x = '品牌', y = '出货量(百万)', kind = 'pie',
#014       title = '2021年Q3手机出货量(百万)', autopct = percent_format,
#015       fontsize = 14, legend = False, ylabel = '', startangle = 90,
```

```
#016                counterclock = False, explode = [0.1, 0, 0, 0, 0, 0])
#017  plt.show()
```

➢ 代码解析

第 1 行代码导入 pandas 模块，设置别名为 pd。

第 2 行代码导入 matplotlib 模块的 pyplot 包，设置别名为 plt，用于处理图表中的中文字符及展示图表。

第 3 行代码导入 os 模块，用于获取文件路径。

第 4 行代码使用 os 模块的 path.dirname 函数获取 Python 文件所在目录。

第 5 行代码使用 os 模块的 path.join 函数连接目录名和文件名获取数据文件的全路径。

第 6 行代码通过 rcParams 参数设置图表字体为黑体，这是为了让 matplotlib 模块支持中文字体的显示。

第 7 行代码以 read_excel 方法将文件读取到内存中，赋值给 DataFrame 对象变量 df。index_col= ' 品牌 ' 表示设置索引为"品牌"列。

第 8~11 行代码定义一个函数用于同时显示实际值和占比标签。传入参数 percent 是以总额为 100 进行缩放后的数据标签。

第 9 行代码定义原始数据总额。

第 10 行代码通过原始总数和 percent 参数还原为实际值。

第 11 行代码将百分比和实际值传入格式化成 1 位小数的数据标签。

第 12~16 行代码通过 plot 方法绘制饼图。

第 13 行代码指定 x 轴和 y 轴，图表类型为饼图。

 　　虽然饼图并不会显示坐标轴，但传入"x 轴"和"y 轴"的参数仍然是类别数据和数值数据，因此分别传入"品牌"和"出货量（百万）"列。

第 14 行代码指定图表标题为"2021 年 Q3 手机出货量（百万）"，使用 percent_format 函数来格式化默认的数据标签。如仅显示百分比，可改为 autopct='%.1f%%'（格式化标签为".1f%"，由左右 2 个"%"所包含）。

第 15 行代码指定标签文字为 14 磅（pt），隐藏图例，隐藏 y 轴标签，从 90°位置（即正上方）开始依次排列各"饼块"（组分）。

第 16 行代码指定各组分按顺时针方向排序。

设置第一个"饼块"从饼图中分裂出来。counterclock 属性默认为 True，即逆时针。explode 属性传入参数为列表或元组，一个元素对应一个"饼块"，元素的值越大，"饼块"离圆心越远。

startangle、counterclock、autopct 和 explode 属于 matplotlib 库中 pie 子类的属性，而 pandas 的 plot 方法是基于 matplotlib 模块进行了封装，因此可继承这些属性来设置图表。

第 17 行代码在屏幕上显示饼图，如图 3-57 所示。

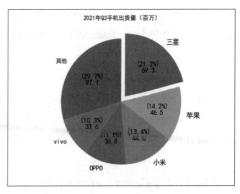

图 3-57　饼图

3.14.5　使用 pandas 绘制散点图

散点图常常用于探索自变量（x）和因变量（y）之间的关系，通过拟合曲线方程，进而预测趋势，在数据探索过程中扮演着较为重要的角色。以下示例代码根据图 3-58 所示的数据表使用 pandas 绘制散点图。

	A	B	C	D
1	产品类别	日期	搜索	购买
2	产品A	2015/11/2	0	3
3	产品A	2015/11/3	0	19
4	产品A	2015/11/4	0	16
5	产品A	2015/11/5	0	20
6	产品A	2015/11/6	4	16
7	产品A	2015/11/7	2	17
8	产品A	2015/11/8	2	27
9	产品A	2015/11/9	4	28
10	产品A	2015/11/10	2	16
11	产品A	2015/11/11	0	30
12	产品A	2015/11/12	13307	17
13	产品A	2015/11/13	12923	17
14	产品A	2015/11/14	15507	27
15	产品A	2015/11/15	18974	23
16	产品A	2015/11/16	16783	37
17	产品A	2015/11/17	15062	31

图 3-58　散点图数据源

```
#001   import pandas as pd
#002   import matplotlib.pyplot as plt
#003   import os
#004   folder_name = os.path.dirname(__file__)
#005   file_name = os.path.join(folder_name, 'scatter.xlsx')
#006   plt.rcParams['font.sans-serif'] = ['simHei']
#007   df = pd.read_excel(file_name)
#008   df['产品类别'] = df['产品类别'].astype('category')
#009   scatter = df.plot(x = '搜索', y = '购买', kind = 'scatter',
#010                     c = '产品类别', cmap = 'tab10')
#011   plt.show()
```

➤ 代码解析

第 1 行代码导入 pandas 模块，设置别名为 pd。

第 2 行代码导入 matplotlib 模块的 pyplot 包，设置别名为 plt，用于处理图表中的中文字符及展示图表。

第 3 行代码导入 os 模块，用于获取文件路径。

第 4 行代码使用 os 模块的 path.dirname 函数获取 Python 文件所在目录。

第 5 行代码使用 os 模块的 path.join 函数连接目录名和文件名获取数据文件的全路径。

第 6 行代码通过 rcParams 参数设置图表字体为黑体，这是为了让 matplotlib 模块支持中文字体的显示。

第 7 行代码以 read_excel 方法将文件读取到内存中，赋值给 DataFrame 对象变量 df。

第 8 行代码将"产品类别"列转为类别数据类型，以便映射数据系列的圆点颜色。

第 9 行代码指定 x 轴和 y 轴，图表类型为散点图。

第 10 行代码设置散点图的图例颜色。

c='产品类别'表示将"产品类别"列映射为数据系列的颜色，该参数接受列名或列位置进行颜色映射，还接受颜色格式（或列表）。常见颜色格式如表 3-23 所示。

表 3-23　常见颜色格式说明

类型	示例	说明
RGB	(0.5, 0.3, 0.2)	R(红色) 占比 0.5，即 R 值为 128，G（绿色）和 B（蓝色）以此类推
RGBA	(0.5, 0.3, 0.2, 0.5)	A 为透明度 Alpha，0 为透明，1 为不透明，示例表示透明度为 50%
颜色名称	red	红色
颜色简称	r	{'b', 'g', 'r', 'c', 'm', 'y', 'k', 'w'} 中任意一个，其中 r 为红色（red）
16 进制编码	#ff0033	对应的 RGB 值为（255, 0, 51）

> **深入了解**
>
> 　　c 为 matplotlib 接口参数，不同于 plot 方法内置的 color 参数，后者需要使用类别（category）数据类型进行颜色映射。例如：
>
> ```
> color=df['产品类别'].astype('category').cat.codes
> ```
>
> 　　此处先将"产品类别"列转为 category 类型数据。codes 为类别数据类型的数值编码。第 1 个类别编码为 0，第 2 个类别编码为 1，以此类推。

cmap 为 'tab10' 表示指定预设调色板名称为"tab10"，该调色板包含 10 个颜色。

第 11 行代码在屏幕上显示散点图，如图 3-59 所示。

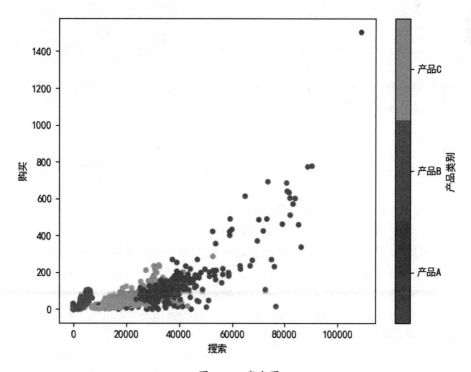

图 3-59　散点图

3.14.6　使用 pandas 绘制箱线图

箱线图作为统计分析图表，有助于迅速了解数据分布的基本情况及发现异常点。

以下示例代码根据图 3-60 所示的数据表使用 pandas 绘制箱线图。

	A	B	C	D
1	日期	产品A	产品B	产品C
2	2017-01-01	2787	1361	262
3	2017-01-02	3359	1380	331
4	2017-01-03	2735	1154	320
5	2017-01-04	2358	1111	259
6	2017-01-05	2336	1045	256
7	2017-01-06	2050	1036	194
8	2017-01-07	2642	1368	216
9	2017-01-08	2894	1665	280
10	2017-01-09	2108	1379	220
11	2017-01-10	2130	1490	265
12	2017-01-11	2006	1299	248
13	2017-01-12	2021	1428	267
14	2017-01-13	1723	1200	263
15	2017-01-14	2278	1580	250
16	2017-01-15	2463	1846	340
17	2017-01-16	2390	1486	309
18	2017-01-17	1923	1192	321
19	2017-01-18	1871	1101	289

图 3-60　箱线图数据源

```
#001    import pandas as pd
#002    import matplotlib.pyplot as plt
#003    import os
#004    folder_name = os.path.dirname(__file__)
#005    file_name = os.path.join(folder_name, 'box.xlsx')
#006    plt.rcParams['font.sans-serif'] = ['simHei']
#007    df = pd.read_excel(file_name)
#008    df.plot(y = df.columns[1:], kind = 'box')
#009    plt.show()
```

➢ 代码解析

第 1 行代码导入 pandas 模块，设置别名为 pd。

第 2 行代码导入 matplotlib 模块的 pyplot 包，设置别名为 plt，用于处理图表中的中文字符及展示图表。

第 3 行代码导入 os 模块，用于获取文件路径。

第 4 行代码使用 os 模块的 path.dirname 函数获取 Python 文件所在目录。

第 5 行代码使用 os 模块的 path.join 函数连接目录名和文件名获取数据文件的全路径。

第 6 行代码通过 rcParams 参数设置图表字体为黑体，这是为了让 matplotlib 模块支持中文字体的显示。

第 7 行代码以 read_excel 方法将文件读取到内存中，赋值给 DataFrame 对象变量 df。

第 8 行代码通过 plot 方法传入 y 轴数据，绘制箱线图。

df.columns[1:] 返回除第 1 列外的所有列名，也可改为 "[' 产品 A',' 产品 B', ' 产品 C']"。

> **注意**
> pandas 中的箱线图仅需传入 y 轴数据。

第 9 行代码在屏幕上显示箱线图，如图 3-61 所示。

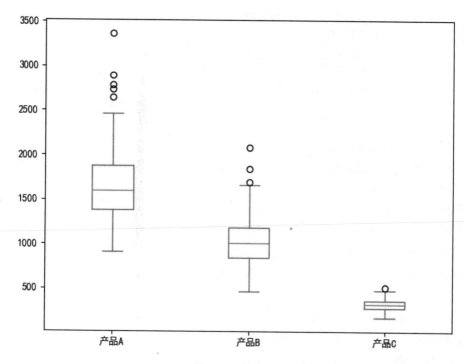

图 3-61　箱线图

3.14.7　使用 pandas 绘制直方图

直方图常用于探索数据分布情况。例如，探索最易接受的价格区间、客群年龄段分布等。
以下示例代码根据图 3-62 所示的数据表使用 pandas 绘制直方图。

	A	B	C	D
1	日期	产品A	产品B	产品C
2	2017-01-01	2787	1361	262
3	2017-01-02	3359	1380	331
4	2017-01-03	2735	1154	320
5	2017-01-04	2358	1111	259
6	2017-01-05	2336	1045	256
7	2017-01-06	2050	1036	194
8	2017-01-07	2642	1368	216
9	2017-01-08	2894	1665	280
10	2017-01-09	2108	1379	220
11	2017-01-10	2130	1490	265
12	2017-01-11	2006	1299	248
13	2017-01-12	2021	1428	267
14	2017-01-13	1723	1200	263
15	2017-01-14	2278	1500	250
16	2017-01-15	2463	1846	340
17	2017-01-16	2390	1486	309
18	2017-01-17	1923	1192	321
19	2017-01-18	1871	1101	289

图 3-62　直方图数据源

```
#001   import pandas as pd
#002   import matplotlib.pyplot as plt
#003   import os
#004   folder_name = os.path.dirname(__file__)
#005   file_name = os.path.join(folder_name, 'hist.xlsx')
#006   plt.rcParams['font.sans-serif'] = ['simHei']
#007   df = pd.read_excel(file_name)
#008   df.plot(y = ['产品A', '产品B', '产品C'], kind = 'hist',
#009           bins = 20, rwidth = 0.9, alpha = 0.7)
#010   plt.show()
```

➤ 代码解析

第 1 行代码导入 pandas 模块，设置别名为 pd。

第 2 行代码导入 matplotlib 模块的 pyplot 包，设置别名为 plt，用于处理图表中的中文字符及展示图表。

第 3 行代码导入 os 模块，用于获取文件路径。

第 4 行代码使用 os 模块的 path.dirname 函数获取 Python 文件所在目录。

第 5 行代码使用 os 模块的 path.join 函数连接目录名和文件名获取数据文件的全路径。

第 6 行代码通过 rcParams 参数设置图表字体为黑体，这是为了让 matplotlib 模块支持中文字体的显示。

第 7 行代码以 read_excel 方法将文件读取到内存中，赋值给 DataFrame 对象变量 df。

第 8 行代码通过 plot 方法传入 y 轴数据，绘制直方图。

第 8~9 行代码设置直方图外观参数。

bins 指定为 20 表示箱数为 20，即将数据范围平均划分为 20 个区间。

深入了解

数据区间的划分方式说明如表 3-24 所示。

表 3-24　数据区间的划分方式说明（数据范围：[0,100]）

方式	分箱设置	分箱结果	支持的直方图	说明
箱数（bins）	4	[0,25],[26,50],[51,75],[76,100]	Excel/DataFrame	均等划分
	[0,45,75,100]	[0,45],[46,75],[76,100]	DataFrame	不等划分
箱宽度（bin width）	40	[0,40],[41,80],[81,100]	Excel	值范围

DataFrame 直方图可通过 range 方法来按箱宽度划分，示例代码如下：

```
#001   df.plot(y='产品A', kind='hist',
#002           bins= range(0, 4000, 10), rwidth=0.9)
```

rwidth 为 0.9 表示直方图柱子宽度为原始宽度的 0.9 倍（即柱子间距为原始宽度的 0.1 倍）。

alpha 为 0.7 表示设置直方图的透明度为 0.7，这样可以显示出可能被覆盖的数据。

第 10 行代码在屏幕上显示直方图，如图 3-63 所示。

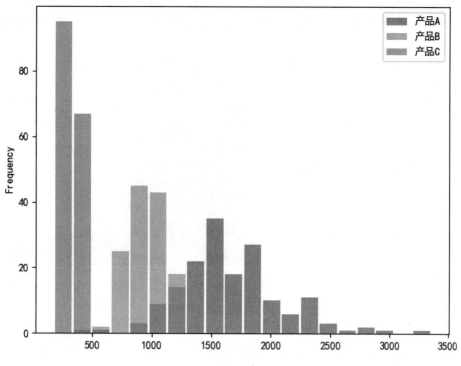

图 3-63　直方图

3.14.8　使用 pandas 绘制堆积面积图

堆积面积图通常用于展示一段时间内各组分构成的变化情况。

以下示例代码根据图 3-64 所示的数据表使用 pandas 绘制堆积面积图。

	A	B	C	D	E
1	月份	产品A	产品B	产品C	产品D
2	1月	7168	1732	1712	824
3	2月	4302	858	750	669
4	3月	5522	1280	1366	618
5	4月	3264	681	581	494
6	5月	1467	325	287	262
7	6月	1071	257	229	178
8	7月	1130	348	222	129
9	8月	391	72	57	57
10	9月	297	46	50	50

图 3-64　堆积面积图的数据源

```
#001   import pandas as pd
#002   import matplotlib.pyplot as plt
#003   import os
#004   folder_name = os.path.dirname(__file__)
#005   file_name = os.path.join(folder_name, 'area.xlsx')
#006   plt.rcParams['font.sans-serif'] = ['simHei']
#007   df = pd.read_excel(file_name)
#008   df.plot(x='月份', y=df.columns[1:], kind='area').margins(0, 0)
#009   plt.show()
```

➤ 代码解析

第 1 行代码导入 pandas 模块，设置别名为 pd。

第 2 行代码导入 matplotlib 模块的 pyplot 包，设置别名为 plt，用于处理图表中的中文字符及展示图表。

第 3 行代码导入 os 模块，用于获取文件路径。

第 4 行代码使用 os 模块的 path.dirname 函数获取 Python 文件所在目录。

第 5 行代码使用 os 模块的 path.join 函数连接目录名和文件名获取数据文件的全路径。

第 6 行代码通过 rcParams 参数设置图表字体为黑体，这是为了让 matplotlib 模块支持中文字体的显示。

第 7 行代码以 read_excel 方法将文件读取到内存中，赋值给 DataFrame 对象变量 df。

第 8 行代码通过 plot 方法传入数据，绘制面积图。

y 为 df.columns[1:] 表示以列表格式传入除第一列外的其他列作为 y 轴数据。

kind 为 'area' 表示绘制堆积面积图。

margins(0, 0) 表示删除图表区两侧的空白，以便紧贴坐标轴。

第 9 行代码在屏幕上显示面积图，如图 3-65 所示。

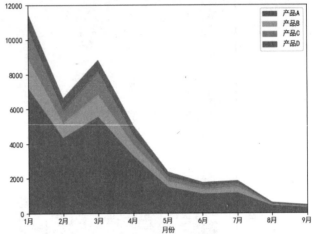

图 3-65　堆积面积图

3.15　使用 pandas 绘制组合图表

3.15.1　使用 pandas 绘制柱状 - 折线组合图

柱状 - 折线组合图通常用于展示绝对值和占比，如一段时间内的销量及销量增长率。

以下示例代码根据图 3-66 所示的数据表使用 pandas 绘制柱状 - 折线组合图，并格式化次坐标轴刻度标签。

	A	B	C
1	月份	销量	环比增长率
2	1月	37,024.24	0.00
3	2月	32,976.56	-0.12
4	3月	34,145.06	0.03
5	4月	35,022.08	0.03
6	5月	42,640.64	0.18
7	6月	48,029.09	0.11
8	7月	52,106.39	0.08
9	8月	56,433.33	0.08
10	9月	61,849.13	0.09
11	10月	57,755.74	-0.07
12	11月	59,985.45	0.04
13	12月	56,321.98	-0.07

图 3-66　柱状 - 折线组合图数据源

```
#001  import pandas as pd
#002  import matplotlib.pyplot as plt
#003  import os
#004  folder_name = os.path.dirname(__file__)
#005  file_name = os.path.join(folder_name, 'bar-line.xlsx')
#006  plt.rcParams['font.sans-serif'] = ['simHei']
#007  plt.rcParams['axes.unicode_minus'] = False
#008  df = pd.read_excel(file_name)
#009  ax = df.plot(x = '月份', y = '销量', kind = 'bar')
#010  ax_all = df.plot(x = '月份', y = '环比增长率', kind = 'line', xlabel = '',
#011              ax = ax, secondary_y = '环比增长率', color = '#ff6666',
#012              mark_right = False)
#013  yticks = [k/100  for k in range(-15, 25, 5)]
#014  yticklabels = ['{:.0f}%'.format(k*100)  for k in yticks]
#015  ax_all.set_yticks(yticks)
#016  ax_all.set_yticklabels(yticklabels)
#017  plt.show()
```

➢ 代码解析

第 1 行代码导入 pandas 模块，设置别名为 pd。

第 2 行代码导入 matplotlib 模块的 pyplot 包，设置别名为 plt，用于处理图表中的中文字符及展示图表。

第 3 行代码导入 os 模块，用于获取文件路径。

第 4 行代码使用 os 模块的 path.dirname 函数获取 Python 文件所在目录。

第 5 行代码使用 os 模块的 path.join 函数连接目录名和文件名获取数据文件的全路径。

第 6 行代码通过 rcParams 参数设置图表字体为黑体，这是为了让 matplotlib 模块支持中文字体的显示。

第 7 行代码通过 rcParams 参数禁用默认模式处理坐标轴刻度，以便正常显示负数刻度。

第 8 行代码以 read_excel 方法将文件读取到内存中，赋值给 DataFrame 对象变量 df。

第 9 行代码通过 plot 方法传入数据，绘制柱状图，赋值给变量 ax。

第 10~12 行代码绘制折线图，赋值给 ax_all 变量，以便后续设置次坐标轴刻度标签。

ax 表示将此图与 ax 变量（即柱状图）贴合。更准确地说，是将两者的坐标轴贴合。

secondary_y 指定为 ' 环比增长率 '，表示次坐标轴为"环比增长率"。如忽略参数，则共用坐标轴。

color 为 '#ff6666' 表示折线为粉色。

mark_right 为 False 表示不在图例中添加次坐标轴 "right" 标识。

第 13 行代码通过推导式创建次坐标轴刻度列表。range 方法用于创建范围在 –15（含）到 25（不含），公差为 5 的数列。通过推导式，得到相应的小数列表，作为次坐标轴刻度。

第 14 行代码将次坐标轴刻度格式化为刻度标签。

第 15~16 代码依次将次坐标轴刻度和刻度标签传入进行设置。

第 17 行代码在屏幕上显示柱状 - 折线组合图，如图 3-67 所示。

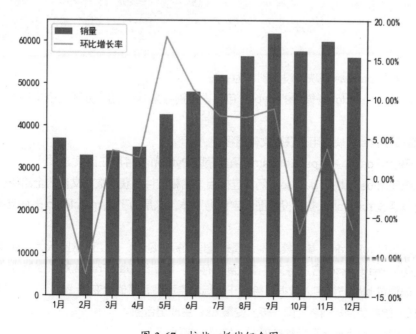

图 3-67　柱状 - 折线组合图

3.15.2 使用 pandas 绘制正负轴条形图

正负轴条形图常用于两组数据对比，如一年内的收入支出情况。

以下示例代码根据图 3-68 所示的数据表使用 pandas 绘制正负轴条形图。

	A	B	C	D
1	月份	收入	支出	结余
2	1月	7,981.41	-2348.00	5,633.41
3	2月	7,408.54	-2739.32	4,669.23
4	3月	7,961.79	-2977.47	4,984.32
5	4月	7,439.93	-2826.87	4,613.06
6	5月	7,998.47	-2368.22	5,630.25
7	6月	7,962.16	-2693.07	5,269.09
8	7月	7,582.38	-2435.95	5,146.43
9	8月	7,794.59	-2377.37	5,417.21
10	9月	7,134.41	-2344.74	4,789.67
11	10月	7,249.66	-2431.08	4,818.58
12	11月	7,960.73	-2786.00	5,174.73
13	12月	7,742.38	-2926.83	4,815.54

图 3-68　正负轴条形图数据源

```
#001   import pandas as pd
#002   import matplotlib.pyplot as plt
#003   import os
#004   folder_name = os.path.dirname(__file__)
#005   file_name = os.path.join(folder_name, 'IO_bars.xlsx')
#006   plt.rcParams['font.sans-serif'] = ['simHei']
#007   plt.rcParams['axes.unicode_minus'] = False
#008   df = pd.read_excel(file_name)
#009   ax = df.plot(x = '月份', y = ['收入', '结余'], kind = 'barh')
#010   df.plot(x = '月份', y = '支出', kind = 'barh', ax = ax, color = 'gold')
#011   plt.show()
```

➤ 代码解析

第 1 行代码导入 pandas 模块，设置别名为 pd。

第 2 行代码导入 matplotlib 模块的 pyplot 包，设置别名为 plt，用于处理图表中的中文字符及展示图表。

第 3 行代码导入 os 模块，用于获取文件路径。

第 4 行代码使用 os 模块的 path.dirname 函数获取 Python 文件所在目录。

第 5 行代码使用 os 模块的 path.join 函数连接目录名和文件名获取数据文件的全路径。

第 6 行代码通过 rcParams 参数设置图表字体为黑体，这是为了让 matplotlib 模块支持中文字体的显示。

第 7 行代码通过 rcParams 参数禁用默认模式处理坐标轴刻度，以便正常显示负数刻度。

第 8 行代码以 read_excel 方法将文件读取到内存中，赋值给 DataFrame 对象变量 df。

第 9 行代码通过 plot 方法传入数据，绘制正坐标轴条形图，赋值给变量 ax。

第 10 行代码绘制负坐标轴条形图，传入变量 ax，生成组合图。

第 11 行代码在屏幕上显示正负轴条形图，如图 3-69 所示。

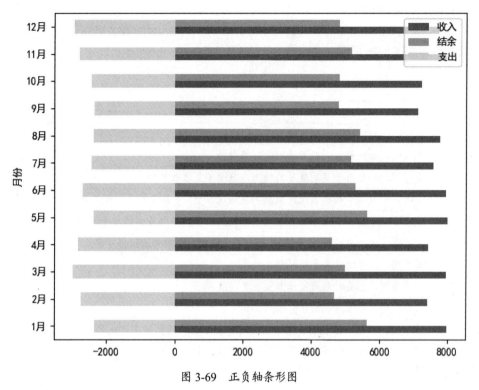

图 3-69　正负轴条形图

plot 方法的常用参数如表 3-25 所示。

表 3-25　plot 方法的常用参数

参数名	参数值类型	说明
x	列名，列的位置索引。列名为字符串类型，位置索引为数值型	x 轴数据，通常为数值数据类型（箱线图、直方图和核密度图不设置此参数）
y	列名（或列表），列的位置索引（或列表）	y 轴数据，传入列表时显示为多个系列的图表，除散点图外，通常为类别数据类型
kind	字符串，详见表 3-26	设置常用图表类型
ax	已实例化的子图类，如 AxesSubplot 类	子图对象。表示传入的子图对象和现有对象共用一个绘图画布（figure）
title	字符串	用于设置图表标题
legend	False/True/reverse，默认为 True	是否显示图例
xlabel/ylabel	字符串，x/y 轴标签文本	matplotlib 接口参数 默认为 x/y 轴数据所对应的列名 设置为空字符串则表示隐藏 x/y 轴标签
fontsize	数值	设置刻度字号大小，单位为磅（pt）
colormap（cmap）	字符串或 colormap（调色板）对象，默认为 None	使用字符串时表示调用指定名称的内置调色板，也可以传入自定义的调色板对象
secondary_y	False/True，默认为 False	是否显示副坐标轴（y 轴）

更多参数请参考以下链接：

https://pandas.pydata.org/docs/reference/api/pandas.DataFrame.plot.html

kind 参数说明如表 3-26 所示。

表 3-26　kind 参数说明

kind 参数值	说明
bar	柱状图，一般用于类别比较
line	默认值，折线图，一般用于比较时间趋势
barh	条形图，一般用于类别较多的情况，且通常会按长短排序
pie	饼图，一般用于构成占比，类别不应超过 5 个。y 轴只能是一列正数
scatter	散点图，一般用于检查 x 和 y 之间的相关性，拟合趋势方程用于预测
box	箱线图（又称盒须图），一般用于检查异常值，查看大致数据分布
hist	直方图，用于统计各个值的频次
kde	核密度图，主要对箱线图添加核概率密度线
density	核密度图，和 kde 相同
area	面积图，一般以堆积面积图为主，用于表示数据随时间而变化的范围或者构成。使用堆积面积图时要求数据必须均为正数或者均为负数（即同符号）
hexbin	蜂巢图（又称六边形热图），一般用于检查数据集中程度

第二篇

使用Python操作Excel

　　Excel 是日常办公中最常用的软件之一，在数据处理和数据分析等诸多方面有着出色的表现。但是 Excel 中有些操作步骤比较烦琐，而且可能需要经常进行重复操作，本篇将介绍如何使用 Python 批量操作 Excel 文件，轻松准确地完成这些重复任务，这将极大地提升工作效率。

第 4 章 　使用 Python 操作 Excel 的常用模块

本章将讲解使用 Python 操作 Excel 的常用模块的功能、每个模块的特点，以及如何选择模块等。

4.1 　Python 中的 Excel 相关模块功能概览

Python 中有不少模块都可以用来操作 Excel，其中常用模块的功能概览如表 4-1 所示。

表 4-1 　常用模块功能概览

	操作 Excel 文件			Excel 版本兼容性		Python 版本兼容性		依赖本机微软 Office
	读	写	修改	xls 文件	xlsx 文件	Python 2	Python 3	
xlrd	√	×	×	√	√	√	√	×
xlwt	×	√	√	√	×	√	√	×
xlsxwriter	×	√	×	×	√	√	√	×
xlutils	×	√	√	√	×	√	√	×
pylightxl	√	√	√	×	√	√	√	×
openpyxl	√	√	√	×	√	√	√	×
xlwings	√	√	√	√	√	√	√	√
pywin32	√	√	√	√	√	√	√	√
pandas	√	√	×	√	√	√	√	×

　　Python 对于 Excel 文件的基本操作是读、写和修改，各个模块的支持程度不尽相同，有些模块只支持单一功能，如 xlrd 仅适用于读取 Excel 文件。

　　Excel 2003 及更早期的版本使用的是二进制的文件格式（xls 文件），从 Excel 2007 开始则改为全新的 Office Open XML 格式（xlsx 文件），Office 365 仍然使用此格式。这种新格式文件的单个工作表支持更多单元格，文件占用的空间通常更小。Python 的部分模块并不能完全兼容这两种文件格式。

　　Excel 文件读写只是最基本的功能，大家日常工作中还会用到很多特色功能，如条件格式、图表等，这些功能操作较为复杂，暂时没有在表格中进行对比。

　　上述模块都支持 Python 2 和 Python 3，但是不同版本中的语法格式可能会有区别，读者进行版本移植时，请参考相关模块的在线帮助文档。

4.2 　模块介绍

4.2.1 　xlrd 模块

　　xlrd 模块用于从 Excel 文件中读取数据和处理简单的格式，仅支持 xls 格式（Excel 95~Excel 2003）。xlrd 模块不支持图片、VBA、公式、注释、超链接和条件格式等功能。

❖ 安装模块：pip install xlrd
❖ 在线帮助文档：https://xlrd.readthedocs.io/en/latest/

4.2.2 xlwt 模块

xlwt 模块用于创建或者修改 Excel 文件，支持简单的格式处理，仅支持 xls 格式。

❖ 安装模块：pip install xlwt
❖ 在线帮助文档：https://xlwt.readthedocs.io/en/latest/

4.2.3 xlsxwriter 模块

xlsxwrite 模块用于创建 Excel 文件，仅支持 xlsx 格式（Excel 2007 及以上版本），不支持修改已有 Excel 文件。

❖ 安装模块：pip install xlsxwriter
❖ 在线帮助文档：https://xlsxwriter.readthedocs.io/

相对于 xlwt 模块而言，xlsxwriter 模块的功能更强大，主要体现在如下几个方面。

❖ 完全兼容支持 xlsx 格式
❖ 支持普通公式和数组公式
❖ 支持合并单元格和名称
❖ 支持更多格式化功能
❖ 支持图表、迷你图和图片
❖ 支持自动筛选
❖ 支持条件格式和数据验证
❖ 支持文本框
❖ 支持单元格注释
❖ 支持组合
❖ 支持 VBA 模块导入
❖ 支持表格
❖ 支持 pandas 集成

4.2.4 xlutils 模块

xlutils 模块用于复制或者修改 Excel 文件，依赖于 xlrd 和 xlwt 模块，仅支持 xls 格式。xlutils 模块中的 copy 函数可以将 xlrd.Book 对象转换为 xlwt.Workbook 对象，进而进行修改和保存。

❖ 安装模块：pip install xlutils
❖ 在线帮助文档：https://xlutils.readthedocs.io/en/latest/

4.2.5 pylightxl 模块

pylightxl 模块用于读写 Excel 文件，其特色是轻量化，除 Python 标准库外，不依赖于其他模块，但是不支持 xlo 格式。

❖ 安装模块：pip install pylightxl
❖ 在线帮助文档：https://pylightxl.readthedocs.io/en/latest/

读取文件操作如下。

❖ 支持 Excel 文件（xlsx 和 xlsm）与 csv 文件

❖ 支持读取全部工作表或者单个工作表

❖ 支持读取单元格内容、公式、注释和名称

写入文件操作如下。

❖ 仅支持 Excel 文件（xlsx）

❖ 仅限于写入单元格数据，不支持图形、宏和格式等

4.2.6　openpyxl 模块

openpyxl 模块用于读写 Excel 文件（xlsx、xlsm、xltx 和 xltm），不支持 xls 格式。

❖ 安装模块：pip install openpyxl

❖ 在线帮助文档：https://openpyxl.readthedocs.io/en/stable/

openpyxl 模块功能相当丰富，支持图表、注释、条件格式、透视表、打印、排序、筛选、数据有效性、名称和公式等。除此之外，openpyxl 模块可以与 pandas 和 NumPy 模块高效协同工作，并且是 pandas 模块读取 Excel 文件时的默认引擎。openpyxl 模块已经成为 Python 操作 Excel 最常用的模块之一。

4.2.7　xlwings 模块

xlwings 模块用于读写 Excel 文件，支持全部文件格式。

❖ 安装模块：pip install xlwings

❖ 在线帮助文档：https://docs.xlwings.org/en/stable/

xlwings 模块可谓操作 Excel 的全能选手，其主要特色功能如下。

❖ 支持多数 Excel 操作

❖ 多数 Excel 对象提供了 api 接口，可以用于访问 VBA 对象属性和方法

❖ 使用类似于 VBA 对象的操作方式，轻松完成与 Excel 的交互和任务自动化

❖ 可以替代多数 VBA 解决方案

❖ 支持使用 Python 开发 Excel 自定义函数（仅限于 Windows）

❖ 在 VBA 代码中可以调用 Python 模块

❖ 完美实现与 pandas、NumPy、plotly 和 matplotlib 模块协同工作

xlwings 模块并不是万能的，其主要不足之处在于，此模块依赖本机安装的微软 Office 软件，才能完成 Excel 的相关操作，因此需要启用 Excel 应用程序，这将占用部分操作系统资源。但是个人计算机的处理能力越来越强大，后台运行 Excel 对于操作系统整体性能的影响几乎可以忽略不计。

4.2.8　pywin32 模块（win32com）

pywin32 模块通过 COM（Component Object Model）组件访问和控制微软应用程序。pywin32 中的 win32com 模块可以用于打开微软应用程序（如 Excel）。借助 COM 组件技术，Python 几乎可以实现 Excel 中的全部操作。

❖ 安装模块：pip install pypiwin32

❖ 在线帮助文档：https://pypi.org/project/pywin32/

VBA 可以访问与操控 Office，从而实现办公任务的自动化，其实 COM 组件就是 VBA 的技术基础。

由于 pywin32 模块和 VBA 使用了相同的 COM 组件技术，因此对 Excel 相关对象进行处理时，Python 中的语法格式也与 VBA 相同，这为现有 VBA 解决方案移植到 Python 中奠定了良好的基础。

pywin32 模块同样依赖本机安装的微软 Office 软件才能操作 Excel。

4.2.9　pandas 模块

pandas 模块是数据科学领域最常用的模块之一，严格来说和 Office 应用程序没有必然联系，但是由于 pandas 模块的强大数据处理能力，并且支持 Excel 文件的读写操作，因此也经常用于创建、读取 Excel 文件和 csv 文件。

❖ 安装模块：pip install pandas
❖ 在线帮助文档：https://pandas.pydata.org/docs/

4.3　如何选择模块

在 Python 中操作 Excel 可选的模块有很多，读者解决实际问题时，建议从如下几个方面分析项目需求，进行合理的选择。

❖ 基本原则：功能够用就行，不一定需要功能最全的模块
❖ 项目中需要处理的文件类型，例如，处理 xlsx 还是 xls
❖ 项目中需要处理的 Excel 对象，例如，是否需要处理 Excel 内置图表、条件格式
❖ 项目代码运行环境，如果代码运行在没有安装微软 Office 软件的 Linux 平台上，那么肯定不能使用 xlwings 和 pywin32 模块
❖ 跨平台兼容性，例如，openpyxl 模块不支持 macOS
❖ 如果项目开发工程师者具备 VBA 开发经验，那么使用 xlwings 和 pywin32 模块会更方便和快捷
❖ 模块操作 Excel 的性能应在实际应用场景中进行测试验证。例如，虽然 xlwings 模块依赖于本机安装的 Office 软件，但是 xlwings 模块的 Excel 读写操作效率并不低，笔者对大文件（20MB 工作簿文件，工作表中包含 100 万行 5 列数据）进行读写性能测试，xlwings 模块明显优于 openpyxl 模块

本书后续章节的示例将以 xlwings 和 openpyxl 模块为主，由于不同模块对于操作 Excel 对象的代码不尽相同，如果需要改用其他模块的话，读者可参考相关帮助文档修订示例代码。

第 5 章　使用 Python 操作 Excel 工作簿

工作簿是 Excel 中用来保存数据的文件，也就是通常所说的 Excel 文件。本章将讲解如何使用 Python 操作工作簿，主要包括创建工作簿、打开工作簿文件、工作簿更名、打印工作簿、转换工作簿格式和设置工作簿保护密码等。

5.1　创建工作簿

本节将介绍如何使用 xlwings 模块或 openpyxl 模块创建工作簿。

5.1.1　使用 xlwings 模块新建并保存工作簿

示例代码使用 xlwings 模块创建一个工作簿，并保存在当前目录中。

```
#001   import xlwings as xw
#002   import os
#003   file_name = 'ExcelHome-1.xlsx'
#004   dest_path = os.path.dirname(__file__)
#005   xl_file = os.path.join(dest_path, file_name)
#006   xlapp = xw.App(visible = False, add_book = True)
#007   wbook = xlapp.books.active
#008   wbook.save(path = xl_file)
#009   wbook.close()
#010   xlapp.quit()
```

➢ 代码解析

第 1 行代码导入 xlwings 模块，设置别名为 xw。

第 2 行代码导入 os 模块，此模块提供了丰富的功能用来操作文件和目录。

第 3 行代码指定新建的 Excel 文件名称为"ExcelHome-1.xlsx"。

第 4 行代码使用 os 模块的 path.dirname 函数获取 Python 文件所在目录，其中 __file__ 属性返回 Python 文件的全路径。

假设 Python 文件位于 C 盘的 Pydemo 目录中，则 __file__ 属性值为"C:\Pydemo\MyCode.py"，path.dirname 函数返回值为"C:\Pydemo"，即变量 dest_path 的值为"C:\Pydemo"。

第 5 行代码使用 os 模块的 path.join 函数连接目录名和文件名获取全路径，其中 dest_path 为当前目录，file_name 为文件名。

目录名和文件名都是字符串，因此也可以利用字符串运算的方式实现同样的效果，代码如下所示。由于不同操作系统中的目录分隔符可能会有差异，所以使用 path.join 函数可以更好地确保代码的跨平台兼容性。

```
xl_file = dest_path + '\\' + 'file_name'
```

第 6 行代码启动一个新的 Excel 应用程序，此时应用程序处于隐藏状态。

xw.App 的常用参数有如下两个。

❖ visible 参数用于设置是否显示 Excel 应用程序，其默认值为 True，如果 visible 参数设置为 False，

则 xw.App( ) 启动的 Excel 应用程序并不显示出来

❖ add_book 参数用于设置启动 Excel 应用程序时是否创建新的工作簿，其默认值为 True，如果
add_book 参数设置为 False，则 xw.App( ) 启动的 Excel 应用程序不会创建新工作簿

如果省略所有参数，直接使用 xw.App( ) 启动 Excel 应用程序，那么 Excel 应用程序处于可见状态，
并且在 Excel 中创建了一个新的工作簿，默认名称类似于"工作簿 1"，此工作簿为未保存状态（无扩展名），
如图 5-1 所示。

图 5-1　无参数启动 Excel 应用程序

第 7 行代码使用 books.active 获取新建的工作簿对象，如果 Excel 应用程序中打开了多个工作簿，
那么 books.active 代表其中的活动工作簿对象。

第 8 行代码以指定文件名将工作簿保存到当前目录中，参数 path 用于指定保存目录与文件名。

> 如果该目录中已经存在同名文件且未被打开，会被直接覆盖，并且不会出现任何提
> 示信息。
>
> 如果该目录中已经存在同名文件，且该文件处于打开状态，则代码会出错。

第 9 行代码关闭工作簿。Python 程序代码结束之前必须关闭工作簿，否则工作簿将处于锁定状态，
无法编辑和修改，甚至可能导致工作簿文件损坏。

第 10 行代码调用 quit 方法关闭 Excel 应用程序。

Python 中的 with 语句适用于对系统资源进行访问和使用的场景中，即使过程中发生了异常，也会
执行必要的"清理"工作，进而释放系统资源。改写为使用 with 语句的示例代码如下所示。

```
#001    import xlwings as xw
#002    import os
#003    file_name = 'ExcelHome-1.xlsx'
#004    dest_path = os.path.dirname(__file__)
#005    xl_file = os.path.join(dest_path, file_name)
#006    with xw.App(visible = False, add_book = True) as xlapp:
#007        wbook = xlapp.books.active
#008        wbook.save(xl_file)
#009        wbook.close()
```

由于第 6 行代码使用 with 语句启动 Excel 应用程序，因此程序结束前无须使用 xlapp.quit( ) 关闭 Excel 应用程序，第 9 行代码执行完成后，将自动关闭 Excel 应用程序，释放系统资源。

> 注意
> ■■■➡ xlwings 模块版本 0.23.0 不支持 with 语句的用法，需升级至 0.24.9 或者更高版本，才可以正常运行上述代码。

5.1.2 使用 openpyxl 模块新建并保存工作簿

示例代码使用 openpyxl 模块创建一个工作簿，并保存在当前目录中。

```
#001   import openpyxl as opx
#002   import os
#003   file_name = 'ExcelHome-2.xlsx'
#004   dest_path = os.path.dirname(__file__)
#005   xl_file = os.path.join(dest_path, file_name)
#006   wbook = opx.Workbook()
#007   wbook.save(filename = xl_file)
#008   wbook.close()
```

➤ 代码解析

第 1 行代码导入 openpyxl 模块，设置别名为 opx。

第 2 行代码导入 os 模块。

第 3 行代码指定新建的 Excel 文件名称为"ExcelHome-2.xlsx"。

第 4 行代码使用 os 模块的 path.dirname 函数获取 Python 文件所在目录，其中 __file__ 属性返回 Python 文件的全路径。

第 5 行代码使用 os 模块的 path.join 函数连接目录名和文件名获取全路径，其中 dest_path 为当前目录，file_name 为文件名。

第 6 行代码创建一个新的工作簿（未保存状态）。

第 7 行代码以指定文件名将工作簿保存到当前目录中，其参数 filename 用于指定保存目录与文件名。

第 8 行代码关闭工作簿。

openpyxl 模块无须借助 Excel 应用程序，就可以直接读写 Excel 文件，比使用 xlwings 模块具备更好的跨平台兼容性。在不具备 Excel 使用条件的环境中（如 Linux 服务器）无法使用 xlwings 模块，但是可以使用 openpyxl 模块操作 Excel 文件。

5.1.3 批量创建月度工作簿

示例代码使用 xlwings 模块创建 2021 年 1 月至 6 月的月度工作簿（例如：1 月份文件名称为 2021-01.xlsx），并保存在当前目录中。

```
#001   import xlwings as xw
#002   from os import path
#003   dest_path = path.dirname(__file__)
#004   with xw.App(visible = False, add_book = False) as xlapp:
#005       for month in range(1, 7):
#006           file_name = '2021-{:0>2}.xlsx'.format(str(month))
#007           xl_file = path.join(dest_path, file_name)
```

```
#008              wbook = xlapp.books.add()
#009              wbook.save(xl_file)
#010              wbook.close()
```

➤ 代码解析

第 1 行代码导入 xlwings 模块。

第 2 行代码导入 os 模块的 path 函数。

第 3 行代码使用 os 模块的 path.dirname 函数获取 Python 文件所在目录，其中 __file__ 属性返回 Python 文件的全路径。

第 4 行代码启动 Excel 应用程序（处于隐藏状态）。

第 5 行代码为 for 循环语句，变量 month 取值范围为 1 至 6，不包括循环终止值 7。

第 6 行代码创建格式为 "YYYY-MM.xlsx" 的文件名称，其中 str 将整数转换为字符类型；格式化字符串 "{:0>2}" 的含义为两位字符宽度，不足时左侧补零。例如，变量 month 值为 6，那么转换后的格式化字符串为 "06"。

> **深入了解**
>
> 除了使用格式化字符串，也可以使用其他方法实现。
>
> zfill 方法可以返回指定长度的字符串，如果其参数字符串长度不足，则在之前填充 "0"，例如，下面代码返回的结果为 "0012"，数字 12 之前补充了 2 个零，实现 4 位数字格式。
>
> ```
> str(12).zfill(4)
> ```
>
> 使用字符串切片功能实现 4 位数字格式，代码如下。其中加号为字符串连接运算符，"'000' + str(12)" 结果为 "00012"，然后利用切片 [-4:] 截取字符串的右侧 4 位字符。
>
> ```
> ('000' + str(12))[-4:]
> ```

第 7 行代码使用 os 模块的 path.join 函数连接目录名和文件名获取全路径，其中 dest_path 为当前目录，file_name 为文件名。

第 8 行代码使用 books.add 方法创建一个新的工作簿（未保存状态）。

第 9 行代码以指定文件名将工作簿保存到当前目录中。

第 10 行代码关闭工作簿。

运行示例代码在当前目录中创建的月度工作簿，如图 5-2 所示。

名称	修改日期	类型	大小
2021-01.xlsx	2021/10/11 10:42	Microsoft Excel 工...	9 KB
2021-02.xlsx	2021/10/11 10:42	Microsoft Excel 工...	9 KB
2021-03.xlsx	2021/10/11 10:42	Microsoft Excel 工...	9 KB
2021-04.xlsx	2021/10/11 10:42	Microsoft Excel 工...	9 KB
2021-05.xlsx	2021/10/11 10:42	Microsoft Excel 工...	9 KB
2021-06.xlsx	2021/10/11 10:42	Microsoft Excel 工...	9 KB
批量创建月度工作簿.py	2021/10/17 13:06	PY 文件	1 KB

图 3-2　批量创建月度工作簿

5.1.4　批量创建分省工作簿

示例代码使用 openpyxl 模块创建 4 个省份的销售数据工作簿，并保存在当前目录中。

```
#001  import openpyxl as opx
```

```
#002    from os import path
#003    dest_path = path.dirname(__file__)
#004    prov_list = ['山西省', '山东省', '河北省', '河南省']
#005    for province in prov_list:
#006        file_name = f'{province}销售数据.xlsx'
#007        xl_file = path.join(dest_path, file_name)
#008        wbook = opx.Workbook()
#009        wbook.save(xl_file)
#010        wbook.close()
```

> 代码解析

第 1 行代码导入 openpyxl 模块。

第 2 行代码导入 os 模块的 path 函数。

第 3 行代码使用 os 模块的 path.dirname 函数获取 Python 文件所在目录，其中 __file__ 属性返回 Python 文件的全路径。

第 4 行代码创建省份名称列表，其中共有 4 个省。

使用 split 方法可以快速创建 list 列表。省份名称使用"|"作为分隔符，split 方法的 sep 参数用于指定分隔符，代码如下所示。

```
prov_list = '山西省|山东省|河北省|河南省'.split(sep = '|')
```

如果省份名称字符串使用空格分隔，那么可以省略 split 方法的参数，代码如下所示。

```
prov_list = '山西省 山东省 河北省 河南省'.split()。
```

第 5 行代码使用 for 语句循环遍历省份名称列表。

第 6 行代码使用"f 字符串"生成工作簿文件名称，其中"{province}"将被替换为变量 province 的值。例如，第一次执行循环，变量 province 的值为"山西省"，则文件名为"山西省销售数据.xlsx"。

第 7 行代码使用 os 模块的 path.join 函数连接目录名和文件名获取全路径，其中 dest_path 为当前目录，file_name 为文件名。

第 8 行代码创建一个新的工作簿（未保存状态）。

第 9 行代码以指定文件名将工作簿保存到当前目录中。

第 10 行代码关闭工作簿。

运行示例代码在当前目录中创建的 4 个分省工作簿，如图 5-3 所示。

名称	修改日期	类型	大小
河北省销售数据.xlsx	2022/5/1 20:26	Microsoft Excel ...	5 KB
河南省销售数据.xlsx	2022/5/1 20:26	Microsoft Excel ...	5 KB
山东省销售数据.xlsx	2022/5/1 20:26	Microsoft Excel ...	5 KB
山西省销售数据.xlsx	2022/5/1 20:26	Microsoft Excel ...	5 KB
批量创建分省工作簿.py	2022/5/1 20:26	PY 文件	1 KB

图 5-3　批量创建分省工作簿

5.2　打开工作簿文件

本节将介绍如何使用 Python 打开本机中的 Excel 工作簿文件，并使用异常处理代码处理程序运行中可能出现的异常。

5.2.1 打开当前目录中的 Excel 文件

示例代码使用 xlwings 模块打开当前目录中的 Excel 文件。

```
#001   import xlwings as xw
#002   from os import path
#003   file_name = '2021-01.xlsx'
#004   dest_path = path.dirname(__file__)
#005   xl_file = path.join(dest_path, file_name)
#006   with xw.App(visible = False, add_book = False) as xlapp:
#007          wbook = xlapp.books.open(fullname = xl_file)
#008          print(wbook.fullname)
#009          wbook.close()
```

➤ 代码解析

第 1 行代码导入 xlwings 模块。

第 2 行代码导入 os 模块的 path 函数。

第 3 行代码指定 Excel 文件名称为 "2021-01.xlsx"。

第 4 行代码使用 os 模块的 path.dirname 函数获取 Python 文件所在目录，其中 __file__ 属性返回 Python 文件的全路径。

第 5 行代码使用 os 模块的 path.join 函数连接目录名和文件名获取全路径，其中 dest_path 为当前目录，file_name 为文件名。

第 6 行代码启动 Excel 应用程序（处于隐藏状态）。

第 7 行代码使用 books.open 打开 Excel 文件，其中参数 fullname 用于指定 Excel 文件的全路径。

第 8 行代码调用工作簿对象的 fullname 属性返回工作簿文件名称（含目录），输出结果如下。

```
C:\Pydemo\2021-01.xlsx
```

第 9 行代码关闭工作簿。

5.2.2 打开指定目录中的 Excel 文件

示例代码使用 xlwings 模块打开指定目录中的 Excel 文件。

```
#001   import xlwings as xw
#002   xl_file = 'C:\\Pydemo\\2021-01.xlsx'
#003   with xw.App(visible = False, add_book = False) as xlapp:
#004          wbook = xlapp.books.open(fullname = xl_file)
#005          print(wbook.fullname)
#006          wbook.close()
```

➤ 代码解析

第 1 行代码导入 xlwings 模块。

第 2 行代码指定 Excel 文件位于 C:\Pydemo 目录中，其名称为 "2021-01.xlsx"。

第 3 行代码启动 Excel 应用程序（处于隐藏状态）。

第 4 行代码使用 books.open 打开 Excel 文件，其中参数 fullname 用于指定 Excel 文件的全路径。

第 5 行代码调用工作簿对象的 fullname 属性返回工作簿文件名称（含目录）。

第 6 行代码关闭工作簿。

> **深入了解**

Python 的目录分隔符支持使用"/"和"\"（为了便于记忆，可以形象地称为撇和捺），以下 4 行代码的作用完全相同。

```
#001   xl_file = 'C:\\Pydemo\\2021-01.xlsx '
#002   xl_file = r'C:\Pydemo\2021-01.xlsx'
#003   xl_file = 'C:/Pydemo/2021-01.xlsx'
#004   xl_file = 'C:\\Pydemo/2021-01.xlsx'
```

❖　路径分隔符

由于"\"在 Python 中被当作转义符使用（例如，\r 代表回车），所以字符串中的"\"需要改用"\\"，如第 1 行代码所示。

如果在字符串之前增加"r"作为标识符，Python 就可以将整个字符串解析为"原始字符串"（raw string），此时字符串中的"\"不再作为转义符使用，而是作为一个普通字符，如第 2 行代码所示。

虽然 Windows 中只支持"\"作为目录分隔符，但是 Python 代码中可以直接使用"/"作为目录分隔符，并且不需要标记为原始字符串，如第 3 行代码所示。

上述目录分隔符的表示方式也可以混合使用，如第 4 行代码所示。

❖　绝对路径与相对路径

通俗地讲，绝对路径指的就是完整路径，即包含盘符、目录和文件名的全部信息，例如，"C:\User\ExcelHome\Pydemo\2021.xlsx"。与此相对的另一种形式为相对路径，即相对于当前文件路径的表示方式。假设 Python 文件位于"C:\User\ExcelHome"目录中，在 Python 代码中，上述绝对路径等价于".\Pydemo\2021.xlsx"，半角点号代表当前路径。具体应用实例请参阅 5.2.4 小节。

由目录名（可能是多级）和文件名组合而成的字符串，即"全路径"，其中目录名可以使用绝对路径或者相对路径。

5.2.3　打开 Excel 文件（含错误处理）

示例代码使用 xlwings 模块打开指定的 Excel 文件，如果文件不存在，则给出错误提示。

```
#001   import xlwings as xw
#002   from os import path
#003   file = '2021-01.xlsx'
#004   dest_path = path.dirname(__file__)
#005   xl_file = path.join(dest_path, file_name)
#006   with xw.App(visible = False, add_book = False) as xlapp:
#007       try:
#008           wbook = xlapp.books.open(fullname = xl_file)
#009       except FileNotFoundError:
#010           print(f'错误:文件({xl_file})不存在')
#011       else:
#012           print(wbook.fullname)
#013           wbook.close()
```

➢ 代码解析

第 1 行代码导入 xlwings 模块。

第 2 行代码导入 os 模块的 path 函数。

第 3 行代码指定 Excel 文件名称为 "2021-01.xlsx"。

第 4 行代码使用 os 模块的 path.dirname 函数获取 Python 文件所在目录，其中 __file__ 属性返回 Python 文件的全路径。

第 5 行代码使用 os 模块的 path.join 函数连接目录名和文件名获取全路径，其中 dest_path 为当前目录，file_name 为文件名。

第 6 行代码启动 Excel 应用程序（处于隐藏状态）。

第 7~13 行代码为 try 语句异常处理代码。

第 8 行代码使用 books.open 打开 Excel 文件，其中参数 fullname 用于指定 Excel 文件的全路径。

如果指定的文件不存在，那么执行第 8 行代码时，将产生 "FileNotFoundError" 错误，并跳转到 except 部分，执行第 10 行代码，输出提示信息如下所示。

错误：文件(C:\PyDemo\2021-01.xlsx)不存在

如果执行第 8 行代码并未产生任何错误，则跳转到 else 部分，执行第 12 行代码，调用工作簿对象的 fullname 属性返回工作簿文件名称（含目录）。

第 13 行代码关闭工作簿。

异常处理代码可以增强 Python 程序的健壮性，确保程序在各种情况下都可以正常运行。为了便于读者更好地理解核心代码，本书其他示例程序均不包含异常处理代码。

5.2.4　打开多个 Excel 文件

示例代码使用 xlwings 模块打开两个 Excel 文件，当前目录中的 "2021-01.xlsx" 和 Data 目录中的 "2021-02.xlsx"。

```
#001   import xlwings as xw
#002   from os import path
#003   dest_path = path.dirname(__file__)
#004   files_list = ['2021-01.xlsx', './Data/2021-02.xlsx']
#005   xlapp = xw.App(visible = True, add_book = False)
#006   for file in files_list:
#007       xl_file = path.join(dest_path, file_name)
#008       wbook = xlapp.books.open(fullname = xl_file)
#009   for wbook in xlapp.books:
#010       wsheet = wbook.sheets.active
#011       print(f'{wbook.name}中活动工作表为{wsheet.name}')
```

➢ 代码解析

第 1 行代码导入 xlwings 模块。

第 2 行代码导入 os 模块的 path 函数。

第 3 行代码使用 os 模块的 path.dirname 函数获取 Python 文件所在目录，其中 __file__ 属性返回 Python 文件的全路径。

第 4 行代码指定被打开的 Excel 文件，其中 files_list 为 list 列表。

第 5 行代码启动 Excel 应用程序（处于隐藏状态）。

第 6~8 行代码循环遍历文件列表。

第 7 行代码使用 os 模块的 path.join 函数连接目录名和文件名获取全路径，其中 dest_path 为当前

目录，file_name 为文件名。

第 8 行代码打开指定的 Excel 文件。

第 9~10 行代码循环遍历 Excel 应用程序（xlapp）中已经打开的工作簿。

第 10 行代码中使用 sheets.active 返回工作簿中的活动工作表对象。

第 11 行代码输出工作簿名称和活动工作表名称。f 字符串的花括号中既可以直接使用变量，又可以使用表达式，例如：wbook.name 返回工作簿的名称。

运行示例代码，输出结果如下所示。

```
2021-01.xlsx中活动工作表为2021-01
2021-02.xlsx中活动工作表为2021-02
```

Excel 中打开的两个文件如图 5-4 所示。

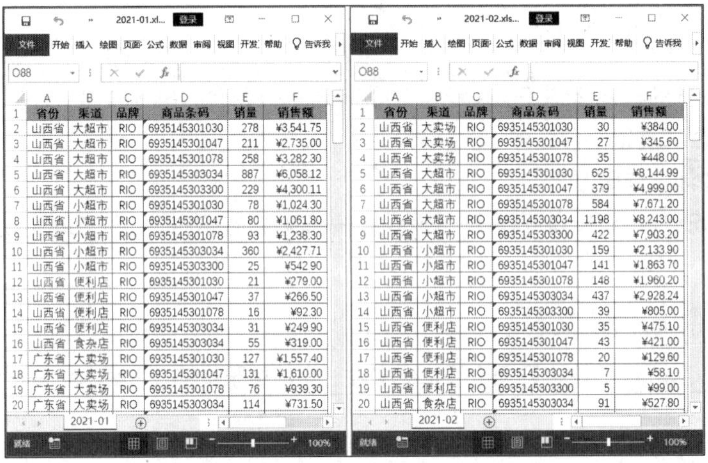

图 5-4　示例代码打开的两个 Excel 文件

5.3　工作簿文件批量操作

本节将介绍如何使用 Python 创建工作簿清单、实现工作簿更名和打印工作簿等。

5.3.1　创建工作簿文件清单

示例代码将遍历查找指定目录（含子目录）中的工作簿文件（*.xlsx 和 *.xls），并将查找结果保存到文本文件中。

```
#001   import os
#002   dest_path = os.path.dirname(__file__)
#003   src_dir = os.path.join(dest_path, '.\\Data')
#004   files_list = []
#005   for root, dirs, files in os.walk(src_dir):
#006       for file_name in files:
#007           if(file_name.lower().endswith('.xlsx') or
#008               file_name.lower().endswith('.xls')):
#009               xl_file = os.path.join(root, file_name)
#010               files_list.append(xl_file)
```

```
#011    dest_file = '文件清单.txt'
#012    out_file = os.path.join(dest_path, dest_file)
#013    with open(file = out_file, mode = 'w') as fout:
#014        fout.write('\n'.join(files_list))
```

➤ 代码解析

第 1 行代码导入 os 模块。

第 2 行代码使用 os 模块的 path.dirname 函数获取 Python 文件所在目录，其中 __file__ 属性返回 Python 文件的全路径。

第 3 行代码指定当前目录中的 "Data" 子目录为待查找目录，例如，Python 文件所在目录为 "C:\Pydemo"，那么待查找目录为 "C:\Pydemo\Data"。

第 4 行代码创建空列表 files_list，用于保存文件信息。

第 5 行代码使用 os 模块的 walk 函数遍历指定目录中的文件和目录，其返回值是一个三元组（root，dirs，files），其含义如表 5-1 所示。

表 5-1　walk 函数返回值三元组

三元组元素	说明
root	字符串，当前正在遍历的文件夹路径
dirs	List 列表，其内容为文件夹中的所有目录名
files	List 列表，其内容为文件夹中的所有文件名

第 6 行代码使用 for 语句循环遍历文件列表。

第 7~8 行代码用于判断文件扩展名是否为指定类型。由于文件名称中的英文字母可能存在大小写区别，因此需要先使用 lower 方法将其中的英文字母全部转换为小写字母，然后再进行判断。

第 9 行代码使用 os 模块的 path.join 函数连接目录名和文件名获取全路径，其中 root 为当前目录，file_name 为文件名。

第 10 行代码使用 append 方法将文件全路径保存到 files_list 列表中。

第 11 行代码指定保存结果的文本文件的名称。

第 12 行代码使用 os 模块的 path.join 函数连接目录名和文件名获取全路径，其中 dest_path 为当前目录，dest_file 为文件名。

第 13 行代码使用 open 函数打开文本文件，其中参数 file 用于指定输出文件的全路径，参数 mode 指定文件的打开模式。

参数 mode 的常用模式如表 5-2 所示。

表 5-2　参数 mode 的常用模式

模式	含义
t	文本模式（默认）
r	只读模式打开文件，文件指针位于文件起始处（默认）
r+	读写模式打开文件，文件指针位于起始处
w	写入模式打开文件，如果该文件已存在，则打开文件，文件指针位于文件起始处，文件原有内容被删除；如果该文件不存在，创建新文件

模式	含义
w+	读写模式打开文件，如果该文件已存在，则打开文件，文件指针位于文件起始处，文件原有内容被删除；如果该文件不存在，创建新文件
a	追加模式打开文件，如果该文件已存在，则打开文件，文件指针位于文件结尾处，即新内容追加到文件中；如果该文件不存在，创建新文件
b	二进制模式
x	新建文件为写入模式，如果已经存在同名文件，则会报错

如果省略 mode 参数，那么该文件将以只读文本模式打开，后续代码无法进行写入操作。

第 14 行代码使用 write 将 files_list 列表保存到文本文件中，其中 "\n" 为换行符，join 方法将列表的元素合并为单个字符串。

使用 for 语句也可以将列表中的元素逐个写入文件中，代码如下所示。

```
#001   with open(file = out_file, mode = 'w+') as fout:
#002       for xl_file in files_list:
#003           fout.write(xl_file)
```

运行示例代码在当前目录中创建的文件清单，如图 5-5 所示。

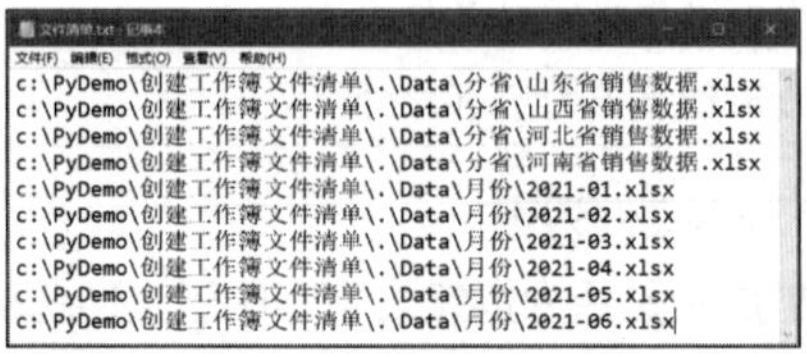

图 5-5　文件清单

5.3.2　工作簿文件归档

示例目录中有 6 个 Excel 文件，如图 5-6 所示。

图 5-6　Excel 示例文件

示例代码将根据文件名称将文件分别归档到相应目录中，分类规则如下。

❖ 名称中包含 "省" 的文件保存在 "分省数据" 目录中

❖ 其余文件保存在 "月度数据" 目录中

```
#001   import os
#002   import shutil
```

```
#003    src_path = os.path.dirname(__file__)
#004    for file_name in os.listdir(src_path):
#005        if(file_name.lower().endswith('.xlsx')):
#006            if file_name.find('省') == -1:
#007                sub_path = '.\\月度数据'
#008            else:
#009                sub_path = '.\\分省数据'
#010            dest_file = os.path.join(src_path, sub_path, file_name)
#011            src_file = os.path.join(src_path, file_name)
#012            shutil.move(src = src_file, dst = dest_file)
```

> 代码解析

第 1 行代码导入 os 模块。

第 2 行代码导入 shutil 模块，该模块的主要功能是处理文件、文件夹和压缩包。

第 3 行代码使用 os 模块的 path.dirname 函数获取 Python 文件所在目录，其中 __file__ 属性返回 Python 文件的全路径。

第 4 行代码使用 os 模块的 listdir 函数在指定目录中查找文件（不含子目录）。

第 5 行代码用于判断文件扩展名是否为指定类型。

第 6 行代码用于判断文件名是否包含"省"，如果不包含指定的关键字，则 find 方法返回值为 –1。

第 7~9 行代码根据文件名称分别指定对应的子目录。

第 10 行代码使用 os 模块的 path.join 函数连接目录名和文件名获取目标文件的全路径，其中 src_path 为当前目录，sub_path 为子目录名，file_name 为文件名。

第 11 行代码使用 os 模块的 path.join 函数连接目录名和文件名获取全路径，其中 src_path 为当前目录，file_name 为文件名。

第 12 行代码使用 shutil 模块的 move 方法将文件移动到相应目录中，其中参数 src 指定被移动的文件，参数 dst 指定目标文件的全路径。

 如果目标目录中已经存在同名文件，当参数 dst 指定为目标文件的全路径（含文件名），则直接覆盖已经存在的同名文件，不会给出提示信息；当参数 dst 指定为目标目录，则会产生运行错误，无法实现文件移动。

运行示例代码中两个归档目录中的文件，如图 5-7 所示。

图 5-7　根据文件名归档

5.3.3　工作簿文件批量更名

示例目录中有 6 个 Excel 文件，如图 5-8 所示。

名称	修改日期	类型	大小
工作簿文件批量更名.py	2021/10/17 15:34	PY 文件	1 KB
2021-06.xlsx	2021/10/5 9:49	Microsoft Excel 工作表	15 KB
2021-05.xlsx	2021/10/5 9:49	Microsoft Excel 工作表	15 KB
2021-04.xlsx	2021/10/5 9:49	Microsoft Excel 工作表	15 KB
2021-03.xlsx	2021/10/5 9:49	Microsoft Excel 工作表	15 KB
2021-02.xlsx	2021/10/5 9:49	Microsoft Excel 工作表	15 KB
2021-01.xlsx	2021/10/5 9:49	Microsoft Excel 工作表	16 KB
备份文件$	2021/10/18 8:33	文件夹	

图 5-8　Excel 示例文件

示例 Excel 文件名为"年 - 月"数字格式，现在需要将其更新为如下格式。

❖ 第一部分为季度编号，例如：Q1 和 Q2
❖ 第二部分为中文年月，例如：2021 年 1 月
❖ 两部分之间使用半角连字符连接

例如，将"2021-06.xlsx"更名为"Q1-2021 年 6 月 .xlsx"。

```
#001   import os
#002   dest_path = os.path.dirname(__file__)
#003   for src_fname in os.listdir(dest_path):
#004       if(src_fname.lower().endswith('.xlsx')):
#005           year = src_fname[:4]
#006           if year.isnumeric():
#007               month = int(src_fname[5:7])
#008               if month < 4:
#009                   dest_fname = f'Q1-{year}年{month}月.xlsx'
#010               else:
#011                   dest_fname = f'Q2-{year}年{month}月.xlsx'
#012               src_file = os.path.join(dest_path, src_fname)
#013               dest_file = os.path.join(dest_path, dest_fname)
#014               os.rename(src = src_file, dst = dest_file)
```

➢ 代码解析

第 1 行代码导入 os 模块。

第 2 行代码使用 os 模块的 path.dirname 函数获取 Python 文件所在目录，其中 __file__ 属性返回 Python 文件的全路径。

第 3 行代码使用 os 模块的 listdir 函数在指定目录中查找文件（不含子目录）。

第 4 行代码用于判断文件扩展名是否为指定类型。

第 5 行代码获取文件名的前 4 个字符。

第 6 行代码用于判断文件名是否以 4 位数字开头，如果变量 year 全部由数字组成，那么 isnumeric 函数返回结果为 True。

第 7 行代码截取文件名中的月份字符串，并使用 int 函数转换为整数。

假设变量 src_name 的值为"2021-06.xlsx"，由于 Python 的编号系统是从零开始的，也就是说第

一个字符的编号为零，例如，src_name[0] 返回值为 "2"。

切片 "[5:7]" 将截取字符串中编号为 5 和 6 的字符（注意不包含编号为 7 的字符），即 "06"，如图 5-9 所示。

图 5-9　从零开始的字符编号和负编号

> **深入了解**
>
> 使用 Python 的负编号，可以更加灵活地实现很多功能，如提取文件扩展名。针对图 5-9 中所示的文件名，可以使用 src_name[8:] 提取扩展名，方括号中只指定了起始字符编号为 8，那么将提取从该字符开始到字符串结尾的全部字符，即 "xlsx"。
>
> 读者可能已经发现其中的潜在问题，文件名称的字符长度可能各不相同，甚至可能包含目录的全路径字符串，显然扩展名的起始字符编号也会不同，因此上述代码并不具备通用性。使用负编号就可以完美地解决这个问题，src_name[-4:] 将提取从编号为 -4 的字符开始，到字符串结尾的全部字符，无论整个字符串的长度是多少，都可以正确地提取扩展名（假设扩展名固定为 4 位字符）。
>
> 实际上计算机中文件扩展名的长度并不统一，例如，Python 代码文件的扩展名为 "py"，Excel 文件的扩展名可以是 "xls"，也可以是 "xlsx"，这就需要使用如下代码获取文件扩展名。
>
> ```
> src_name.split('.')[-1]
> ```
>
> 首先使用 split 方法，以半角句号为分隔符，将文件名拆分为列表（含多个元素），然后使用负编号形式 "[-1]" 提取列表中的最后一个元素，其结果为 "xlsx"。
>
> Python 中的编号与负编号可以混用，示例中第 7 行代码等价于如下代码。
>
> ```
> month = int(src_fname[5:-5])
> ```

第 8~11 行代码根据不同月份，分别构建新的文件名。

第 9 行和第 11 行代码的区别在于文件名的季度前缀不同。

第 12~13 代码使用 os 模块的 join 函数连接目录名和文件名获取源文件和目标文件的全路径。

第 14 行代码使用 os 模块的 rename 函数完成文件更名。

运行示例代码更名后的示例文件如图 5-10 所示。

名称	修改日期	类型	大小
工作簿文件批量更名.py	2021/10/17 15:34	PY 文件	1 KB
Q2-2021年6月.xlsx	2021/10/5 9:49	Microsoft Excel 工作表	15 KB
Q2-2021年5月.xlsx	2021/10/5 9:49	Microsoft Excel 工作表	15 KB
Q2-2021年4月.xlsx	2021/10/5 9:49	Microsoft Excel 工作表	15 KB
Q1-2021年3月.xlsx	2021/10/5 9:49	Microsoft Excel 工作表	15 KB
Q1-2021年2月.xlsx	2021/10/5 9:49	Microsoft Excel 工作表	15 KB
Q1-2021年1月.xlsx	2021/10/5 9:49	Microsoft Excel 工作表	16 KB
备份文件$	2021/10/18 8:33	文件夹	

图 5-10　更名后的示例文件

5.3.4　批量更新工作簿文档信息

示例代码使用 xlwings 模块更新当前目录中 Excel 工作簿的文档信息，并保存为 xlsb 文件。示例工作簿中的文档信息如图 5-11 所示。

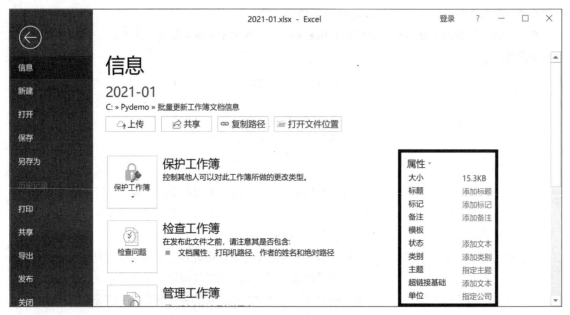

图 5-11　工作簿中的文档信息

```
#001    import xlwings as xw
#002    import os
#003    def get_files(dest_dir):
#004        list_files = []
#005        for root, dirs, files in os.walk(dest_dir):
#006            for file in files:
#007                if(file.lower().endswith('.xlsx')):
#008                    list_files.append(os.path.join(root, file))
#009        return list_files
#010    dest_path = os.path.dirname(__file__)
#011    files_list = get_files(dest_path)
#012    with xw.App(visible = False, add_book = False) as xlapp:
#013        for xl_file in files_list:
#014            dest_file = xl_file.lower().replace('.xlsx', '.xlsb')
#015            wbook = xlapp.books.open(fullname = xl_file)
#016            title = os.path.basename(xl_file)[:-5]
#017            wbook.api.BuiltinDocumentProperties("Title") \
#018                    .Value = f'{title}销售数据'
#019            wbook.api.BuiltinDocumentProperties("Comments") \
#020                    .Value = '更新于2021年9月'
#021            wbook.save(dest_file)
#022            wbook.close()
```

➤ 代码解析

第 1 行代码导入 xlwings 模块。

第 2 行代码导入 os 模块。

第 3~9 行代码为 get_files 函数，用于获取指定目录（dest_dir）中的 Excel 工作簿文件（仅限于

xlsx）列表。

第 4 行代码创建空列表 list_files，用于保存文件信息。

第 5 行代码使用 os 模块的 walk 函数遍历指定目录中的文件和目录，其返回值是一个 3 元组（root，dirs，files）。

第 6 行代码使用 for 语句循环遍历文件列表。

第 7 行代码用于判断文件扩展名是否为指定类型。

第 8 行代码使用列表对象的 append 方法将文件全路径保存到 list_files 列表中，其中 os 模块的 path.join 函数用于连接目录名和子目录名获取 Excel 文件的全路径，root 为目录名，file 为文件名。

第 9 行代码设置函数返回值为 list_files 列表。

第 10 行代码使用 os 模块的 path.dirname 函数获取 Python 文件所在目录，其中 __file__ 属性返回 Python 文件的全路径。

第 11 行代码调用 get_files 函数获取当前目录中的 Excel 工作簿文件清单。

第 12 行代码启动 Excel 应用程序（处于隐藏状态）。

第 13 行代码使用 for 语句循环遍历文件列表。

第 14 行代码构建输出文件的全路径信息，即将文件扩展名由"xlsx"替换为"xlsb"。

第 15 行代码使用 books.open 打开 Excel 文件。

第 16 行代码构建文档属性中"title"字段的内容，其中 os 模块的 path.basename 函数用于获取文件名称字符串（含扩展名），然后使用切片器 [:-5] 提取文件名。

第 17~20 行代码使用 api 功能调用工作簿的 VBA 属性，更新文档属性内容。

第 21 行代码保存工作簿，实现文件转换。

第 22 行代码关闭工作簿。

运行示例代码更新后的文档信息，如图 5-12 所示。

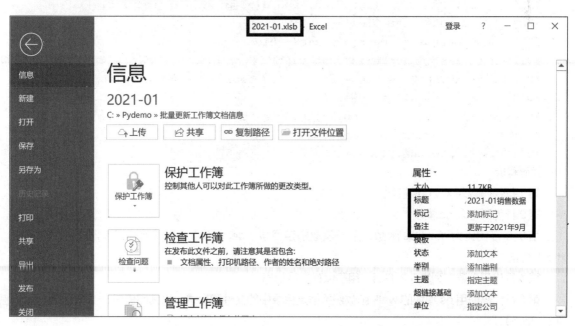

图 5-12　更新后的工作簿中的文档信息

5.3.5 批量打印工作簿

示例代码使用 xlwings 模块打印当前目录中的全部 Excel 工作簿，示例工作簿中的工作表如图 5-13 所示。

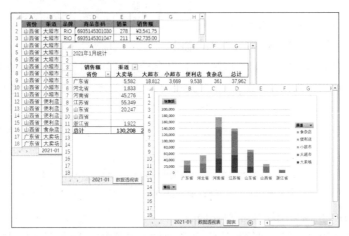

图 5-13　示例工作簿中的工作表

```
#001    import xlwings as xw
#002    import os
#003    def get_files(dest_dir):
#004        list_files = []
#005        for root, dirs, files in os.walk(dest_dir):
#006            for file in files:
#007                if(file.lower().endswith('.xlsx')):
#008                    list_files.append(os.path.join(root, file))
#009        return list_files
#010    dest_path = os.path.dirname(__file__)
#011    files_list = get_files(dest_path)
#012    with xw.App(visible = False, add_book = False) as xlapp:
#013        for xl_file in files_list:
#014            wbook = xlapp.books.open(fullname = xl_file)
#015            wbook.api.PrintOut()
#016            wbook.close()
```

➤ 代码解析

第 1 行代码导入 xlwings 模块。

第 2 行代码导入 os 模块。

第 3~9 行代码为 get_files 函数，用于获取指定目录（dest_dir）中的 Excel 工作簿文件（仅限于 xlsx）列表。

第 4 行代码创建空列表 list_files，用于保存文件信息。

第 5 行代码使用 os 模块的 walk 函数遍历指定目录中的文件和目录，其返回值是一个 3 元组（root，dirs，files）。

第 6 行代码使用 for 语句循环遍历文件列表。

第 7 行代码用于判断文件扩展名是否为指定类型。

第 8 行代码使用列表对象的 append 方法将文件全路径保存到 list_files 列表中，其中 os 模块的 path.join 函数用于连接目录名和子目录名获取 Excel 文件的全路径，root 为目录名，file 为文件名。

第 9 行代码设置函数返回值为 list_files 列表。

第 10 行代码使用 os 模块的 path.dirname 函数获取 Python 文件所在目录，其中 __file__ 属性返回 Python 文件的全路径。

第 11 行代码调用 get_files 函数获取当前目录中的 Excel 工作簿文件清单。

第 12 行代码启动 Excel 应用程序（处于隐藏状态）。

第 13 行代码使用 for 语句循环遍历文件列表。

第 14 行代码使用 books.open 打开 Excel 文件。

第 15 行代码使用 api 功能调用工作簿的 PrintOut 方法打印全部工作表。

第 16 行代码关闭工作簿。

如果需要将文件打印多份，那么可以增加一个 for 语句，将打印代码执行多次。假设需要打印 5 份，更新部分示例代码如下。

```
#001    with xw.App(visible = False, add_book = False) as xlapp:
#002        for xl_file in files_list:
#003            wbook = xlapp.books.open(fullname = xl_file)
#004            for cnt in range(5):
#005                wbook.api.PrintOut()
#006            wbook.close()
```

5.4　工作簿转换

本节将介绍如何使用 Python 将 Excel 工作簿文件批量转换为 PDF 文件或者其他格式。

5.4.1　Excel 文件批量转换为 PDF 文件

示例代码使用 xlwings 模块将工作簿中的指定工作表转换为 PDF 文件，并保存在当前目录中。示例工作簿中的工作表如图 5-14 所示。

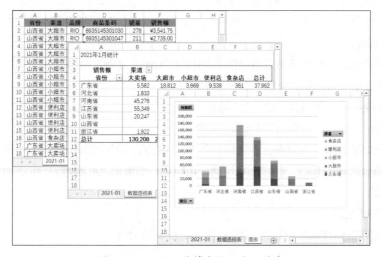

图 5-14　示例工作簿中的 3 个工作表

```
#001    import xlwings as xw
#002    import os
#003    def get_files(dest_dir):
#004        list_files = []
#005        for root, dirs, files in os.walk(dest_dir):
#006            for file in files:
#007                if(file.lower().endswith('.xlsx')):
#008                    list_files.append(os.path.join(root, file))
#009        return list_files
#010    dest_path = os.path.dirname(__file__)
#011    file_list = get_files(dest_path)
#012    with xw.App(visible = False, add_book = False) as xlapp:
#013        for xl_file in file_list:
#014            wbook = xlapp.books.open(fullname = xl_file)
#015            wbook.to_pdf(include = ['数据透视表', '图表'])
#016            wbook.close()
```

➢ 代码解析

第 1 行代码导入 xlwings 模块。

第 2 行代码导入 os 模块。

第 3~9 行代码为 get_files 函数，用于获取指定目录（dest_dir）中的 Excel 工作簿文件（仅限于 xlsx）列表。

第 4 行代码创建空列表 list_files，用于保存文件信息。

第 5 行代码使用 os 模块的 walk 函数遍历指定目录中的文件和目录，其返回值是一个 3 元组（root，dirs，files）。

第 6 行代码使用 for 语句循环遍历文件列表。

第 7 行代码用于判断文件扩展名是否为指定类型。

第 8 行代码使用列表对象的 append 方法将文件全路径保存到 list_files 列表中，其中 os 模块的 path.join 函数用于连接目录名和子目录名获取 Excel 文件的全路径，root 为目录名，file 为文件名。

第 9 行代码设置函数返回值为 list_files 列表。

第 10 行代码使用 os 模块的 path.dirname 函数获取 Python 文件所在目录，其中 __file__ 属性返回 Python 文件的全路径。

第 11 行代码调用 get_files 函数获取当前目录中的 Excel 工作簿文件清单。

第 12 行代码启动 Excel 应用程序（处于隐藏状态）。

第 13 行代码使用 for 语句循环遍历文件列表。

第 14 行代码使用 books.open 打开 Excel 文件。

第 15 行代码使用 to_pdf 方法将工作簿转换为 PDF 文件，其中 include 参数用于指定需要转换的工作表，此处只转换"数据透视表"和"图表"两个工作表；如果省略此参数，则将工作簿中的全部工作表转换为 PDF 文件。

第 16 行代码关闭工作簿。

运行示例代码在当前目录中创建的 PDF 文件，如图 5-15 所示。

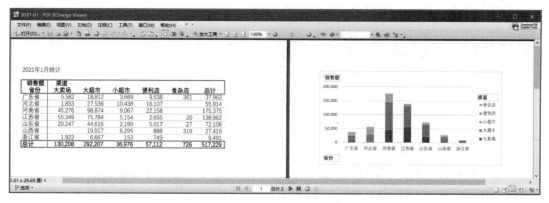

图 5-15 批量转换为 PDF 文件

5.4.2 Excel 2003 工作簿批量转换为 xlsb 文件

示例代码使用 xlwings 模块将 Excel 2003 工作簿转换为 xlsb 文件，并保存在当前目录中。示例工作簿中的工作表如图 5-16 所示。

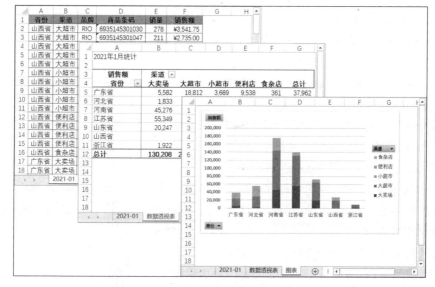

图 5-16 Excel 2003 工作簿中的 3 个工作表

```
#001    import xlwings as xw
#002    import os
#003    def get_files(dest_dir):
#004        list_files = []
#005        for root, dirs, files in os.walk(dest_dir):
#006            for file in files:
#007                if(file.lower().endswith('.xls')):
#008                    list_files.append(os.path.join(root, file))
#009        return list_files
#010    dest_path = os.path.dirname(__file__)
#011    files_list = get_files(dest_path)
#012    with xw.App(visible = False, add_book = False) as xlapp:
```

```
#013        for xl_file in files_list:
#014            dest_file = xl_file[:-3] + 'xlsb'
#015            wbook = xlapp.books.open(fullname = xl_file)
#016            wbook.save(dest_file)
#017            wbook.close()
```

➤ 代码解析

第 1 行代码导入 xlwings 模块。

第 2 行代码导入 os 模块。

第 3~9 行代码为 get_files 函数用于获取指定目录（dest_dir）中的 Excel 工作簿文件（仅限于 xls）列表。

第 4 行代码创建空列表 list_files，用于保存文件信息。

第 5 行代码使用 os 模块的 walk 函数遍历指定目录中的文件和目录，其返回值是一个 3 元组（root，dirs，files）。

第 6 行代码使用 for 语句循环遍历文件列表。

第 7 行代码用于判断文件扩展名是否为指定类型。

第 8 行代码使用列表对象的 append 方法将文件全路径保存到 list_files 列表中，其中 os 模块的 path.join 函数用于连接目录名和子目录名获取 Excel 文件的全路径，其中 root 为目录名，file 为文件名。

第 9 行代码设置函数返回值为 list_files 列表。

第 10 行代码使用 os 模块的 path.dirname 函数获取 Python 文件所在目录，其中 __file__ 属性返回 Python 文件的全路径。

第 11 行代码调用 get_files 函数获取当前目录中的 Excel 工作簿文件清单。

第 12 行代码启动 Excel 应用程序（处于隐藏状态）。

第 13 行代码使用 for 语句循环遍历文件列表。

第 14 行代码构建目标文件的全路径，即替换文件扩展名为 xlsb。其中 xl_file[:-3] 利用切片实现删除文件扩展名，假设 xl_file 的值为"C:\PyDemo\2021-01.xls"，那么 xl_file[:-3] 的结果为"C:\ PyDemo\2021-01."。

第 15 行代码使用 books.open 打开 Excel 文件。

第 16 行代码保存工作簿实现文件转换，dest_file 为目标文件的全路径。

第 17 行代码关闭工作簿。

运行示例代码在当前目录中创建的 xlsb 文件，如图 5-17 所示。

名称	修改日期	类型	大小
2021-01.xls	2021/10/11 22:28	Microsoft Excel 97-...	66 KB
2021-02.xls	2021/10/11 22:33	Microsoft Excel 97-...	68 KB
2021-01.xlsb	2021/10/12 15:56	Microsoft Excel 二...	23 KB
2021-02.xlsb	2021/10/12 15:56	Microsoft Excel 二...	23 KB
Excel2003工作簿批量转换为xlsb文件.py	2021/10/17 21:04	PY 文件	1 KB

图 5-17　批量转换 xls 为 xlsb 文件

 提示　　　　Excel 2003 工作簿文件（xls）可以包含宏代码，然而 xlsx 文件格式无法保存宏代码，因此转换为 xlsb 文件更加稳妥，在转换过程中不会丢失 xls 文件中的宏代码。

5.5 其他操作

本节将介绍如何使用 Python 设置 Excel 工作簿保护密码和打开权限密码，以及设置冻结窗口。

5.5.1 操作工作簿保护密码

↺ I 设置工作簿保护密码

示例代码使用 xlwings 模块设置工作簿保护密码。

```
#001    import xlwings as xw
#002    import os
#003    file_name = '2021-01.xlsx'
#004    dest_path = os.path.dirname(__file__)
#005    xl_file = os.path.join(dest_path, file_name)
#006    with xw.App(visible = False, add_book = False) as xlapp:
#007        wbook = xlapp.books.open(fullname = xl_file)
#008        wbook.api.Protect(Password = '123', Structure = True)
#009        wbook.save()
#010        wbook.close()
```

➢ 代码解析

第 1 行代码导入 xlwings 模块。

第 2 行代码导入 os 模块。

第 3 行代码指定 Excel 文件名称为 "2021-01.xlsx"。

第 4 行代码使用 os 模块的 path.dirname 函数获取 Python 文件所在目录，其中 __file__ 属性返回
Python 文件的全路径。

第 5 行代码使用 os 模块的 path.join 函数连接目录名和文件名获取全路径，其中 dest_path 为当前
目录，file_name 为文件名。

第 6 行代码启动 Excel 应用程序（处于隐藏状态）。

第 7 行代码打开指定的工作簿文件，参数 fullname 指定工作簿文件的
全路径。

第 8 行代码使用 api.Protect() 保护工作簿。参数 Password 用于设置保
护密码，Structure 参数设置为 True，则保护工作簿的结构，即工作簿中工作
表的相对位置。相当于保护工作簿输出选中"结构"复选框，如图 5-18 所示。

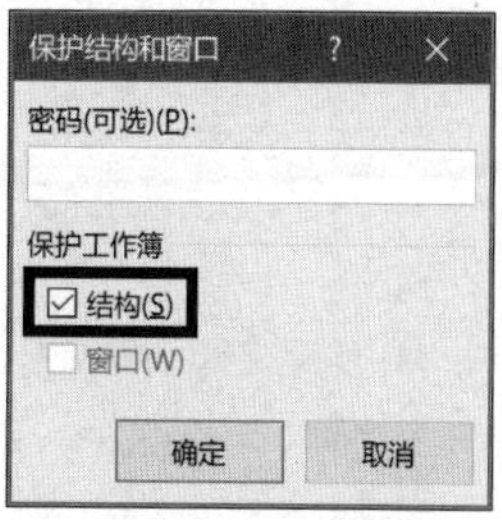

第 9 行代码保存工作簿。

第 10 行代码关闭工作簿。

图 5-18 保护工作簿的结构

↺ II 取消工作簿保护密码

示例代码使用 xlwings 模块取消工作簿保护。

```
#001    import xlwings as xw
#002    import os
#003    file_name = '2021-01.xlsx'
#004    dest_path = os.path.dirname(__file__)
#005    xl_file = os.path.join(dest_path, file_name)
#006    with xw.App(visible = False, add_book = False) as xlapp:
#007        wbook = xlapp.books.open(fullname = xl_file)
```

```
#008        wbook.api.Unprotect(Password = '123')
#009        wbook.save()
#010        wbook.close()
```

➢ 代码解析

第 1 行代码导入 xlwings 模块。

第 2 行代码导入 os 模块。

第 3 行代码指定 Excel 文件名称为"2021-01.xlsx"。

第 4 行代码使用 os 模块的 path.dirname 函数获取 Python 文件所在目录，其中 __file__ 属性返回 Python 文件的全路径。

第 5 行代码使用 os 模块的 path.join 函数连接目录名和文件名获取全路径，其中 dest_path 为当前目录，file_name 为文件名。

第 6 行代码启动 Excel 应用程序（处于隐藏状态）。

第 7 行代码打开指定的工作簿文件，参数 fullname 指定工作簿文件的全路径。

第 8 行代码使用 api.Unprotect() 取消工作簿保护，参数 Password 为保护密码。

第 9 行代码保存工作簿。

第 10 行代码关闭工作簿。

5.5.2 操作工作簿打开权限密码

❂ ┃ 设置工作簿打开权限密码

示例代码使用 xlwings 模块设置工作簿打开密码。

```
#001    import xlwings as xw
#002    import os
#003    src_fname = '2021-01.xlsx'
#004    dest_path = os.path.dirname(__file__)
#005    src_file = os.path.join(dest_path, src_fname)
#006    dest_fname = '2021-01-PW.xlsx'
#007    dest_file = os.path.join(dest_path, dest_fname)
#008    with xw.App(visible = False, add_book = False) as xlapp:
#009        wbook = xlapp.books.open(fullname = src_file)
#010        wbook.api.Password = '123'
#011        wbook.save(dest_file)
#012        wbook.close()
```

第 1 行代码导入 xlwings 模块。

第 2 行代码导入 os 模块。

第 3 行代码指定 Excel 文件名称为"2021-01.xlsx"。

第 4 行代码使用 os 模块的 path.dirname 函数获取 Python 文件所在目录，其中 __file__ 属性返回 Python 文件的全路径。

第 5 行代码使用 os 模块的 path.join 函数连接目录名和文件名获取全路径，其中 dest_path 为当前目录，src_fname 为文件名。

第 6 行代码指定目标文件名称为"2021-01-PW.xlsx"。

第 7 行代码使用 os 模块的 path.join 函数连接目录名和文件名获取全路径，其中 dest_path 为当前目录，dest_fname 为文件名。

第 8 行代码启动 Excel 应用程序（处于隐藏状态）。

第 9 行代码打开指定的工作簿文件，参数 fullname 指定工作簿文件的全路径。

第 10 行代码使用 api.Password 属性设置工作簿打开密码。

第 11 行代码保存目标工作簿。

第 12 行代码关闭工作簿。

运行示例代码后，在 Excel 中打开文件 2021-01-PW.xlsx，需要输入密码，如图 5-19 所示。

⊃ II　打开具有密码保护的工作簿

示例代码使用 xlwings 模块打开具有密码保护的工作簿。

图 5-19　工作簿打开密码保护

```
#001   import xlwings as xw
#002   import os
#003   file_name = '2021-01.xlsx'
#004   dest_path = os.path.dirname(__file__)
#005   src_file = os.path.join(dest_path, file_name)
#006   with xw.App(visible = False, add_book = False) as xlapp:
#007       wbook = xlapp.books.open(fullname = src_file, password = '123')
#008       wsheet = wbook.sheets.active
#009       print(f'{wbook.name}中活动工作表为{wsheet.name}')
#010       wbook.close()
```

➤ 代码解析

第 1 行代码导入 xlwings 模块。

第 2 行代码导入 os 模块。

第 3 行代码指定 Excel 文件名称为"2021-01.xlsx"。

第 4 行代码使用 os 模块的 path.dirname 函数获取 Python 文件所在目录，其中 __file__ 属性返回 Python 文件的全路径。

第 5 行代码使用 os 模块的 path.join 函数连接目录名和文件名获取全路径，其中 dest_path 为当前目录，file_name 为文件名。

第 6 行代码启动 Excel 应用程序（处于隐藏状态）。

第 7 行代码打开指定的工作簿文件，参数 fullname 指定工作簿文件的全路径，参数 password 指定工作簿的打开密码。

第 8 行代码使用 sheets.active 获取工作簿中的活动工作表对象。

第 9 行代码输出提示信息。

第 10 行代码关闭工作簿。

运行示例代码，输出结果如下所示。

```
2021-01.xlsx中活动工作表为2021-01
```

5.5.3　冻结窗格

示例代码使用 xlwings 模块打开工作簿并对指定工作表设置冻结窗格。

```
#001   import xlwings as xw
#002   import os
#003   xl_file = '2021-01.xlsx'
```

```
#004    dest_path = os.path.dirname(__file__)
#005    xl_file = os.path.join(dest_path, xl_file)
#006    with xw.App(visible = False, add_book = False) as xlapp:
#007        wbook = xlapp.books.open(fullname = xl_file)
#008        wbook.sheets[0].activate()
#009        window = xlapp.api.ActiveWindow
#010        window.FreezePanes = False
#011        window.SplitColumn = 4
#012        window.SplitRow = 1
#013        window.FreezePanes = True
#014        wbook.save()
#015        wbook.close()
```

➢ 代码解析

第 1 行代码导入 xlwings 模块。

第 2 行代码导入 os 模块。

第 3 行代码指定 Excel 文件名称为“2021-01.xlsx”。

第 4 行代码使用 os 模块的 path.dirname 函数获取 Python 文件所在目录，其中 __file__ 属性返回 Python 文件的全路径。

第 5 行代码使用 os 模块的 path.join 函数连接目录名和文件名获取全路径，其中 dest_path 为当前目录，xl_file 为文件名。

第 6 行代码启动 Excel 应用程序（处于隐藏状态）。

第 7 行代码打开指定的工作簿文件，参数 fullname 指定工作簿文件的全路径。

第 8 行代码激活工作簿中的第一个工作表。

第 9 行代码使用 api.ActiveWindow 获取 Excel 应用程序中的活动窗口对象。

第 10 行代码取消冻结窗口。

第 11 行代码设置冻结前 4 列（A 列至 D 列）。

第 12 行代码设置冻结首行。

第 13 行代码启用冻结窗口。

第 14 行代码保存工作簿。

第 15 行代码关闭工作簿。

	A	B	C	D	F	G
1	省份	渠道	品牌	商品条码	销售额	
2	山西省	大超市	RIO	6935145301030	¥3,541.75	
3	山西省	大超市	RIO	6935145301047	¥2,735.00	
4	山西省	大超市	RIO	6935145301078	¥3,282.30	
5	山西省	大超市	RIO	6935145303034	¥6,058.12	
6	山西省	大超市	RIO	6935145303300	¥4,300.11	
7	山西省	小超市	RIO	6935145301030	¥1,024.30	
8	山西省	小超市	RIO	6935145301047	¥1,061.80	
9	山西省	小超市	RIO	6935145301078	¥1,238.30	
10	山西省	小超市	RIO	6935145303034	¥2,427.71	
11	山西省	小超市	RIO	6935145303300	¥542.90	
12	山西省	便利店	RIO	6935145301030	¥279.00	
13	山西省	便利店	RIO	6935145301047	¥266.50	
14	山西省	便利店	RIO	6935145301078	¥92.30	
15	山西省	便利店	RIO	6935145303034	¥249.90	
16	山西省	食杂店	RIO	6935145303034	¥319.00	
17	广东省	大卖场	RIO	6935145301030	¥1,557.40	

图 5-20　冻结窗口

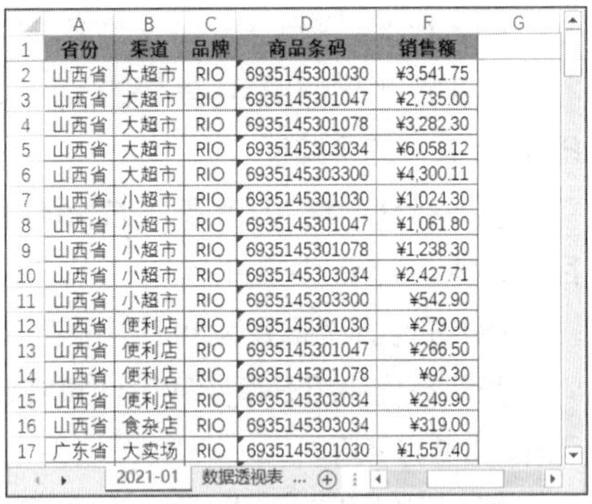

运行示例代码，工作表冻结窗口的效果如图 5-20 所示。

通过调整窗口对象的两个属性（SplitColumn 和 SplitRow）可以实现冻结首行或者冻结首列的效果，如表 5-3 所示。

表 5-3　冻结首行和冻结首列

效果	属性值
冻结首行	window.SplitColumn = 0 window.SplitRow = 1
冻结首列	window.SplitColumn = 1 window.SplitRow = 0

第 6 章　使用 Python 操作 Excel 工作表

Excel 工作簿文件中可以包含多个工作表，本章将讲解如何使用 Python 操作工作表，主要包括创建工作表、修改工作表、复制工作表、删除工作表、拆分工作簿、合并工作簿和打印工作表等。

6.1　创建工作表

本节将介绍如何使用多个模块创建单个工作表或者批量创建工作表。

6.1.1　创建单个工作表

⊃ | 使用 xlwings 模块创建单个工作表

示例代码使用 xlwings 模块新建工作簿并创建工作表，然后保存在当前目录中。

```
#001    import xlwings as xw
#002    import os
#003    file_name = 'Demo-1.xlsx'
#004    dest_path = os.path.dirname(__file__)
#005    xl_file = os.path.join(dest_path, file_name)
#006    with xw.App(visible = False, add_book = True) as xlapp:
#007        wbook = xlapp.books.active
#008        xw.sheets.active.name = '销售统计'
#009        xw.sheets.add('销售数据')
#010        wbook.save(xl_file)
#011        wbook.close()
```

➤ 代码解析

第 1 行代码导入 xlwings 模块，设置别名为 xw。

第 2 行代码导入 os 模块。

第 3 行代码指定新建的 Excel 文件名称为 "Demo-1.xlsx"。

第 4 行代码使用 os 模块的 path.dirname 函数获取 Python 文件所在目录，其中 __file__ 属性返回 Python 文件的全路径。

第 5 行代码使用 os 模块的 path.join 函数连接目录名和文件名获取全路径，其中 dest_path 为当前目录，file_name 为文件名。

第 6 行代码启动 Excel 应用程序，此时应用程序处于隐藏状态，add_book 参数设置为 True，则在 Excel 应用程序中将创建一个新工作簿。

第 7 行代码将活动工作簿对象的引用保存在变量 wbook 中，其中 xlapp.books.active 的返回值为 Excel 应用程序中的活动工作簿对象。

第 8 行代码修改工作表名称，其中 xw.sheets.active 的返回值为工作簿中的活动工作表对象。

第 9 行代码在工作簿中新建名称为 "销售数据" 的工作表。

第 10 行代码以指定文件名将工作簿保存到当前目录中。

第 11 行代码关闭工作簿。

运行示例代码创建的工作表，如图 6-1 所示。

图 6-1　使用 xlwings 模块创建工作表

⮰ II　使用 xlwt 模块创建单个工作表

运行示例代码前需要先安装 xlwt 模块。示例代码使用 xlwt 模块新建工作簿并创建工作表，然后保存在当前目录中。

```
#001    import  xlwt
#002    import os
#003    file_name = 'Demo-2.xls'
#004    dest_path = os.path.dirname(__file__)
#005    xl_file = os.path.join(dest_path, file_name)
#006    wbook = xlwt.Workbook()
#007    wbook.add_sheet('销售数据')
#008    wbook.save(xl_file)
```

➤ 代码解析

第 1 行代码导入 xlwt 模块，此模块提供了写入新 Excel 文件或者修改已有 Excel 文件的功能，但是只支持 Excel 2003 格式的 xls 文件。

第 2 行代码导入 os 模块。

第 3 行代码指定新建的 Excel 文件名称为"Demo-2.xls"。

第 4 行代码使用 os 模块的 path.dirname 函数获取 Python 文件所在目录，其中 __file__ 属性返回 Python 文件的全路径。

第 5 行代码使用 os 模块的 path.join 函数连接目录名和文件名获取全路径，其中 dest_path 为当前目录，file_name 为文件名。

第 6 行代码使用 xlwt 模块的 Workbook 方法创建一个工作簿，注意关键字 Workbook 的首字母为大写字符。

第 7 行代码使用工作簿对象的 add_sheet 方法创建指定名称的工作表，其参数为工作表名称。

第 8 行代码以指定文件名将工作簿保存到当前目录中。

　每个工作簿文件必须至少有一个工作表，调用 Workbook 方法创建工作簿后，必须使用 add_sheet 方法创建至少一个工作表，否则该工作簿无法保存为文件。

运行示例代码创建的工作表，如图 6-2 所示。

图 6-2 使用 xlwt 模块创建工作表

⊃ III 使用 xlswriter 模块创建单个工作表

运行代码前必须先安装 xlsxwriter 模块。示例代码使用 xlsxwriter 模块创建工作表，然后保存在当前目录中。

```
#001    import  xlsxwriter
#002    import os
#003    file_name = 'Demo-3.xlsx'
#004    dest_path = os.path.dirname(__file__)
#005    xl_file = os.path.join(dest_path, file_name)
#006    wbook = xlsxwriter.Workbook(xl_file)
#007    wbook.add_worksheet('销售数据')
#008    wbook.close()
```

➢ 代码解析

第 1 行代码导入 xlsxwriter 模块，此模块提供了写 xlsx 文件的功能，但是不支持读取和修改已有 Excel 文件。

第 2 行代码导入 os 模块。

第 3 行代码指定新建的 Excel 文件名称为"Demo-3.xlsx"。

第 4 行代码使用 os 模块的 path.dirname 函数获取 Python 文件所在目录，其中 __file__ 属性返回 Python 文件的全路径。

第 5 行代码使用 os 模块的 path.join 函数连接目录名和文件名获取全路径，其中 dest_path 为当前目录，file_name 为文件名。

第 6 行代码使用 xlsxwriter 模块的 Workbook 方法创建一个工作簿，其参数为文件的全路径，注意关键字 Workbook 的首字母为大写字符。

第 7 行代码使用 add_ worksheet 方法创建指定名称的工作表，其参数为工作表名称。

调用 Workbook 方法创建工作簿后，如果没有使用 add_worksheet 方法创建工作表，那么工作簿中将自动创建一个名称为"Sheet1"的工作表。

第 8 行代码保存并关闭工作簿。

运行示例代码创建的工作表，如图 6-3 所示。

06章

图 6-3　使用 xlsxwriter 模块创建工作表

本小节示例使用 3 个不同模块创建工作表，每个模块的实现方式略有不同。不同模块添加工作表的代码如表 6-1 所示。

表 6-1　添加工作表的不同实现方式

模块	代码
xlwings	wbook.sheets.add(' 销售数据 ')
xlrt	wbook.add_sheet(' 销售数据 ')
xlsxwriter	wbook.add_worksheet(' 销售数据 ')

6.1.2　创建或清空单个工作表

示例代码使用 xlwings 模块创建工作表，如果指定工作表已经存在，则清空该工作表。

```
#001   import xlwings as xw
#002   import os
#003   src_fname = '河北省月度.xlsx'
#004   dest_path = os.path.dirname(__file__)
#005   xl_file = os.path.join(dest_path, src_fname)
#006   with xw.App(visible = False, add_book = False) as xlapp:
#007       wbook = xlapp.books.open(xl_file)
#008       ws_name = "说明"
#009       try:
#010           ws_index = wbook.sheets[ws_name]
#011           ws_index.clear()
#012       except:
#013           ws_index = wbook.sheets.add(name = ws_name,
#014                       before = wbook.sheets[0])
#015       finally:
#016           wbook.save()
#017           wbook.close()
```

➢ 代码解析

第 1 行代码导入 xlwings 模块，设置别名为 xw。

第 2 行代码导入 os 模块。

第 3 行代码指定 Excel 文件名称。

第 4 行代码使用 os 模块的 path.dirname 函数获取 Python 文件所在目录，其中 __file__ 属性返回 Python 文件的全路径。

第 5 行代码使用 os 模块的 path.join 函数连接目录名和文件名获取全路径，其中 dest_path 为当前目录，src_fname 为文件名。

第 6 行代码启动 Excel 应用程序（处于隐藏状态）。

第 7 行代码使用 books.open 方法打开 Excel 文件，其参数为 Excel 文件的全路径。

第 8 行代码指定工作表名称。

第 9~17 行代码为 try 语句的异常处理结构。

第 10 行代码将名称为"说明"的工作表对象赋值给变量 ws_index。

使用工作表名称引用工作表时，可以使用方括号也可以使用圆括号，代码如下所示。

```
ws_index = wbook.sheets(ws_name)
```

如果第 10 行代码成功运行，即工作簿中已经存在名称为"说明"的工作表，那么第 11 行代码将使用 clear 方法清空工作表的内容和格式。

如果工作簿中不存在名称为"说明"的工作表，那么将产生运行时错误，并跳转至 except，执行后续代码段。

第 13~14 行代码使用 sheets.add 方法创建工作表。参数 name 用于指定工作表名称，参数 before 用于指定新工作表的插入位置为第一个工作表之前，其中 sheets[0] 代表工作簿中第一个工作表对象。

调用 add 方法时可以使用参数 before 或者参数 after 指定工作表的插入位置，但是只能使用两个参数之一。如果同时省略两个参数，那么新建工作表将插入活动工作表之前。

无论工作簿中是否已经存在名称为"说明"的工作表，都将继续执行 finally 部分的代码。

第 16 行代码保存工作簿。

第 17 行代码关闭工作簿。

运行示例代码创建的工作表如图 6-4 所示。

图 6-4　创建或清空工作表

6.1.3　批量新建工作表

实际工作中有时需要按照指定名称创建多个工作表，如果用手工操作的话，通常要逐个添加工作表，再修改工作表名称，这需要花费大量的时间，并且非常容易出错。

现在需要添加 9 个工作表，即为 3 个直辖市分别创建 1~3 月的工作表，工作表名称使用类似于"北京市 -1 月"的规则，以下示例代码使用 xlwings 模块快速创建多个工作表。

```
#001   import xlwings as xw
#002   from os import path
#003   file_name = '分区域Q1统计.xlsx'
#004   dest_path = path.dirname(__file__)
#005   xl_file = path.join(dest_path, file_name)
#006   prov_list = ['北京市', '上海市', '天津市']
#007   with xw.App(visible = False, add_book = False) as xlapp:
#008       wbook = xlapp.books.add()
#009       for prov in prov_list:
#010           for mth in range(3, 0, -1):
#011               wbook.sheets.add(f'{prov}-{mth}月')
#012       wbook.sheets[-1].delete()
#013       wbook.save(xl_file)
#014       wbook.close()
```

➤ 代码解析

第 1 行代码导入 xlwings 模块，设置别名为 xw。

第 2 行代码导入 os 模块。

第 3 行代码指定 Excel 文件名称。

第 4 行代码使用 os 模块的 path.dirname 函数获取 Python 文件所在目录，其中 __file__ 属性返回 Python 文件的全路径。

第 5 行代码使用 os 模块的 path.join 函数连接目录名和文件名获取全路径，其中 dest_path 为当前目录，file_name 为文件名。

第 6 行代码创建直辖市列表。

第 7 行代码启动 Excel 应用程序（处于隐藏状态）。

第 8 行代码使用 books.add 方法创建工作簿。

第 9 行代码使用 for 语句循环遍历直辖市名称列表。

第 10 行代码使用 for 语句产生月份数字序列（3，2，1）。

第 11 行代码使用 sheets.add 方法创建工作表，其参数为工作表名称。创建工作表时默认插入位置为最左侧（第一个工作表之前），为了使最终工作簿中的工作表按照月份顺序排列（1 月，2 月，3 月），第 10 行代码需要创建一个倒序序列。

第 12 行代码使用 delete 方法删除最后一个工作表（名称为"Sheet1"），这是由第 8 行代码新建工作簿时自动创建的工作表。

sheets[-1] 为 sheets 对象集合中的最后一个元素，即工作簿中的最后一个工作表。

第 13 行代码以指定文件名将工作簿保存到当前目录中。

第 14 行代码关闭工作簿。

运行示例代码创建的工作表如图 6-5 所示。

图 6-5　批量创建多个工作表

6.1.4　多个工作簿中批量添加工作表

示例目录中的 3 个示例文件如图 6-6 所示。

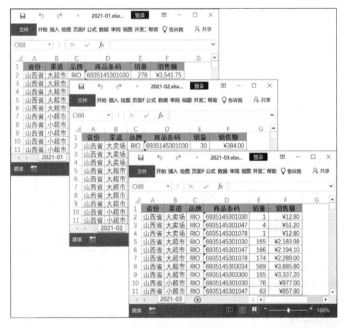

图 6-6　多个工作簿文件

示例代码使用 xlsxwriter 模块在多个工作簿中批量添加工作表。

```
#001   import xlwings as xw
#002   import os
#003   dest_path = os.path.dirname(__file__)
#004   ws_list = ['图表', '透视表']
#005   with xw.App(visible = False, add_book = False) as xlapp:
#006       for file_name in os.listdir(dest_path):
#007           if(file_name.lower().endswith('.xlsx')):
#008               xl_file = os.path.join(dest_path, file_name)
#009               wbook = xlapp.books.open(fullname = xl_file)
#010               for ws_name in ws_list:
#011                   wbook.sheets.add(name = ws_name,
#012                                    after = wbook.sheets[-1])
```

```
#013                  wbook.save()
#014                  wbook.close()
```

➤ 代码解析

第 1 行代码导入 xlwings 模块，设置别名为 xw。

第 2 行代码导入 os 模块。

第 3 行代码使用 os 模块的 path.dirname 函数获取 Python 文件所在目录，其中 __file__ 属性返回 Python 文件的全路径。

第 4 行创建工作表名称列表，即在每个工作簿中创建的两个工作表名称分别为"图表"和"透视表"。

第 5 行代码启动 Excel 应用程序（处于隐藏状态）。

第 6 行代码使用 os 模块的 listdir 函数在指定目录中查找文件（不含子目录）。

第 7 行代码用于判断文件扩展名是否为指定类型。

第 8 行代码使用 os 模块的 path.join 函数连接目录名和文件名获取全路径，其中 dest_path 为当前目录，file_name 为文件名。

第 9 行代码打开指定的 Excel 文件。

第 10 行代码使用 for 语句循环遍历工作表名称列表。

第 11~12 行代码使用 sheets.add 方法创建工作表，其参数 name 用于指定工作表名称，参数 after 用于指定工作表插入在最后位置，其中 sheets[-1] 代表工作簿中的最后一个工作表对象。

第 13 行代码保存工作簿。

第 14 行代码关闭工作簿。

运行示例代码在多个工作簿中创建的工作表如图 6-7 所示。

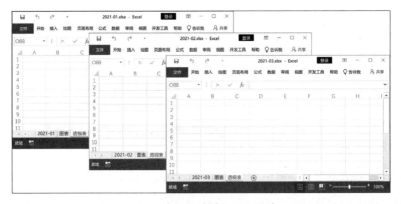

图 6-7　多个工作簿中的工作表

深入了解

利用列表推导式可以简化代码，在创建文件列表时只包含指定类型的 Excel 文件，示例代码如下所示。

```
#001  import xlwings as xw
#002  import os
#003  dest_path = os.path.dirname(__file__)
#004  ws_list = ['图表', '透视表']
#005  with xw.App(visible=False, add_book=False) as xlapp:
```

```
#006         for file_name in [fname for fname in os.listdir(dest_path)
#007                           if fname.lower().endswith('.xlsx')]:
#008             xl_file = os.path.join(dest_path, file_name)
#009             wbook = xlapp.books.open(fullname=xl_file)
#010             for ws_name in ws_list:
#011                 wbook.sheets.add(name=ws_name,
#012                                  after=wbook.sheets[-1])
#013             wbook.save()
#014             wbook.close()
```

❖ 代码解析

第 6~7 行代码中使用了列表推导式创建 Excel 文件列表，并保存在变量 file_list 中。

其中的列表推导式（方括号中的代码）可以拆分为如下几个部分。

（1）"fname"为列表推导式中的变量，可以使用任意变量名。

（2）for fname in os.listdir(dest_path)：使用 for 语句循环遍历 os.listdir() 返回的文件列表。

（3）if fname.lower().endswith('.xlsx')：对于文件列表中的元素（文件名），判断其扩展名是否为"xlsx"。

符合上述解析条件的文件名将组成新的 Excel 文件列表。

使用列表推导式可以将多行代码合并为单行代码，实现代码简化，相关语法内容请参阅 2.2.4 小节。

6.2 修改工作表

本节将介绍如何使用多个模块来读取工作表名称、查找工作表、修改工作表名称和设置工作表标签颜色。

6.2.1 读取工作表名称

⊃ I 使用 xlwings 模块读取工作表名称

示例文件中有 3 个工作表，如图 6-8 所示。

示例代码使用 xlwings 模块读取指定工作簿中的全部工作表名称。

图 6-8 示例文件中的 3 个工作表

```
#001 import xlwings as xw
#002 import os
#003 file_name = '2021-01.xlsx'
#004 dest_path = os.path.dirname(__file__)
#005 xl_file = os.path.join(dest_path, file_name)
#006 with xw.App(visible = False, add_book = False) as xlapp:
#007     wbook = xlapp.books.open(xl_file)
#008     wsheets = wbook.sheets
#009     print(f'工作簿({file_name})中有{wsheets.count}个工作表:')
```

```
#010         for wsheet in wsheets:
#011             print(wsheet.name, end = ' ')
#012         wbook.close()
```

➤ 代码解析

第 1 行代码导入 xlwings 模块，设置别名为 xw。

第 2 行代码导入 os 模块。

第 3 行代码指定 Excel 文件名称。

第 4 行代码使用 os 模块的 path.dirname 函数获取 Python 文件所在目录，其中 __file__ 属性返回 Python 文件的全路径。

第 5 行代码使用 os 模块的 path.join 函数连接目录名和文件名获取全路径，其中 dest_path 为当前目录，file_name 为文件名。

第 6 行代码启动 Excel 应用程序（处于隐藏状态）。

第 7 行代码打开指定的 Excel 文件。

第 8 行代码中 sheets 属性的返回值为工作表对象集合。

第 9 行代码用于输出信息，其中 count 属性的返回值为工作表的总数量。

第 10 行代码使用 for 语句循环遍历工作表对象集合。

第 11 行代码输出工作表名称，其中参数 end 指定打印输出的内容，使用空格作为结束符，如果省略此参数，将默认使用换行符作为结束符。

第 12 行代码关闭工作簿。

运行示例代码输出结果如下所示。

```
工作簿(2021-01.xlsx)中有3个工作表:
2021-01  数据透视表  图表
```

◐ II 使用 pandas 模块读取工作表名称

示例代码使用 pandas 模块读取指定工作簿中的全部工作表名称。

```
#001  import pandas as pd
#002  import os
#003  file_name = '2021-01.xlsx'
#004  dest_path = os.path.dirname(__file__)
#005  xl_file = os.path.join(dest_path, file_name)
#006  dfs = pd.ExcelFile(xl_file)
#007  wsheets = dfs.sheet_names
#008  print(f'工作簿({file_name})中有{len(wsheets)}个工作表:')
#009  for ws_name in wsheets:
#010      print(ws_name, end = ' ')
```

➤ 代码解析

第 1 行代码导入 pandas 模块，设置别名为 pd。

第 2 行代码导入 os 模块。

第 3 行代码指定 Excel 文件名称。

第 4 行代码使用 os 模块的 path.dirname 函数获取 Python 文件所在目录，其中 __file__ 属性返回 Python 文件的全路径。

第 5 行代码使用 os 模块的 path.join 函数连接目录名和文件名获取全路径，其中 dest_path 为当前

目录，file_name 为文件名。

第 6 行代码使用 ExcelFile 读取指定的 Excel 文件，其返回值为 DataFrame 对象。

第 7 行代码中 sheet_names 属性的返回值为工作表名称列表。

第 8 行代码用于输出信息，其中 len 函数的返回值为 wsheets 列表中的元素数量，即工作表数量。

第 9 行代码使用 for 语句循环遍历工作表名称列表。

第 10 行代码输出工作表名称，其中参数 end 指定打印输出的内容，使用空格作为结束符，如果省略此参数，将默认使用换行符作为结束符。

运行示例代码输出结果如下所示。

```
工作簿(2021-01.xlsx)中有3个工作表:
2021-01  数据透视表  图表
```

Ⅲ　使用 openpyxl 模块读取工作表名称

示例代码使用 openpyxl 模块读取指定工作簿中的全部工作表名称。

```
#001   from openpyxl import load_workbook
#002   import os
#003   file_name = '2021-01.xlsx'
#004   dest_path = os.path.dirname(__file__)
#005   xl_file = os.path.join(dest_path, file_name)
#006   wbook = load_workbook(xl_file)
#007   wsheets = wbook.sheetnames
#008   print(f'工作簿({file_name})中有{len(wsheets)}个工作表:')
#009   for ws_name in wsheets:
#010       print(ws_name, end = ' ')
#011   wbook.close()
```

➢ **代码解析**

第 1 行代码由 openpyxl 模块导入 load_workbook 函数。

第 2 行代码导入 os 模块。

第 3 行代码指定 Excel 文件名称。

第 4 行代码使用 os 模块的 path.dirname 函数获取 Python 文件所在目录，其中 __file__ 属性返回 Python 文件的全路径。

第 5 行代码使用 os 模块的 path.join 函数连接目录名和文件名获取全路径，其中 dest_path 为当前目录，file_name 为文件名。

第 6 行代码使用 load_workbook 读取指定的 Excel 文件。

第 7 行代码中 sheetnames 属性的返回值为工作表名称列表。

第 8 行代码用于输出信息，其中 len 函数的返回值为 wsheets 列表中的元素数量，即工作表数量。

第 9 行代码使用 for 语句循环遍历工作表名称列表。

第 10 行代码输出工作表名称，其中参数 end 指定打印输出的内容，使用空格作为结束符，如果省略此参数，将默认使用换行符作为结束符。

第 11 行代码关闭工作簿。

运行示例代码输出结果如下所示。

```
工作簿(2021-01.xlsx)中有3个工作表:
2021-01  数据透视表  图表
```

⊃ Ⅳ　使用 xlrd 模块读取工作表名称

运行代码前需要先安装 xlrd 模块。示例代码使用 xlrd 模块读取指定工作簿中的全部工作表名称。

```
#001   import xlrd
#002   import os
#003   file_name = '2021-01.xls'
#004   dest_path = os.path.dirname(__file__)
#005   xl_file = os.path.join(dest_path, file_name)
#006   wbook = xlrd.open_workbook(xl_file)
#007   wsheets = wbook.sheets()
#008   print(f'工作簿({file_name})中有{len(wsheets)}个工作表:')
#009   for wsheet in wsheets:
#010       print(wsheet.name, end = ' ')
```

➢ 代码解析

第 1 行代码导入 xlrd 模块，此模块提供了读取 Excel 文件的功能，但是只支持 Excel 2003 格式的 xls 文件。

第 2 行代码导入 os 模块。

第 3 行代码指定 Excel 文件名称。

第 4 行代码使用 os 模块的 path.dirname 函数获取 Python 文件所在目录，其中 __file__ 属性返回 Python 文件的全路径。

第 5 行代码使用 os 模块的 path.join 函数连接目录名和文件名获取全路径，其中 dest_path 为当前目录，file_name 为文件名。

第 6 行代码使用 open_workbook 打开指定的 Excel 文件。

第 7 行代码中 sheet_names 属性的返回值为工作表名称列表。

第 8 行代码用于输出信息，其中 len 函数的返回值为 wsheets 列表中的元素数量，即工作表数量。

第 9 行代码使用 for 语句循环遍历工作表名称列表。

第 10 行代码输出工作表名称，其中参数 end 指定打印输出的内容，使用空格作为结束符，如果省略此参数，将默认使用换行符作为结束符。

运行示例代码输出结果如下所示。

```
工作簿(2021-01.xlsx)中有3个工作表:
2021-01  数据透视表  图表
```

本小节示例使用4个不同模块读取工作表名称，每个模块访问 Excel 文件的方式有所区别，如表6-2所示。

表6-2　打开工作簿的不同实现方式

模块	代码
xlwings	xlapp.books.open(xl_file)
pandas	pandas.ExcelFile(xl_file)
openpyxl	openpyxl.load_workbook(xl_file)
xlrd	xlrd.open_workbook(xl_file)

注意
　　　xlrd 模块仅支持 Excel 2003 格式文件，即 xls 文件。

6.2.2　查找指定名称的工作表

示例文件中的 3 个工作表如图 6-9 所示。

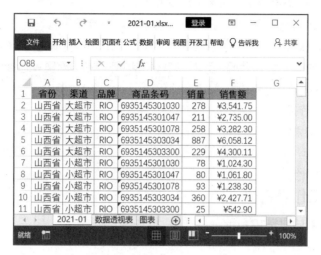

图 6-9　示例文件中的 3 个工作表

示例代码使用 openpyxl 模块查找指定名称的工作表。

```
#001   from openpyxl import load_workbook
#002   import os
#003   file_name = '2021-01.xlsx'
#004   dest_path = os.path.dirname(__file__)
#005   xl_file = os.path.join(dest_path, file_name)
#006   wbook = load_workbook(xl_file)
#007   wsheet_name = ['2021-01', '2021-02']
#008   for ws_name in wsheet_name:
#009       print(f'工作表{ws_name}', end = '')
#010       if ws_name in wbook.sheetnames:
#011           print('已存在。')
#012       else:
#013           print('不存在!')
#014   wbook.close()
```

➤ 代码解析

第 1 行代码由 openpyxl 模块导入 load_workbook 函数。

第 2 行代码导入 os 模块。

第 3 行代码指定 Excel 文件名称。

第 4 行代码使用 os 模块的 path.dirname 函数获取 Python 文件所在目录，其中 __file__ 属性返回 Python 文件的全路径。

第 5 行代码使用 os 模块的 path.join 函数连接目录名和文件名获取全路径，其中 dest_path 为当前目录，file_name 为文件名。

第 6 行代码使用 load_workbook 函数读取指定的 Excel 文件。

第 7 行代码创建需要查找的工作表名称列表。

第 8 行代码使用 for 语句循环遍历工作表名称列表。

第 9 行代码输出工作表名称，参数 end 设置为空字符，则执行 print 语句输出时，在行末不添加换行符，后续第 11 行或者第 13 行代码将在同一行输出其他内容。

第 10 行代码中 sheetnames 属性的返回值为工作表名称列表。

如果列表中包含与变量 ws_name 内容相同的字符串，则判断条件 ws_name in wbook.sheetnames 的值为 True，接下来将执行第 11 行代码；反之，如果列表中不存在与变量 ws_name 内容相同的字符串，则判断条件的值为 False，接下来将执行第 13 行代码。

第 14 行代码关闭工作簿。

运行示例代码输出结果如下所示。

```
工作表2021-01已存在。
工作表2021-02不存在！
```

6.2.3　修改多个工作表名称

示例文件中的工作表如图 6-10 所示。

图 6-10　示例文件中的多个工作表

示例代码使用 xlwings 模块修改多个工作表名称，如果工作表名称为 6 个字符，那么在月份数字之前插入年份，例如，"天津 -3 月"更名为"天津 -2021 年 3 月"。

```
#001   import xlwings as xw
#002   import os
#003   file_name = '分区域Q1统计.xlsx'
#004   dest_path = os.path.dirname(__file__)
#005   xl_file = os.path.join(dest_path, file_name)
#006   with xw.App(visible = False, add_book = False) as xlapp:
#007       wbook = xlapp.books.open(xl_file)
#008       for wsheet in wbook.sheets:
#009           ws_name = wsheet.name
#010           if len(ws_name) == 6:
#011               wsheet.name = ws_name.replace('-', '-2021年')
#012       wbook.save()
#013       wbook.close()
```

➤ 代码解析

第 1 行代码导入 xlwings 模块，设置别名为 xw。

第 2 行代码导入 os 模块。

第 3 行代码指定 Excel 文件名称。

第 4 行代码使用 os 模块的 path.dirname 函数获取 Python 文件所在目录，其中 __file__ 属性返回 Python 文件的全路径。

第 5 行代码使用 os 模块的 path.join 函数连接目录名和文件名获取全路径，其中 dest_path 为当前目录，file_name 为文件名。

第 6 行代码启动 Excel 应用程序（处于隐藏状态）。

第 7 行代码打开指定的 Excel 文件。

第 8 行代码使用 for 语句循环遍历工作表，其中 sheets 属性返回值为工作表对象集合。

第 9 行代码使用 name 属性获取工作表名称，并保存在变量 ws_name 中。

第 10 行代码中的 len 函数返回字符串的长度，即字符串包含的字符个数。如果工作表名称字符串长度为 6，则执行第 11 行代码。

第 11 行代码中的 replace 函数用于替换字符串中的指定字符，第一个参数指定被替换的字符，第二个参数为新字符，本行代码将 "-" 替换为 "-2021 年"，相当于在月份数字之前插入年份。

第 12 行代码保存工作簿。

第 13 行代码关闭工作簿。

运行示例代码，更名后的工作表如图 6-11 所示。

图 6-11　更名后的工作表

6.2.4　批量修改多个工作簿中的工作表名称

示例文件夹中有 3 个工作簿文件，每个工作簿中都有 3 个工作表，如图 6-12 所示。

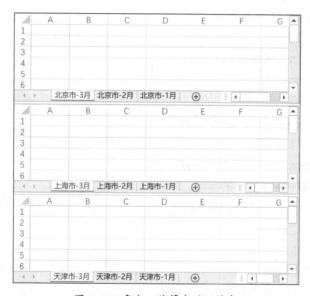

图 6-12　多个工作簿中的工作表

示例代码使用 xlwings 模块批量修改多个工作簿中的工作表名称。

```
#001    import xlwings as xw
#002    import os
#003    dest_path = os.path.dirname(__file__)
#004    with xw.App(visible = False, add_book = False) as xlapp:
#005        for file_name in os.listdir(dest_path):
#006            if(file_name.lower().endswith('.xlsx')):
#007                xl_file = os.path.join(dest_path, file_name)
#008                wbook = xlapp.books.open(xl_file)
```

```
#009                for wsheet in wbook.sheets:
#010                    ws_name = wsheet.name
#011                    if len(ws_name) == 6:
#012                        wsheet.name = ws_name.replace('-', '-2021年')
#013                wbook.save()
#014                wbook.close()
```

➤ 代码解析

第 1 行代码导入 xlwings 模块，设置别名为 xw。

第 2 行代码导入 os 模块。

第 3 行代码使用 os 模块的 path.dirname 函数获取 Python 文件所在目录，其中 __file__ 属性返回 Python 文件的全路径。

第 4 行代码启动 Excel 应用程序（处于隐藏状态）。

第 5 行代码使用 os 模块的 listdir 函数在指定目录中查找文件（不含子目录）。

第 6 行代码用于判断文件扩展名是否为指定类型。

第 7 行代码使用 os 模块的 path.join 函数连接目录名和文件名获取全路径，其中 dest_path 为当前目录，file_name 为文件名。

第 8 行代码打开指定的 Excel 文件。

第 9 行代码使用 for 语句循环遍历工作表对象。

第 10 行代码使用 name 属性获取工作表名称，并保存在变量 ws_name 中。

第 11 行代码中的 len 函数返回字符串的长度，即字符串包含的字符个数。如果工作表名称字符串长度为 6，则执行第 12 行代码。

第 12 行代码中的 replace 函数用于替换字符串中的字符，第一个参数指定被替换的字符，第二个参数为新字符，本行代码将"-"替换为"-2021年"，相当于在月份数字之前插入年份。

第 13 行代码保存工作簿。

第 14 行代码关闭工作簿。

运行示例代码 3 个工作簿中的工作表，如图 6-13 所示。

6.2.5 修改工作表标签颜色

示例文件中的工作表如图 6-14 所示。

示例代码使用 xlwings 模块将工作表标签颜色设置为绿色。

图 6-13 更名后的工作表

图 6-14 示例文件中的工作表

```
#001  import xlwings as xw
#002  import os
#003  file_name = '2021-01.xlsx'
```

```
#004    dest_path = os.path.dirname(__file__)
#005    xl_file = os.path.join(dest_path, file_name)
#006    with xw.App(visible = False, add_book = False) as xlapp:
#007        wbook = xlapp.books.open(xl_file)
#008        for wsheet in wbook.sheets:
#009            wsheet.api.Tab.Color = 0x00FF00
#010        wbook.save()
#011        wbook.close()
```

➢ 代码解析

第 1 行代码导入 xlwings 模块，设置别名为 xw。

第 2 行代码导入 os 模块。

第 3 行代码指定 Excel 文件名称。

第 4 行代码使用 os 模块的 path.dirname 函数获取 Python 文件所在目录，其中 __file__ 属性返回 Python 文件的全路径。

第 5 行代码使用 os 模块的 path.join 函数连接目录名和文件名获取全路径，其中 dest_path 为当前目录，file_name 为文件名。

第 6 行代码启动 Excel 应用程序（处于隐藏状态）。

第 7 行代码打开指定的 Excel 文件。

第 8 行代码使用 for 语句循环遍历工作表，其中 sheets 属性的返回值为工作表对象集合。

第 9 行代码使用 api.Tab.Color 设置工作表标签颜色，0x00FF00 为十六进制数值（相当于十进制的 65280），这是绿色的 RGB 值，借助图形编辑软件的取色器功能可以轻松获得计算机屏幕上任意位置的颜色 RGB 值。

使用如下代码将 Color 属性设置为 False 可以恢复工作表标签的默认颜色。

```
wsheet.api.Tab.Color = False
```

第 10 行代码保存工作簿。

第 11 行代码关闭工作簿。

运行示例代码，工作表标签颜色如图 6-15 所示。

	A	B	C	D	E	F	G
1	2021年1月统计						
2							
3	销售额	渠道					
4	省份	大卖场	大超市	小超市	便利店	食杂店	总计
5	广东省	5,582	18,812	3,669	9,538	361	37,962
6	河北省	1,833	27,536	10,438	16,107		55,914
7	河南省	45,276	98,874	9,067	22,158		175,375
8	江苏省	55,349	75,784	5,154	2,655	20	138,962
9	山东省	20,247	44,616	2,199	5,017	27	72,106
10	山西省		19,917	6,295	888	319	27,419
11	浙江省	1,922	6,667	153	749		9,491
12	总计	130,208	292,207	36,976	57,112	726	517,229

2021-01　数据透视表　图表

图 6-15　绿色工作表标签

6.3　复制工作表

本节将介绍如何使用 Python 复制工作表和实现工作表快速排序。

6.3.1　工作簿内复制工作表

示例文件中的工作表如图 6-16 所示。

示例代码使用 xlwings 模块复制“数据透视表”工作表，并更名为“透视表备份”。

	A	B	C	D	E	F	G
1	2021年1月统计						
2							
3	销售额	渠道					
4	省份	大卖场	大超市	小超市	便利店	食杂店	总计
5	广东省	5,582	18,812	3,669	9,538	361	37,962
6	河北省	1,833	27,536	10,438	16,107		55,914
7	河南省	45,276	98,874	9,067	22,158		175,375
8	江苏省	55,349	75,784	5,154	2,655	20	138,962
9	山东省	20,247	44,616	2,199	5,017	27	72,106
10	山西省		19,917	6,295	888	319	27,419
11	浙江省	1,922	6,667	153	749		9,491
12	总计	130,208	292,207	36,976	57,112	726	517,229

2021-01　数据透视表　图表

图 6-16　示例文件中的工作表

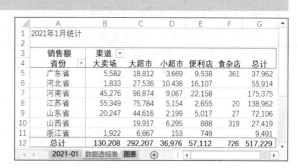

```
#001  import xlwings as xw
#002  import os
#003  file_name = '2021-01.xlsx'
#004  dest_path = os.path.dirname(__file__)
#005  xl_file = os.path.join(dest_path, file_name)
#006  with xw.App(visible = False, add_book = False) as xlapp:
#007      wbook = xlapp.books.open(xl_file)
#008      src_ws = wbook.sheets['数据透视表']
#009      new_ws = src_ws.copy(after = wbook.sheets[-1])
#010      new_ws.name = '透视表备份'
#011      wbook.save()
#012      wbook.close()
```

➢ 代码解析

第 1 行代码导入 xlwings 模块，设置别名为 xw。

第 2 行代码导入 os 模块。

第 3 行代码指定 Excel 文件名称。

第 4 行代码使用 os 模块的 path.dirname 函数获取 Python 文件所在目录，其中 __file__ 属性返回 Python 文件的全路径。

第 5 行代码使用 os 模块的 path.join 函数连接目录名和文件名获取全路径，其中 dest_path 为当前目录，file_name 为文件名。

第 6 行代码启动 Excel 应用程序（处于隐藏状态）。

第 7 行代码打开指定的 Excel 文件。

第 8 行代码使用名称引用工作表，并将工作表对象赋值给变量 src_ws。

第 9 行代码使用 copy 方法复制工作表，参数 after 用于指定新工作表保存在最后一个工作表之后，其中 sheets [-1] 代表工作簿中的最后一个工作表。

第 10 行代码修改新工作表名称为“透视表备份”。

第 11 行代码保存工作簿。

第 12 行代码关闭工作簿。

运行示例代码复制工作表，如图 6-17 所示。

	A	B	C	D	E	F	G
1	2021年1月统计						
2							
3	销售额	渠道					
4	省份	大卖场	大超市	小超市	便利店	食杂店	总计
5	广东省	5,582	18,812	3,669	9,538	361	37,962
6	河北省	1,833	27,536	10,438	16,107		55,914
7	河南省	45,276	98,874	9,067	22,158		175,375
8	江苏省	55,349	75,784	5,154	2,655	20	138,962
9	山东省	20,247	44,616	2,199	5,017	27	72,106
10	山西省		19,917	6,295	888	319	27,419
11	浙江省	1,922	6,667	153	749		9,491
12	总计	130,208	292,207	36,976	57,112	726	517,229

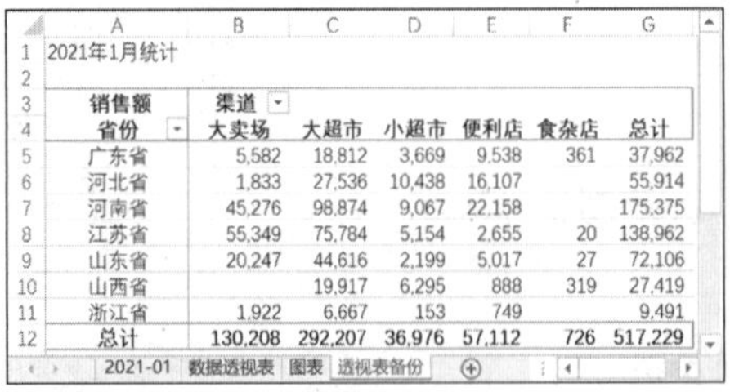

图 6-17　工作簿内复制工作表

6.3.2　批量插入其他工作簿的工作表

示例目录中有 3 个分省份销售数据工作簿文件和一个商品清单工作簿文件（商品清单 .xlsx），如图 6-18 所示，现在需要将“商品”工作表分别插入各个省份的销售数据工作簿中。

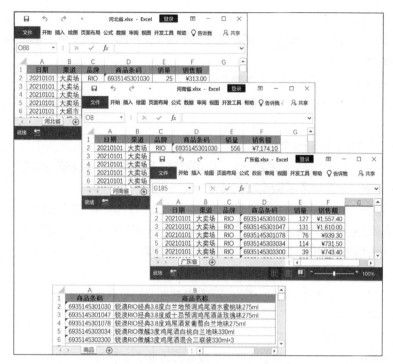

图 6-18 省份销售数据和商品工作表

示例代码使用 xlwings 模块复制"商品"工作表到多个工作簿中。

```
#001   import xlwings as xw
#002   import os
#003   sku_fname = '商品清单.xlsx'
#004   dest_path = os.path.dirname(__file__)
#005   xl_sku = os.path.join(dest_path, sku_fname)
#006   with xw.App(visible = False, add_book = False) as xlapp:
#007       files_list = os.listdir(dest_path)
#008       wb_sku = xlapp.books.open(fullname = xl_sku)
#009       ws_sku = wb_sku.sheets[0]
#010       for file_name in files_list:
#011           if(file_name.lower().endswith('.xlsx') and
#012              file_name.lower() != sku_fname):
#013               xl_file = os.path.join(dest_path, file_name)
#014               wbook = xlapp.books.open(fullname = xl_file)
#015               ws_sku.copy(before = wbook.sheets[0])
#016               wbook.save()
#017               wbook.close()
```

➢ 代码解析

第 1 行代码导入 xlwings 模块，设置别名为 xw。

第 2 行代码导入 os 模块。

第 3 行代码指定商品清单 Excel 文件名称。

第 4 行代码使用 os 模块的 path.dirname 函数获取 Python 文件所在目录，其中 __file__ 属性返回

Python 文件的全路径。

第 5 行代码使用 os 模块的 path.join 函数连接目录名和文件名获取全路径，其中 dest_path 为当前目录，sku_fname 为文件名。

第 6 行代码启动 Excel 应用程序（处于隐藏状态）。

第 7 行代码使用 os 模块的 listdir 函数在指定目录中查找文件（不含子目录），其返回值为文件名称列表。

第 8 行代码打开指定的 Excel 文件。

第 9 行代码将商品清单工作簿中的第一个工作表对象（即商品工作表）赋值给变量 ws_sku。

第 10 行代码使用 for 语句循环遍历文件名称列表。

第 11 行代码用于判断文件扩展名是否为指定类型，第 12 行代码用于判断文件名称是否与商品清单工作簿相同，因为商品清单工作簿为"商品"工作表的来源，无须执行插入工作表的操作，所以要排除它。只有两个判断条件都同时满足时，才执行插入商品工作表的操作，因此第 11 行代码使用"and"（即逻辑与）逻辑运算符连接两个判断条件。

第 13 代码使用 os 模块的 path.join 函数连接目录名和文件名获取全路径，其中 dest_path 为当前目录，file_name 为文件名。

第 14 行代码打开指定的 Excel 文件。

第 15 行代码使用 copy 方法复制工作表，参数 before 指定新工作表保存在第一个工作表之前，其中 sheets[0] 代表工作簿中的第一个工作表。

第 16 行代码保存工作簿。

第 17 行代码关闭工作簿。

运行示例代码插入"商品"工作表，如图 6-19 所示。

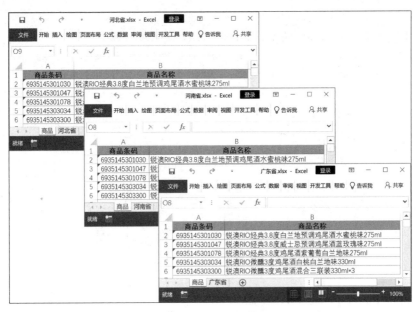

图 6-19　在省份销售数据工作簿中插入工作表

6.3.3　工作表快速排序

示例文件中有 8 个工作表，分别保存每个月的销售数据，工作表顺序已经错乱，如图 6-20 所示。

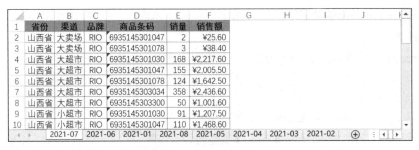

图 6-20 工作表乱序排列

示例代码使用 xlwings 模块将工作表按照名称升序排列。

```
#001   import xlwings as xw
#002   import os
#003   file_name = '2021月度销售数据.xlsx'
#004   dest_path = os.path.dirname(__file__)
#005   xl_file = os.path.join(dest_path, file_name)
#006   with xw.App(visible = False, add_book = False) as xlapp:
#007       wbook = xlapp.books.open(xl_file)
#008       wsht_list = []
#009       for wsheet in wbook.sheets:
#010           wsht_list.append(wsheet.name)
#011       wsht_list.sort(key = lambda x: x.encode('gbk'),
#012                      reverse = True)
#013       for ws_name in wsht_list:
#014           if wbook.sheets[0].name ! = ws_name:
#015               wbook.sheets[ws_name].api.Move(
#016                   Before = wbook.sheets[0].api)
#017       wbook.save()
#018       wbook.close()
```

➤ 代码解析

第 1 行代码导入 xlwings 模块，设置别名为 xw。

第 2 行代码导入 os 模块。

第 3 行代码指定 Excel 文件名称。

第 4 行代码使用 os 模块的 path.dirname 函数获取 Python 文件所在目录，其中 __file__ 属性返回 Python 文件的全路径。

第 5 行代码使用 os 模块的 path.join 函数连接目录名和文件名获取全路径，其中 dest_path 为当前目录，file_name 为文件名。

第 6 行代码启动 Excel 应用程序（处于隐藏状态）。

第 7 行代码打开指定的 Excel 文件。

第 8 行代码创建空列表，用户保存工作表名称。

第 9 行代码使用 for 语句循环遍历工作表对象。

第 10 行代码使用 append 方法将工作表名称追加到列表中，其中 name 属性用于获取工作表名称。

第 11~12 行使用 sort 方法对列表进行排序。

参数 key 用于指定排序的关键字，其中使用了 lambda 函数将工作表名称转换为 GBK 编码，以便于支持中文名称排序。

参数 reverse 设置为 True，则将列表中的元素按降序排列。排序后的结果如下所示。

```
['2021-08', '2021-07', '2021-06', '2021-05', '2021-04', '2021-03',
'2021-02', '2021-01']
```

第 13 代码使用 for 语句循环遍历排序后的工作表名称列表。

第 14 行代码判断名称为 ws_name 的工作表是否为工作簿中的第一个工作表，如果是，则无须移动工作表。

第 14~16 行代码调用 api.Move 将名称为 ws_name 的工作表移动到工作簿中的第一个工作表之前，其中 sheets[0] 代表工作簿中的第一个工作表。

> **注意** ➡️ 　此处使用 api 调用 VBA 的 Move 方法实现移动工作表，Before 参数名称首字符需要大写，并且参数值以 api 结尾。

第 12 行代码中指定工作表名称列表按降序排序，第一次执行 for 循环，第 15 行代码将把工作表"2021-08"移动到第一个工作表之前，第 2 次执行 for 循环将把工作表"2021-07"移动到第一个工作表之前，即工作表"2021-08"之前。以此类推，第 8 次执行 for 循环时，将把工作表"2021-01"移动到第一个工作表之前，至此实现了工作表按照名称升序排列。

反之，如果第 12 代码中的参数 reverse 设置为 False，则最终结果是工作表按照名称降序排列。

第 17 行代码保存工作簿。

第 18 行代码关闭工作簿。

运行示例代码，升序排序的工作表如图 6-21 所示。

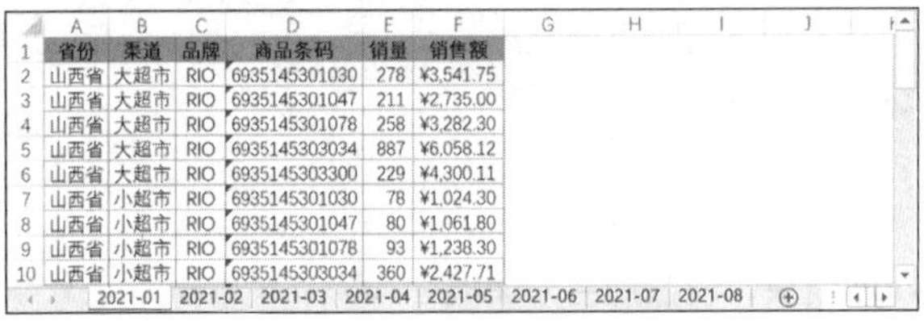

图 6-21　升序排序的工作表

> **深入了解**
>
> 　列表对象的 sort 方法可以实现列表元素快速排序，适用于非中文字符串和数字等，但是对于中文字符，sort 方法将按照 UTF8 的编码值进行排序，这和大家通常使用的拼音排序结果不同。
>
> ```
> #001  prov_list = ['河北省', '山东省', '广东省', '山西省', '河南省']
> #002  prov_list.sort()
> #003  print(prov_list)
> ```
>
> 运行代码，输出结果如下，显然不是按照拼音排序。
>
> ```
> ['山东省', '山西省', '广东省', '河北省', '河南省']
> ```
>
> 　利用 lambda 函数，先将字符串转换为 GBK 编码，然后作为排序的关键值进行排序，可以解决中文排序的问题。
>
> ```
> #001  prov_list = ['河北省', '山东省', '广东省', '山西省', '河南省']
> ```

```
#002  prov_list.sort(key=lambda x: x.encode('gbk'))
#003  print(prov_list)
```

运行代码输出结果如下。

```
['广东省', '河北省', '河南省', '山东省', '山西省']
```

6.3.4 按指定顺序排列工作表

示例文件中有 6 个工作表，分别保存了 3 个省份的大超市和小超市的销售数据，使用 6.3.3 小节代码可以完成排序，如图 6-22 所示，但是这样的排序不一定能够满足实际工作的需要。

	A	B	C	D	E	F
1	省份	渠道	品牌	商品条码	销量	销售额
2	广东省	大超市	RIO	6935145301030	382	¥ 4,771.39
3	广东省	大超市	RIO	6935145301047	443	¥ 5,514.20
4	广东省	大超市	RIO	6935145301078	323	¥ 4,058.40
5	广东省	大超市	RIO	6935145303034	244	¥ 1,660.12
6	广东省	大超市	RIO	6935145303300	157	¥ 2,807.80

图 6-22　工作表按中文名称升序排列

现在需要将工作表按照如下指定顺序排列，这种排序方式既不是升序又不是降序。

- 省份：河北省、山东省、广东省
- 业态：小超市、大超市

示例代码使用 xlwings 模块将工作表按照指定顺序排列。

```
#001  import xlwings as xw
#002  import os
#003  file_name = '省份销售数据.xlsx'
#004  dest_path = os.path.dirname(__file__)
#005  xl_file = os.path.join(dest_path, file_name)
#006  wsht_list = []
#007  for province in ['河北省', '山东省', '广东省']:
#008      for channel in ['小超市', '大超市']:
#009          wsht_list.append(province + channel)
#010  with xw.App(visible = False, add_book = False) as xlapp:
#011      wbook = xlapp.books.open(xl_file)
#012      for ws_name in wsht_list:
#013          if wbook.sheets[-1].name ! = ws_name:
#014              wbook.sheets[ws_name].api.Move(
#015                  After = wbook.sheets[-1].api)
#016      wbook.save()
#017      wbook.close()
```

➢ 代码解析

第 1 行代码导入 xlwings 模块，设置别名为 xw。

第 2 行代码导入 os 模块。

第 3 行代码指定 Excel 文件名称。

第 4 行代码使用 os 模块的 path.dirname 函数获取 Python 文件所在目录，其中 __file__ 属性返回 Python 文件的全路径。

第 5 行代码使用 os 模块的 path.join 函数连接目录名和文件名获取全路径，其中 dest_path 为当前

目录，file_name 为文件名。

第 6 行代码创建空列表，用于保存工作表名称。

第 7~9 行代码使用双重 for 语句循环创建工作表名称列表。

第 7 行代码循环遍历省份列表。

第 8 行代码循环遍历业态列表。

第 9 行代码使用 append 方法将工作表名称（省份 + 业态）追加到列表中。

第 10 行代码启动 Excel 应用程序（处于隐藏状态）。

第 11 行代码打开指定的 Excel 文件。

第 12 行代码使用 for 语句循环遍历工作表名称列表。

第 13 行代码判断遍历中的工作表（名称为 ws_name）是否为工作簿中的最后一个工作表，如果是，则无须移动工作表。其中 sheets[–1] 代表工作簿中的最后一个工作表。

第 14~15 行代码调用 api.Move 将遍历中的工作表移动到工作簿中的最后一个工作表之后。

> 此处使用 api 调用 VBA 方法实现移动工作表，After 参数名称首字符需要大写，并且参数值以 api 结尾。

第 16 行代码保存工作簿。

第 17 行代码关闭工作簿。

运行示例代码，按照指定顺序排序的工作表如图 6-23 所示。

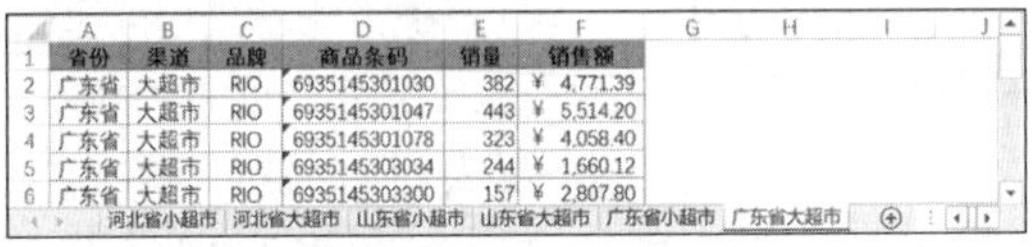

图 6-23　按照指定顺序排序的工作表

6.4　删除工作表

本节将介绍如何使用 Python 删除工作表。

6.4.1　删除指定工作表

示例文件中的工作表如图 6-24 所示。

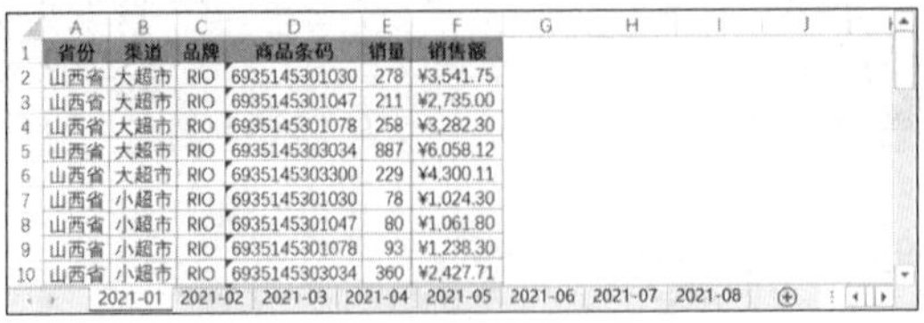

图 6-24　示例文件中的工作表

示例代码使用 xlwings 模块删除指定工作表。

```
#001  import xlwings as xw
#002  import os
```

```
#003    file_name = '2021月度销售数据.xlsx'
#004    dest_path = os.path.dirname(__file__)
#005    xl_file = os.path.join(dest_path, file_name)
#006    with xw.App(visible = False, add_book = False) as xlapp:
#007        wbook = xlapp.books.open(xl_file)
#008        wsht_list = []
#009        for wsheet in wbook.sheets:
#010            wsht_list.append(wsheet.name)
#011        ws_name = '2021-08'
#012        if ws_name in wsht_list:
#013            wbook.sheets[ws_name].delete()
#014            wbook.save()
#015        else:
#016            print(f'工作表{ws_name}不存在!')
#017        wbook.close()
```

➢ 代码解析

第 1 行代码导入 xlwings 模块，设置别名为 xw。

第 2 行代码导入 os 模块。

第 3 行代码指定 Excel 文件名称。

第 4 行代码使用 os 模块的 path.dirname 函数获取 Python 文件所在目录，其中 __file__ 属性返回 Python 文件的全路径。

第 5 行代码使用 os 模块的 path.join 函数连接目录名和文件名获取全路径，其中 dest_path 为当前目录，file_name 为文件名。

第 6 行代码启动 Excel 应用程序（处于隐藏状态）。

第 7 行代码打开指定的 Excel 文件。

第 8 行代码创建空列表，用于保存工作表名称。

第 9 行代码使用 for 语句循环遍历工作表对象。

第 10 行代码使用 append 方法将工作表名称追加到列表中，其中 name 属性用于获取工作表名称。

第 11 行代码指定被删除的工作表名称为"2021-08"。

第 12 行代码判断工作表名称列表 wsht_list 中是否存在被删除的工作表。

如果工作簿中存在指定的工作表，则第 13 行代码使用 delete 方法删除该工作表，第 14 行代码保存工作簿。

如果工作簿中不存在指定的工作表，则第 16 行代码输出提示信息如下。

工作表2021-10不存在！

第 17 行代码关闭工作簿。

运行示例代码，示例文件中的工作表如图 6-25 所示。

图 6-25　删除指定工作表后的示例文件

6.4.2　批量删除工作表

示例目录中两个省份的销售数据工作簿文件如图 6-26 所示。

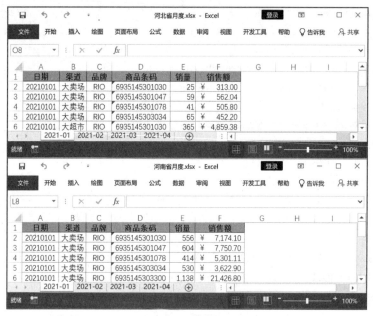

图 6-26　两个省份的销售数据工作簿

示例代码使用 xlwings 模块批量删除多个工作簿中的指定工作表。

```
#001   import xlwings as xw
#002   import os
#003   ws_name = '2021-04'
#004   dest_path = os.path.dirname(__file__)
#005   with xw.App(visible = False, add_book = False) as xlapp:
#006       for file_name in os.listdir(dest_path):
#007           if(file_name.lower().endswith('.xlsx')):
#008               xl_file = os.path.join(dest_path, file_name)
#009               wbook = xlapp.books.open(xl_file)
#010               wsht_list = []
#011               for wsheet in wbook.sheets:
#012                   wsht_list.append(wsheet.name)
#013               if ws_name in wsht_list:
#014                   wbook.sheets[ws_name].delete()
#015                   wbook.save()
#016               else:
#017                   print(f'{file_name}中不存在工作表{ws_name}!')
#018               wbook.close()
```

➢ 代码解析

第 1 行代码导入 xlwings 模块，设置别名为 xw。

第 2 行代码导入 os 模块。

第 3 行代码指定 Excel 文件名称。

第 4 行代码使用 os 模块的 path.dirname 函数获取 Python 文件所在目录，其中 __file__ 属性返回 Python 文件的全路径。

第 5 行代码启动 Excel 应用程序（处于隐藏状态）。

第 6 行代码使用 os 模块的 listdir 函数在指定目录中遍历文件（不含子目录）。

第 7 行代码用于判断文件扩展名是否为指定类型。

第 8 行代码使用 os 模块的 path.join 函数连接目录名和文件名获取全路径，其中 dest_path 为当前目录，file_name 为文件名。

第 9 行代码打开遍历到的 Excel 文件。

第 10 行代码创建空列表用于保存工作表名称。

第 11 行代码使用 for 语句循环遍历工作表对象。

第 12 行代码使用 append 方法将工作表名称追加到列表中，其中 name 属性用于返回工作表名称。

第 13 行代码判断工作表名称列表 wsht_list 中是否存在被删除的工作表。

如果工作簿中存在指定的工作表，则第 14 行代码使用 delete 方法删除该工作表，第 15 行代码保存工作簿。

如果工作簿中不存在指定的工作表，则第 17 行代码输出提示信息如下。

河北省月度.xlsx中不存在工作表2021-04！

运行示例代码，删除指定工作表后的示例文件如图 6-27 所示。

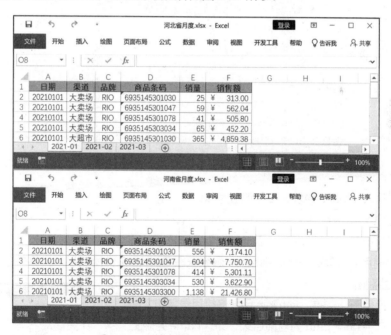

图 6-27　删除指定工作表后的示例文件

6.5　拆分工作簿

本节将介绍如何使用 Python 将工作簿拆分为工作表，其中包含按行拆分、按列拆分和多个工作表数据组合再拆分。

6.5.1　将每个工作表保存为单独工作簿

示例文件中的 4 个工作表如图 6-28 所示。

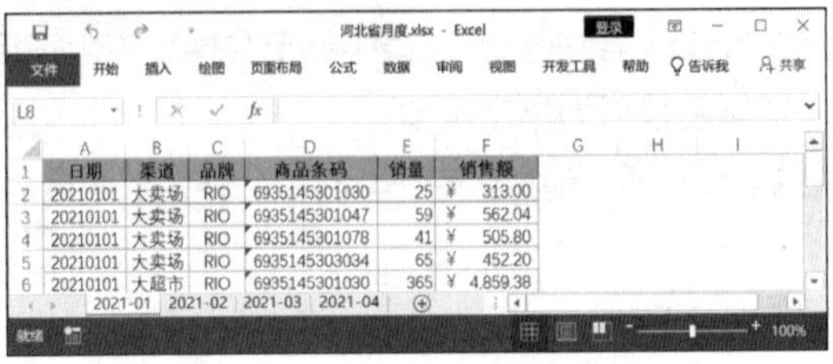

图 6-28　示例文件中的 4 个工作表

示例代码使用 xlwings 模块将工作簿中的 4 个工作表分别保存为单独的工作簿文件，并以工作表名称作为文件名。

```
#001   import xlwings as xw
#002   import os
#003   src_fname = '河北省月度.xlsx'
#004   dest_path = os.path.dirname(__file__)
#005   src_file = os.path.join(dest_path, src_fname)
#006   with xw.App(visible = False, add_book = False) as xlapp:
#007       wbook = xlapp.books.open(src_file)
#008       for wsheet in wbook.sheets:
#009           wsheet.api.Copy()
#010           wbook_new = xw.books.active
#011           dest_fname = f'{wsheet.name}.xlsx'
#012           dest_file = os.path.join(dest_path, dest_fname)
#013           wbook_new.save(dest_file)
#014           wbook_new.close()
#015       wbook. close()
```

➢ 代码解析

第 1 行代码导入 xlwings 模块，设置别名为 xw。

第 2 行代码导入 os 模块。

第 3 行代码指定 Excel 文件名称（以下称为源工作簿）。

第 4 行代码使用 os 模块的 path.dirname 函数获取 Python 文件所在目录，其中 __file__ 属性返回 Python 文件的全路径。

第 5 行代码使用 os 模块的 path.join 函数连接目录名和文件名获取全路径，其中 dest_path 为当前目录，src_fname 为源工作簿文件名。

第 6 行代码启动 Excel 应用程序（处于隐藏状态）。

第 7 行代码打开指定的 Excel 文件。

第 8 行代码使用 for 语句循环遍历工作表对象。

第 9 行代码使用 api.Copy( ) 调用 VBA 的 Copy 方法将遍历到的工作表复制到新工作簿，其效果相当于在 Excel 中复制工作表副本到新工作簿，如图 6-29 所示。

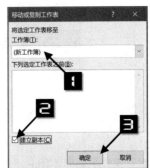

图 6-29　复制工作表副本到新工作簿

第 10 行代码使用 xw.books.active 获取活动工作簿对象（第 9 行代码创建的新工作簿），并保存在对象变量 wbook_new 中。

第 11 行代码创建新工作簿的名称，该名称与工作表名相同，扩展名为 xlsx。

第 12 行代码使用 os 模块的 path.join 函数连接目录名和文件名获取全路径，其中 dest_path 为当前目录，dest_fname 为目标文件名。

第 13 行代码按照指定名称保存活动工作簿。

第 14 行代码关闭活动工作簿。

第 15 行代码关闭源工作簿。

运行示例代码拆分工作簿文件，如图 6-30 所示。

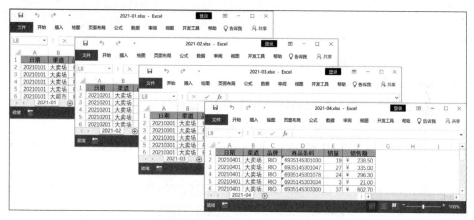

图 6-30 工作表保存为单独工作簿

6.5.2 工作表数据按行拆分为多个工作表

示例文件中的销售数据如图 6-31 所示。

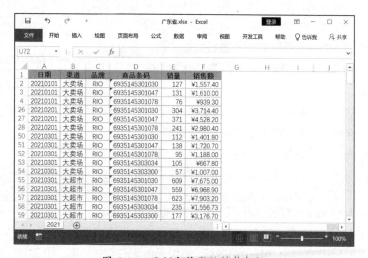

图 6-31 示例文件中的销售数据

示例代码使用 pandas 模块将数据按月拆分为多个工作表。

```
#001  import pandas as pd
#002  import os
```

```
#003   src_fname = '广东省.xlsx'
#004   dest_fname = '广东省月度.xlsx'
#005   dest_path = os.path.dirname(__file__)
#006   src_file = os.path.join(dest_path, src_fname)
#007   dest_file = os.path.join(dest_path, dest_fname)
#008   sales = pd.read_excel(src_file, sheet_name = '2021')
#009   sales['商品条码'] = sales['商品条码'].apply(str)
#010   mth_sales = sales.groupby('日期')
#011   with pd.ExcelWriter(dest_file) as wbook:
#012       for mth, mth_data in mth_sales:
#013           mth_data.to_excel(excel_writer = wbook,
#014                             sheet_name = str(mth)[:6], index = False)
```

➤ 代码解析

第 1 行代码导入 pandas 模块，设置别名为 pd。

第 2 行代码导入 os 模块。

第 3 行代码指定 Excel 原始数据文件名称（以下称为源工作簿）。

第 4 行代码指定保存拆分后数据的 Excel 文件名称（以下称为目标工作簿）。

第 5 行代码使用 os 模块的 path.dirname 函数获取 Python 文件所在目录，其中 __file__ 属性返回 Python 义件的全路径。

第 6~7 行代码使用 os 模块的 path.join 函数连接目录名和文件名获取全路径，其中 dest_path 为当前目录，src_fname 为源工作簿文件名，dest_fname 为目标工作簿文件名。

第 8 行代码调用 pandas 模块的 read_excel 函数读取源工作簿中的数据，返回值为 DataFrame 类型。其中第一个参数用于指定源工作簿的全路径，参数 sheet_name 用于指定被读取的工作表名称。

第 9 行代码使用 apply 方法将"商品条码"列转换为字符类型，由于商品条码由 13 位数字组成，pandas 模块读取数据时，此列将被识别为数字类型。如果不进行类型转换，以后写入工作表将以科学记数法的形式显示，影响数据的使用，如图 6-32 所示。

read_excel 函数中的参数 converters 用于指定数据列的类型，参数值为字典类型。可以同时指定多列的数据类型，例如，指定"日期"列和"商品条码"列为字符型，代码如下。

	A	B	C	D	E	F
1	日期	渠道	品牌	商品条码	销量	销售额
2	20210101	大卖场	RIO	6.9351E+12	127	1557.4
3	20210101	大卖场	RIO	6.9351E+12	131	1610
4	20210101	大卖场	RIO	6.9351E+12	76	939.3
5	20210101	大卖场	RIO	6.9351E+12	114	731.5
6	20210101	大卖场	RIO	6.9351E+12	39	743.4
7	20210101	大超市	RIO	6.9351E+12	382	4771.39
8	20210101	大超市	RIO	6.9351E+12	443	5514.2
9	20210101	大超市	RIO	6.9351E+12	323	4058.4
10	20210101	大超市	RIO	6.9351E+12	244	1660.12
11	20210101	大超市	RIO	6.9351E+12	157	2807.8
12	20210101	大超市	RIO	6.9351E+12	122	1518.18
13	20210101	小超市	RIO	6.9351E+12	62	779.58

图 6-32　商品条码以科学记数法形式显示

```
#001   sales = pd.read_excel(src_file, sheet_name = '2021',
#002                         converters = {'日期': str, '商品条码': str})
```

第 10 行代码使用 groupby 方法按照"日期"对数据进行分组。

第 11 行代码使用 pandas 模块的 ExcelWriter 创建目标工作簿文件。

第 12 行代码使用 for 语句循环遍历分组数据，其中 mth 为分组的日期，如"20210101"，mth_data 为该分组中的数据。mth_sales 是一个 pandas.core.groupby.generic.DataFrameGroupBy 对象，使用 for 语句的循环变量逐个读取元组（包含两个元素），第一个变量 mth 为分组依据，即日期值，第二个变量 mth_data 则是一个 DataFrame 对象，即该日期的所有记录。

第 13~14 行代码使用 DataFrame 对象的 to_excel 方法，将数据写入工作表。

参数 excel_writer 用于指定 ExcelWriter 对象，即目标工作簿；参数 sheet_name 用于指定保存数据的工作表名称，str(mth) 将分组关键字段“日期”转换为字符型，并使用切片 [:6] 获取前 6 个字符作为工作表名称，例如，当 mth 值为 20210101 时，工作表名称为“202101”；参数 index 设置为 False，则 DataFrame 的索引不写入工作表。

运行示例代码拆分月度销售数据，如图 6-33 所示。

	日期	渠道	品牌	商品条码	销量	销售额
2	20210101	大卖场	RIO	6935145301030	127	1557.4
3	20210101	大卖场	RIO	6935145301047	131	1610
4	20210101	大卖场	RIO	6935145301078	76	939.3
5	20210101	大卖场	RIO	6935145303034	114	731.5
6	20210101	大卖场	RIO	6935145303300	39	743.4
7	20210101	大超市	RIO	6935145301030	382	4771.39
8	20210101	大超市	RIO	6935145301047	443	5514.2
9	20210101	大超市	RIO	6935145301078	323	4058.4
10	20210101	大超市	RIO	6935145303034	244	1660.12
11	20210101	大超市	RIO	6935145303300	157	2807.8
12	20210101	小超市	RIO	6935145301030	122	1518.18
13	20210101	小超市	RIO	6935145301047	62	779.58
14	20210101	小超市	RIO	6935145301078	73	912.6
15	20210101	小超市	RIO	6935145303034	48	339
16	20210101	小超市	RIO	6935145303300	8	120
17	20210101	便利店	RIO	6935145301030	236	3175.8

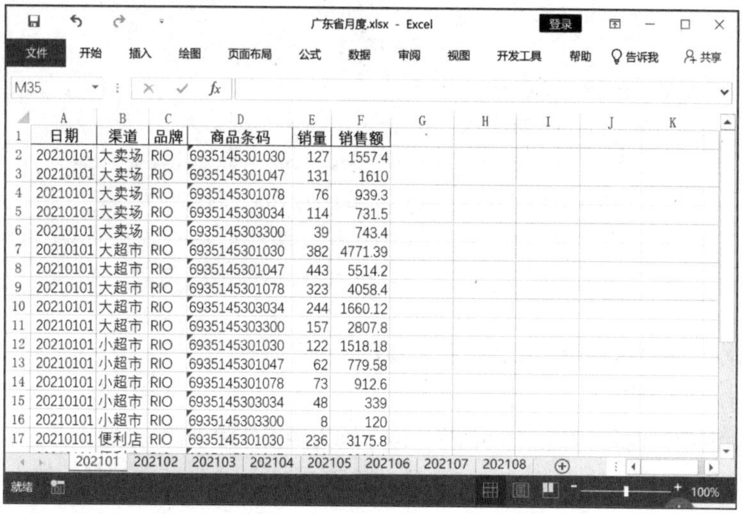

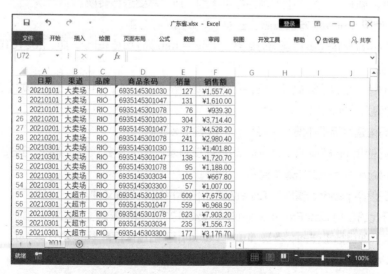

图 6-33 月度销售数据

> **注意**
>
> pandas 模块将数据写入工作表时，只有标题行具有边框格式，单元格格式为“常规”。

6.5.3 工作表数据按行拆分为多个工作簿

示例文件中的销售数据如图 6-34 所示。

	日期	渠道	品牌	商品条码	销量	销售额
2	20210101	大卖场	RIO	6935145301030	127	¥1,557.40
3	20210101	大卖场	RIO	6935145301047	131	¥1,610.00
4	20210101	大卖场	RIO	6935145301078	76	¥939.30
26	20210201	大卖场	RIO	6935145301030	304	¥3,714.40
27	20210201	大卖场	RIO	6935145301047	371	¥4,528.20
28	20210201	大卖场	RIO	6935145301078	241	¥2,980.40
50	20210301	大卖场	RIO	6935145301030	112	¥1,401.80
51	20210301	大卖场	RIO	6935145301047	138	¥1,720.70
52	20210301	大卖场	RIO	6935145301078	95	¥1,188.00
53	20210301	大卖场	RIO	6935145303034	105	¥667.80
54	20210301	大卖场	RIO	6935145303300	57	¥1,007.00
55	20210301	大超市	RIO	6935145301030	609	¥7,675.00
56	20210301	大超市	RIO	6935145301047	559	¥6,968.90
57	20210301	大超市	RIO	6935145301078	623	¥7,903.20
58	20210301	大超市	RIO	6935145303034	235	¥1,556.73
59	20210301	大超市	RIO	6935145303300	177	¥3,176.70

图 6-34 示例文件中的销售数据

示例代码使用 pandas 模块将数据按月拆分为多个工作簿文件。

```
#001  import pandas as pd
```

```
#002    import os
#003    src_fname = '广东省.xlsx'
#004    dest_path = os.path.dirname(__file__)
#005    src_file = os.path.join(dest_path, src_fname)
#006    sales = pd.read_excel(src_file, sheet_name = '2021')
#007    sales['商品条码'] = sales['商品条码'].apply(str)
#008    mth_sales = sales.groupby('日期')
#009    for mth, mth_data in mth_sales:
#010        mth_name = str(mth)[:6]
#011        dest_fname = f'广东省-{mth_name}.xlsx'
#012        dest_file = os.path.join(dest_path, dest_fname)
#013        with pd.ExcelWriter(dest_file) as wbook:
#014            mth_data.to_excel(wbook, sheet_name = mth_name,
#015                              index = False)
```

➤ 代码解析

第 1 行代码导入 pandas 模块，设置别名为 pd。

第 2 行代码导入 os 模块。

第 3 行代码指定 Excel 原始数据文件名称（以下称为源工作簿）。

第 4 行代码使用 os 模块的 path.dirname 函数获取 Python 文件所在目录，其中 __file__ 属性返回 Python 文件的全路径。

第 5 行代码使用 os 模块的 path.join 函数连接目录名和文件名获取全路径，其中 dest_path 为当前目录，src_fname 为源工作簿文件名。

第 6 行代码调用 pandas 模块的 read_excel 函数读取源工作簿中的数据，返回值为 DataFrame 类型。其中第一个参数用于指定源工作簿的全路径，参数 sheet_name 用于指定被读取的工作表名称。

第 7 行代码使用 apply 方法将"商品条码"列转换为字符类型，由于商品条码由 13 位数字组成，pandas 模块读取数据时，此列将被识别为数字类型，所以需要进行转换。

第 8 行代码使用 groupby 方法按照"日期"对数据进行分组。

第 9 行代码使用 for 语句循环遍历分组数据，其中 mth 为分组的日期，如"20210101"，mth_data 为该分组中的数据。

第 10 行代码使用切片 [:6] 提取"日期"的前 6 个字符，例如，当 mth 值为 20210101 时，那么变量 mth_name 的值为"202101"。

第 11 行代码构建目标工作簿文件名称，扩展名为 xlsx。

第 12 行代码使用 os 模块的 path.join 函数连接目录名和文件名获取全路径，其中 dest_path 为当前目录，dest_fname 为目标工作簿文件名。

第 13 行代码使用 pandas 模块的 ExcelWriter 创建目标工作簿文件。

第 14~15 行代码使用 DataFrame 对象的 to_excel 方法，将数据写入工作表。第一个参数用于指定 ExcelWriter 对象，即目标工作簿；参数 sheet_name 用于指定保存数据的工作表名称；参数 index 设置为 False，则 DataFrame 的索引不写入工作表。

运行示例代码拆分月度销售数据工作簿，如图 6-35 所示。

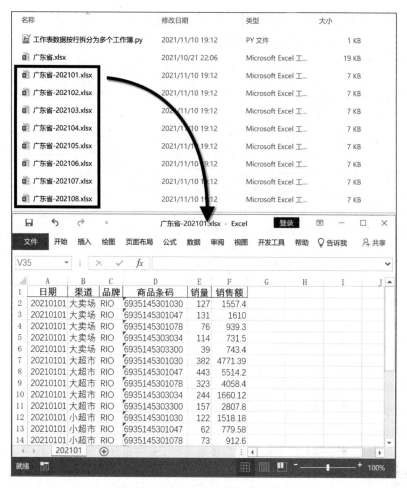

图 6-35　拆分月度销售数据工作簿

6.5.4　工作表数据按列拆分为多个工作表

需要进行拆分的月度销售数据工作簿如图 6-36 所示。

图 6-36　月度销售数据工作簿

示例代码使用 pandas 模块将数据按列（"销售"和"销售额"）拆分为多个工作表。

```
#001    import pandas as pd
#002    import os
#003    src_fname = '广东省.xlsx'
#004    dest_fname = '广东省销售统计.xlsx'
#005    dest_path = os.path.dirname(__file__)
#006    src_file = os.path.join(dest_path, src_fname)
#007    sales = pd.read_excel(src_file, sheet_name = '2021')
#008    sales['商品条码'] = sales['商品条码'].apply(str)
#009    dest_file = os.path.join(dest_path, dest_fname)
#010    with pd.ExcelWriter(dest_file) as wbook:
#011        qty_sales = sales.drop(labels = '销售额', axis = 1)
#012        qty_sales.to_excel(wbook, sheet_name = '销量', index = False)
#013        amt_sales = sales.drop(labels = '销量', axis = 1)
#014        amt_sales.to_excel(wbook, sheet_name = '销售额', index = False)
```

➢ 代码解析

第 1 行代码导入 pandas 模块，设置别名为 pd。

第 2 行代码导入 os 模块。

第 3 行代码指定 Excel 原始数据文件名称（以下称为源工作簿）。

第 4 行代码指定保存拆分后数据的 Excel 文件名称（以下称为目标工作簿）。

第 5 行代码使用 os 模块的 path.dirname 函数获取 Python 文件所在目录，其中 __file__ 属性返回 Python 文件的全路径。

第 6 行代码使用 os 模块的 path.join 函数连接目录名和文件名获取全路径，其中 dest_path 为当前目录，src_fname 为源工作簿文件名。

第 7 行代码调用 pandas 模块的 read_excel 函数读取源工作簿中的数据，返回值为 DataFrame 类型。其中第一个参数用于指定源工作簿的全路径，参数 sheet_name 用于指定被读取的工作表名称。

第 8 行代码使用 apply 方法将"商品条码"列转换为字符类型，由于商品条码由 13 位数字组成，pandas 模块读取数据时，将被识别为数字类型，所以需要进行转换。

第 9 行代码使用 os 模块的 path.join 函数连接目录名和文件名获取全路径，其中 dest_path 为当前目录，dest_fname 为目标工作簿文件名。

第 10 行代码使用 pandas 模块的 ExcelWriter 创建目标工作簿文件。

第 11 行代码使用 drop 方法删除数据，参数 axis 设置为 1，则按列处理数据，参数 labels 用于指定被删除的列名称为"销售额"。drop 方法处理后的数据仍为 DataFrame 类型，保存在变量 qty_sales 中。

第 12 行代码使用 DataFrame 对象的 to_excel 方法，将数据写入工作表。

第一个参数用于指定 ExcelWriter 对象，即目标工作簿；参数 sheet_name 用于指定保存数据的工作表名称；参数 index 设置为 False，则 DataFrame 的索引不写入工作表。

第 13~14 行代码与第 11~12 行代码功能类似。

运行示例代码拆分后的工作表如图 6-37 所示。

图 6-37　按列拆分为多个工作表

6.5.5　工作表数据按列拆分为多个工作簿

示例文件中的工作簿文件如图 6-38 所示。

图 6-38　待拆分的工作簿文件

示例代码使用 pandas 模块将数据按列拆分为多个工作簿。

```
#001   import pandas as pd
#002   import os
#003   src_fname = '广东省.xlsx'
#004   qty_fname = '广东省销量.xlsx'
#005   amt_fname = '广东省销售额.xlsx'
#006   dest_path = os.path.dirname(__file__)
#007   src_file = os.path.join(dest_path, src_fname)
#008   sales = pd.read_excel(src_file, sheet_name = '2021')
#009   sales['商品条码'] = sales['商品条码'].apply(str)
#010   qty_sales = sales.drop('销售额', axis = 1)
#011   dest_file = os.path.join(dest_path, qty_fname)
#012   with pd.ExcelWriter(dest_file) as wbook:
#013       qty_sales.to_excel(wbook, sheet_name = '销量', index = False)
#014   amt_sales = sales.drop('销量', axis = 1)
#015   dest_file = os.path.join(dest_path, amt_fname)
```

```
#016    with pd.ExcelWriter(dest_file) as wbook:
#017        amt_sales.to_excel(wbook, sheet_name = '销售额', index = False)
```

➢ 代码解析

第 1 行代码导入 pandas 模块，设置别名为 pd。

第 2 行代码导入 os 模块。

第 3 行代码指定 Excel 原始数据文件名称（以下称为源工作簿）。

第 4~5 行代码指定保存拆分后数据的 Excel 文件名称（以下称为目标工作簿）。

第 6 行代码使用 os 模块的 path.dirname 函数获取 Python 文件所在目录，其中 __file__ 属性返回 Python 文件的全路径。

第 7 行代码使用 os 模块的 path.join 函数连接目录名和文件名获取全路径，其中 dest_path 为当前目录，src_fname 为源工作簿文件名。

第 8 行代码调用 pandas 模块的 read_excel 函数读取源工作簿中的数据，返回值为 DataFrame 类型。其中第一个参数用于指定源工作簿的全路径，参数 sheet_name 用于指定被读取的工作表名称。

第 9 行代码使用 apply 方法将 "商品条码" 列转换为字符类型，由于商品条码由 13 位数字组成，pandas 模块读取数据时，将被识别为数字类型，所以需要进行转换。

第 10 行代码使用 drop 方法删除数据，第一个参数用于指定被删除的列名称为 "销售额"，参数 axis 设置为 1，则按列处理数据。

第 11 行代码使用 os 模块的 path.join 函数连接目录名和文件名获取全路径，其中 dest_path 为当前目录，qty_fname 为目标工作簿文件名。

第 12 行代码使用 pandas 模块的 ExcelWriter 创建目标工作簿文件。

第 13 行代码使用 DataFrame 对象的 to_excel 方法将数据写入工作表。第一个参数用于指定 ExcelWriter 对象，即目标工作簿；参数 sheet_name 用于指定保存数据的工作表名称；参数 index 设置为 False，则 DataFrame 的索引不写入工作表。

第 14~17 行代码功能与第 10~13 行代码功能类似，用于创建 "广东省销售额" 工作簿。

运行示例代码，数据按列拆分为两个工作簿，如图 6-39 所示。

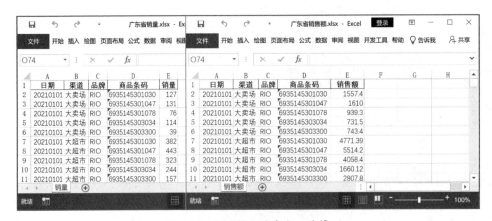

图 6-39 按列拆分为多个工作簿

6.5.6 工作表数据按列拆分为多个工作簿（保留格式）

使用 pandas 模块可以实现数据快速拆分，但是拆分后的工作表中保存的是无格式数据，如果需要保留数据文件中的格式，那么可以使用 xlwings 模块进行数据拆分。

示例工作簿文件如图 6-40 所示。

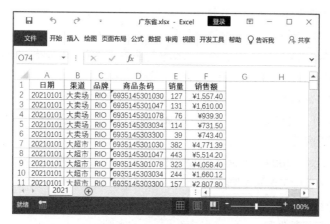

图 6-40 示例工作簿文件

示例代码使用 xlwings 模块保留原有格式，将数据按列拆分为多个工作簿。

```
#001   import xlwings as xw
#002   import os
#003   src_fname = '广东省.xlsx'
#004   dic_paras = {'销量':'F:F', '销售额':'E:E'}
#005   dest_path = os.path.dirname(__file__)
#006   src_file = os.path.join(dest_path, src_fname)
#007   with xw.App(visible = False, add_book = False) as xlapp:
#008       wbook = xlapp.books.open(src_file)
#009       wsheet = wbook.sheets.active
#010       for key in dic_paras:
#011           wsheet.api.Copy()
#012           new_wbook = xw.books.active
#013           xw.Range(dic_paras[key]).api.Delete()
#014           dest_fname = f'广东省{key}.xlsx'
#015           dest_file = os.path.join(dest_path, dest_fname)
#016           new_wbook.save(dest_file)
#017           new_wbook.close()
```

➢ 代码解析

第 1 行代码导入 xlwings 模块，设置别名为 xw。

第 2 行代码导入 os 模块。

第 3 行代码指定 Excel 文件名称（以下称为源工作簿）。

第 4 行代码创建字典对象，保存工作表名称和需要删除的列。例如，对于"广东省销量"工作簿，需要删除原数据表中的"销售额"列，即 F 列。

第 5 行代码使用 os 模块的 path.dirname 函数获取 Python 文件所在目录，其中 __file__ 属性返回 Python 文件的全路径。

第 6 行代码使用 os 模块的 path.join 函数连接目录名和文件名获取全路径，其中 dest_path 为当前目录，src_fname 为源工作簿文件名。

第 7 行代码启动 Excel 应用程序（处于隐藏状态）。

第 8 行代码打开指定的 Excel 文件。

第 9 代码使用 sheets.active 获取工作簿中的活动工作表对象。

第 10 行代码使用 for 语句循环遍历字典对象值。

第 11 行代码使用 api.Copy( ) 调用 VBA 的 Copy 方法将活动工作表复制到新工作簿。

第 12 行代码使用 xw.books.active 获取活动工作簿对象。

第 13 行代码使用 Range(···).api.Delete( ) 删除活动工作表中的指定单元格区域，此示例中删除整列，其中 dic_paras[key] 为对应键值 key 的值，例如，key 值为“销量”时，则返回值为“F:F”。

第 14 行代码构建目标工作簿的名称。

第 15 行代码使用 os 模块的 path.join 函数连接目录名和文件名获取全路径，其中 dest_path 为当前目录，dest_fname 为目标工作簿文件名。

第 16 行代码保存目标工作簿。

第 17 行代码关闭目标工作簿。

运行示例代码，拆分后的工作簿仍然保留了源数据表的格式，如销售额列为金额格式，如图 6-41 所示。

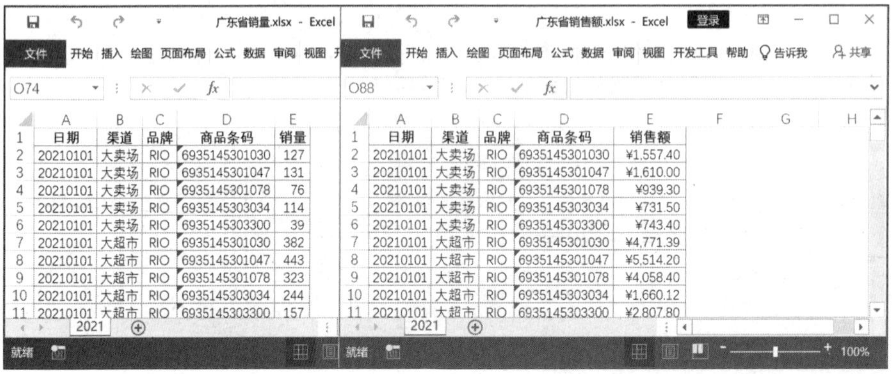

日期	渠道	品牌	商品条码	销量
20210101	大卖场	RIO	6935145301030	127
20210101	大卖场	RIO	6935145301047	131
20210101	大卖场	RIO	6935145301078	76
20210101	大卖场	RIO	6935145303034	114
20210101	大卖场	RIO	6935145303300	39
20210101	大超市	RIO	6935145301030	382
20210101	大超市	RIO	6935145301047	443
20210101	大超市	RIO	6935145301078	323
20210101	大超市	RIO	6935145303034	244
20210101	大超市	RIO	6935145303300	157

日期	渠道	品牌	商品条码	销售额
20210101	大卖场	RIO	6935145301030	¥1,557.40
20210101	大卖场	RIO	6935145301047	¥1,610.00
20210101	大卖场	RIO	6935145301078	¥939.30
20210101	大卖场	RIO	6935145303034	¥731.50
20210101	大卖场	RIO	6935145303300	¥743.40
20210101	大超市	RIO	6935145301030	¥4,771.39
20210101	大超市	RIO	6935145301047	¥5,514.20
20210101	大超市	RIO	6935145301078	¥4,058.40
20210101	大超市	RIO	6935145303034	¥1,660.12
20210101	大超市	RIO	6935145303300	¥2,807.80

图 6-41 保留原有格式，将数据按列拆分

6.5.7 多个工作表数据组合后重新拆分至工作表

示例文件中的月度销售统计工作表如图 6-42 所示。

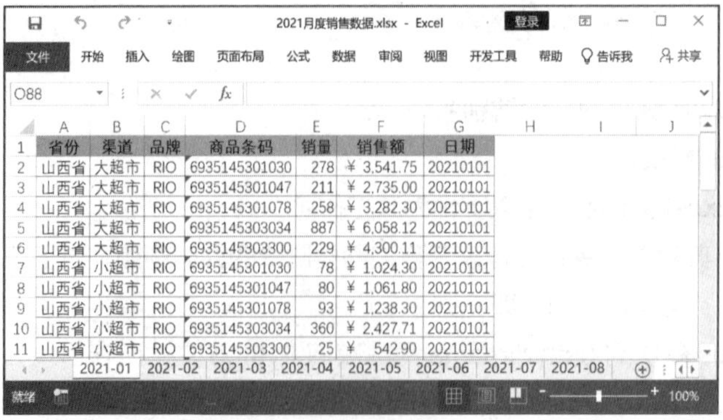

省份	渠道	品牌	商品条码	销量	销售额	日期
山西省	大超市	RIO	6935145301030	278	¥ 3,541.75	20210101
山西省	大超市	RIO	6935145301047	211	¥ 2,735.00	20210101
山西省	大超市	RIO	6935145301078	258	¥ 3,282.30	20210101
山西省	大超市	RIO	6935145303034	887	¥ 6,058.12	20210101
山西省	大超市	RIO	6935145303300	229	¥ 4,300.11	20210101
山西省	小超市	RIO	6935145301030	78	¥ 1,024.30	20210101
山西省	小超市	RIO	6935145301047	80	¥ 1,061.80	20210101
山西省	小超市	RIO	6935145301078	93	¥ 1,238.30	20210101
山西省	小超市	RIO	6935145303034	360	¥ 2,427.71	20210101
山西省	小超市	RIO	6935145303300	25	¥ 542.90	20210101

图 6-42 月度销售统计工作表

示例代码使用 pandas 模块将月度销售统计工作表按照“渠道”字段拆分为多个工作表。

```
#001  import pandas as pd
```

```
#002    import os
#003    src_fname = '2021月度销售数据.xlsx'
#004    dest_fname = '分渠道销售数据.xlsx'
#005    dest_path = os.path.dirname(__file__)
#006    src_file = os.path.join(dest_path, src_fname)
#007    dest_file = os.path.join(dest_path, dest_fname)
#008    all_dfs = pd.read_excel(src_file, sheet_name = None)
#009    sales = pd.concat(all_dfs)
#010    sales['商品条码'] = sales['商品条码'].apply(str)
#011    chan_sales = sales.groupby('渠道')
#012    with pd.ExcelWriter(dest_file) as wbook:
#013        for chan, chan_data in chan_sales:
#014            chan_data.to_excel(wbook, sheet_name = chan, index = False)
```

➤ 代码解析

第 1 行代码导入 pandas 模块，设置别名为 pd。

第 2 行代码导入 os 模块。

第 3 行代码指定 Excel 原始数据文件名称（以下称为源工作簿）。

第 4 行代码指定保存拆分后数据的 Excel 文件名称（以下称为目标工作簿）。

第 5 行代码使用 os 模块的 path.dirname 函数获取 Python 文件所在目录，其中 __file__ 属性返回 Python 文件的全路径。

第 6~7 行代码使用 os 模块的 path.join 函数连接目录名和文件名获取全路径，其中 dest_path 为当前目录，src_fname 为源工作簿文件名，dest_fname 为目标工作簿文件名。

第 8 行代码调用 pandas 模块的 read_excel 函数读取源工作簿中的数据。其中第一个参数用于指定源工作簿的全路径，参数 sheet_name 设置为 None，则读取工作簿中的全部工作表，此时 read_excel 函数返回值为多个 DataFrame 组成的字典对象，字典对象的键值为工作表名称。

第 9 行代码调用 concat 函数合并多个 DataFrame 对象。

第 10 行代码使用 apply 方法将"商品条码"列转换为字符类型，由于商品条码由 13 位数字组成，pandas 模块读取数据时，将被识别为数字类型，所以需要进行转换。

第 11 行代码使用 groupby 方法按照"渠道"对数据进行分组。

第 12 行代码使用 pandas 模块的 ExcelWriter 创建目标工作簿文件。

第 13 行代码使用 for 语句循环遍历分组数据，其中 chan 为分组的渠道，如"大超市"，chan_data 为该分组中的数据。

第14行代码使用DataFrame对象的to_excel方法，将数据写入工作表。

第一个参数用于指定 ExcelWriter 对象，即目标工作簿；参数 sheet_name 用于指定保存数据的工作表名称；参数 index 设置为 False，则 DataFrame 的索引不写入工作表。

运行示例代码将原工作簿的所有数据重新按渠道拆分为工作表，如图 6-43 所示。

图 6-43 按渠道拆分工作表

6.5.8 多个工作表数据组合后重新拆分至工作簿

示例文件中的月度销售统计工作表如图 6-44 所示。

图 6-44 月度销售统计工作表

示例代码使用 pandas 模块将月度销售统计按照"渠道"字段拆分为多个工作簿。

```
#001   import pandas as pd
#002   import os
#003   src_fname = '2021月度销售数据.xlsx'
#004   dest_path = os.path.dirname(__file__)
#005   src_file = os.path.join(dest_path, src_fname)
#006   all_dfs = pd.read_excel(src_file, sheet_name = None)
#007   sales = pd.concat(all_dfs)
#008   sales['商品条码'] = sales['商品条码'].apply(str)
#009   chan_sales = sales.groupby('渠道')
#010   for chan, chan_data in chan_sales:
#011       dest_fname = f'{chan}销售数据.xlsx'
#012       dest_file = os.path.join(dest_path, dest_fname)
#013       with pd.ExcelWriter(dest_file) as wbook:
#014           chan_data.to_excel(wbook, sheet_name = chan, index = False)
```

➢ 代码解析

第 1 行代码导入 pandas 模块，设置别名为 pd。

第 2 行代码导入 os 模块。

第 3 行代码指定 Excel 原始数据文件名称（以下称为源工作簿）。

第 4 行代码使用 os 模块的 path.dirname 函数获取 Python 文件所在目录，其中 __file__ 属性返回 Python 文件的全路径。

第 5 行代码使用 os 模块的 path.join 函数连接目录名和文件名获取全路径，其中 dest_path 为当前目录，src_fname 为源工作簿文件名。

第 6 行代码调用 pandas 模块的 read_excel 函数读取源工作簿中的数据。其中第一个参数用于指定源工作簿的全路径，参数 sheet_name 设置为 None，则读取工作簿中的全部工作表，此时 read_excel 函数返回值为多个 DataFrame 组成的字典对象，字典对象的键值为工作表名称。

第 7 行代码调用 concat 函数合并多个 DataFrame 对象。

第 8 行代码使用 apply 方法将"商品条码"列转换为字符类型，由于商品条码由 13 位数字组成，pandas 模块读取数据时，将被识别为数字类型，所以需要进行转换。

第 9 行代码使用 groupby 方法按照"渠道"对数据进行分组。

第 10 行代码使用 for 语句循环遍历分组数据，其中 chan 为分组的渠道，如"大超市"，chan_data 为该分组中的数据。

第 11 行代码指定保存拆分后数据的 Excel 文件名称（以下称为目标工作簿）。

第 12 行代码使用 os 模块的 path.join 函数连接目录名和文件名获取全路径，其中 dest_path 为当前目录，dest_fname 为目标工作簿文件名。

第 13 行代码使用 pandas 模块的 ExcelWriter 创建目标工作簿文件。

第 14 行代码使用 DataFrame 对象的 to_excel 方法，将数据写入工作表。

第一个参数用于指定 ExcelWriter 对象，即目标工作簿；参数 sheet_name 用于指定保存数据的工作表名称；参数 index 设置为 False，则 DataFrame 的索引不写入工作表。

运行示例代码后，所有数据按渠道拆分为工作簿，如图 6-45 所示。

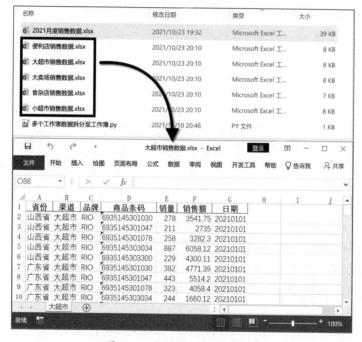

图 6-45　按渠道拆分为工作簿

6.6　合并工作簿

本节将介绍如何使用 Python 合并工作簿，其中包含按行合并、按列合并和从多个工作簿中提前指定数据。

6.6.1　多个工作表数据按行合并

示例文件中的月度销售统计工作表如图 6-46 所示。

图 6-46 月度销售统计工作表

示例代码使用 pandas 模块将多个工作表数据按行合并至单个工作表中。

```
#001    import pandas as pd
#002    import os
#003    src_fname = '广东省月度.xlsx'
#004    dest_fname = '广东省2021年.xlsx'
#005    dest_path = os.path.dirname(__file__)
#006    src_file = os.path.join(dest_path, src_fname)
#007    dest_file = os.path.join(dest_path, dest_fname)
#008    all_dfs = pd.read_excel(src_file, sheet_name = None)
#009    sales = pd.concat(all_dfs)
#010    sales['商品条码'] = sales['商品条码'].apply(str)
#011    with pd.ExcelWriter(dest_file) as wbook:
#012        sales.to_excel(wbook, sheet_name = '2021年', index = False)
```

➢ 代码解析

第 1 行代码导入 pandas 模块，设置别名为 pd。

第 2 行代码导入 os 模块。

第 3 行代码指定 Excel 原始数据文件名称（以下称为源工作簿）。

第 4 行代码指定保存合并数据的 Excel 文件名称（以下称为目标工作簿）。

第 5 行代码使用 os 模块的 path.dirname 函数获取 Python 文件所在目录，其中 __file__ 属性返回 Python 文件的全路径。

第 6~7 行代码使用 os 模块的 path.join 函数连接目录名和文件名获取全路径，其中 dest_path 为当前目录，src_fname 为源工作簿文件名，dest_fname 为目标工作簿文件名。

第 8 行代码调用 pandas 模块的 read_excel 函数读取源工作簿中的数据。其中第一个参数用于指定源工作簿的全路径，参数 sheet_name 设置为 None，则读取工作簿中的全部工作表，此时 read_excel 函数返回值为多个 DataFrame 组成的字典对象，字典对象的键值为工作表名称。

第 9 行代码调用 concat 函数合并多个 DataFrame 对象。

第 10 行代码使用 apply 方法将"商品条码"列转换为字符类型，由于商品条码由 13 位数字组成，pandas 模块读取数据时，将被识别为数字类型，所以需要进行转换。

第 11 行代码使用 pandas 模块的 ExcelWriter 创建目标工作簿文件。

第 12 行代码使用 DataFrame 对象的 to_excel 方法，将数据写入工作表。

第一个参数用于指定 ExcelWriter 对象，即目标工作簿；参数 sheet_name 用于指定保存数据的工作表名称；参数 index 设置为 False，则 DataFrame 的索引不写入工作表。

运行示例代码，按行合并数据至单个工作表，如图 6-47 所示。

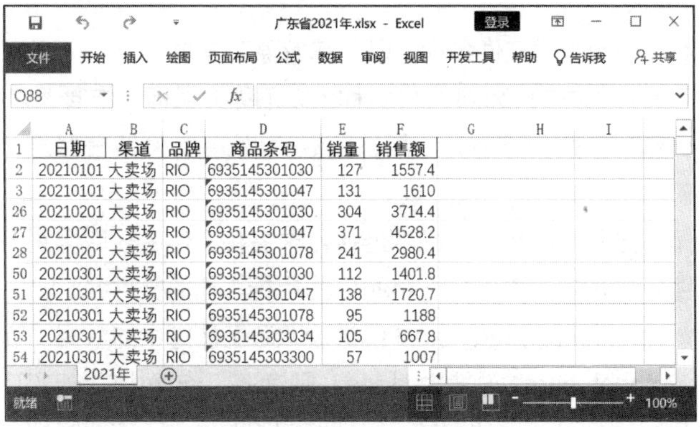

图 6-47　按行合并数据至单个工作表

6.6.2　多个工作表数据按列合并

示例文件中的两个工作表如图 6-48 所示，其中 A~D 列数据完全相同，不同的是一张工作表有"销量"数据列，另一张工作表有"销售额"数据列。

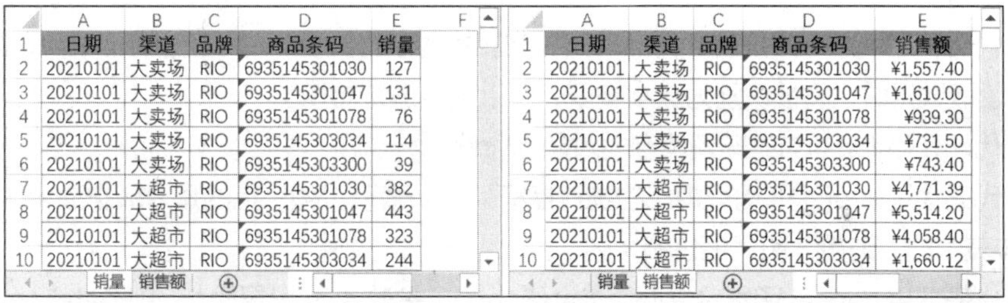

图 6-48　两个工作表

示例代码使用 pandas 模块将两个工作表数据按列合并至单个工作表中，数据行数不变。

```
#001   import pandas as pd
#002   import os
#003   src_fname = '广东省.xlsx'
#004   dest_fname = '广东省销售统计.xlsx'
#005   dest_path = os.path.dirname(__file__)
#006   src_file = os.path.join(dest_path, src_fname)
#007   dest_file = os.path.join(dest_path, dest_fname)
#008   all_dfs = pd.read_excel(src_file, sheet_name = None)
#009   first_df = list(all_dfs.values())[0]
#010   sales = first_df.iloc[:, :4]
#011   sales['商品条码'] = sales['商品条码'].apply(str)
#012   for key in all_dfs;
#013       measure = all_dfs[key].iloc[:, [4]]
#014       sales = pd.concat([sales, measure], axis = 1)
#015   with pd.ExcelWriter(dest_file) as wbook:
#016       sales.to_excel(wbook, sheet_name = '销售统计', index = False)
```

➢ 代码解析

第 1 行代码导入 pandas 模块，设置别名为 pd。

第 2 行代码导入 os 模块。

第 3 行代码指定 Excel 原始数据文件名称（以下称为源工作簿）。

第 4 行代码指定保存合并数据的 Excel 文件名称（以下称为目标工作簿）。

第 5 行代码使用 os 模块的 path.dirname 函数获取 Python 文件所在目录，其中 __file__ 属性返回 Python 文件的全路径。

第 6~7 行代码使用 os 模块的 path.join 函数连接目录名和文件名获取全路径，其中 dest_path 为当前目录，src_fname 为源工作簿文件名，dest_fname 为目标工作簿文件名。

第 8 行代码调用 pandas 模块的 read_excel 函数读取源工作簿中的数据。其中第一个参数用于指定源工作簿的全路径，参数 sheet_name 设置为 None，则读取工作簿中的全部工作表，此时 read_excel 函数返回值为多个 DataFrame 组成的字典对象，字典对象的键值为工作表名称。

第 9 行代码中 list(all_dfs.values( )) 将字典对象 all_dfs 的值（DataFrame 对象）转换为列表对象，使用索引"[0]"获取其中的第一个 DataFrame 对象，并赋值给变量 first_df。

第 10 行代码使用 iloc[:,:4] 切片获取 DataFrame 数据中的维度列。其中逗号之前为行索引，单独一个冒号代表提取所有行；逗号之后为列索引，":4"相当于"0:4"，提取前 4 列数据（即日期、渠道、品牌、商品条码）。

第 11 行代码使用 apply 方法将"商品条码"列转换为字符类型，由于商品条码由 13 位数字组成，pandas 模块读取数据时，将被识别为数字类型，所以需要进行转换。

第 12 行代码使用 for 语句循环遍历字典对象 all_dfs。

第 13 行代码使用 iloc[:,[4]] 提取相应的统计指标列，列索引"[4]"指的是 DataFrame 中的第 5 列，即源数据工作表中的"销量"和"销售额"列。

第 14 行代码调用 concat 函数合并两个 DataFrame，参数 axis 设置为 1，则 DataFrame 按列合并。

第 15 行代码使用 pandas 模块的 ExcelWriter 创建目标工作簿文件。

第 16 行代码使用 DataFrame 对象的 to_excel 方法，将数据写入工作表。

第一个参数用于指定 ExcelWriter 对象，即目标工作簿；参数 sheet_name 用于指定保存数据的工作表名称；参数 index 设置为 False，则 DataFrame 的索引不写入工作表。

运行示例代码，按列合并数据至单个工作表，如图 6-49 所示。

图 6-49　按列合并数据至单个工作表

6.6.3　多个工作表中提取指定数据

示例文件中的月度销售数据工作表如图 6-50 所示。

图 6-50　月度销售数据

示例代码使用 pandas 模块从多个工作表中提取指定商品（商品条码为 6935145301047）的销售记录。

```
#001   import pandas as pd
#002   import os
#003   src_fname = '广东省月度.xlsx'
#004   dest_fname = '广东省2021年-SKU.xlsx'
#005   dest_path = os.path.dirname(__file__)
#006   src_file = os.path.join(dest_path, src_fname)
#007   dest_file = os.path.join(dest_path, dest_fname)
#008   all_dfs = pd.read_excel(src_file, sheet_name = None)
#009   sales = pd.concat(all_dfs)
#010   sales['商品条码'] = sales['商品条码'].apply(str)
#011   sku = '6935145301047'
#012   sales_sku = sales[sales['商品条码'] == sku]
#013   with pd.ExcelWriter(dest_file) as wbook:
#014       sales_sku.to_excel(wbook, sheet_name = '2021-SKU', index = False)
```

➢ 代码解析

第 1 行代码导入 pandas 模块，设置别名为 pd。

第 2 行代码导入 os 模块。

第 3 行代码指定 Excel 原始数据文件名称（以下称为源工作簿）。

第 4 行代码指定保存结果数据的 Excel 文件名称（以下称为目标工作簿）。

第 5 行代码使用 os 模块的 path.dirname 函数获取 Python 文件所在目录，其中 __file__ 属性返回 Python 文件的全路径。

第 6~7 行代码使用 os 模块的 path.join 函数连接目录名和文件名获取全路径，其中 dest_path 为当前目录，src_fname 为源工作簿文件名，dest_fname 为目标工作簿文件名。

第 8 行代码调用 pandas 模块的 read_excel 函数读取源工作簿中的数据。其中第一个参数用于指定源工作簿的全路径，参数 sheet_name 设置为 None，则读取工作簿中的全部工作表，此时 read_excel 函数返回值为多个 DataFrame 组成的字典对象，字典对象的键值为工作表名称。

第 9 行代码调用 concat 函数合并多个 DataFrame 对象。

第 10 行代码使用 apply 方法将"商品条码"列转换为字符类型，由于商品条码由 13 位数字组成，pandas 模块读取数据时，将被识别为数字类型，所以需要进行转换。

第 11 行代码指定要查找的商品编码。

第 12 行代码使用过滤条件"sales[' 商品条码 '] == sku"提取指定商品的销售记录，并保存在变量 sales_sku 中。

第 13 行代码使用 pandas 模块的 ExcelWriter 创建目标工作簿文件。

第 14 行代码使用 DataFrame 对象的 to_excel 方法，将数据写入工作表。

第一个参数用于指定 ExcelWriter 对象，即目标工作簿；参数 sheet_name 用于指定保存数据的工作表名称；参数 index 设置为 False，则 DataFrame 的索引不写入工作表。

运行示例代码，提取指定商品销售记录，如图 6-51 所示。

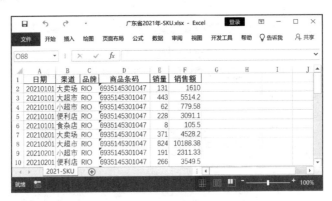

图 6-51　提取指定商品销售记录

6.6.4　多个工作簿数据按行合并

示例目录中有 3 个月度销售数据文件，如图 6-52 所示。

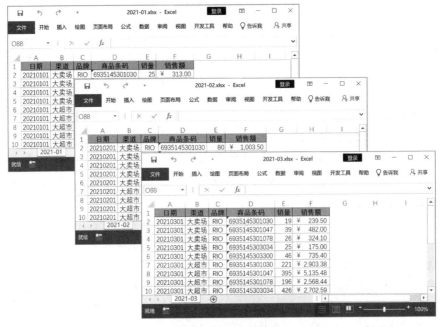

图 6-52　月度销售数据

示例代码使用 pandas 模块将多个工作簿数据按行合并。

```
#001   import pandas as pd
#002   import os
#003   dest_path = os.path.dirname(__file__)
#004   sales = pd.DataFrame()
#005   for key in range(1, 4):
#006       ws_name = f'2021-0{key}'
#007       src_fname = f'{ws_name}.xlsx'
#008       src_file = os.path.join(dest_path, src_fname)
#009       df = pd.read_excel(src_file, sheet_name = ws_name)
#010       sales = pd.concat([sales, df], axis = 0)
#011   sales['商品条码'] = sales['商品条码'].apply(str)
#012   dest_fname = '2021Q1销售统计.xlsx'
#013   dest_file = os.path.join(dest_path, dest_fname)
#014   with pd.ExcelWriter(dest_file) as wbook:
#015       sales.to_excel(wbook, sheet_name = '2021Q1', index = False)
```

➤ 代码解析

第 1 行代码导入 pandas 模块，设置别名为 pd。

第 2 行代码导入 os 模块。

第 3 行代码使用 os 模块的 path.dirname 函数获取 Python 文件所在目录，其中 __file__ 属性返回 Python 文件的全路径。

第 4 行代码使用 pd.DataFrame() 创建空的 DataFrame 对象，用于保存数据。

第 5 行代码使用 for 语句循环，其中循环变量 key 取值为 1、2 和 3。

第 6 行代码生成代表月份的字符串，如 2021-01。

第 7 行代码生成月销售数据工作簿的文件名。

第 8 行代码使用 os 模块的 path.join 函数连接目录名和文件名获取全路径，其中 dest_path 为当前目录，src_fname 为源工作簿文件名。

第 9 行代码调用 pandas 模块的 read_excel 函数读取源工作簿中的数据。其中第一个参数用于指定源工作簿的全路径，参数 sheet_name 设置为保存数据的工作表名称。

第 10 行代码调用 concat 函数合并多个 DataFrame 对象，参数 axis 设置为 0，则按行合并 DataFrame 对象。

第 11 行代码使用 apply 方法将"商品条码"列转换为字符类型，由于商品条码由 13 位数字组成，pandas 模块读取数据时，将被识别为数字类型，所以需要进行转换。

第 12 行代码构建数据的 Excel 文件名称（以下称为目标工作簿）。

第 13 行代码用 os 模块的 path.join 函数连接目录名和文件名获取全路径，其中 dest_path 为当前目录，dest_fname 为源工作簿文件名。

第 14 行代码使用 pandas 模块的 ExcelWriter 创建目标工作簿文件。

第 15 行代码使用 DataFrame 对象的 to_excel 方法将数据写入工作表。

第一个参数用于指定 ExcelWriter 对象，即目标工作簿；参数 sheet_name 用于指定保存数据的工作表名称；参数 index 设置为 False，则 DataFrame 的索引不写入工作表。

运行示例代码，将多个工作簿数据按行合并，如图 6-53 所示。

06章

图 6-53　多个工作簿数据按行合并

6.6.5　多个工作簿数据按列合并

示例文件夹中有两个销售统计数据文件，如图 6-54 所示。

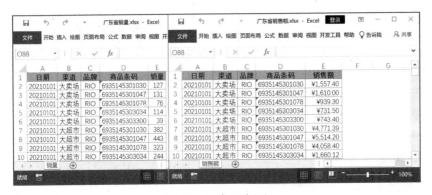

图 6-54　销售统计数据

示例代码使用 pandas 模块将多个工作簿数据按列合并。

```
#001   import pandas as pd
#002   import os
#003   keys_list = ['销量', '销售额']
#004   dest_path = os.path.dirname(__file__)
#005   sales = pd.DataFrame()
#006   for key in keys_list:
#007       src_fname = f'广东省{key}.xlsx'
#008       src_file = os.path.join(dest_path, src_fname)
#009       df = pd.read_excel(src_file, sheet_name = key)
#010       if sales.empty:
#011           sales = df
#012       else:
#013           measure = df.iloc[:, [4]]
#014           sales = pd.concat([sales, measure], axis = 1)
#015   sales['商品条码'] = sales['商品条码'].apply(str)
#016   dest_fname = '广东省销售统计.xlsx'
#017   dest_file = os.path.join(dest_path, dest_fname)
#018   with pd.ExcelWriter(dest_file) as wbook:
#019       sales.to_excel(wbook, sheet_name = '销售统计', index = False)
```

➢ 代码解析

第 1 行代码导入 pandas 模块，设置别名为 pd。

第 2 行代码导入 os 模块。

第 3 行代码创建关键字列表。

第 4 行代码使用 os 模块的 path.dirname 函数获取 Python 文件所在目录，其中 __file__ 属性返回 Python 文件的全路径。

第 5 行代码使用 pd.DataFrame( ) 创建空的 DataFrame 对象，用于保存数据。

第 6 行代码使用 for 代码循环遍历关键字列表。

第 7 行代码生成 Excel 原始数据文件名称（以下称为源工作簿）。

第 8 行代码使用 os 模块的 path.join 函数连接目录名和文件名获取全路径，其中 dest_path 为当前目录，src_fname 为源工作簿文件名。

第 9 行代码调用 pandas 模块的 read_excel 函数读取源工作簿中的数据。其中第一个参数用于指定源工作簿的全路径，参数 sheet_name 设置为保存数据的工作表名称。

第 10 行代码判断变量 sales 是否为空，如果 DataFrame 对象为空，则其 empty 属性返回值为 True。

如果变量 sales 为空，说明第一次执行循环代码，那么第 11 行代码将第 9 行代码读取的 DataFrame 赋值给变量 sales。

如果变量 sales 不为空，则第 13 行代码提取 DataFrame 的第 5 列，第 14 行代码调用 concat 函数合并两个 DataFrame，参数 axis 设置为 1，则 DataFrame 按列合并。

第 15 行代码使用 apply 方法将"商品条码"列转换为字符类型，由于商品条码由 13 位数字组成，pandas 模块读取数据时，将被识别为数字类型，所以需要进行转换。

第 16 行代码指定保存合并数据的 Excel 文件名称（以下称为目标工作簿）。

第 17 行代码使用 os 模块的 path.join 函数连接目录名和文件名获取全路径，其中 dest_path 为当前目录，dest_fname 为目标工作簿文件名。

第 18 行代码使用 pandas 模块的 ExcelWriter 创建目标工作簿文件。

第 19 行代码使用 DataFrame 对象的 to_excel 方法将数据写入工作表。

第一个参数用于指定 ExcelWriter 对象，即目标工作簿；参数 sheet_name 用于指定保存数据的工作表名称；参数 index 设置为 False，则 DataFrame 的索引不写入工作表。

运行示例代码，将多个工作簿数据按列合并，如图 6-55 所示。

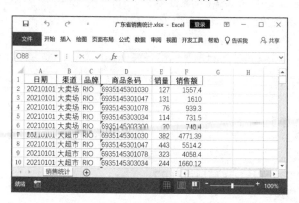

图 6-55 多个工作簿数据按列合并

6.6.6 从多个工作簿中提取指定数据

示例文件夹中的月度销售数据工作簿如图 6-56 所示。

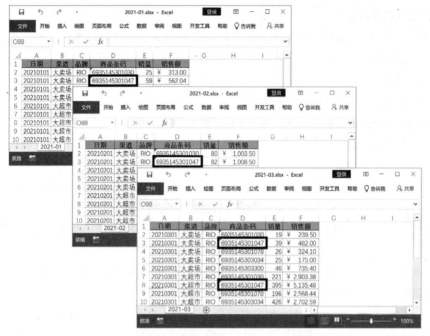

图 6-56 月度销售数据工作簿

示例代码使用 pandas 模块从多个工作簿中提取指定商品（商品条码为 6935145301047）的销售记录。

```python
#001    import pandas as pd
#002    import os
#003    dest_path = os.path.dirname(__file__)
#004    sales = pd.DataFrame()
#005    for key in range(1, 4):
#006        ws_name = f'2021-0{key}'
#007        src_fname = f'{ws_name}.xlsx'
#008        src_file = os.path.join(dest_path, src_fname)
#009        df = pd.read_excel(src_file, sheet_name = ws_name)
#010        sales = pd.concat([sales, df], axis = 0)
#011    sales['商品条码'] = sales['商品条码'].apply(str)
#012    sku = '6935145301047'
#013    sales_sku = sales[sales['商品条码'] == sku]
#014    dest_fname = '2021Q1销售统计-SKU.xlsx'
#015    dest_file = os.path.join(dest_path, dest_fname)
#016    with pd.ExcelWriter(dest_file) as wbook:
#017        sales_sku.to_excel(wbook, sheet_name = 'Q1-SKU', index = False)
```

➢ 代码解析

第 1 行代码导入 pandas 模块，设置别名为 pd。

第 2 行代码导入 os 模块。

第 3 行代码使用 os 模块的 path.dirname 函数获取 Python 文件所在目录，其中 __file__ 属性返回

Python 文件的全路径。

第 4 行代码使用 pd.DataFrame() 创建空的 DataFrame 对象，用于保存数据。

第 5 行代码使用 for 语句循环，其中循环变量 key 取值为 1、2 和 3。

第 6 行代码生成代表月份的字符串，如 2021-01。

第 7 行代码生成月销售数据工作簿的文件名。

第 8 行代码使用 os 模块的 path.join 函数连接目录名和文件名获取全路径，其中 dest_path 为当前目录，src_fname 为源工作簿文件名。

第 9 行代码调用 pandas 模块的 read_excel 函数读取源工作簿中的数据。其中第一个参数用于指定源工作簿的全路径，参数 sheet_name 设置为保存数据的工作表名称。

第 10 行代码调用 concat 函数合并多个 DataFrame 对象，参数 axis 设置为 0，则按行合并 DataFrame 对象。

第 11 行代码使用 apply 方法将"商品条码"列转换为字符类型，由于商品条码由 13 位数字组成，pandas 模块读取数据时，将被识别为数字类型，所以需要进行转换。

第 12 行代码指定要查找的商品编码。

第 13 行代码使用过滤条件"sales[' 商品条码 '] == sku"提取指定商品的销售记录，并保存在变量 sales_sku 中。

第 14 行代码指定保存数据的 Excel 文件名称（以下称为目标工作簿）。

第 15 行代码用 os 模块的 path.join 函数连接目录名和文件名获取全路径，其中 dest_path 为当前目录，dest_fname 为源工作簿文件名。

第 16 行代码使用 pandas 模块的 ExcelWriter 创建目标工作簿文件。

第 17 行代码使用 DataFrame 对象的 to_excel 方法将数据写入工作表。

第一个参数用于指定 ExcelWriter 对象，即目标工作簿；参数 sheet_name 用于指定保存数据的工作表名称；参数 index 设置为 False，则 DataFrame 的索引不写入工作表。

运行示例代码后，从多个工作簿中提取了指定商品销售记录并保存在新文件中，如图 6-57 所示。

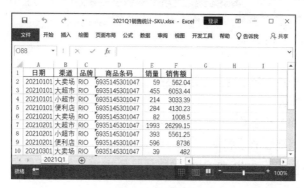

图 6-57　从多个工作簿中提取指定商品销售记录

6.7　打印工作表

本节将介绍如何使用 Python 打印工作表，其中包含居中打印、适应页面打印、打印指定区域和重复标题行打印。

6.7.1 工作表居中打印

示例文件中的“数据透视表”工作表如图 6-58 所示。

2021年1月统计

销售额 省份	渠道 大卖场	大超市	小超市	便利店	食杂店	总计
广东省	5,582	18,812	3,669	9,538	361	37,962
河北省	1,833	27,536	10,438	16,107		55,914
河南省	45,276	98,874	9,067	22,158		175,375
江苏省	55,349	75,784	5,154	2,655	20	138,962
山东省	20,247	44,616	2,199	5,017	27	72,106
山西省		19,917	6,295	888	319	27,419
浙江省	1,922	6,667	153	749		9,491
总计	130,208	292,207	36,976	57,112	726	517,229

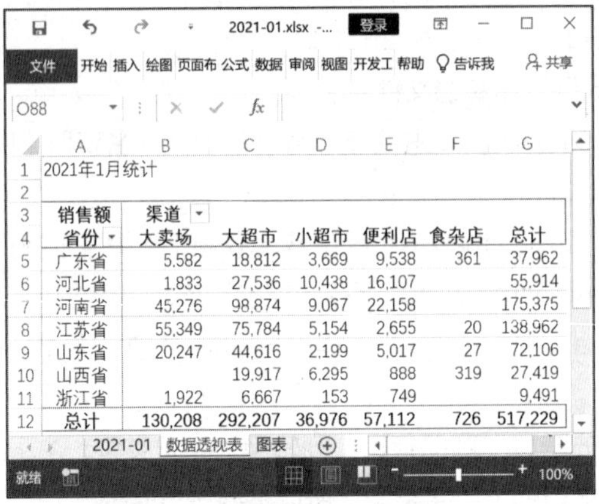

图 6-58 “数据透视表”工作表

示例代码使用 xlwings 模块实现居中打印指定工作表。

```
#001 import xlwings as xw
#002 import os
#003 file_name = '2021-01.xlsx'
#004 ws_name = '数据透视表'
#005 dest_path = os.path.dirname(__file__)
#006 xl_file = os.path.join(dest_path, file_name)
#007 with xw.App(visible = False, add_book = False) as xlapp:
#008     wbook = xlapp.books.open(fullname = xl_file)
#009     wsheet = wbook.sheets[ws_name]
#010     wsheet.api.PageSetup.CenterHorizontally = True
#011     wsheet.api.PageSetup.CenterVertically = True
#012     wsheet.api.PrintOut()
#013     wbook.close()
```

➢ 代码解析

第 1 行代码导入 xlwings 模块，设置别名为 xw。

第 2 行代码导入 os 模块。

第 3 行代码指定 Excel 文件名称。

第 4 行代码指定被打印的工作表名称。

第 5 行代码使用 os 模块的 path.dirname 函数获取 Python 文件所在目录，其中 __file__ 属性返回 Python 文件的全路径。

第 6 行代码使用 os 模块的 path.join 函数连接目录名和文件名获取全路径，其中 dest_path 为当前目录，file_name 为文件名。

第 7 行代码启动 Excel 应用程序（处于隐藏状态）。

第 8 行代码打开指定的 Excel 文件。

第 9 行代码使用名称引用工作表，并将工作表对象赋值给变量 wsheet。

第 10~11 行代码使用 api 设置工作表对象的 PageSetup 相关属性。

属性 CenterHorizontally 设置为 True，则打印时采用水平居中布局；属性 CenterVertically 设置为 True，则打印时采用垂直居中布局。

第 12 行代码使用 api 调用 VBA 的 PrintOut( ) 方法打印工作表。

第 13 行代码关闭工作簿。

为了便于展示打印效果，将操作系统默认打印机设置为 PDF 虚拟打印机，如 Microsoft Print to PDF（具体操作方法请参阅相关资料），运行示例代码生成 PDF 文件，如图 6-59 所示。

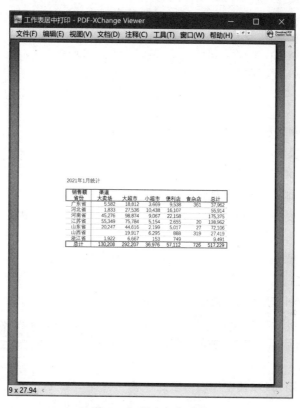

图 6-59　居中打印效果

6.7.2　工作表调整为一页打印

示例文件中的销售数据工作表如图 6-60 所示。

图 6-60　销售数据工作表

由于工作表中数据行数较多，示例代码使用 xlwings 模块将工作表中的全部内容缩小到一页纸上进行打印。

```
#001  import xlwings as xw
#002  import os
```

```
#003   file_name = '2021-01.xlsx'
#004   ws_name = '2021-01'
#005   dest_path = os.path.dirname(__file__)
#006   xl_file = os.path.join(dest_path, file_name)
#007   with xw.App(visible = False, add_book = False) as xlapp:
#008       wbook = xlapp.books.open(fullname = xl_file)
#009       wsheet = wbook.sheets[ws_name]
#010       wsheet.api.PageSetup.Zoom = False
#011       wsheet.api.PageSetup.FitToPagesWide = 1
#012       wsheet.api.PageSetup.FitToPagesTall = 1
#013       wsheet.api.PrintOut()
#014       wbook.close()
```

➤ 代码解析

第 1 行代码导入 xlwings 模块，设置别名为 xw。

第 2 行代码导入 os 模块。

第 3 行代码指定 Excel 文件名称。

第 4 行代码指定被打印的工作表名称。

第 5 行代码使用 os 模块的 path.dirname 函数获取 Python 文件所在目录，其中 __file__ 属性返回 Python 文件的全路径。

第 6 行代码使用 os 模块的 path.join 函数连接目录名和文件名获取全路径，其中 dest_path 为当前目录，file_name 为文件名。

第 7 行代码启动 Excel 应用程序（处于隐藏状态）。

第 8 行代码打开指定的 Excel 文件。

第 9 行代码使用名称引用工作表，并将工作表对象赋值给变量 wsheet。

第 10~11 行代码使用 api 设置工作表对象的 PageSetup 相关属性。

第 10 行代码设置属性 Zoom 为 False，即取消自定义缩放。如果属性 Zoom 为 True，则打印时忽略参数 FitToPagesWide 和 FitToPagesTall。

第 11 行代码设置属性 FitToPagesWide 为 1，则打印时工作表将缩放到一页宽度。

第 12 行代码设置属性 FitToPagesTall 为 1，则打印时工作表将缩放到一页高度。

第 13 行代码使用 api 调用 VBA 的 PrintOut( ) 方法打印工作表。

第 14 行代码关闭工作簿。

为了便于展示打印效果，将操作系统默认打印机设置为 PDF 虚拟打印机，运行示例代码生成 PDF 文件，如图 6-61 所示。

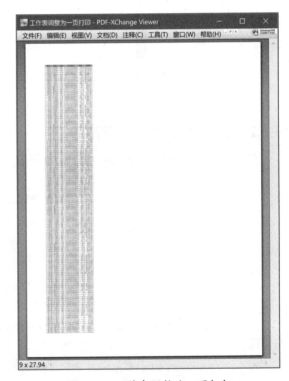

图 6-61　工作表调整为一页打印

6.7.3　打印工作表指定区域

示例文件中的销售数据工作表如图 6-62 所示。

	省份	渠道	品牌	商品条码	销量	销售额
2	山西省	大超市	RIO	6935145301030	278	¥3,541.75
3	山西省	大超市	RIO	6935145301047	211	¥2,735.00
4	山西省	大超市	RIO	6935145301078	258	¥3,282.30
5	山西省	大超市	RIO	6935145303034	887	¥6,058.12
6	山西省	大超市	RIO	6935145303300	229	¥4,300.11
7	山西省	小超市	RIO	6935145301030	78	¥1,024.30
8	山西省	小超市	RIO	6935145301047	80	¥1,061.80
9	山西省	小超市	RIO	6935145301078	93	¥1,238.30
10	山西省	小超市	RIO	6935145303034	360	¥2,427.71
11	山西省	小超市	RIO	6935145303300	25	¥542.90
12	山西省	便利店	RIO	6935145301030	21	¥279.00
13	山西省	便利店	RIO	6935145301047	37	¥266.50
14	山西省	便利店	RIO	6935145301078	16	¥92.30
15	山西省	便利店	RIO	6935145303034	31	¥249.90
16	山西省	食杂店	RIO	6935145303034	55	¥319.00
17	广东省	大卖场	RIO	6935145301030	127	¥1,557.40
18	广东省	大卖场	RIO	6935145301047	131	¥1,610.00

2021-01　数据透视表　图表

图 6-62　销售数据工作表

示例代码使用 xlwings 模块打印工作表中的指定区域（A1:F16）。

```
#001   import xlwings as xw
#002   import os
#003   file_name = '2021-01.xlsx'
#004   ws_name = '2021-01'
#005   dest_path = os.path.dirname(__file__)
#006   xl_file = os.path.join(dest_path, file_name)
#007   with xw.App(visible = False, add_book = False) as xlapp:
#008       wbook = xlapp.books.open(fullname = xl_file)
#009       wsheet = wbook.sheets[ws_name]
#010       wsheet.page_setup.print_area = '$A$1:$F$16'
#011       wsheet.api.PrintOut()
#012       wbook.close()
```

➢ 代码解析

第 1 行代码导入 xlwings 模块，设置别名为 xw。

第 2 行代码导入 os 模块。

第 3 行代码指定 Excel 文件名称。

第 4 行代码指定被打印的工作表名称。

第 5 行代码使用 os 模块的 path.dirname 函数获取 Python 文件所在目录，其中 __file__ 属性返回 Python 文件的全路径。

第 6 行代码使用 os 模块的 path.join 函数连接目录名和文件名获取全路径，其中 dest_path 为当前目录，file_name 为文件名。

第 7 行代码启动 Excel 应用程序（处于隐藏状态）。

第 8 行代码打开指定的 Excel 文件。

第 9 行代码使用名称引用工作表，并将工作表对象赋值给变量 wsheet。

第 10 行代码设置工作表对象的 page_setup.print_area 属性为打印区域的单元格引用地址。

第 11 行代码使用 api 调用 VBA 的 PrintOut( ) 方法打印工作表。

第 12 行代码关闭工作簿。

为了便于展示打印效果，将操作系统默认打印机设置为 PDF 虚拟打印机，运行示例代码生成 PDF 文件，如图 6-63 所示。

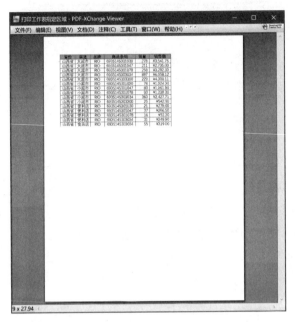

图 6-63　打印工作表指定区域

6.7.4　批量打印多个工作簿中的指定工作表

示例文件夹中的两个月度销售工作簿如图 6-64 所示。

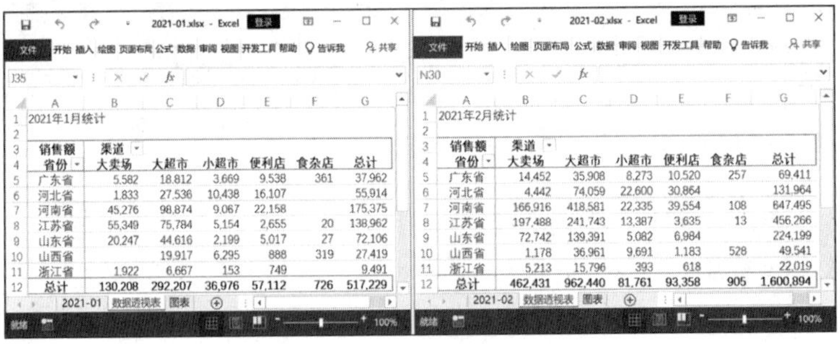

图 6-64　月度销售工作簿

示例代码使用 xlwings 模块打印当前目录中所有工作簿文件中的指定工作表。

```
#001   import xlwings as xw
#002   import os
#003   ws_name = '数据透视表'
#004   dest_path = os.path.dirname(__file__)
#005   with xw.App(visible = False, add_book = False) as xlapp:
#006       for file_name in os.listdir(dest_path):
#007           if(file_name.lower().endswith('.xlsx')):
#008               xl_file = os.path.join(dest_path, file_name)
#009               wbook = xlapp.books.open(fullname = xl_file)
```

```
#010        wbook.sheets[ws_name].api.PrintOut()
#011        wbook.close()
```

➤ 代码解析

第 1 行代码导入 xlwings 模块，设置别名为 xw。

第 2 行代码导入 os 模块。

第 3 行代码指定被打印的工作表名称。

第 4 行代码使用 os 模块的 path.dirname 函数获取 Python 文件所在目录，其中 __file__ 属性返回 Python 文件的全路径。

第 5 行代码启动 Excel 应用程序（处于隐藏状态）。

第 6 行代码使用 os 模块的 listdir 函数在指定目录中查找文件（不含子目录）。

第 7 行代码用于判断文件扩展名是否为指定类型。

第 8 行代码使用 os 模块的 path.join 函数连接目录名和文件名获取全路径，其中 dest_path 为当前目录，file_name 为文件名。

第 9 行代码打开指定的 Excel 文件。

第 10 行代码使用 api 调用 VBA 的 PrintOut() 方法打印工作表。

第 11 行代码关闭工作簿。

6.7.5　重复标题行打印工作表

示例文件中的销售数据工作表数据较大，使用默认的打印设置，除了第一页外，其他页面都没有标题行，对于使用者来说有些不方便，如图 6-65 所示。

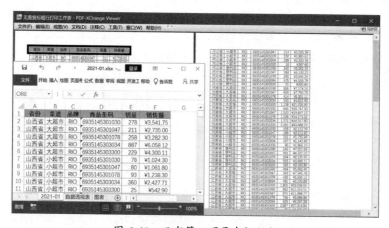

图 6-65　只有第一页具有标题行

示例代码使用 xlwings 模块设置重复标题行打印工作表。

```
#001   import xlwings as xw
#002   import os
#003   file_name = '2021-01.xlsx'
#004   ws_name = '2021-01'
#005   dest_path = os.path.dirname(__file__)
#006   xl_file = os.path.join(dest_path, file_name)
#007   with xw.App(visible = False, add_book = False) as xlapp:
#008       wbook = xlapp.books.open(fullname = xl_file)
#009       wsheet = wbook.sheets[ws_name]
```

```
#010          wsheet.api.PageSetup.PrintTitleRows = '1:1'
#011          wsheet.api.PrintOut()
#012          wbook.close()
```

➤ 代码解析

第 1 行代码导入 xlwings 模块，设置别名为 xw。

第 2 行代码导入 os 模块。

第 3 行代码指定 Excel 文件名称。

第 4 行代码指定被打印的工作表名称。

第 5 行代码使用 os 模块的 path.dirname 函数获取 Python 文件所在目录，其中 __file__ 属性返回 Python 文件的全路径。

第 6 行代码使用 os 模块的 path.join 函数连接目录名和文件名获取全路径，其中 dest_path 为当前目录，file_name 为文件名。

第 7 行代码启动 Excel 应用程序（处于隐藏状态）。

第 8 行代码打开指定的 Excel 文件。

第 9 行代码使用名称引用工作表，并将工作表对象赋值给变量 wsheet。

第 10 行代码设置工作表对象的 api.PageSetup.PrintTitleRows 属性为重复打印的标题行的单元格引用地址，代码中"1:1"代表工作表中的第一行，这和 Excel 中行引用地址的表示方法相同。

第 11 行代码使用 api 调用 VBA 的 PrintOut( ) 方法打印工作表。

第 12 行代码关闭工作簿。

运行示例代码，重复标题行的打印效果如图 6-66 所示。

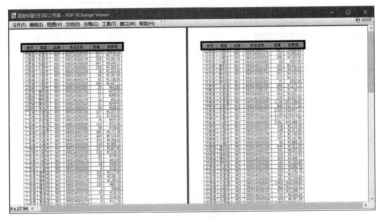

图 6-66　重复标题行打印

6.8　其他操作

本节将介绍如何使用 Python 创建工作表索引页、隐藏工作表、保护工作表和设置工作表滚动区域。

6.8.1　创建工作表索引页

示例文件中的月度销售数据工作表如图 6-67 所示。

图 6-67　月度销售数据工作表

示例代码使用 xlwings 模块在示例工作簿文件中创建"索引"工作表，可以实现快速跳转到相关工作表。

```
#001   import xlwings as xw
#002   import os
#003   src_fname = '河北省月度.xlsx'
#004   dest_path = os.path.dirname(__file__)
#005   xl_file = os.path.join(dest_path, src_fname)
#006   with xw.App(visible = False, add_book = False) as xlapp:
#007       wbook = xlapp.books.open(xl_file)
#008       wsheets = wbook.sheets
#009       ws_name = "索引"
#010       try:
#011           ws_index = wsheets.add(name = ws_name, before = wsheets[0])
#012       except ValueError:
#013           ws_index = wsheets[ws_name]
#014           ws_index.clear()
#015           if wsheets[0].name ! = ws_name:
#016               ws_index.api.Move(Before = wsheets[0].api)
#017       finally:
#018           for index in range(1, len(wsheets)):
#019               wsheet = wsheets[index]
#020               first_cell = wsheet.range('A1').get_address(
#021                               False, False, True, True)
#022               to_ref = first_cell.replace("'", "")
#023               hlink = f' = HYPERLINK("{to_ref}", "{wsheet.name}")'
#024               ws_index.range(index, 1).formula = hlink
#025       wbook.save()
#026       wbook.close()
```

➢ 代码解析

第 1 行代码导入 xlwings 模块，设置别名为 xw。

第 2 行代码导入 os 模块。

第 3 行代码指定 Excel 文件名称。

第 4 行代码使用 os 模块的 path.dirname 函数获取 Python 文件所在目录，其中 __file__ 属性返回 Python 文件的全路径。

第 5 行代码使用 os 模块的 path.join 函数连接目录名和文件名获取全路径，其中 dest_path 为当前目录，src_fname 为文件名。

第 6 行代码启动 Excel 应用程序（处于隐藏状态）。

第 7 行代码打开指定的 Excel 文件。

第 8 行代码将工作表对象集合赋值给变量 wsheets，可以简化后续引用工作表的代码。

第 9 行代码指定索引工作表的名称。

第 10~24 行代码为 try 语句结构进行异常处理。

第 11 行代码使用 add 方法在工作簿中创建工作表，其名称为"索引"，参数 before 用于指定工作表插入位置为第一个工作表之前。代码中的 wsheets[0] 相当于 wbook.sheets[0]，代表工作簿中的第一个工作表。

如果工作簿中已经存在同名工作表，那么第 11 行代码运行时将产生错误 ValueError，转而执行 except 之后的第 12~16 行代码，其功能为清空索引工作表，并将该工作表移动到最左侧（成为第一个工作表）。

如果第 11 行代码可以正常执行，则直接跳转到第 17 行执行 finally 之后的代码段。

第 13 行代码将"索引"工作表对象保存在变量 ws_index 中。

第 14 行代码清空"索引"工作表。

第 15 行代码判断工作簿中第一个工作表的名称是否为"索引"，如果不是的话，那么第 16 行代码调用 api.Move 将"索引"工作表移动到最左侧。

第 18 行代码使用 for 语句进行循环，其中 len(wsheets) 返回值为工作表的个数，代码中 range 的第一个参数指定为 1，没有使用默认的从零开始，是由于无须为"索引"工作表创建索引，而"索引"工作表是工作簿中的第一个工作表，从 1 开始循环可以跳过"索引"工作表。

第 19 行代码将序号为 index 的工作表对象保存在变量 wsheet 中。

第 20~21 行代码使用 get_address 获取单元格的引用地址，其中 range('A1') 代表工作表中的 A1 单元格。

get_address 有 4 个参数，其含义如表 6-3 所示。

表 6-3　get_address 的 4 个参数

参数名称	含义	可选值	缺省值
row_absolute	range 对象地址中是否使用行绝对引用	True / False	True
column_absolute	range 对象地址中是否使用列绝对引用	True / False	True
include_sheetname	range 对象地址中是否包含工作表名称	True / False	False
external	range 对象地址中是否包含工作簿和工作表名称	True / False	False

假设当前 wsheet 变量代表的工作表名称为"202101"，那么第 20~21 行代码执行后，变量 first_cell 的值为 '[河北省月度 .xlsx]202101'!A1，即包含工作簿和工作表名称的非绝对引用地址。

第 22 行代码去除引用地址中的单引号，用于设置超链接公式。

第 23 行代码创建 Excel 公式，其中使用了 Excel 工作表函数 HYPERLINK。

第 24 行代码通过设置单元格公式创建超链接，其中 range(index, 1) 代表第一列中行号为 index 的单元格。

第 25 行代码保存工作簿。

第 26 行代码关闭工作簿。

运行示例代码，索引工作表中的超链接如图 6-68 所示。

图 6-68 索引工作表

6.8.2 隐藏工作簿中的多个工作表

示例文件中的销售数据工作表如图 6-69 所示。

图 6-69 销售数据工作表

示例代码使用 xlwings 模块隐藏工作簿中的多个工作表。

```
#001   import xlwings as xw
#002   import os
#003   file_name = '2021-01.xlsx'
#004   dest_path = os.path.dirname(__file__)
#005   xl_file = os.path.join(dest_path, file_name)
#006   with xw.App(visible = False, add_book = False) as xlapp:
#007       wbook = xlapp.books.open(xl_file)
#008       wbook.sheets['数据透视表'].visible = True
#009       wbook.sheets['图表'].visible = False
#010       wbook.sheets['2021 01'].visible = 2
#011       wbook.save()
#012       wbook.close()
```

➢ 代码解析

第 1 行代码导入 xlwings 模块，设置别名为 xw。

第 2 行代码导入 os 模块。

第 3 行代码指定 Excel 文件名称。

第 4 行代码使用 os 模块的 path.dirname 函数获取 Python 文件所在目录，其中 __file__ 属性返回 Python 文件的全路径。

第 5 行代码使用 os 模块的 path.join 函数连接目录名和文件名获取全路径，其中 dest_path 为当前目录，file_name 为文件名。

第 6 行代码启动 Excel 应用程序（处于隐藏状态）。

第 7 行代码打开指定的 Excel 文件。

第 8 行代码设置工作表"数据透视表"的 visible 属性为 True，即在 Excel 窗口中显示工作表。

第 9 行代码设置工作表"图表"的 visible 属性为 False，即隐藏工作表（下文中称为普通隐藏）。

第 10 行代码设置工作表"2021-01"的 visible 属性为 2，即深度隐藏工作表。

第 11 行代码保存工作簿。

第 12 行代码关闭工作簿。

运行示例代码，隐藏工作簿中的工作表，如图 6-70 所示。

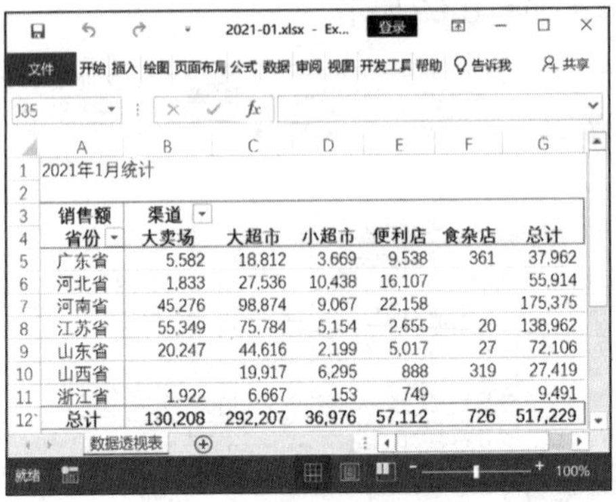

图 6-70 隐藏工作簿中的工作表

深入了解

按照如下步骤操作，可以恢复显示普通隐藏的工作表。

步骤① 在工作表标签上右击弹出快捷菜单，选择【取消隐藏】命令，弹出【取消隐藏】对话框。

步骤② 在【取消隐藏】对话框的【取消隐藏工作表】列表框中选中相应的工作表，单击【确定】按钮可以恢复显示处于普通隐藏状态的工作表，如图 6-71 所示。

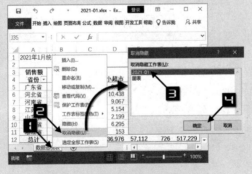

图 6-71 恢复显示普通隐藏工作表

对于深度隐藏的工作表，按照如下步骤操作可以恢复显示。

步骤① 在工作表标签上右击弹出快捷菜单，选择【查看代码】命令打开 VBE 窗口。

步骤② 在【工程资源管理器】窗口中选中处于深度隐藏状态的工作表，如 "Sheet49 (2021-01)"。

步骤③ 在【属性】窗口中修改 Visible 属性值为 "-1 - xlSheetVisible"，如图 6-72 所示。

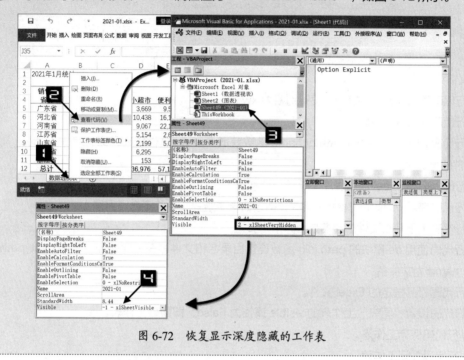

图 6-72　恢复显示深度隐藏的工作表

6.8.3　批量隐藏多个工作簿中的工作表

示例文件夹中有两个工作簿，如图 6-73 所示。

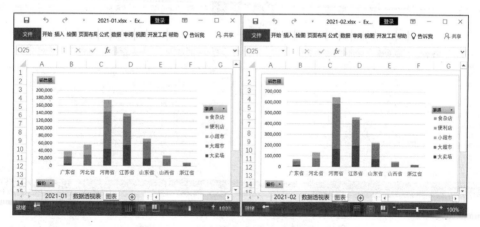

图 6-73　示例文件夹中的 "图表" 工作表

示例代码使用 xlwings 模块批量隐藏多个工作簿中的 "图表" 工作表。

```
#001    import xlwings as xw
#002    import os
```

```
#003    dest_path = os.path.dirname(__file__)
#004    with xw.App(visible = False, add_book = False) as xlapp:
#005        for file_name in os.listdir(dest_path):
#006            if(file_name.lower().endswith('.xlsx')):
#007                xl_file = os.path.join(dest_path, file_name)
#008                wbook = xlapp.books.open(xl_file)
#009                wbook.sheets['图表'].visible = False
#010                wbook.save()
#011                wbook.close()
```

➢ 代码解析

第 1 行代码导入 xlwings 模块，设置别名为 xw。

第 2 行代码导入 os 模块。

第 3 行代码使用 os 模块的 path.dirname 函数获取 Python 文件所在目录，其中 __file__ 属性返回 Python 文件的全路径。

第 4 行代码启动 Excel 应用程序（处于隐藏状态）。

第 5 行代码使用 os 模块的 listdir 函数在指定目录中查找文件（不含子目录）。

第 6 行代码用于判断文件扩展名是否为指定类型。

第 7 行代码使用 os 模块的 path.join 函数连接目录名和文件名获取全路径，其中 dest_path 为当前目录，file_name 为文件名。

第 8 行代码打开指定的 Excel 文件。

第 9 行代码设置"图表"工作表的 visible 属性为 False，即隐藏工作表。

第 10 行代码保存工作簿。

第 11 行代码关闭工作簿。

运行示例代码，隐藏指定工作表，如图 6-74 所示。

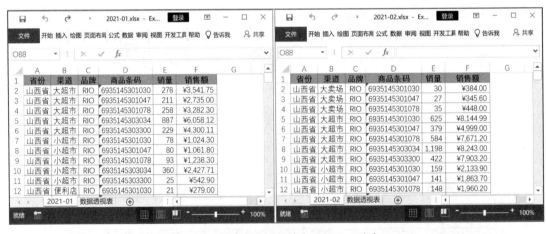

图 6-74　隐藏多个工作簿中的指定工作表

6.8.4　保护工作表中的指定区域

示例文件中的销售数据工作表如图 6-75 所示。

图 6-75 销售数据工作表

示例代码使用 xlwings 模块保护工作表"2021-01"中的指定区域（A 列至 G 列）。

```
#001   import xlwings as xw
#002   import os
#003   file_name = '2021-01.xlsx'
#004   dest_path = os.path.dirname(__file__)
#005   xl_file = os.path.join(dest_path, file_name)
#006   with xw.App(visible = False, add_book = False) as xlapp:
#007       wbook = xlapp.books.open(xl_file)
#008       wsheet = wbook.sheets['2021-01']
#009       if wsheet.api.ProtectContents:
#010           print(f'工作表[{wsheet.name}]已经处于保护状态')
#011       else:
#012           wsheet.api.Cells.Locked = False
#013           wsheet.range('A:G').api.Locked = True
#014           wsheet.api.Protect(Password = '123')
#015           wbook.save()
#016       wbook.close()
```

➤ 代码解析

第 1 行代码导入 xlwings 模块，设置别名为 xw。

第 2 行代码导入 os 模块。

第 3 行代码指定 Excel 文件名称。

第 4 行代码使用 os 模块的 path.dirname 函数获取 Python 文件所在目录，其中 __file__ 属性返回 Python 文件的全路径。

第 5 行代码使用 os 模块的 path.join 函数连接目录名和文件名获取全路径，其中 dest_path 为当前目录，file_name 为文件名。

第 6 行代码启动 Excel 应用程序（处于隐藏状态）。

第 7 行代码打开指定的 Excel 文件。

第 8 行代码将名称为"2021-01"的工作表对象保存在变量 wsheet 中。

第 9 行代码使用 api.ProtectContents 属性判断工作表的保护状态，如果工作表处于保护状态，则返回值为 True，第 10 行代码输出结果如下所示。

工作表［数据透视表］已经处于保护状态

如果工作表并未处于保护状态，则返回值为 False，第 12 行代码设置 api.Cells.Locked 属性为 False，即取消工作表中全部单元格的锁定状态，相当于在 Excel 中取消选中【锁定】复选框，如图 6-76 所示。

图 6-76　取消选中【锁定】复选框

第 13 行代码设置 A 列至 G 列单元格的锁定状态为 True。

第 14 行代码使用 api.Protect 保护工作表，其中 Password 参数用于设置保护密码。

第 15 行代码保存工作簿。

第 16 行代码关闭工作簿。

运行示例代码，无法修改 A 列至 G 列单元格，例如，试图修改 C3 单元格内容，将弹出警告提示，其他列单元格（如 H1）可以正常编辑，如图 6-77 所示。

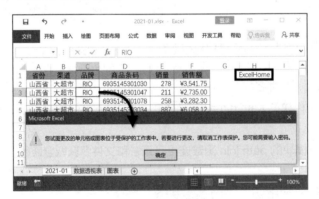

图 6-77　保护工作表中的指定区域

6.8.5　保护工作簿中的多个工作表

示例文件中的 3 个工作表如图 6-78 所示。

图 6-78　示例文件中的 3 个工作表

示例代码使用 xlwings 模块为工作簿中的多个工作表设置保护，并且禁止选中被保护单元格。

```
#001   import xlwings as xw
#002   import os
#003   file_name = '2021-01.xlsx'
#004   dest_path = os.path.dirname(__file__)
#005   xl_file = os.path.join(dest_path, file_name)
#006   with xw.App(visible = False, add_book = False) as xlapp:
#007       wbook = xlapp.books.open(xl_file)
#008       for wsheet in wbook.sheets:
#009           if wsheet.api.ProtectContents:
#010               print(f'工作表[{wsheet.name}]已经处于保护状态')
#011           else:
#012               wsheet.api.EnableSelection = 1
#013               wsheet.api.Protect(Password = '123')
#014       wbook.save()
#015       wbook.close()
```

➤ 代码解析

第 1 行代码导入 xlwings 模块，设置别名为 xw。

第 2 行代码导入 os 模块。

第 3 行代码指定 Excel 文件名称。

第 4 行代码使用 os 模块的 path.dirname 函数获取 Python 文件所在目录，其中 __file__ 属性返回 Python 文件的全路径。

第 5 行代码使用 os 模块的 path.join 函数连接目录名和文件名获取全路径，其中 dest_path 为当前目录，file_name 为文件名。

第 6 行代码启动 Excel 应用程序（处于隐藏状态）。

第 7 行代码打开指定的 Excel 文件。

第 8 行代码使用 for 语句循环遍历工作表对象。

第 9 行代码使用 api.ProtectContents 属性判断工作表的保护状态，如果工作表处于保护状态，则第 10 行代码输出提示信息。

如果工作表并未处于保护状态，则第 12 行代码设置 api.EnableSelection 属性值为 1，即仅允许选中未被锁定的单元格。

第 13 行代码使用 api.Protect 保护工作表，其中 Password 参数用于设置保护密码。

第 14 行代码保存工作簿。

第 15 行代码关闭工作簿。

运行示例代码，在“2021-01”工作表中无法选中 A 列至 F 列单元格，其余列单元格可以正常编辑，其他工作表中的所有单元格都无法选中，如图 6-79 所示。

省份	渠道	品牌	商品条码	销量	销售额
山西省	大超市	RIO	6935145301030	278	¥3,541.75
山西省	大超市	RIO	6935145301047	211	¥2,735.00
山西省	大超市	RIO	6935145301078	258	¥3,282.30
山西省	大超市	RIO	6935145303034	887	¥6,058.12
山西省	大超市	RIO	6935145303300	229	¥4,300.11
山西省	小超市	RIO	6935145301030	78	¥1,024.30
山西省	小超市	RIO	6935145301047	80	¥1,061.80
山西省	小超市	RIO	6935145301078	93	¥1,238.30
山西省	小超市	RIO	6935145303034	360	¥2,427.71
山西省	小超市	RIO	6935145303300	25	¥542.90

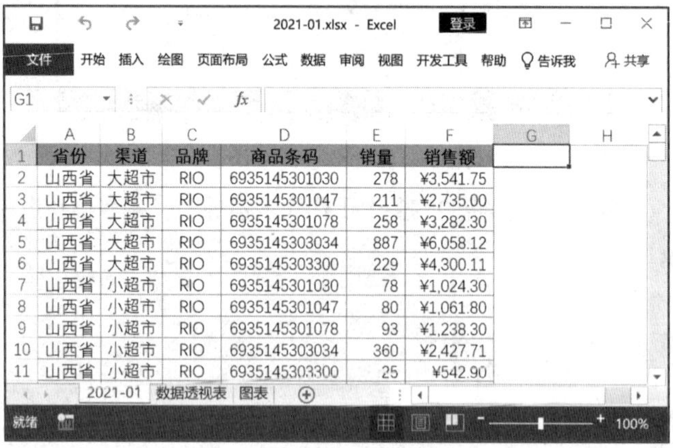

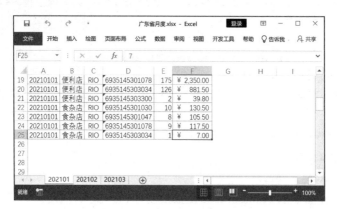

图 6-79　保护工作簿中的多个工作表

6.8.6　设置工作表滚动区域

示例文件中的销售数据工作表如图 6-80 所示。

20210101	便利店	RIO	6935145301078	175	¥ 2,350.00
20210101	便利店	RIO	6935145303034	126	¥ 881.50
20210101	便利店	RIO	6935145303300	2	¥ 39.80
20210101	食杂店	RIO	6935145301030	10	¥ 130.50
20210101	食杂店	RIO	6935145301047	8	¥ 105.50
20210101	食杂店	RIO	6935145301078	9	¥ 117.50
20210101	食杂店	RIO	6935145303034	1	¥ 7.00

图 6-80　销售数据工作表

示例代码使用 xlwings 模块设置每张工作表的滚动区域为“A1:F20”。

```
#001  import xlwings as xw
#002  import os
#003  src_fname = '广东省月度.xlsx'
#004  dest_path = os.path.dirname(__file__)
#005  xl_file = os.path.join(dest_path, src_fname)
#006  wbook = xw.Book(xl_file)
#007  for wsheet in wbook.sheets:
```

```
#008        wsheet.api.ScrollArea = "A1:F20"
```

➤ 代码解析

第 1 行代码导入 xlwings 模块，设置别名为 xw。

第 2 行代码导入 os 模块。

第 3 行代码指定 Excel 文件名称。

第 4 行代码使用 os 模块的 path.dirname 函数获取 Python 文件所在目录，其中 __file__ 属性返回 Python 文件的全路径。

第 5 行代码使用 os 模块的 path.join 函数连接目录名和文件名获取全路径，其中 dest_path 为当前目录，src_fname 为文件名。

第 6 行代码使用 xw.Book( ) 打开指定工作簿文件。

此行代码的效果相当于如下两行代码，由于本示例代码中无须操作 Excel 应用程序对象（如程序结束之前关闭 Excel 应用程序，释放系统资源），那么使用单行代码打开工作簿更加简洁。

```
#001   with xw.App(visible = True, add_book = False) as xlapp:
#002       wbook = xlapp.books.open(fullname = xl_file)
```

第 7 行代码使用 for 语句循环遍历工作表对象。

第 8 行代码设置工作表对象的 api.ScrollArea 属性为滚动区域的单元格地址。

运行示例代码限制工作表的滚动区域，用户无法滚动页面查看 20 行之后的数据，如图 6-81 所示。

图 6-81　限制工作表的滚动区域

第 7 章　使用 Python 操作 Excel 单元格

用户在 Excel 中进行操作的最基本对象就是单元格，本章将讲解如何使用 Python 操作单元格对象，主要包括读写单元格、操作单元格区域、设置单元格格式、创建公式、操作名称、操作表格、操作合并单元格、复制粘贴等。

7.1　读写单元格

本节将介绍如何读取单元格中的内容和将数据写入单元格。

7.1.1　读取单个单元格中的数据

示例文件中的“数据透视表”工作表如图 7-1 所示。

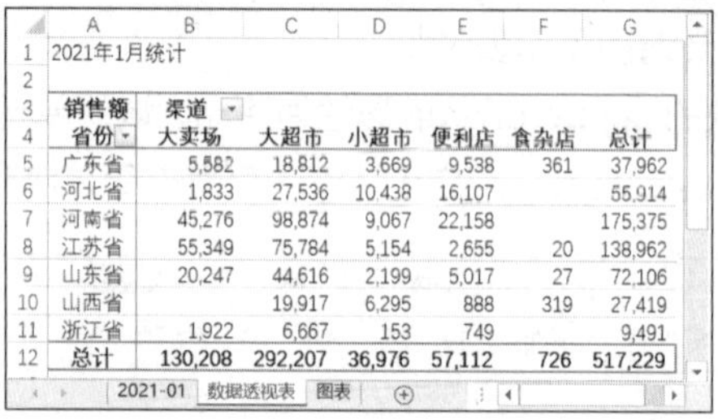

2021年1月统计

销售额	渠道					
省份	大卖场	大超市	小超市	便利店	食杂店	总计
广东省	5,582	18,812	3,669	9,538	361	37,962
河北省	1,833	27,536	10,438	16,107		55,914
河南省	45,276	98,874	9,067	22,158		175,375
江苏省	55,349	75,784	5,154	2,655	20	138,962
山东省	20,247	44,616	2,199	5,017	27	72,106
山西省		19,917	6,295	888	319	27,419
浙江省	1,922	6,667	153	749		9,491
总计	130,208	292,207	36,976	57,112	726	517,229

2021-01　数据透视表　图表

图 7-1　“数据透视表”工作表

以下示例代码将读取指定单元格（G7 和 E12）中的数据。

```
#001  import xlwings as xw
#002  import os
#003  file_name = 'Demo_ReadCell.xlsx'
#004  dest_path = os.path.dirname(__file__)
#005  xl_file = os.path.join(dest_path, file_name)
#006  with xw.App(visible = False, add_book = False) as xlapp:
#007      wbook = xlapp.books.open(xl_file)
#008      wsheet = wbook.sheets['数据透视表']
#009      total = wsheet.range('G7').value
#010      print(f'河北省销售额总计:{total}')
#011      cvs = wsheet.range((12, 5)).options(numbers = int).value
#012      print(f'便利店销售额总计:{cvs}')
#013      wbook.close()
```

➢ 代码解析

第 1 行代码导入 xlwings 模块，设置别名为 xw。

第 2 行代码导入 os 模块。

第 3 行代码指定 Excel 示例文件名称。

第 4 行代码使用 os 模块的 path.dirname 函数获取 Python 文件所在目录，其中 __file__ 属性返回 Python 文件的全路径。

第 5 行代码使用 os 模块的 path.join 函数连接目录名和文件名获取全路径，其中 dest_path 为当前目录，file_name 为文件名。

第 6 行代码启动 Excel 应用程序（处于隐藏状态）。

第 7 行代码打开指定的 Excel 文件。

第 8 行代码使用名称引用工作表，并将工作表对象的引用赋值给变量 wsheet。

第 9 行代码读取工作表中单元格 G7 的值，其中 range 的参数为 "A1 引用样式" 单元格引用地址。此代码可以简化为如下形式。

```
total = wsheet['G7'].value
```

> 代码中的 value 属性不可以省略，这与 VBA 的语法规则不同。

第 11 行代码读取工作表中单元格 E12 的值，其中 range 的参数为一个元组，第一个元素为行号，第二个元素为列号或者列标。

使用列标作为 range 参数，代码如下所示。

```
cvs = wsheet.range((12, 'E')).value
```

第 11 行代码可以简化为如下形式，此时第二个参数只能使用列号，不支持使用列标。

```
cvs = wsheet.range(12, 5).value
```

上述两种引用方式可以实现相同的效果，编写代码时可以根据实际场景灵活选择，避免进行列号和列标的转换。

假设工作表中的最末数据位于第 100 行，如果引用该行 K 列的单元格，那么可以使用 range('K100') 或者 range((100, 'K'))；如果引用该行第 11 列的单元格，那么应使用 range(100, 11)。这 3 种方式引用的都是同一单元格 K100。

第 11 行代码中使用 options 指定读取单元格内容时的转换规则，参数 numbers 设置为 int，则将按整数类型读取内容为数字的单元格。与之相对的是，第 9 行代码将使用默认的转换规则，将按浮点数类型读取内容为数字的单元格。

第 10 行和第 12 行代码输出提示信息。

第 13 行代码关闭工作簿。

运行示例代码后，输出结果如下所示。

```
河北省销售额总计:55914.46
便利店销售额总计:57112
```

> 按浮点数类型读取内容为数字的单元格，读取结果和单元格的值可能会存在微小的数值精度差异，例如，第 11 行改为如下代码。
>
> ```
> cvs = wsheet.range((12, 5)).value
> ```
>
> 那么第 12 行代码的输出结果如下所示，单元格 E12 的值为 57112.04，二者略有不同，由于这个差异非常小，因此并不影响使用。
>
> ```
> 便利店销售额总计:57112.04000000001
> ```

7.1.2　将数据写入单元格

以下示例代码将多行数据写入工作表中。

```
#001   import xlwings as xw
#002   import os
#003   file_name = 'Demo_Write.xlsx'
#004   dest_path = os.path.dirname(__file__)
#005   xl_file = os.path.join(dest_path, file_name)
#006   wbook = xw.Book()
#007   wsheet = wbook.sheets[0]
#008   wsheet.range('A1').value = '省份'
#009   wsheet.range('B1').value = '销售额'
#010   sales = [['山西省', 27418],
#011           ['广东省', 37961],
#012           ['河北省', 55914],
#013           ['河南省', 175374],
#014           ['江苏省', 138961],
#015           ['山东省', 72106],
#016           ['浙江省', 9490]]
#017   wsheet.range('A2').value = sales
#018   wbook.save(xl_file)
#019   wbook.close()
```

➤ 代码解析

第 1 行代码导入 xlwings 模块，设置别名为 xw。

第 2 行代码导入 os 模块。

第 3 行代码指定用于保存数据的 Excel 文件名称。

第 4 行代码使用 os 模块的 path.dirname 函数获取 Python 文件所在目录，其中 __file__ 属性返回 Python 文件的全路径。

第 5 行代码使用 os 模块的 path.join 函数连接目录名和文件名获取全路径，其中 dest_path 为当前目录，file_name 为文件名。

第 6 行代码启动 Excel 应用程序，并添加一个工作簿。

第 7 行代码将工作簿中的第一个工作表对象保存在变量 wsheet 中，如果不确定工作表的名称，那么可以在代码中使用工作表的序号引用对象。

第 8~9 行代码使用 range 对象的 value 属性，在单元格 A1 和 B1 中分别输入"省份"和"销售额"作为标题行。

第 10~16 行代码为分省销售额统计数据，此处为嵌套列表形式，即列表中的元素仍然是列表类型数据。

第 17 行代码将分省销售额统计数据写入工作表中，这里只需要指定保存数据区域的左上角单元格（此示例中为单元格 A2），xlwings 模块将根据被写入数据的行数和列数自动扩展目标单元格区域。

第 18 行代码将工作簿保存为 Excel 文件。

第 19 行代码关闭工作簿。

运行示例代码后，数据写入单元格中，效果如图 7-2 所示。

	A	B	C	D
1	省份	销售额		
2	山西省	27418		
3	广东省	37961		
4	河北省	55914		
5	河南省	175374		
6	江苏省	138961		
7	山东省	72106		
8	浙江省	9490		

Sheet1

图 7-2　多行双列数据写入单元格区域

7.2　操作单元格区域

本节将介绍如何定位和读取单元格区域，以及将单元格区域导出为图片。

7.2.1　读取单元格区域中的数据

示例文件中的"数据透视表"工作表如图 7-3 所示。

	A	B	C	D	E	F	G
1	2021年1月统计						
2							
3	销售额	渠道 ▼					
4	省份 ▼	大卖场	大超市	小超市	便利店	食杂店	总计
5	广东省	5,582	18,812	3,669	9,538	361	37,962
6	河北省	1,833	27,536	10,438	16,107		55,914
7	河南省	45,276	98,874	9,067	22,158		175,375
8	江苏省	55,349	75,784	5,154	2,655	20	138,962
9	山东省	20,247	44,616	2,199	5,017	27	72,106
10	山西省		19,917	6,295	888	319	27,419
11	浙江省	1,922	6,667	153	749		9,491
12	总计	130,208	292,207	36,976	57,112	726	517,229

2021-01　数据透视表　图表 ⊕

图 7-3　"数据透视表"工作表

以下示例代码将读取指定单元格区域（多个单元格）中的数据。

```
#001   import xlwings as xw
#002   import os
#003   file_name = 'Demo_ReadRange.xlsx'
#004   dest_path = os.path.dirname(__file__)
#005   xl_file = os.path.join(dest_path, file_name)
#006   with xw.App(visible = False, add_book = False) as xlapp:
#007       wbook = xlapp.books.open(xl_file)
#008       wsheet = wbook.sheets["数据透视表"]
#009       channel = wsheet.range('B4:F4').value
#010       print(f'渠道:{channel}')
#011       province = wsheet.range('A5', 'A11').value
#012       print(f'省份:{province}')
#013       channel2 = wsheet.range('B4:F4').options(ndim = 2).value
#014       print(f'渠道2:{channel2}')
#015       province2 = wsheet.range('A5', 'A11').options(ndim = 2).value
#016       print(f'省份2:{province2}')
#017       sales = wsheet.range((4, 1), (6, 6)).value
#018       print(f'多行多列:{sales}')
#019       wbook.close()
```

➢ 代码解析

第 1 行代码导入 xlwings 模块，设置别名为 xw。

第 2 行代码导入 os 模块。

第 3 行代码指定 Excel 示例文件名称。

第 4 行代码使用 os 模块的 path.dirname 函数获取 Python 文件所在目录，其中 __file__ 属性返回 Python 文件的全路径。

07章

第 5 行代码使用 os 模块的 path.join 函数连接目录名和文件名获取全路径，其中 dest_path 为当前目录，file_name 为文件名。

第 6 行代码启动 Excel 应用程序（处于隐藏状态）。

第 7 行代码打开指定的 Excel 文件。

第 8 行代码使用名称引用工作表，并将工作表对象的引用赋值给变量 wsheet。

第 9 行代码读取单元格区域 B4:F4 中的数据，其返回值为列表。其中 range 函数只有一个参数，使用了 "A1 引用样式"，两个单元格引用地址之间使用冒号分隔，这和 Excel 公式中的引用方式相同。

第 10 行代码输出结果如下所示。

渠道：['大卖场', '大超市', '小超市', '便利店', '食杂店']

第 11 行代码读取单元格区域 A5:A11 中的数据，其返回值为列表。其中 range 函数有两个参数，都使用了 "A1 引用样式"，两个单元格引用地址之间使用逗号分隔，代表两个单元格为顶点的矩形单元格区域，可以是单行、单列或者多行多列。

第 12 行代码输出结果如下所示。

省份：['广东省', '河北省', '河南省', '江苏省', '山东省', '山西省', '浙江省']

第 13 行代码读取单元格区域 B4:F4 中的数据，其中 options 用于设置读取数据时的参数选项，ndim 指定维度数量，代码中设置为 2，则将按照二维区域读取数据，因此返回值为嵌套列表。

第 14 行代码输出结果如下所示。

渠道2：[['大卖场', '大超市', '小超市', '便利店', '食杂店']]

第 15 行代码按照二维区域读取单元格区域 A5:A11 中的数据，返回值为嵌套列表。

第 16 行代码输出结果如下所示。

省份2：[['广东省'], ['河北省'], ['河南省'], ['江苏省'], ['山东省'], ['山西省'], ['浙江省']]

第 17 行代码读取单元格区域 A4:F6 中的数据，返回值为嵌套列表。range 的参数使用两个元组代表单元格，二者之间使用逗号分隔，其中的元组也可以替换为单元格的全引用形式，代码如下所示。

```
sales = wsheet.range(wsheet.range(4, 1), wsheet.range(6, 6)).value
```

第 18 行代码输出结果如下所示。

多行多列：[['省份', '大卖场', '大超市', '小超市', '便利店', '食杂店'], ['广东省', 5581.599999999999, 18811.91, 3669.36, 9538.199999999999, 360.5], ['河北省', 1833.04, 27536.309999999998, 10437.670000000002, 16107.440000000002, None]]

第 19 行代码关闭工作簿。

B4:F4 是单行单元格区域，A5:A11 是单列单元格区域，读取后得到的都是列表格式数据。A4:F6 是多行多列的单元格区域，读取后得到的是嵌套列表。

> 深入了解
>
> xlwings 模块中引用单元格对象的多种方式如表 7-1 所示。
>
> 表 7-1 多种单元格引用方式
>
> | 参数 | 单个单元格 | 单元格区域 |
> | --- | --- | --- |
> | A1 样式 | range('B2') | range('B2:D4')   range('B2', 'D4') |
> | 元组 | range((2, 'B'))   range((2, 2)) | range((2, 2), (4, 4))   range((2, 'B'), (4, 'D')) |

参数	单个单元格	单元格区域
简化方式	range(2, 2)	–
混合方式	–	range('B2', (4, 4))　range((2, 2), 'D4')

续表

7.2.2　扩展单元格区域

示例文件中的"数据透视表"工作表如图 7-4 所示。

图 7-4　"数据透视表"工作表

以下示例代码使用 expand 函数实现扩展单元格区域,即由某个(或者多个)单元格扩展至单元格区域。

```
#001   import xlwings as xw
#002   import os
#003   file_name = 'Demo_Expand.xlsx'
#004   dest_path = os.path.dirname(__file__)
#005   xl_file = os.path.join(dest_path, file_name)
#006   with xw.App(visible = False, add_book = False) as xlapp:
#007       wbook = xlapp.books.open(xl_file)
#008       topleft = wbook.sheets['数据透视表'].range('A3')
#009       first_col = topleft.expand('down')
#010       print(f'首列区域引用地址-{first_col.address}')
#011       first_row = topleft.expand('right')
#012       print(f'首行区域引用地址-{first_row.get_address()}')
#013       table_rng = topleft.expand('table')
#014       table_address = table_rng.get_address(row_absolute = False,
#015                       column_absolute = False,
#016                       include_sheetname = True,
#017                       external = True)
#018       print(f'表格区域引用地址-{table_address}')
#019       current_rng = topleft.current_region
#020       print(f'当前区域引用地址-{current_rng.address}')
#021       print(f'当前区域单元格个数: {current_rng.size}')
#022       print(f'当前区域形状: {current_rng.shape}')
```

```
#023          print(f'当前区域行数：{current_rng.rows.count}')
#024          print(f'当前区域列数：{current_rng.columns.count}')
#025          wbook.close()
```

➤ 代码解析

第 1 行代码导入 xlwings 模块，设置别名为 xw。

第 2 行代码导入 os 模块。

第 3 行代码指定 Excel 示例文件名称。

第 4 行代码使用 os 模块的 path.dirname 函数获取 Python 文件所在目录，其中 __file__ 属性返回 Python 文件的全路径。

第 5 行代码使用 os 模块的 path.join 函数连接目录名和文件名获取全路径，其中 dest_path 为当前目录，file_name 为文件名。

第 6 行代码启动 Excel 应用程序（处于隐藏状态）。

第 7 行代码打开指定的 Excel 文件。

第 8 行代码使用名称引用工作表，并将工作表中 A3 单元格对象的引用赋值给变量 topleft。

第 9 行代码中 expand 函数的参数为"down"，即由单元格 A3 向下扩展至单元格 A12。

expand 函数的语法格式为 expand(mode)，其中参数 mode 指定单元格区域扩展的方式，其可选值如表 7-2 所示。

表 7-2　expand 函数的参数值

mode 参数值	含义
right	向右扩展至相应行的最后一个非空单元格，相当于在 Excel 中按组合键 <Ctrl+Shift+ → >
down	向下扩展至相应列的最后一个非空单元格，相当于在 Excel 中按组合键 <Ctrl+Shift + ↓ >
table	默认值，相当于向右扩展之后再向下扩展，或者向下扩展之后再向右扩展

第 10 行代码使用 address 属性获取单元格区域的绝对引用地址，输出结果如下所示。

首列区域引用地址-$A$3:$A$12

第 11 行代码中 expand 函数的参数为"right"，由于 C3 为空单元格，因此由单元格 A3 向右扩展至单元格 B3。

第 12 行代码使用 get_address 函数获取单元格区域的引用地址，如果省略全部参数，那么返回值为绝对引用地址，与 address 属性相同，输出结果如下所示。

首行区域引用地址-$A$3:$B$3

get_address 函数提供了 4 个参数，其含义与用法如表 7-3 所示。

表 7-3　get_address 函数的 4 个参数

参数	含义
row_absolute	默认值为 True，设置为 True 则使用行绝对引用格式
column_absolute	默认值为 True，设置为 True 则使用列绝对引用格式
include_sheetname	默认值为 False，设置为 True 则包含工作表名称
external	默认值为 False，设置为 True 则包含工作簿和工作表名称，并忽略参数 include_sheetname

第 13 行代码中 expand 函数的参数为"table"，由单元格 A3 向右扩展至单元格 B12，注意此处并不会扩展至单元格 G12 。

第 14~17 行代码使用 get_address 函数获取单元格区域的引用地址，输出结果为包含工作簿和工作表名称的相对引用。

第 18 行代码输出结果如下所示。

```
表格区域引用地址-[Demo_Expand.xlsx]数据透视表!A3:B12
```

第 19 行代码使用 current_region 属性获取当前数据区域，相当于在 Excel 中按组合键 <Ctrl+Shift+8>。

第 20~24 行代码输出 range 对象的相关属性值，输出结果如下所示。

```
当前区域引用地址-$A$3:$G$12
当前区域单元格个数：70
当前区域形状：(10, 7)
当前区域行数：10
当前区域列数：7
```

第 21 行代码使用 size 属性获取区域中单元格的数量，使用 len(current_rng) 也可以获得同样的结果。

第 22 行代码中的 shape 属性返回值为一个元组，其中第一个元素为行数，第二个元素为列数，此示例中为（10，7），即 10 行 7 列的单元格区域。

range 对象的 shape 属性可以用于获取单元格区域的行数和列数，current_rng.shape[0] 为行数，current_rng.shape[1] 为列数。

第 23 行代码使用 rows.count 获取单元格区域的行数。

第 24 行代码使用 columns.count 获取单元格区域的列数。

第 25 行代码关闭工作簿。

7.2.3　定位区域中的边界单元格

示例文件中的"数据透视表"工作表如图 7-5 所示。

	A	B	C	D	E	F	G
1	2021年1月统计						
2							
3	销售额	渠道					
4	省份	大卖场	大超市	小超市	便利店	食杂店	总计
5	广东省	5,582	18,812	3,669	9,538	361	37,962
6	河北省	1,833	27,536	10,438	16,107		55,914
7	河南省	45,276	98,874	9,067	22,158		175,375
8	江苏省	55,349	75,784	5,154	2,655	20	138,962
9	山东省	20,247	44,616	2,199	5,017	27	72,106
10	山西省		19,917	6,295	888	319	27,419
11	浙江省	1,922	6,667	153	749		9,491
12	总计	130,208	292,207	36,976	57,112	726	517,229

| 2021-01 | 数据透视表 | 图表 |

图 7-5　"数据透视表"工作表

以下示例代码使用 end 函数定位区域中的边界单元格。

```
#001   import xlwings as xw
#002   import os
#003   file_name = 'Demo_End.xlsx'
#004   dest_path = os.path.dirname(__file__)
#005   xl_file = os.path.join(dest_path, file_name)
#006   with xw.App(visible = False, add_book = False) as xlapp:
```

```
#007        wbook = xlapp.books.open(xl_file)
#008        cell = wbook.sheets["数据透视表"].range('C8')
#009        current_rng = cell.current_region
#010        print(f"当前区域引用地址-{current_rng.address}")
#011        print(f"末尾单元格引用地址-{current_rng.last_cell.address}")
#012        print(f"首个单元格引用地址-{current_rng[0].address}")
#013        print(f"上边界单元格引用地址-{cell.end('up').address}")
#014        print(f"下边界单元格引用地址-{cell.end('down').address}")
#015        print(f"左边界单元格引用地址-{cell.end('left').address}")
#016        print(f"右边界单元格引用地址-{cell.end('right').address}")
#017        wbook.close()
```

➢ 代码解析

第 1 行代码导入 xlwings 模块，设置别名为 xw。

第 2 行代码导入 os 模块。

第 3 行代码指定 Excel 示例文件名称。

第 4 行代码使用 os 模块的 path.dirname 函数获取 Python 文件所在目录，其中 __file__ 属性返回 Python 文件的全路径。

第 5 行代码使用 os 模块的 path.join 函数连接目录名和文件名获取全路径，其中 dest_path 为当前目录，file_name 为文件名。

第 6 行代码启动 Excel 应用程序（处于隐藏状态）。

第 7 行代码打开指定的 Excel 文件。

第 8 行代码使用名称引用工作表，并将工作表中 C8 单元格对象的引用赋值给变量 cell。

第 9 行代码使用 current_region 属性获取 C8 单元格的当前区域。

第 10~16 行代码输出单元格区域的相关信息。

第 10 行代码使用 address 属性获取当前区域的引用地址。

第 11 行代码使用 last_cell 属性定位当前区域的右下角单元格，此单元格有时被称为该单元格区域的"最后单元格"。

第 12 行代码中的 current_rng[0] 代表区域中的第一个单元格，即左上角单元格。

第 13~16 行代码使用 end 函数定位区域边界单元格。

end 函数的语法格式为 end(direction)，其中参数 direction 指定定位方向，其可选值如表 7-4 所示。

表 7-4　end 函数的参数值

direction 参数值	含义
left	向左定位边界单元格，相当于 Excel 组合键 <Ctrl+ ← >
right	向右定位边界单元格，相当于 Excel 组合键 <Ctrl+ → >
up	向上定位边界单元格，相当于 Excel 组合键 <Ctrl+ ↑ >
down	向下定位边界单元格，相当于 Excel 组合键 <Ctrl+ ↓ >

第 17 行代码关闭工作簿。

运行示例代码后，输出结果如下所示。

当前区域引用地址-$A$3:$G$12

末尾单元格引用地址-$G$12

首个单元格引用地址-$A$3

上边界单元格引用地址-$C$4

下边界单元格引用地址-$C$12

左边界单元格引用地址-$A$8

右边界单元格引用地址-$G$8

7.2.4　定位工作表中的数据区域

示例文件中的"数据透视表"工作表如图 7-6 所示。

图 7-6　"数据透视表"工作表

以下示例代码使用多种方法定位工作表中的数据区域范围。

```
#001   import xlwings as xw
#002   import os
#003   file_name = 'Demo_DataRange.xlsx'
#004   dest_path = os.path.dirname(__file__)
#005   xl_file = os.path.join(dest_path, file_name)
#006   with xw.App(visible = False, add_book = False) as xlapp:
#007       wbook = xlapp.books.open(xl_file)
#008       wsheet = wbook.sheets['2021-01']
#009       rows_cnt = wsheet.cells.shape[0]
#010       cols_cnt = wsheet.cells.shape[1]
#011       print(f'工作表中单元格总行数-{rows_cnt}')
#012       print(f'工作表中单元格总列数-{cols_cnt}')
#013       print(f'工作表中数据区域-{wsheet.used_range.address}')
#014       lst_cell_row = wsheet.range(rows_cnt, 1).end('up')
#015       print(f'首列末行数据单元格引用地址-{lst_cell_row.address}')
#016       print(f'首列末行数据单元格行号-{lst_cell_row.row}')
#017       lst_cell_col = wsheet.range(1, cols_cnt).end('left')
#018       col_name = lst_cell_col.address.split('$')[1]
#019       print(f'首行最右数据单元格引用地址-{lst_cell_col.address}')
#020       print(f'首行最右数据列的列号-{lst_cell_col.column}')
#021       print(f'首行最右数据列的列名-{col_name}')
#022       wbook.close()
```

➢ 代码解析

第 1 行代码导入 xlwings 模块，设置别名为 xw。

第 2 行代码导入 os 模块。

第 3 行代码指定 Excel 示例文件名称。

第 4 行代码使用 os 模块的 path.dirname 函数获取 Python 文件所在目录，其中 __file__ 属性返回 Python 文件的全路径。

第 5 行代码使用 os 模块的 path.join 函数连接目录名和文件名获取全路径，其中 dest_path 为当前目录，file_name 为文件名。

第 6 行代码启动 Excel 应用程序（处于隐藏状态）。

第 7 行代码打开指定的 Excel 文件。

第 8 行代码使用名称引用工作表，并将工作表对象的引用赋值给变量 wsheet。

第 9~10 行代码中的 wsheet.cells 代表工作表中的全部单元格（无论单元格是否被使用），shape 属性的返回值为包含两个元素的元组，对于 Excel 2007 及以上版本，返回值为 "(1048576, 16384)"，第一个元素为总行数，第二个元素为总列数。

第 11~12 行代码输出结果如下所示。

```
工作表中单元格总行数-1048576
工作表中单元格总列数-16384
```

第 13 行代码中 wsheet.used_range 的返回值为工作表中已经使用的单元格区域，输出结果如下所示。

```
工作表中数据区域-$A$1:$F$141
```

工作表的数据行数通常是不固定的，在代码中经常需要使用 end 函数定位数据区域范围，end 函数的详细讲解请参阅 7.2.3 小节。

第 14 行代码由第一列最后一个单元格（即 A1048576）向上查找（end 函数的参数设置为 "up"），定位 A 列有数据的最后单元格。

由于 Excel 97-2003 格式工作簿 (*.xls) 与 Excel 2007 格式工作簿（*.xls*）的工作表最大行数和列数存在差异，因此代码中使用行号为 rows_cnt 的 A 列单元格作为起始位置，使代码具有更好的通用性。

第 15 行和第 19 行代码使用 address 属性返回单元格的引用地址。

与此类似，第 17 行代码由第一行最后一个单元格（即 XFD1）向左查找（end 函数的参数设置为 "left"），定位第一行有数据的最后单元格。

第 18 行代码中 address 属性返回单元格的绝对引用（例如：$F$1），split 函数使用 $ 作为分隔符，将字符串拆分为数组，其中第二个元素为该列的列名。

第 16 行和第 20 行代码使用 row 属性和 column 属性返回单元格的行号和列号。

运行示例代码后，输出结果如下所示。

```
首列末行数据单元格引用地址-$A$141
首列末行数据单元格行号-141
首行最右数据单元格引用地址-$F$1
首行最右数据列的列号-6
首行最右数据列的列名-F
```

7.2.5　单元格区域偏移与调整

示例文件中的"数据透视表"工作表如图 7-7 所示。

图 7-7　"数据透视表"工作表

以下示例代码使用 offset 和 resize 实现单元格区域偏移与范围调整，最终定位为第 4 行到第 12 行的数据区域。

```
#001   import xlwings as xw
#002   import os
#003   file_name = 'Demo_OffsetResize.xlsx'
#004   dest_path = os.path.dirname(__file__)
#005   xl_file = os.path.join(dest_path, file_name)
#006   with xw.App(visible = False, add_book = False) as xlapp:
#007       wbook = xlapp.books.open(xl_file)
#008       wsheet = wbook.sheets['数据透视表']
#009       current_rng = wsheet.range('A3').current_region
#010       down_rng = current_rng.offset(1, 0)
#011       shrink_rng = down_rng.resize(current_rng.shape[0] - 1)
#012       print(f'当前区域引用地址-{current_rng.address}')
#013       print(f'向下偏移后区域引用地址-{down_rng.address}')
#014       print(f'调整后区域引用地址-{shrink_rng.address}')
#015       wbook.close()
```

➤ 代码解析

第 1 行代码导入 xlwings 模块，设置别名为 xw。

第 2 行代码导入 os 模块。

第 3 行代码指定 Excel 示例文件名称。

第 4 行代码使用 os 模块的 path.dirname 函数获取 Python 文件所在目录，其中 __file__ 属性返回 Python 文件的全路径。

第 5 行代码使用 os 模块的 path.join 函数连接目录名和文件名获取全路径，其中 dest_path 为当前目录，file_name 为文件名。

第 6 行代码启动 Excel 应用程序（处于隐藏状态）。

第 7 行代码打开指定的 Excel 文件。

第 8 行代码使用名称引用工作表，并将工作表对象的引用赋值给变量 wsheet。

第 9 行代码中 current_region 属性的返回值为包含 A3 单元格的当前数据区域（即 A3:G12）。

第 10 行代码中的 offset 函数将 current_rng 单元格区域向下偏移一行（即 A4:G13）。

offset 函数的语法格式为 offset(row_offset, column_offset)，其中参数 row_offset 用于指定行偏移量，参数 column_offset 用于指定列偏移量。如果只有行偏移，那么可以省略第二个参数，代码如下所示。

```
down_rng = current_rng.offset(1)
```

第 11 行代码中使用 reisze 函数调整单元格区域的行数，新区域的行数将减少一行（即 A4:G12）。

resize 函数的语法格式为 resize(row_size, column_size)，其中参数 row_size 用于指定新单元格区域的行数，参数 column_size 用于指定新单元格区域的列数。两个参数均应为大于零的整数，如果省略参数 column_size，或者将其参数值设置为 None，那么行数 / 列数与原单元格区域相同。

第 12~14 行代码输出结果如下所示。

```
当前区域引用地址-$A$3:$G$12
向下偏移后区域引用地址-$A$4:$G$13
调整后区域引用地址-$A$4:$G$12
```

第 15 行代码关闭工作簿。

上述代码主要用于演示 offset 和 resize 的使用方法，如果只需要定位 shrink_rng 单元格区域，那么更简洁的代码如下所示。

```
wsheet.range('A4').expand('table')
```

7.2.6 获取多重选定区域

多重选定区域指的是工作表中多个子区域组成的选定区域，这些子区域可以是非连续的，也可以是部分重叠的，如图 7-8 所示。

图 7-8 示例数据表

以下示例代码将读取多重选定区域中每个子区域的引用地址。

```
#001   import xlwings as xw
#002   wbook = xw.Book()
#003   wsheet = wbook.sheets[0]
#004   multi_area = wsheet.range('A1:C3, A5:C7, A9: C11')
#005   print(f"{multi_area.api.Areas.Count}个区域引用地址分别为:")
#006   for area in multi_area.api.Areas:
#007       print(f"{area.Address}", end = " ")
#008   wbook.close()
```

➤ 代码解析

第 1 行代码导入 xlwings 模块，设置别名为 xw。

第 2 行代码启动 Excel 应用程序，并添加一个工作簿。

第 3 行代码将工作簿中的第一个工作表对象保存在变量 wsheet 中。

第 4 行代码将 3 个非连续单元格区域（A1:C3、A5:C7 和 A9:C11）组成的 range 对象赋值给变量 multi_area。

第 5 行代码使用 api.Areas.Count 获取 range 对象中所包含的区域（即 Area 对象）数量。

第 6 行代码循环遍历 range 对象中的区域（即 Area 对象）。

第 7 行代码获取区域的引用地址，输出结果如下所示。

```
3个区域引用地址分别为：
$A$1:$C$3  $A$5:$C$7  $A$9:$C$11
```

　　第 7 行代码中通过 api 调用 VBA 的 Address 属性，因此首字母必须为大写。

第 8 行代码关闭工作簿。

7.2.7　获取交叉区域

以下示例代码将获取多个单元格区域的交叉区域（即公共区域）。

```
#001   import xlwings as xw
#002   import os
#003   file_name = 'Demo_Intersect.xlsx'
#004   dest_path = os.path.dirname(__file__)
#005   xl_file = os.path.join(dest_path, file_name)
#006   with xw.App(visible = False, add_book = False) as xlapp:
#007       wbook = xlapp.books.add()
#008       wsheet = wbook.sheets[0]
#009       range1 = wsheet.range('A1:C6')
#010       range2 = wsheet.range('B3:C10')
#011       inter_range = xlapp.api.Intersect(range1.api, range2.api)
#012       if inter_range:
#013           print(f'交叉单元格区域引用地址-{inter_range.Address}')
#014           inter_range.Interior.Color = 255
#015       else:
#016           print('不存在交叉数据区域')
#017       wbook.save(xl_file)
#018       wbook.close()
```

> 代码解析

第 1 行代码导入 xlwings 模块，设置别名为 xw。

第 2 行代码导入 os 模块。

第 3 行代码指定 Excel 示例文件名称。

第 4 行代码使用 os 模块的 path.dirname 函数获取 Python 文件所在目录，其中 __file__ 属性返回 Python 文件的全路径。

第 5 行代码使用 os 模块的 path.join 函数连接目录名和文件名获取全路径，其中 dest_path 为当前目录，file_name 为文件名。

第 6 行代码启动 Excel 应用程序（处于隐藏状态）。

第 7 行代码创建新的工作簿。

第 8 行代码将工作簿中的第一个工作表对象保存在变量 wsheet 中。

第 9~10 行代码将单元格区域 A1:C6 和 B3:C10 分别保存在变量 range1 和 range2 中。

第 11 行代码调用 api.Intersect 函数获取两个单元格区域的交叉区域，其参数也需要指定为 range 对象的 api 属性。

如果存在交叉区域，那么第 13 行代码输出交叉区域的引用地址，第 14 行代码设置交叉区域填充色为红色；否则第 16 行代码输出提示信息。

第 17 行代码按指定名称保存示例文件。

第 18 行代码关闭工作簿。

运行示例代码后，示例文件中两个单元格区域的交叉区域被标记为红色，效果如图 7-9 所示。

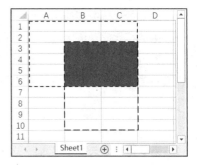

图 7-9　交叉区域被标记为红色（虚线为示意之用）

7.2.8　单元格区域导出为图片

示例文件中的"数据透视表"工作表如图 7-10 所示。

	A	B	C	D	E	F	G
1	2021年1月统计						
2							
3	销售额	渠道 ▾					
4	省份 ▾	大卖场	大超市	小超市	便利店	食杂店	总计
5	广东省	5,582	18,812	3,669	9,538	361	37,962
6	河北省	1,833	27,536	10,438	16,107		55,914
7	河南省	45,276	98,874	9,067	22,158		175,375
8	江苏省	55,349	75,784	5,154	2,655	20	138,962
9	山东省	20,247	44,616	2,199	5,017	27	72,106
10	山西省		19,917	6,295	888	319	27,419
11	浙江省	1,922	6,667	153	749		9,491
12	总计	130,208	292,207	36,976	57,112	726	517,229

图 7-10　"数据透视表"工作表

以下示例代码将指定的单元格区域（A4:G12）导出为图片，保存在当前目录中。

```
#001   import xlwings as xw
#002   import os
#003   file_name = 'Demo_ExportPic.xlsx'
#004   dest_path = os.path.dirname(__file__)
#005   xl_file = os.path.join(dest_path, file_name)
#006   png_file = os.path.join(dest_path, 'Demo_PVT.png')
#007   with xw.App(visible = False, add_book = False) as xlapp:
#008       wbook = xlapp.books.open(xl_file)
#009       wsheet = wbook.sheets['数据透视表']
#010       wsheet.range('A4').expand('table').to_png(png_file)
#011       wbook.close()
```

➢ 代码解析

第 1 行代码导入 xlwings 模块，设置别名为 xw。

第 2 行代码导入 os 模块。

第 3 行代码指定 Excel 示例文件名称。

第 4 行代码使用 os 模块的 path.dirname 函数获取 Python 文件所在目录，其中 __file__ 属性返回 Python 文件的全路径。

第 5 行代码使用 os 模块的 path.join 函数连接目录名和文件名获取全路径，其中 dest_path 为当前目录，file_name 为文件名。

第 6 行代码创建图片文件的全路径，图片文件名为 Demo_PVT.png。

第 7 行代码启动 Excel 应用程序（处于隐藏状态）。

第 8 行代码打开指定的 Excel 文件。

第 9 行代码使用名称引用工作表，并将工作表对象的引用赋值给变量 wsheet。

第 10 行代码中 expand 函数的返回值为指定单元格（A4）向右再向下扩展的单元格区域（即 A4:G12）。to_png 函数将单元格区域导出为 PNG 图片，其参数用于指定图片文件的全路径。

运行示例代码后导出的图片文件如图 7-11 所示。

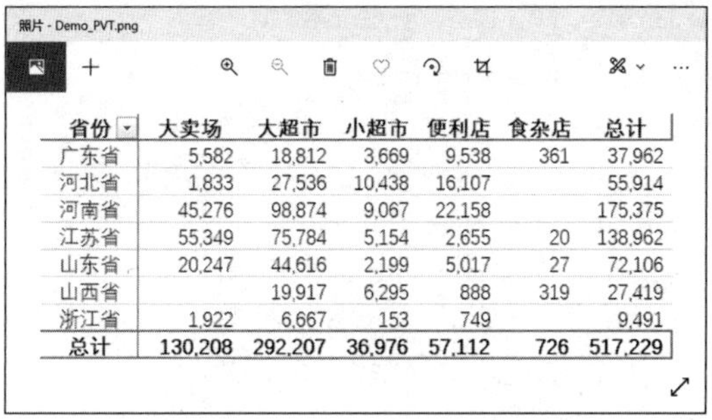

图 7-11　单元格区域导出为 PNG 图片

7.3　设置单元格格式

本节将介绍如何设置字体格式、边框格式、对齐方式、数字格式、数据条格式和条件格式等。

7.3.1　设置字体格式

示例文件中"2021-01"工作表的字体为"等线 Light"，字号 12，如图 7-12 所示。

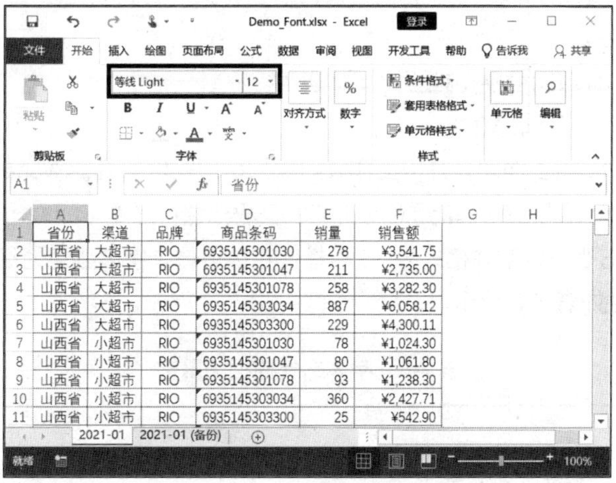

图 7-12　示例工作表字体

以下示例代码为标题行区域与数据区域分别设置不同的字体格式。

```
#001   import xlwings as xw
#002   import os
#003   file_name = 'Demo_Font.xlsx'
#004   dest_path = os.path.dirname(__file__)
```

```
#005    xl_file = os.path.join(dest_path, file_name)
#006    with xw.App(visible = False, add_book = False) as xlapp:
#007        wbook = xlapp.books.open(xl_file)
#008        wsheet = wbook.sheets["2021-01"]
#009        first_row = wsheet.range('A1').expand('right')
#010        first_row.font.name = '楷体'
#011        first_row.font.bold = True
#012        first_row.font.italic = True
#013        first_row.font.size = 15
#014        first_row.font.color = '#FF0000'
#015        data_rows = wsheet.range('A2').expand('table')
#016        data_rows.font.name = '仿宋'
#017        data_rows.font.bold = False
#018        data_rows.font.italic = False
#019        data_rows.font.size = 12
#020        data_rows.font.color = (0, 0, 255)
#021        wbook.save()
#022        wbook.close()
```

➤ 代码解析

第 1 行代码导入 xlwings 模块，设置别名为 xw。

第 2 行代码导入 os 模块。

第 3 行代码指定 Excel 示例文件名称。

第 4 行代码使用 os 模块的 path.dirname 函数获取 Python 文件所在目录，其中 __file__ 属性返回 Python 文件的全路径。

第 5 行代码使用 os 模块的 path.join 函数连接目录名和文件名获取全路径，其中 dest_path 为当前目录，file_name 为文件名。

第 6 行代码启动 Excel 应用程序（处于隐藏状态）。

第 7 行代码打开指定的 Excel 文件。

第 8 行代码使用名称引用工作表，并将工作表对象的引用赋值给变量 wsheet。

第 9 行代码中 expand 函数由 A1 单元格向右扩展获取标题行区域（即 A1:F1）。

第 10~14 行代码设置表格行字体格式为 15 号楷体粗体斜体，字体颜色为红色。

font 对象的相关属性如表 7-5 所示。

表 7-5　字体格式的相关属性

属性	说明
name	str 类型，返回或者设置字体名称
bold	boolean 类型，返回或者设置粗体格式
italic	boolean 类型，返回或者设置斜体格式
size	float 类型，返回或者设置字号大小
color	tuple 类型，返回或者设置字体颜色

第 14 行代码中使用 #FF0000 作为参数值，其中 # 为 16 进制的标识，其后的 6 位字符为 RGB 值颜色值。此处也可以使用元组作为参数值，代码如下所示。

```
first_row.font.color = (255, 0, 0)
```

第 15~20 行代码设置表格数据区域字体格式为 12 号仿宋，颜色为蓝色。

第 21 行代码保存工作簿。

第 22 行代码关闭工作簿。

运行示例代码后设置格式，效果如图 7-13 所示。

图 7-13 设置字体格式

7.3.2 设置边框格式

示例文件中的"2021-01"工作表如图 7-14 所示。

图 7-14 无边框格式

以下示例代码为示例数据添加边框线。

```
#001  import xlwings as xw
#002  import xlwings.utils as xu
#003  import os
#004  file_name = 'Demo_Border.xlsx'
#005  dest_path = os.path.dirname(__file__)
#006  xl_file = os.path.join(dest_path, file_name)
#007  with xw.App(visible = False, add_book = False) as xlapp:
#008      wbook = xlapp.books.open(xl_file)
#009      wsheet = wbook.sheets['2021-01']
```

```
#010        tab_range = wsheet.range('B2').current_region
#011        tab_range.api.Borders.Color = xu.rgb_to_int((0, 0, 255))
#012        tab_range.api.Borders.LineStyle = -4115
#013        tab_range.api.Borders.Weight = 2
#014        for index in range(7, 11):
#015            tab_range.api.Borders(index).Color = 0
#016            tab_range.api.Borders(index).LineStyle = 1
#017            tab_range.api.Borders(index).Weight = 3
#018        wbook.save()
#019        wbook.close()
```

➢ 代码解析

第 1 行代码导入 xlwings 模块，设置别名为 xw。

第 2 行代码导入 xlwings.utils 模块，设置别名为 xu。

第 3 行代码导入 os 模块。

第 4 行代码指定 Excel 示例文件名称。

第 5 行代码使用 os 模块的 path.dirname 函数获取 Python 文件所在目录，其中 __file__ 属性返回 Python 文件的全路径。

第 6 行代码使用 os 模块的 path.join 函数连接目录名和文件名获取全路径，其中 dest_path 为当前目录，file_name 为文件名。

第 7 行代码启动 Excel 应用程序（处于隐藏状态）。

第 8 行代码打开指定的 Excel 文件。

第 9 行代码使用名称引用工作表，并将工作表对象的引用赋值给变量 wsheet。

第 10 行代码使用 current_region 属性获取单元格 B2 所在的数据区域（即 B2:G142）。

第 11~13 行代码通过 api.Borders 设置边框格式。

Boarder 对象的常用属性如表 7-6 所示。

表 7-6　Boarder 对象的常用属性

属性	说明
LineStyle	返回或者设置边框线样式
Weight	返回或者设置边框线宽度
Color	返回或者设置边框线颜色

第 11 行代码使用 xlwings.utils 中的 rgb_to_int 函数将 RGB 颜色分量转换为整数，其参数为代表 RGB 颜色值的元组，"(0, 0, 255)" 的含义为红色和绿色分量为零，蓝色分量为 255。

 注意　　　第 11 行代码通过 api 接口调用 VBA 中 Border 对象的 Color 属性，对比 7.3.1 小节中的第 20 行代码，后者调用 xlwings 模块中 font 对象的 color 属性，因此代码中的属性赋值也是不同的。

第 12 行代码设置边框线 LineStyle 的属性为 –4115，即虚线边框。

LineStyle 属性的可选值如表 7-7 所示。

表 7-7 LineStyle 属性的可选值

参数值	说明
–4142	无线
–4119	双线
–4118	点式线
–4115	虚线
1	实线
4	点划相间线
5	划线后跟两个点
13	倾斜的划线

第 13 行代码设置边框线宽度为 2。

第 11~13 行代码中省略 index 参数，那么将设置单元格区域的全部边框线格式。

第 14~17 行代码设置数据区域的外边框格式。

Excel 中的单元格区域具有多种边框线，通过 api 接口调用 VBA 中 Border（index）对象，可以分别设置不同的边框线格式，其中参数 index 的可选值如表 7-8 所示。

表 7-8 参数 index 的可选值

参数值	说明
5	区域内所有单元格的左上角到右下角的边框线
6	区域内所有单元格的左下角到右上角的边框线
7	区域左侧边框线
8	区域顶部边框线
9	区域底部边框线
10	区域右侧边框线
11	区域中所有单元格的垂直边框线（区域外边框除外）
12	区域中所有单元格的水平边框线（区域外边框除外）

第 14 行代码中循环变量取值为 7,8,9 和 10，由表 7-8 可知，对应单元格区域的 4 个外边框线。

第 15 行代码设置边框线 Color 属性为 0，即颜色为黑色。

第 16 行代码设置边框线 LineStyle 属性为 1，即实线边框。

第 17 行代码设置边框线宽度为 3。

第 18 行代码保存工作簿。

第 19 行代码关闭工作簿。

运行示例代码后设置边框格式，其中数据区域的外边框采用了不同格式，效果如图 7-15 所示。

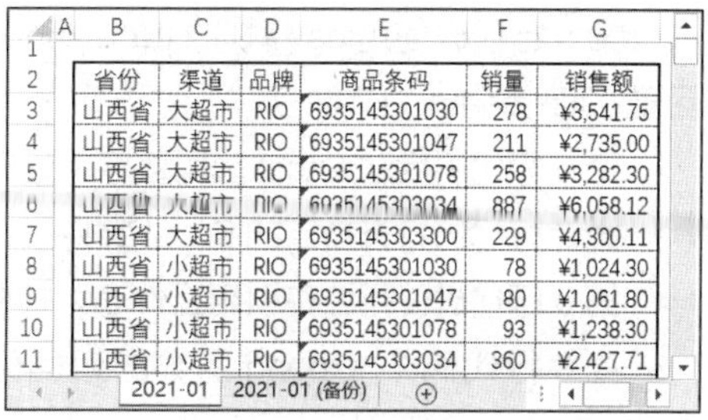

图 7-15 设置边框格式

7.3.3 设置填充图案

示例文件中的"2021-01"工作表如图 7-16 所示。

	A	B	C	D	E	F
1	省份	渠道	品牌	商品条码	销量	销售额
2	山西省	大超市	RIO	6935145301030	278	¥3,541.75
3	山西省	大超市	RIO	6935145301047	211	¥2,735.00
4	山西省	大超市	RIO	6935145301078	258	¥3,282.30
5	山西省	大超市	RIO	6935145303034	887	¥6,058.12
6	山西省	大超市	RIO	6935145303300	229	¥4,300.11
7	山西省	小超市	RIO	6935145301030	78	¥1,024.30
8	山西省	小超市	RIO	6935145301047	80	¥1,061.80
9	山西省	小超市	RIO	6935145301078	93	¥1,238.30
10	山西省	小超市	RIO	6935145303034	360	¥2,427.71
11	山西省	小超市	RIO	6935145303300	25	¥542.90

2021-01 | 2021-01 (备份)

图 7-16 示例工作表

以下示例代码为表格的标题行设置填充图案。

```
#001   import xlwings as xw
#002   import os
#003   file_name = 'Demo_ColorPattern. xlsx'
#004   dest_path = os.path.dirname (__file__)
#005   xl_file = os.path.join(dest_path, file_name)
#006   with xw.App(visible = False, add_book = False) as xlapp:
#007       wbook = xlapp.books.open(xl_file)
#008       wsheet = wbook.sheets['2021-01']
#009       tab_range = wsheet.range('A1').expand('table')
#010       tab_range.color = None
#011       first_row = wsheet.range('A1').expand('right')
#012       first_row.color = '#EFEFEF'
#013       first_row.api.Interior.Pattern = 13
#014       wbook.save()
#015       wbook.close()
```

➢ 代码解析

第 1 行代码导入 xlwings 模块，设置别名为 xw。

第 2 行代码导入 os 模块。

第 3 行代码指定 Excel 示例文件名称。

第 4 行代码使用 os 模块的 path.dirname 函数获取 Python 文件所在目录，其中 __file__ 属性返回 Python 文件的全路径。

第 5 行代码使用 os 模块的 path.join 函数连接目录名和文件名获取全路径，其中 dest_path 为当前目录，file_name 为文件名。

第 6 行代码启动 Excel 应用程序（处于隐藏状态）。

第 7 行代码打开指定的 Excel 文件。

第 8 行代码使用名称引用工作表，并将工作表对象的引用赋值给变量 wsheet。

第 9 行代码中 expand 函数的返回值为指定单元格（A1）向右再向下扩展的单元格区域（即 A1:F141）。

第 10 行代码设置 color 属性为 None，将清除单元格的填充色。

第 11 行代码中 expand 函数的返回值为指定单元格（A1）向右扩展的单元格区域（即 A1:F1）。

第 12 行代码设置标题行的 color 属性为指定颜色。

第 13 行代码调用 api.Interior.Pattern 属性，设置填充模式。

第 14 行代码保存工作簿。

第 15 行代码关闭工作簿。

运行示例代码后，标题行区域出现了填充图案，效果如图 7-17 所示。

	A	B	C	D	E	F
1	省份	渠道	品牌	商品条码	销量	销售额
2	山西省	大超市	RIO	6935145301030	278	¥3,541.75
3	山西省	大超市	RIO	6935145301047	211	¥2,735.00
4	山西省	大超市	RIO	6935145301078	258	¥3,282.30
5	山西省	大超市	RIO	6935145303034	887	¥6,058.12
6	山西省	大超市	RIO	6935145303300	229	¥4,300.11
7	山西省	小超市	RIO	6935145301030	78	¥1,024.30
8	山西省	小超市	RIO	6935145301047	80	¥1,061.80
9	山西省	小超市	RIO	6935145301078	93	¥1,238.30
10	山西省	小超市	RIO	6935145303034	360	¥2,427.71
11	山西省	小超市	RIO	6935145303300	25	¥542.90

2021-01 2021-01 (备份)

图 7-17 设置标题行填充图案

7.3.4 设置对齐方式和自动换行

示例文件中的"2021-01"工作表，D 列内容显示不全，水平对齐方式不规范（数字通常使用靠右对齐），垂直对齐方式为靠下对齐，单元格较空，整个数据表格式混乱，如图 7-18 所示。

以下示例代码设置单元格的对齐方式和自动换行，解决上述问题。

	A	B	C	D	E	F
1	省份	渠道	品牌	商品条码	销量	销售额
2	山西省	大超市	RIO	69351453010	278	¥3,541.75
3	山西省	大超市	RIO	69351453010	211	¥2,735.00
4	山西省	大超市	RIO	69351453010	258	¥3,282.30
5	山西省	大超市	RIO	69351453030	887	¥6,058.12
6	山西省	大超市	RIO	69351453033	229	¥4,300.11

2021-01 2021-01 (备份)

图 7-18 示例数据表

```
#001    import xlwings as xw
#002    import os
#003    file_name = 'Demo_AlignWrap.xlsx'
#004    dest_path = os.path.dirname(__file__)
#005    xl_file = os.path.join(dest_path, file_name)
#006    with xw.App(visible = False, add_book = False) as xlapp:
#007        wbook = xlapp.books.open(xl_file)
#008        wsheet = wbook.sheets['2021-01']
#009        tab_range = wsheet.range('A1').expand('table')
#010        tab_range.api.VerticalAlignment = -4108
#011        tab_range.api.HorizontalAlignment = -4108
#012        tab_range.wrap_text = True
#013        num_range = wsheet.range('E2:F2').expand('down')
#014        num_range.api.HorizontalAlignment = -4152
#015        wbook.save()
#016        wbook.close()
```

➢ 代码解析

第 1 行代码导入 xlwings 模块，设置别名为 xw。

第 2 行代码导入 os 模块。

第 3 行代码指定 Excel 示例文件名称。

第 4 行代码使用 os 模块的 path.dirname 函数获取 Python 文件所在目录，其中 __file__ 属性返回 Python 文件的全路径。

第 5 行代码使用 os 模块的 path.join 函数连接目录名和文件名获取全路径，其中 dest_path 为当前目录，file_name 为文件名。

07章

第 6 行代码启动 Excel 应用程序（处于隐藏状态）。

第 7 行代码打开指定的 Excel 文件。

第 8 行代码使用名称引用工作表，并将工作表对象的引用赋值给变量 wsheet。

第 9 行代码中 expand 函数的返回值为指定单元格（A1）向右再向下扩展的单元格区域（即 A1:F141）。

第 10 行代码调用 api.VerticalAlignment 属性设置垂直对齐方式为居中对齐。

垂直对齐方式的可选值如表 7-9 所示。

表 7-9　垂直对齐方式可选值

参数值	说明
−4160	靠上对齐
−4130	两端对齐
−4117	分散对齐
−4108	居中对齐
−4107	靠下对齐

第 11 行代码调用 api.HorizontalAlignment 属性设置水平对齐方式为居中对齐。

水平对齐方式的可选值如表 7-10 所示。

表 7-10　水平对齐方式可选值

参数值	说明
−4152	靠右对齐
−4131	靠左对齐
−4130	两端对齐
−4117	分散对齐
−4108	居中对齐
1	常规对齐
5	填充对齐
7	跨列居中对齐

第 12 行代码设置 wrap_text 属性为 True，即启用自动换行方式。

第 13 行代码中 expand 函数的返回值为指定单元格区域（E2:F2）向下扩展的单元格区域（即 E2:F141）。

第 14 行代码设置水平对齐方式为靠右对齐。

第 15 行代码保存工作簿。

第 16 行代码关闭工作簿。

运行示例代码后设置对齐方式和自动换行，效果如图 7-19 所示。

图 7-19　设置对齐方式和自动换行

7.3.5　设置数字格式

示例文件中的"2021-01"工作表如图 7-20 所示。

	A	B	C	D	E	F	G
1	日期	省份	渠道	品牌	商品条码	销量	销售额
2	2021/1/1	河南省	大超市	RIO	6935145303300	2261	43488.7
3	2021/1/1	江苏省	大超市	RIO	6935145303300	2067	37814.84
4	2021/1/1	江苏省	大卖场	RIO	6935145303300	1805	33039.6
5	2021/1/1	河南省	大超市	RIO	6935145303034	1571	10517.8
6	2021/1/1	河南省	大超市	RIO	6935145301047	1520	19847.12
7	2021/1/1	河南省	大卖场	RIO	6935145303300	1138	21426.8
8	2021/1/1	河南省	大超市	RIO	6935145301078	1108	14273.32
9	2021/1/1	江苏省	大超市	RIO	6935145303034	929	6267.28
10	2021/1/1	山西省	大超市	RIO	6935145303034	887	6058.12
11	2021/1/1	江苏省	大超市	RIO	6935145301047	875	11098.77

2021-01 ｜ 2021-01 (备份) ...

图 7-20　示例数据表

以下示例代码为数据表的 A 列、F 列和 G 列设置数字格式，使其更易于阅读。

```
#001   import xlwings as xw
#002   import os
#003   file_name = 'Demo_NumFormat.xlsx'
#004   dest_path = os.path.dirname(__file__)
#005   xl_file = os.path.join(dest_path, file_name)
#006   with xw.App(visible = False, add_book = False) as xlapp:
#007       wbook = xlapp.books.open(xl_file)
#008       wsheet = wbook.sheets['2021-01']
#009       date_col = wsheet.range('A2').expand('down')
#010       date_col.number_format = 'yyyy年mm月'
#011       qty_col = wsheet.range('F2').expand('down')
#012       qty_col.number_format = '#, ##0'
#013       amt_col = wsheet.range('G2').expand('down')
#014       amt_col.number_format = '¥#, ##0.00'
#015       wbook.save()
#016       wbook.close()
```

➢ 代码解析

第 1 行代码导入 xlwings 模块，设置别名为 xw。

第 2 行代码导入 os 模块。

第 3 行代码指定 Excel 示例文件名称。

第 4 行代码使用 os 模块的 path.dirname 函数获取 Python 文件所在目录，其中 __file__ 属性返回 Python 文件的全路径。

第 5 行代码使用 os 模块的 path.join 函数连接目录名和文件名获取全路径，其中 dest_path 为当前目录，file_name 为文件名。

第 6 行代码启动 Excel 应用程序（处于隐藏状态）。

第 7 行代码打开指定的 Excel 文件。

第 8 行代码使用名称引用工作表，并将工作表对象的引用赋值给变量 wsheet。

第 9 行代码中 expand 函数的返回值为 A2 单元格向下扩展的单元格区域（即 A2:A141）。

第 10 行代码使用 number_format 属性设置首列格式为"yyyy 年 mm 月"，例如：2021/1/1 将显示为"2021 年 01 月"。

第 11 行代码中 expand 函数返回值为 F2 单元格向下扩展的单元格区域（即 F2：F141）。

使用类似的方法，将第 12 行代码设置销量列（F 列）单元格格式为"#,##0"，即添加千分位分隔符的整数。

第 13 行代码中 expand 函数返回值为 G2 单元格向下扩展的单元格区域（即 G2：G141）。

第 14 行代码设置销售额列（G 列）单元格格式为"¥#,##0.00"，即添加人民币符号（¥）和千分位分隔符，并保留两位小数。

第 15 行代码保存工作簿。

第 16 行代码关闭工作簿。

运行示例代码后设置数字格式，效果如图 7-21 所示。

	A	B	C	D	E	F	G
1	日期	省份	渠道	品牌	商品条码	销量	销售额
2	2021年01月	河南省	大超市	RIO	6935145303300	2,261	¥43,488.70
3	2021年01月	江苏省	大超市	RIO	6935145303300	2,067	¥37,814.84
4	2021年01月	江苏省	大卖场	RIO	6935145303300	1,805	¥33,039.60
5	2021年01月	河南省	大超市	RIO	6935145303034	1,571	¥10,517.80
6	2021年01月	河南省	大超市	RIO	6935145301047	1,520	¥19,847.12
7	2021年01月	河南省	大卖场	RIO	6935145303300	1,138	¥21,426.80
8	2021年01月	河南省	大超市	RIO	6935145301078	1,108	¥14,273.32
9	2021年01月	江苏省	大超市	RIO	6935145303034	929	¥6,267.28
10	2021年01月	山西省	大超市	RIO	6935145303034	887	¥6,058.12
11	2021年01月	江苏省	大超市	RIO	6935145301047	875	¥11,098.77

2021-01　2021-01 (备份)

图 7-21　设置数字格式

7.3.6　设置部分字符格式

示例文件中的"2021-01"工作表如图 7-22 所示。

	A	B	C	D	E	F
1	省份	渠道	品牌	商品条码	销量	销售额
2	河南省	大超市	RIO	6935145303300	2,261	¥43,488.70
3	江苏省	大超市	RIO	6935145303300	2,067	¥37,814.84
4	江苏省	大卖场	RIO	6935145303300	1,805	¥33,039.60
5	河南省	大卖场	RIO	6935145303300	1,138	¥21,426.80
6	河南省	大超市	RIO	6935145301047	1,520	¥19,847.12
7	河南省	大超市	RIO	6935145301078	1,108	¥14,273.32
8	山东省	大超市	RIO	6935145303300	684	¥12,409.20
9	江苏省	大超市	RIO	6935145301047	875	¥11,098.77
10	江苏省	大超市	RIO	6935145301030	862	¥11,016.51
11	河南省	大超市	RIO	6935145301030	846	¥10,747.30

2021-01　2021-01 (备份)

图 7-22　示例数据表

Excel 支持为单元格内的文本型数据的任意部分设置格式，D 列是文本型数字，以下示例代码设置 D 列前 10 行单元格中前 6 个字符的格式。

```
#001   import xlwings as xw
#002   import os
#003   file_name = 'Demo_CharFormat.xlsx'
#004   dest_path = os.path.dirname (__file__)
#005   xl_file = os.path.join(dest_path, file_name)
#006   with xw.App(visible = False, add_book = False) as xlapp:
#007       wbook = xlapp.books.open(xl_file)
#008       wsheet = wbook.sheets['2021-01']
#009       for row in range(2, 12):
```

```
#010            leading_char = wsheet.range((row, 4)).characters[:5]
#011            leading_char.font.bold = True
#012            leading_char.font.color = (255, 0, 0)
#013       wbook.save()
#014       wbook.close()
```

> 代码解析

第 1 行代码导入 xlwings 模块，设置别名为 xw。

第 2 行代码导入 os 模块。

第 3 行代码指定 Excel 示例文件名称。

第 4 行代码使用 os 模块的 path.dirname 函数获取 Python 文件所在目录，其中 __file__ 属性返回 Python 文件的全路径。

第 5 行代码使用 os 模块的 path.join 函数连接目录名和文件名获取全路径，其中 dest_path 为当前目录，file_name 为文件名。

第 6 行代码启动 Excel 应用程序（处于隐藏状态）。

第 7 行代码打开指定的 Excel 文件。

第 8 行代码使用名称引用工作表，并将工作表对象的引用赋值给变量 wsheet。

第 9~12 行代码循环处理 D 列第 2~11 行的单元格格式。

第 10 行代码中 characters 的返回值为单元格中的全部字符，切片器 [:5] 用于获取前 6 个字符。

第 11 行代码设置粗体格式。

第 12 行代码设置字体颜色为红色。

第 13 行代码保存工作簿。

第 15 行代码关闭工作簿。

运行示例代码后设置 D 列前 6 个字符的格式，效果如图 7-23 所示。

图 7-23　设置部分字符格式

7.3.7　设置数据条格式

示例文件中的"2021-01"工作表如图 7-24 所示。

以下示例代码为销量列（E 列）设置条件格式中的渐变色填充数据条。

图 7-24　示例数据表

```
#001   from openpyxl import load_workbook
#002   from openpyxl.formatting.rule import DataBarRule
#003   from openpyxl.formatting.formatting \
#004               import ConditionalFormattingList
#005   import os
#006   file_name = 'Demo_DataBar.xlsx'
#007   dest_path = os.path.dirname(__file__)
#008   xl_file = os.path.join(dest_path, file_name)
#009   wbook = load_workbook(xl_file)
```

```
#010    wsheet = wbook['2021-01']
#011    wsheet.conditional_formatting = ConditionalFormattingList()
#012    rule = DataBarRule(start_type = 'num', start_value = 500,
#013                       end_type = 'num', end_value = 2500,
#014                       color = '63C384')
#015    wsheet.conditional_formatting.add('E2:E26', rule)
#016    wbook.save(xl_file)
#017    wbook.close()
```

➤ 代码解析

第 1 行代码由 openpyxl 模块导入 load_workbook 函数。

第 2 行代码由 openpyxl.formatting.rule 模块导入 DataBarRule 函数。

第 3~4 行代码由 openpyxl.formatting.formatting 模块导入 ConditionalFormattingList 函数。

第 5 行代码导入 os 模块。

第 6 行代码指定 Excel 示例文件名称。

第 7 行代码使用 os 模块的 path.dirname 函数获取 Python 文件所在目录，其中 __file__ 属性返回 Python 文件的全路径。

第 8 行代码使用 os 模块的 path.join 函数连接目录名和文件名获取全路径，其中 dest_path 为当前目录，file_name 为文件名。

第 9 行代码打开指定的 Excel 文件。

第 10 行代码使用名称引用工作表，并将工作表对象的引用赋值给变量 wsheet。

第 11 行代码设置工作表对象的 conditional_formatting 属性为"空"格式列表（即 Conditional FormattingList()），则清除该工作表中的全部条件格式。

第 12~14 行代码调用 DataBarRule 函数创建条件格式规则，其常用参数含义如表 7-11 所示。

表 7-11　DataBarRule 函数的常用参数

参数值	说明
start_type	设置最小值类型
start_value	设置最小值
start_color	设置最小值颜色
end_type	设置最大值类型
end_value	设置最大值
end_color	设置最大值颜色
color	条形图填充颜色

第 12~13 行代码中的参数 start_type 和参数 end_type 设置为 num，即类型为"数字"，参数 start_value 和参数 end_value 分别指定最小值和最大值，第 14 行代码指定条形图填充颜色的 RGB 值（16 进制形式的字符串），其效果相当于 Excel 中的条件格式规则，如图 7-25 所示。

第 15 行代码调用 conditional_formatting.add 函数为指定单元格区域设置数据条，第一个参数用于指定单元格区域，第二个参数为 openpyxl.formatting.rule.Rule 对象。

第 16 行代码保存工作簿。

第 17 行代码关闭工作簿。

运行示例代码后设置数据条格式，效果如图 7-26 所示。

图 7-25　数据条格式的最小值和最大值设置　　图 7-26　设置数据条格式

7.3.8　设置色阶格式

示例文件中的"2021-01"工作表如图 7-27 所示。

图 7-27　示例数据表

以下示例代码为销量列（E 列）设置条件格式中的双色刻度色阶格式。

```
#001  from openpyxl import load_workbook
#002  from openpyxl.formatting.rule import ColorScaleRule
#003  from openpyxl.formatting.formatting \
#004              import ConditionalFormattingList
#005  import os
#006  file_name = 'Demo_ColorScale.xlsx'
#007  dest_path = os.path.dirname(__file__)
#008  xl_file = os.path.join(dest_path, file_name)
#009  wbook = load_workbook(xl_file)
#010  wsheet = wbook['2021-01']
#011  wsheet.conditional_formatting = ConditionalFormattingList()
```

```
#012    rule = ColorScaleRule(start_type = 'min', start_color = 'FFEF9C',
#013                          end_type = 'max', end_color = '63BE7B')
#014    wsheet.conditional_formatting.add('E2:E26', rule)
#015    wbook.save(xl_file)
#016    wbook.close()
```

➤ 代码解析

第 1 行代码由 openpyxl 模块导入 load_workbook 函数。

第 2 行代码由 openpyxl.formatting.rule 模块导入 ColorScaleRule 函数。

第 3~4 行代码由 openpyxl.formatting.formatting 模块导入 ConditionalFormattingList 函数。

第 5 行代码导入 os 模块。

第 6 行代码指定 Excel 示例文件名称。

第 7 行代码使用 os 模块的 path.dirname 函数获取 Python 文件所在目录，其中 __file__ 属性返回 Python 文件的全路径。

第 8 行代码使用 os 模块的 path.join 函数连接目录名和文件名获取全路径，其中 dest_path 为当前目录，file_name 为文件名。

第 9 行代码打开指定的 Excel 文件。

第 10 行代码使用名称引用工作表，并将工作表对象的引用赋值给变量 wsheet。

第 11 行代码设置工作表对象的 conditional_formatting 属性为 ConditionalFormattingList( )，则清除该工作表中的全部条件格式。

第 12~13 行代码调用 ColorScaleRule 函数创建条件格式规则，其中参数 start_type 设置为 min，参数 end_type 设置为 max，参数 start_color 和参数 end_color 分别指定最小值和最大值对应颜色的 RGB 值（16 进制形式字符串），其效果相当于 Excel 中创建条件格式规则，如图 7-28 所示。

第 14 行代码调用 conditional_formatting.add 函数为指定单元格区域设置色阶格式，第一个参数用于指定单元格区域，第二个参数为 openpyxl.formatting.rule.Rule 对象。

第 15 行代码保存工作簿。

第 16 行代码关闭工作簿。

运行示例代码后设置双色刻度色阶格式，效果如图 7-29 所示。

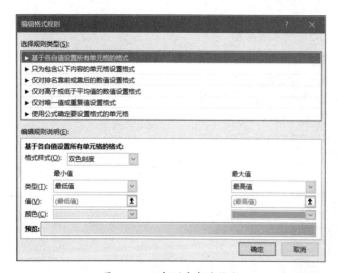

图 7-28　双色刻度色阶格式　　　　　　　图 7-29　设置双色刻度色阶格式

7.3.9　设置突出显示格式

示例文件中的“2021-01”工作表如图 7-30 所示。

	A	B	C	D	E	F
1	省份	渠道	品牌	商品条码	销量	销售额
2	河南省	大超市	RIO	6935145303300	2,261	¥43,488.70
3	江苏省	大超市	RIO	6935145303300	2,067	¥37,814.84
4	江苏省	大卖场	RIO	6935145303300	1,805	¥33,039.60
5	河南省	大超市	RIO	6935145303034	1,571	¥10,517.80
6	河南省	大超市	RIO	6935145301047	1,520	¥19,847.12
7	河南省	大卖场	RIO	6935145303300	1,138	¥21,426.80
8	河南省	大超市	RIO	6935145301078	1,108	¥14,273.32
9	江苏省	大超市	RIO	6935145303034	929	¥6,267.28
10	山西省	大超市	RIO	6935145303034	887	¥6,058.12
11	江苏省	大超市	RIO	6935145301047	875	¥11,098.77
12	山东省	大超市	RIO	6935145303034	875	¥5,920.10
13	江苏省	大超市	RIO	6935145301030	862	¥11,016.51
14	河南省	大超市	RIO	6935145301030	846	¥10,747.30
15	江苏省	大超市	RIO	6935145301078	755	¥9,586.89
16	山东省	大超市	RIO	6935145301047	747	¥9,756.71
17	山东省	大超市	RIO	6935145303300	684	¥12,409.20
18	山东省	大超市	RIO	6935145301030	654	¥8,504.40
19	山东省	大超市	RIO	6935145301078	619	¥8,025.70
20	河南省	大卖场	RIO	6935145301047	604	¥7,750.70
21	江苏省	大卖场	RIO	6935145301047	583	¥7,545.78

2021-01　2021-01(备份)

图 7-30　示例数据表

以下示例代码为销量列（E 列）中数值在 700 到 1000 之间的单元格设置突出显示格式。

```
#001  from openpyxl import load_workbook
#002  from openpyxl.formatting.rule import CellIsRule
#003  from openpyxl.formatting.formatting \
#004                      import ConditionalFormattingList
#005  from openpyxl.styles import PatternFill, Font
#006  import os
#007  file_name = 'Demo_Highlight.xlsx'
#008  dest_path = os.path.dirname(__file__)
#009  xl_file = os.path.join(dest_path, file_name)
#010  wbook = load_workbook(xl_file)
#011  wsheet = wbook['2021-01']
#012  wsheet.conditional_formatting = ConditionalFormattingList()
#013  pat_fill = PatternFill(start_color = 'FFEB9C',
#014                  end_color = 'FFEB9C', fill_type = 'solid')
#015  pat_font = Font(bold = True)
#016  rule = CellIsRule(operator = 'between', formula = ['700', '1000'],
#017                      stopIfTrue = True, fill = pat_fill, font = pat_font)
#018  wsheet.conditional_formatting.add('E2:E26', rule)
#019  wbook.save(xl_file)
#020  wbook.close()
```

➢ 代码解析

第 1 行代码由 openpyxl 模块导入 load_workbook 函数。

第 2 行代码由 openpyxl.formatting.rule 模块导入 CellIsRule 函数。

第 3~4 行代码由 openpyxl.formatting.formatting 模块导入 ConditionalFormattingList 函数。

第 5 行代码由 openpyxl.styles 模块导入 PatternFill 函数和 Font 函数。

第 6 行代码导入 os 模块。

第 7 行代码指定 Excel 示例文件名称。

第 8 行代码使用 os 模块的 path.dirname 函数获取 Python 文件所在目录，其中 __file__ 属性返回 Python 文件的全路径。

第 9 行代码使用 os 模块的 path.join 函数连接目录名和文件名获取全路径，其中 dest_path 为当前目录，file_name 为文件名。

第 10 行代码打开指定的 Excel 文件。

第 11 代码使用名称引用工作表，并将工作表对象的引用赋值给变量 wsheet。

第 12 行代码设置工作表对象的 conditional_formatting 属性为 ConditionalFormattingList( )，则清除该工作表中的全部条件格式。

第 13~14 行代码设置突出显示单元格填充格式，参数 fill_type 设置为 solid，则使用单一颜色填充，参数 start_color 和参数 end_color 使用相同的颜色 RGB 值。

第 15 行代码设置突出显示单元格字体格式为粗体。

第 16~17 行代码调用 CellIsRule 函数设置突出显示规则，其中参数 operator 和参数 formula 用于设置条件，即突出显示大于 700 并且小于 1000 的单元格。参数 fill 和参数 font 用于指定突出显示单元格的格式。其效果相当于在 Excel 中创建条件格式规则，如图 7-31 所示。

第 18 行代码调用 conditional_formatting.add 函数为指定单元格区域设置格式，第一个参数用于指定单元格区域，第二个参数为 openpyxl.formatting.rule.Rule 对象。

第 19 行代码保存工作簿。

第 20 行代码关闭工作簿。

运行示例代码后，符合条件的单元格都设置了突出显示格式，效果如图 7-32 所示。

图 7-31　突出显示格式规则　　　　图 7-32　设置突出显示格式

7.3.10　设置条件格式公式

示例文件中的"2021-01"工作表如图 7-33 所示。

以下示例代码对数据表设置条件格式，如果 B 列单元格的内容是指定内容，就将当前行进行颜色填充。

	A	B	C	D	E	F
1	省份	渠道	品牌	商品条码	销量	销售额
2	河南省	大超市	RIO	6935145303300	2,261	¥43,488.70
3	江苏省	大超市	RIO	6935145303300	2,067	¥37,814.84
4	江苏省	大卖场	RIO	6935145303300	1,805	¥33,039.60
5	河南省	大超市	RIO	6935145303034	1,571	¥10,517.80
6	河南省	大超市	RIO	6935145301047	1,520	¥19,847.12
7	河南省	大卖场	RIO	6935145303300	1,138	¥21,426.80
8	河南省	大超市	RIO	6935145301078	1,108	¥14,273.32
9	江苏省	大超市	RIO	6935145303034	929	¥6,267.28
10	山西省	大超市	RIO	6935145303034	887	¥6,058.12
11	江苏省	大超市	RIO	6935145301047	875	¥11,098.77

2021-01　2021-01(备份)

图 7-33　示例数据表

```
#001   from openpyxl import load_workbook
#002   from openpyxl.formatting.rule import Rule
#003   from openpyxl.formatting.formatting \
#004              import ConditionalFormattingList
#005   from openpyxl.styles import PatternFill
#006   from openpyxl.styles.differential \
#007              import DifferentialStyle
#008   import os
#009   file_name = 'Demo_CFFormula.xlsx'
#010   dest_path = os.path.dirname(__file__)
#011   xl_file = os.path.join(dest_path, file_name)
#012   wbook = load_workbook(xl_file)
#013   wsheet = wbook['2021-01']
#014   wsheet.conditional_formatting = ConditionalFormattingList()
#015   pat_fill = PatternFill(start_color = 'FFEB9C',
#016            end_color = 'FFEB9C', fill_type = 'solid')
#017   dif_style = DifferentialStyle(fill = pat_fill)
#018   rule = Rule(type = 'expression', dxf = dif_style, stopIfTrue = True)
#019   rule.formula = ['$B2 = "大卖场"']
#020   wsheet.conditional_formatting.add('A2:F26', rule)
#021   wbook.save(xl_file)
#022   wbook.close()
```

➢ 代码解析

第 1 行代码由 openpyxl 模块导入 load_workbook 函数。

第 2 行代码由 openpyxl.formatting.rule 模块导入 Rule 函数。

第 3~4 行代码由 openpyxl.formatting.formatting 模块导入 ConditionalFormattingList 函数。

第 5 行代码由 openpyxl.styles 模块导入 PatternFill 函数。

第 6~7 行代码由 openpyxl.styles.differential 模块导入 DifferentialStyle 函数。

第 8 行代码导入 os 模块。

第 9 行代码指定 Excel 示例文件名称。

第 10 行代码使用 os 模块的 path.dirname 函数获取 Python 文件所在目录，其中 __file__ 属性返回 Python 文件的全路径。

第 11 行代码使用 os 模块的 path.join 函数连接目录名和文件名获取全路径，其中 dest_path 为当前目录，file_name 为文件名。

第 12 行代码打开指定的 Excel 文件。

第 13 代码使用名称引用工作表，并将工作表对象的引用赋值给变量 wsheet。

第 14 行代码设置工作表对象的 conditional_formatting 属性为 ConditionalFormattingList( )，则清除该工作表中的全部条件格式。

第 15~16 行代码设置突出显示单元格填充格式，参数 fill_type 设置为 solid，则使用单一颜色填充，参数 start_color 和参数 end_color 使用相同的颜色 RGB 值。

第 17 代码调用 DifferentialStyle 函数设置填充格式。

第 18 行代码调用 Rule 函数设置规则，其中参数 type 设置为 expression，即为符合公式的值设置格式，参数 dxf 用于设置填充格式，参数 stopIfTrue 设置为 True，则此条件满足时不再处理后续的其他条件格式。其效果相当于 Excel 中的条件格式规则，如图 7-34 所示。

第 19 行代码设置条件格式规则公式，为 "$B2=" 大卖场 ""，即 B 列为 "大卖场"。

第 20 行代码调用 conditional_formatting.add 函数为指定单元格区域设置色阶格式，第一个参数用于指定单元格区域，第二个参数为 openpyxl.formatting.rule.Rule 对象。

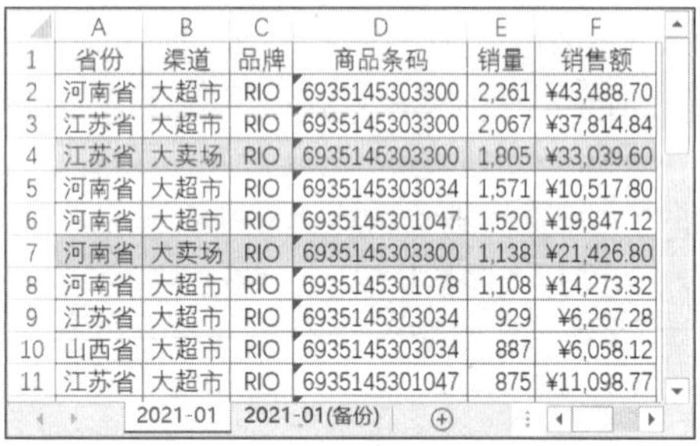

设置条件格式的目标单元格区域为 A2:F26，即全部数据区域（不含标题行），这将使 A 列至 F 列单元格都具有按条件突出显示效果。

第 21 行代码保存工作簿。

第 22 行代码关闭工作簿。

运行示例代码后设置按公式计算的条件突出显示格式，效果如图 7-35 所示。

7.3.11　设置行高和列宽

示例文件中的 "2021-01" 工作表中，第 2~6 行的行高与其他数据行不一致，列宽设置也各不相同，如图 7-36 所示。

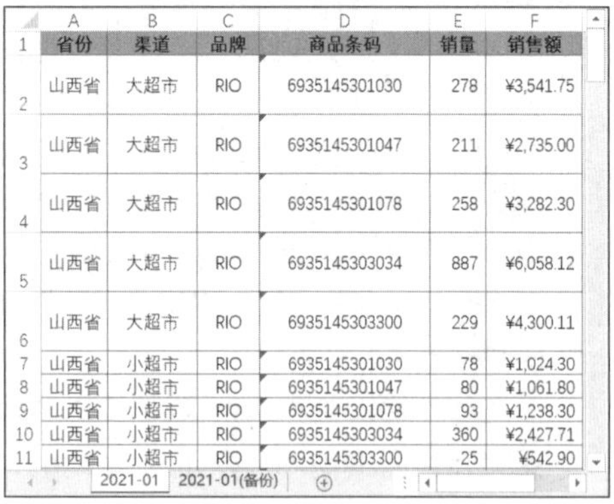

以下示例代码统一数据表行高，并为标题行设置不同的行高，然后设置销量列和销售额列使用相同的列宽。

图 7-34　设置条件格式公式

图 7-35　突出显示 "大卖场"

图 7-36　示例数据表

```
#001   import xlwings as xw
#002   import os
#003   file_name = 'Demo_RowCol.xlsx'
#004   dest_path = os.path.dirname(__file__)
#005   xl_file = os.path.join(dest_path, file_name)
```

```
#006    with xw.App(visible = False, add_book = False) as xlapp:
#007        wbook = xlapp.books.open(xl_file)
#008        wsheet = wbook.sheets['2021-01']
#009        wsheet.autofit()
#010        wsheet.range('A1').row_height = 22
#011        width_e = wsheet.range('E1').column_width
#012        width_f = wsheet.range('F1').column_width
#013        wsheet.range('E:F').column_width = max(width_e, width_f)
#014        wbook.save()
#015        wbook.close()
```

➤ 代码解析

第 1 行代码导入 xlwings 模块，设置别名为 xw。

第 2 行代码导入 os 模块。

第 3 行代码指定 Excel 示例文件名称。

第 4 行代码使用 os 模块的 path.dirname 函数获取 Python 文件所在目录，其中 __file__ 属性返回 Python 文件的全路径。

第 5 行代码使用 os 模块的 path.join 函数连接目录名和文件名获取全路径，其中 dest_path 为当前目录，file_name 为文件名。

第 6 行代码启动 Excel 应用程序（处于隐藏状态）。

第 7 行代码打开指定的 Excel 文件。

第 8 行代码使用名称引用工作表，并将工作表对象的引用赋值给变量 wsheet。

第 9 行代码使用 autofit 函数将工作表的全部单元格设置为自适应行高和列宽。

如果针对单元格 A1 的当前区域设置自适应行高或者自适应列宽，那么可以使用如下代码。

```
#001    wsheet.range('A1').current_region.rows.autofit()
#002    wsheet.range('A1').current_region.columns.autofit()
```

第 10 行代码设置标题行的行高为 22。

第 11~12 行代码获取 E 列和 F 列的列宽。

第 13 行代码为 E 列和 F 列设置相同的列宽，为了确保可以正常显示全部内容，代码中使用 max 函数获取变量 width_e 和变量 width_f 中较大的值。

第 14 行代码保存工作簿。

第 15 行代码关闭工作簿。

运行示例代码后设置行高和列宽，效果如图 7-37 所示。

	A	B	C	D	E	F
1	省份	渠道	品牌	商品条码	销量	销售额
2	山西省	大超市	RIO	6935145301030	278	¥3,541.75
3	山西省	大超市	RIO	6935145301047	211	¥2,735.00
4	山西省	大超市	RIO	6935145301078	258	¥3,282.30
5	山西省	大超市	RIO	6935145303034	887	¥6,058.12
6	山西省	大超市	RIO	6935145303300	229	¥4,300.11
7	山西省	小超市	RIO	6935145301030	78	¥1,024.30
8	山西省	小超市	RIO	6935145301047	80	¥1,061.80
9	山西省	小超市	RIO	6935145301078	93	¥1,238.30
10	山西省	小超市	RIO	6935145303034	360	¥2,427.71
11	山西省	小超市	RIO	6935145303300	25	¥542.90

2021-01　2021-01(备份)

图 7-37　设置行高和列宽

7.4　创建公式

本节将介绍如何设置公式和将公式转换为数值。

7.4.1　设置单个单元格公式

示例文件中的 "2021-01" 工作表如图 7-38 所示。

	A	B	C	D	E	F	G	H	I	J	K
1	省份	渠道	品牌	商品条码	销量	销售额	售价		销量大于500统计	数组公式	普通公式
2	山西省	大超市	RIO	6935145301030	278	¥3,541.75	¥12.74		符合条件数据行数		
3	山西省	大超市	RIO	6935145301047	211	¥2,735.00	¥12.96		销售额合计		
4	山西省	大超市	RIO	6935145301078	258	¥3,282.30	¥12.72				
5	山西省	大超市	RIO	6935145303034	887	¥6,058.12	¥6.83				
6	山西省	大超市	RIO	6935145303300	229	¥4,300.11	¥18.78				
7	山西省	小超市	RIO	6935145301030	78	¥1,024.30	¥13.13				
8	山西省	小超市	RIO	6935145301047	80	¥1,061.80	¥13.27				
9	山西省	小超市	RIO	6935145301078	93	¥1,238.30	¥13.32				
10	山西省	小超市	RIO	6935145303034	360	¥2,427.71	¥6.74				
11	山西省	小超市	RIO	6935145303300	25	¥542.90	¥21.72				

2021-01　2021-01(备份)　⊕

图 7-38　示例数据表

以下示例代码在单元格中创建公式，用于统计销量大于 500 的数据行数和累计销售额。

```
#001   import xlwings as xw
#002   import os
#003   file_name = 'Demo_CellFormula.xlsx'
#004   dest_path = os.path.dirname(__file__)
#005   xl_file = os.path.join(dest_path, file_name)
#006   with xw.App(visible = False, add_book = False) as xlapp:
#007       wbook = xlapp.books.open(xl_file)
#008       wsheet = wbook.sheets['2021-01']
#009       qty = wsheet.range('E2').expand('down').address
#010       amt = wsheet.range('F2').expand('down').address
#011       wsheet.range('J2').formula_array = \
#012                       f'=SUM(--({qty}>500))'
#013       wsheet.range('J3').formula_array = \
#014                       f'=SUM(({qty}>500)*({amt}))'
#015       wsheet.range('K2').formula = \
#016                       f'=COUNTIF({qty},">500")'
#017       wsheet.range('K3').formula = \
#018                       f'=SUMIF({qty},">500",{amt})'
#019       wbook.save()
#020       wbook.close()
```

➤ 代码解析

第 1 行代码导入 xlwings 模块，设置别名为 xw。

第 2 行代码导入 os 模块。

第 3 行代码指定 Excel 示例文件名称。

第 4 行代码使用 os 模块的 path.dirname 函数获取 Python 文件所在目录，其中 __file__ 属性返回 Python 文件的全路径。

第 5 行代码使用 os 模块的 path.join 函数连接目录名和文件名获取全路径，其中 dest_path 为当前目录，file_name 为文件名。

第 6 行代码启动 Excel 应用程序（处于隐藏状态）。

第 7 行代码打开指定的 Excel 文件。

第 8 行代码使用名称引用工作表，并将工作表对象的引用赋值给变量 wsheet。

第 9 行代码中 expand 函数的返回值为 E2 单元格向下扩展的单元格区域（即 E2:E141），使用

address 属性获得该单元格区域的引用地址。

第 10 行代码中 expand 函数的返回值为 F2 单元格向下扩展的单元格区域（即 F2:F141），使用 address 属性获得该单元格区域的引用地址。

第 11~14 行代码使用 formula_array 属性分别在 J2 和 J3 单元格中创建数组公式。

第 15~18 行代码使用 formula 属性分别在 K2 和 K3 单元格中创建普通公式。

第 19 行代码保存工作簿。

第 20 行代码关闭工作簿。

运行示例代码后创建公式，效果如图 7-39 所示。

7.4.2　设置单元格区域公式

示例文件中的"2021-01"工作表如图 7-40 所示。

以下示例代码在 G 列创建公式计算售价。

图 7-39　数组公式和普通公式

图 7-40　示例数据表

```
#001    import xlwings as xw
#002    import os
#003    file_name = 'Demo_RangeFormula. xlsx'
#004    dest_path = os.path.dirname (__file__)
#005    xl_file = os.path.join(dest_path, file_name)
#006    with xw.App(visible = False, add_book = False) as xlapp:
#007        wbook = xlapp.books.open(xl_file)
#008        wsheet = wbook.sheets['2021-01']
#009        row_cnt = wsheet.range('A1').expand('table').shape[0]
#010        wsheet.range('G2').resize(row_cnt - 2).formula = '=F2/E2'
#011        wbook.save()
#012        wbook.close()
```

➢ 代码解析

第 1 行代码导入 xlwings 模块，设置别名为 xw。

第 2 行代码导入 os 模块。

第 3 行代码指定 Excel 示例文件名称。

第 4 行代码使用 os 模块的 path.dirname 函数获取 Python 文件所在目录，其中 __file__ 属性返回 Python 文件的全路径。

第 5 行代码使用 os 模块的 path.join 函数连接目录名和文件名获取全路径，其中 dest_path 为当前目录，file_name 为文件名。

第 6 行代码启动 Excel 应用程序（处于隐藏状态）。

第 7 行代码打开指定的 Excel 文件。

第 8 行代码使用名称引用工作表，并将工作表对象的引用赋值给变量 wsheet。

第 9 行代码中 expand 函数的返回值为 A1 单元格向右再向下扩展的单元格区域（即 A1:F141），

然后使用 shape[0] 提取 shape 属性返回值元组中的第一个元素，即数据表的行数。

第 10 行代码使用 resize 函数扩展单元格区域，获取 G 列中需要创建公式的单元格区域（即 G2:G141），然后使用 formula 属性创建公式。

图 7-41　在 G 列创建公式

> **注意**
> 创建公式之前，G2 是空单元格，那么 wsheet.range('G2').expand('down') 的返回值仍然是 G2 单元格，所以第 9 行代码需要借助其他数据列获取数据表的总行数。

第 11 行代码保存工作簿。

第 12 行代码关闭工作簿。

运行示例代码后在 G 列创建公式计算售价，效果如图 7-41 所示。

7.4.3　公式转数值

示例文件中的"2021-01"工作表如图 7-42 所示。

以下示例代码将 G 列的公式转换为数值。

图 7-42　示例数据表

```
#001    import xlwings as xw
#002    import os
#003    file_name = 'Demo_Formula2 Value.xlsx'
#004    dest_path = os.path.dirname (__file__)
#005    xl_file = os.path.join(dest_path, file_name)
#006    with xw.App(visible = False, add_book = False) as xlapp:
#007        wbook = xlapp.books.open(xl_file)
#008        wsheet = wbook.sheets['2021-01']
#009        price_range = wsheet.range('G2').expand('down')
#010        price_range.value = price_range.options(ndim = 2).value
#011        wbook.save()
#012        wbook.close()
```

➤ 代码解析

第 1 行代码导入 xlwings 模块，设置别名为 xw。

第 2 行代码导入 os 模块。

第 3 行代码指定 Excel 示例文件名称。

第 4 行代码使用 os 模块的 path.dirname 函数获取 Python 文件所在目录，其中 __file__ 属性返回 Python 文件的全路径。

第 5 行代码使用 os 模块的 path.join 函数连接目录名和文件名获取全路径，其中 dest_path 为当前目录，file_name 为文件名。

第 6 行代码启动 Excel 应用程序（处于隐藏状态）。

第 7 行代码打开指定的 Excel 文件。

第 8 行代码使用名称引用工作表，并将工作表对象的引用赋值给变量 wsheet。

第 9 行代码中 expand 函数的返回值为 G2 单元格向下扩展的单元格区域（即 G2:G141）。

第 10 行代码中 options(ndim=2) 指定按照二维区域读取数据，然后为单元格区域赋值，从而实现将单元格中的公式转换为数值，关于 ndim 参数的讲解请参阅 7.2.1 小节。

第 11 行代码保存工作簿。

第 12 行代码关闭工作簿。

运行示例代码后将 G 列公式转换为数值，效果如图 7-43 所示。

G2　12.74

	A	B	C	D	E	F	G
1	省份	渠道	品牌	商品条码	销量	销售额	售价
2	山西省	大超市	RIO	6935145301030	278	¥3,541.75	¥12.74
3	山西省	大超市	RIO	6935145301047	211	¥2,735.00	¥12.96
4	山西省	大超市	RIO	6935145301078	258	¥3,282.30	¥12.72
5	山西省	大超市	RIO	6935145303034	887	¥6,058.12	¥6.83
6	山西省	大超市	RIO	6935145303300	229	¥4,300.11	¥18.78
7	山西省	小超市	RIO	6935145301030	78	¥1,024.30	¥13.13
8	山西省	小超市	RIO	6935145301047	80	¥1,061.80	¥13.27
9	山西省	小超市	RIO	6935145301078	93	¥1,238.30	¥13.32
10	山西省	小超市	RIO	6935145303034	360	¥2,427.71	¥6.74
11	山西省	小超市	RIO	6935145303300	25	¥542.90	¥21.72

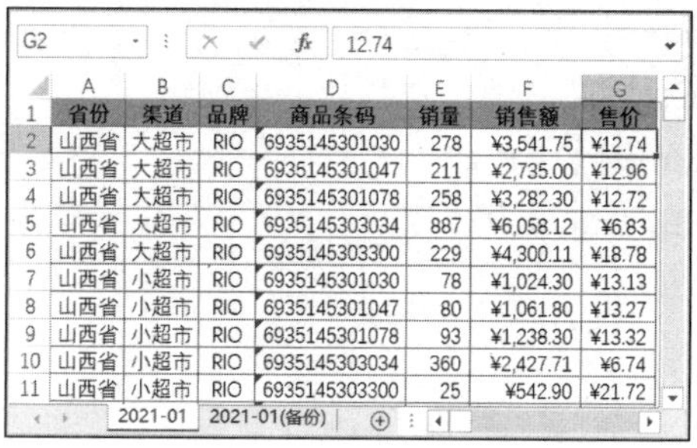

图 7-43　公式转换为静态数据

深入了解

公式转换为数值时，需要根据源数据区域的不同形式相应地调整代码。

示例工作表中的单元格区域 A1:E5 已创建公式，如图 7-44 所示。

A1　=2*ROW()+COLUMN()

	A	B	C	D	E
1	3	4	5	6	7
2	5	6	7	8	9
3	7	8	9	10	11
4	9	10	11	12	13
5	11	12	13	14	15

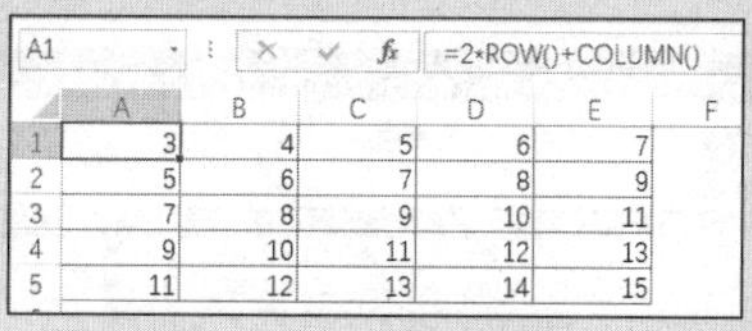

图 7-44　示例数据表

假设变量 wsheet 为活动工作表对象。

❖　单列单元格区域

如果使用如下代码对 A 列进行转换，执行结果如图 7-45 所示，数据写入单元格时进行了转置操作。

```
col_rng = wsheet.range('A1:A5')
col_rng.value = col_rng.value
```

图 7-45　单列数据被转置写入单元格

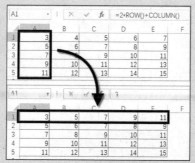

为了避免这个问题，在读取单列单元格区域时，必须指定options参数（参阅第10行代码），才可以正确地实现公式转值。

❖ 单行单元格区域

可以直接使用如下代码进行转换。

```
row_rng = wsheet.range('A1:E1')
row_rng.value = row_rng.value
```

❖ 多行多列单元格区域

可以直接使用如下代码进行转换。

```
tab_rng = wsheet.range('A1:E5')
tab_rng.value = tab_rng.value
```

7.5 操作名称

本节将介绍如何遍历名称、定义名称和隐藏名称。

7.5.1 遍历工作簿中的全部名称

示例文件中的【名称管理器】对话框如图 7-46 所示，在该文件中已经定义了多个名称。

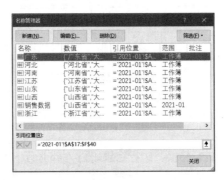

图 7-46 【名称管理器】对话框

以下示例代码遍历示例工作簿中的全部名称。

```
#001  import xlwings as xw
#002  import os
#003  file_name = 'Demo_Names.xlsx'
#004  dest_path = os.path.dirname (__file__)
#005  xl_file = os.path.join(dest_path, file_name)
#006  with xw.App(visible = False, add_book = False) as xlapp:
#007      wbook = xlapp.books.open(xl_file)
#008      for n in wbook.names:
#009          if n.name.startswith("'"):
#010              scope = '工作表'
#011          else:
```

```
#012                    scope = '工作簿'
#013            print(f'名称:{n.name}, 范围:{scope}, \
#014                    引用位置:{n.refers_to}')
#015        wbook.save()
#016        wbook.close()
```

➤ 代码解析

第 1 行代码导入 xlwings 模块，设置别名为 xw。

第 2 行代码导入 os 模块。

第 3 行代码指定 Excel 示例文件名称。

第 4 行代码使用 os 模块的 path.dirname 函数获取 Python 文件所在目录，其中 __file__ 属性返回 Python 文件的全路径。

第 5 行代码使用 os 模块的 path.join 函数连接目录名和文件名获取全路径，其中 dest_path 为当前目录，file_name 为文件名。

第 6 行代码启动 Excel 应用程序（处于隐藏状态）。

第 7 行代码打开指定的 Excel 文件。

第 8 行代码循环遍历工作簿中的 name 对象。

第 9~12 行代码根据名称首字符确定名称的范围，如果首字符为单引号，那么该名称是工作表级别的名称，否则属于工作簿级别的名称。

第 13~14 行代码输出名称的相关属性，其中 refers_to 属性返回值为名称的引用位置。

第 15 行代码保存工作簿。

第 16 行代码关闭工作簿。

运行示例代码后输出结果，如下所示。

```
名称:广东, 范围:工作簿,              引用位置:='2021-01'!$A$17:$F$40
名称:河北, 范围:工作簿,              引用位置:='2021-01'!$A$41:$F$59
名称:河南, 范围:工作簿,              引用位置:='2021-01'!$A$60:$F$79
名称:江苏, 范围:工作簿,              引用位置:='2021-01'!$A$80:$F$100
名称:山东, 范围:工作簿,              引用位置:='2021-01'!$A$101:$F$122
名称:山西, 范围:工作簿,              引用位置:='2021-01'!$A$2:$F$16
名称:'2021-01'!销售数据, 范围:工作表,       引用位置:='2021-01'!$A$2:$F$141
名称:浙江, 范围:工作簿,              引用位置:='2021-01'!$A$123:$F$141
```

7.5.2　删除工作簿中的全部名称

示例文件中的【名称管理器】对话框如图 7-47 所示，在该文件中已经定义了多个名称。

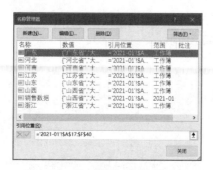

图 7-47　【名称管理器】对话框

以下示例代码将删除示例工作簿中的全部名称。

```
#001   import xlwings as xw
#002   import os
#003   file_name = 'Demo_DelName.xlsx'
#004   dest_path = os.path.dirname(__file__)
#005   xl_file = os.path.join(dest_path, file_name)
#006   with xw.App(visible = False, add_book = False) as xlapp:
#007       wbook = xlapp.books.open(xl_file)
#008       print(f'示例文件中共有{wbook.names.count}个名称')
#009       for n in list(wbook.names):
#010           print(f'删除名称:{n.name} ...')
#011           n.delete()
#012       print(f'示例文件中共有{wbook.names.count}个名称')
#013       wbook.save()
#014       wbook.close()
```

➢ 代码解析

第 1 行代码导入 xlwings 模块，设置别名为 xw。

第 2 行代码导入 os 模块。

第 3 行代码指定 Excel 示例文件名称。

第 4 行代码使用 os 模块的 path.dirname 函数获取 Python 文件所在目录，其中 __file__ 属性返回
Python 文件的全路径。

第 5 行代码使用 os 模块的 path.join 函数连接目录名和文件名获取全路径，其中 dest_path 为当前
目录，file_name 为文件名。

第 6 行代码启动 Excel 应用程序（处于隐藏状态）。

第 7 行代码打开指定的 Excel 文件。

第 8 行代码输出提示信息，其中 names.count 的返回值为工作簿中的名称个数。

第 9 行代码循环遍历工作簿中的 name 对象。由于后续的删除操作会改变 wbook.names 所包含
的 name 对象集合，使用 for n in wbook.names 循环遍历名称对象，将导致运行错误。代码中使用
list(wbook.names) 将对象集合转换为列表，可以避免上述问题。

第 10 行代码输出提示信息。

第 11 行代码删除名称对象。

第 12 行代码再次查询工作簿中的名称个数。

第 13 行代码保存工作簿。

第 14 行代码关闭工作簿。

运行示例代码后输出结果，如下所示。

```
示例文件中共有8个名称
删除名称:广东 ...
删除名称:河北 ...
删除名称:河南 ...
删除名称:江苏 ...
删除名称:山东 ...
删除名称:山西 ...
```

删除名称:'2021-01'!销售数据 ...
删除名称:浙江 ...
示例文件中共有0个名称

7.5.3　批量定义名称

示例文件中的"2021-01"工作表如图 7-48 所示。

	A	B	C	D	E	F
1	省份	渠道	品牌	商品条码	销量	销售额
2	山西省	大超市	RIO	6935145301030	278	¥3,541.75
15	山西省	便利店	RIO	6935145303034	31	¥249.90
16	山西省	食杂店	RIO	6935145303034	55	¥319.00
17	广东省	大卖场	RIO	6935145301030	127	¥1,557.40
39	广东省	食杂店	RIO	6935145301078	9	¥117.50
40	广东省	食杂店	RIO	6935145303034	1	¥7.00
41	河北省	大卖场	RIO	6935145301030	25	¥313.00
58	河北省	便利店	RIO	6935145303034	575	¥4,535.79
59	河北省	便利店	RIO	6935145303300	21	¥332.80
60	河南省	大卖场	RIO	6935145301030	556	¥7,174.10
61	河南省	大卖场	RIO	6935145301047	604	¥7,750.70
62	河南省	大卖场	RIO	6935145301078	414	¥5,301.11

　2021-01　2021-01(备份)　⊕

图 7-48　示例数据表

以下示例代码将批量定义名称。

```
#001   import xlwings as xw
#002   import os
#003   file_name = 'Demo_DefineName.xlsx'
#004   dest_path = os.path.dirname (__file__)
#005   xl_file = os.path.join(dest_path, file_name)
#006   with xw.App(visible = False, add_book = False) as xlapp:
#007       wbook = xlapp.books.open(xl_file)
#008       sht_name = '2021-01'
#009       wsheet = wbook.sheets[sht_name]
#010       prov_list = wsheet.range('A2').expand('down').value
#011       dict_s = {}
#012       dict_e = {}
#013       for index, province in enumerate(prov_list):
#014           if province not in dict_s:
#015               dict_s[province] = index + 2
#016           dict_e[province] = index + 2
#017       for prov in set(prov_list):
#018           wbook.names.add(name = prov[:2], refers_to = \
#019           f"='{sht_name}'!$A${dict_s[prov]}:$F${dict_e[prov]}")
#020       tab_range = wsheet.range('A2').expand('table')
#021       ref_range = tab_range.get_address(True, True, True, False)
#022       wbook.names.add(name = f"'{sht_name}'!销售数据",
#023                       refers_to = f"={ref_range}")
#024       print(f'示例文件中共有{wbook.names.count}个名称')
#025       wbook.save()
#026       wbook.close()
```

07章

➢ 代码解析

第 1 行代码导入 xlwings 模块，设置别名为 xw。

第 2 行代码导入 os 模块。

第 3 行代码指定 Excel 示例文件名称。

第 4 行代码使用 os 模块的 path.dirname 函数获取 Python 文件所在目录，其中 __file__ 属性返回 Python 文件的全路径。

第 5 行代码使用 os 模块的 path.join 函数连接目录名和文件名获取全路径，其中 dest_path 为当前目录，file_name 为文件名。

第 6 行代码启动 Excel 应用程序（处于隐藏状态）。

第 7 行代码打开指定的 Excel 文件。

第 8 行代码指定工作表名称。

第 9 行代码使用名称引用工作表，并将工作表对象的引用赋值给变量 wsheet。

第 10 行代码中 expand 函数的返回值为 A2 单元格向下扩展的单元格区域（即 A2:A141），value 属性返回单元格的值，变量 prove_list 保存的是 A 列全部省份名称组成的列表。

第 11~12 行代码创建两个字典对象，其中 dict_s 用于保存指定省份的首行行号，dict_e 用于保存指定省份的末行行号。

第 13 行代码使用 enumerate 函数循环遍历省份名称列表，其中 index 为序号（从零开始），province 为省份名称。

第 14 行代码判断省份名称是否已经存在于 dict_s 对象中。如果不存在，说明当前省份名称首次出现，第 15 行代码将该行的行号（即 index+2）保存在 dict_s 对象中。

第 16 行代码将当前行的行号（即 index+2）保存在 dict_e 对象中，如果某省只有一行记录，那么 dict_s 和 dict_e 中保存的行号相同。

第 17 行代码循环遍历去重后的省份名称清单。由于 set 集合具备非重复的特性，其中 set 函数将列表转换为 set 集合时，实现了省份名称去重。

第 18~19 行代码使用 names.add 添加工作簿级别名称。其中参数 name 指定单元格区域名称为省份名称的前两个字符，切片器 [:2] 用于提取第 0 个和第 1 个字符，不包含第 2 个字符；参数 refers_to 用于指定引用范围。

第 20 行代码中 expand 函数的返回值为 A2 单元格向右再向下扩展的单元格区域（即 A2:F141）。

第 21 行代码中的 get_address 函数返回数据表区域的引用地址，结果为 '2021-01'!$A$2:$F$141。

第 22~23 行代码使用 names.add 添加工作表级别名称。创建工作表级别名称时，name 参数值应使用包含工作表名称的格式。

第 24 行代码输出提示信息，其中 names.count 的返回值为工作簿中的名称个数。

第 25 行代码保存工作簿。

第 26 行代码关闭工作簿。

运行示例代码后输出结果如下所示。

示例文件中共有8个名称

此时，示例文件中的【名称管理器】对话框如图 7-49 所示。

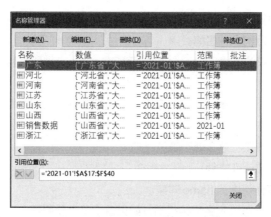

图 7-49 【名称管理器】对话框

7.5.4 隐藏名称

示例文件中的【名称管理器】对话框如图 7-50 所示。

图 7-50 【名称管理器】对话框

以下示例代码隐藏工作表级别的名称。

```
#001   import xlwings as xw
#002   import os
#003   file_name = 'Demo_HideName.xlsx'
#004   dest_path = os.path.dirname(__file__)
#005   xl_file = os.path.join(dest_path, file_name)
#006   with xw.App(visible = False, add_book = False) as xlapp:
#007       wbook = xlapp.books.open(xl_file)
#008       for n in wbook.names:
#009           if n.name.startswith("'"):
#010               n.api.Visible = False
#011       print(f'示例文件中共有{wbook.names.count}个名称')
#012       wbook.save()
#013       wbook.close()
```

➤ 代码解析

第 1 行代码导入 xlwings 模块，设置别名为 xw。

第 2 行代码导入 os 模块。

第 3 行代码指定 Excel 示例文件名称。

第 4 行代码使用 os 模块的 path.dirname 函数获取 Python 文件所在目录，其中 __file__ 属性返回 Python 文件的全路径。

第 5 行代码使用 os 模块的 path.join 函数连接目录名和文件名获取全路径，其中 dest_path 为当前目录，file_name 为文件名。

第 6 行代码启动 Excel 应用程序（处于隐藏状态）。

第 7 行代码打开指定的 Excel 文件。

第 8 行代码循环遍历工作簿中的 name 对象。

第 9 行代码根据名称首字符确定名称的范围，如果首字符为单引号，那么该名称是工作表级别的名称，第 10 行代码设置 api.Visible 属性为 False，隐藏该名称。

第 11 行代码输出提示信息，其中 names.count 的返回值为工作簿中的名称个数，输出结果如下所示。

示例文件中共有8个名称

第 12 行代码保存工作簿。

第 13 行代码关闭工作簿。

运行示例代码隐藏工作表级别名称后，【名称管理器】对话框如图 7-51 所示。

名称被隐藏后，仍然可以正常使用，如图 7-52 所示。

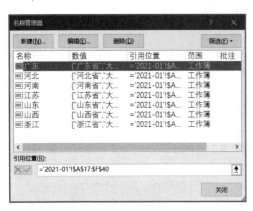

图 7-51　隐藏工作表级别名称

图 7-52　公式中使用隐藏名称

7.6　操作注释

本节将介绍如何添加注释、修改注释文字和形状等。

7.6.1　批量添加注释

示例文件中的"2021-01"工作表如图 7-53 所示。

以下示例代码在标题行区域添加注释，注释内容为所在单元格的内容。

图 7-53　示例数据表

```
#001    import xlwings as xw
#002    import os
#003    file_name = 'Demo_AddNote.xlsx'
#004    dest_path = os.path.dirname(__file__)
#005    xl_file = os.path.join(dest_path, file_name)
#006    with xw.App(visible = False, add_book = False) as xlapp:
#007        wbook = xlapp.books.open(xl_file)
#008        wsheet = wbook.sheets['2021-01']
#009        for cell in wsheet.range('A1').expand('right'):
#010            cell.api.AddComment(cell.value)
#011        wbook.save()
#012        wbook.close()
```

➢ 代码解析

第 1 行代码导入 xlwings 模块，设置别名为 xw。

第 2 行代码导入 os 模块。

第 3 行代码指定 Excel 示例文件名称。

第 4 行代码使用 os 模块的 path.dirname 函数获取 Python 文件所在目录，其中 __file__ 属性返回 Python 文件的全路径。

第 5 行代码使用 os 模块的 path.join 函数连接目录名和文件名获取全路径，其中 dest_path 为当前目录，file_name 为文件名。

第 6 行代码启动 Excel 应用程序（处于隐藏状态）。

第 7 行代码打开指定的 Excel 文件。

第 8 行代码使用名称引用工作表，并将工作表对象的引用赋值给变量 wsheet。

第 9 行代码循环遍历标题行中的单元格，其中 expand 函数的返回值为 A1 单元格向右扩展的单元格区域（即 A1:F1）。

第 10 行代码调用 api.AddComment 将单元格内容添加为注释。

第 11 行代码保存工作簿。

第 12 行代码关闭工作簿。

运行示例代码后为 A1:F1 区域的每个单元格创建了注释，效果如图 7-54 所示。

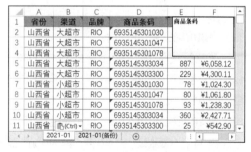

图 7-54　标题行注释

> 在 Excel for Microsoft 365 中，批注有两种类型，分别是批注 (note) 和注释 (comment)，它们的样式并不相同。

7.6.2　批量修改注释文本

示例文件中的"2021-01"工作表，标题行单元格已添加注释，如图 7-55 所示。

图 7-55　示例数据表

以下示例代码批量更新标题行注释的内容，保留原注释内容，在新的一行中添加"ExcelHome"。

```
#001   import xlwings as xw
#002   import os
#003   file_name = 'Demo_ModifyNote.xlsx'
#004   dest_path = os.path.dirname(__file__)
#005   xl_file = os.path.join(dest_path, file_name)
#006   with xw.App(visible = False, add_book = False) as xlapp:
#007       wbook = xlapp.books.open(xl_file)
#008       wsheet = wbook.sheets['2021-01']
#009       for cell in wsheet.range('A1').expand('right'):
#010           txt = cell.note.text
#011           cell.note.text = f'{txt}\nExcelHome'
#012       wbook.save()
#013       wbook.close()
```

➤ 代码解析

第 1 行代码导入 xlwings 模块，设置别名为 xw。

第 2 行代码导入 os 模块。

第 3 行代码指定 Excel 示例文件名称。

第 4 行代码使用 os 模块的 path.dirname 函数获取 Python 文件所在目录，其中 __file__ 属性返回 Python 文件的全路径。

第 5 行代码使用 os 模块的 path.join 函数连接目录名和文件名获取全路径，其中 dest_path 为当前目录，file_name 为文件名。

第 6 行代码启动 Excel 应用程序（处于隐藏状态）。

第 7 行代码打开指定的 Excel 文件。

第 8 行代码使用名称引用工作表，并将工作表对象的引用赋值给变量 wsheet。

第 9 行代码循环遍历标题行中的单元格，其中 expand 函数的返回值为 A1 单元格向右扩展的单元格区域（即 A1:F1）。

第 10 行代码使用 note.text 属性获取注释内容。

第 11 行代码修改注释内容，其中"\n"是换行符，其效果为保留原注释内容，在新的一行中添加"ExcelHome"。

第 12 行代码保存工作簿。

第 13 行代码关闭工作簿。

运行示例代码后批量更新注释，效果如图 7-56 所示。

图 7-56　批量更新注释

7.6.3　批量修改注释形状

示例文件中的"2021-01"工作表，标题行单元格已添加注释，如图 7-57 所示。

以下示例代码将批量修改注释的形状为圆角矩形。

图 7-57　示例数据表

```
#001    import xlwings as xw
#002    import os
#003    file_name = 'Demo_ModifyNote.xlsx'
#004    dest_path = os.path.dirname (__file__)
#005    xl_file = os.path.join(dest_path, file_name)
#006    with xw.App(visible = False, add_book = False) as xlapp:
#007        wbook = xlapp.books.open(xl_file)
#008        wsheet = wbook.sheets['2021-01']
#009        for cell in wsheet.range('A1').expand('right'):
#010            cell.api.Comment.Shape.AutoShapeType = 5
#011        wbook.save()
#012        wbook.close()
```

➤ 代码解析

第 1 行代码导入 xlwings 模块，设置别名为 xw。

第 2 行代码导入 os 模块。

第 3 行代码指定 Excel 示例文件名称。

第 4 行代码使用 os 模块的 path.dirname 函数获取 Python 文件所在目录，其中 __file__ 属性返回 Python 文件的全路径。

第 5 行代码使用 os 模块的 path.join 函数连接目录名和文件名获取全路径，其中 dest_path 为当前目录，file_name 为文件名。

第 6 行代码启动 Excel 应用程序（处于隐藏状态）。

第 7 行代码打开指定的 Excel 文件。

第 8 行代码使用名称引用工作表，并将工作表对象的引用赋值给变量 wsheet。

第 9 行代码循环遍历标题行中的单元格，其中 expand 函数的返回值为 A1 单元格向右扩展的单元格区域（即 A1:F1）。

第 10 行代码调用 api.Comment.Shape.AutoShapeType 设置注释形状为圆角矩形。可选形状类型的常用参数值如表 7-12 所示。

表 7-12　形状类型参数值

参数值	说明	参数值	说明
1	矩形	6	八边形
2	平行四边形	7	等腰三角形
3	梯形	8	直角三角形
4	菱形	9	椭圆形
5	圆角矩形	10	六边形

第 11 行代码保存工作簿。

第 12 行代码关闭工作簿。

运行示例代码修改注释形状类型后，效果如图 7-58 所示。

	A	B	C	D	E	F
1	省份	渠道	品牌	商品条码		
2	山西省	大超市	RIO	6935145301030		
3	山西省	大超市	RIO	6935145301047		
4	山西省	大超市	RIO	6935145301078		
5	山西省	大超市	RIO	6935145303034	887	¥6,058.12
6	山西省	大超市	RIO	6935145303300	229	¥4,300.11
7	山西省	小超市	RIO	6935145301030	78	¥1,024.30
8	山西省	小超市	RIO	6935145301047	80	¥1,061.80
9	山西省	小超市	RIO	6935145301078	93	¥1,238.30
10	山西省	小超市	RIO	6935145303034	360	¥2,427.71
11	山西省	小超市	RIO	6935145303300	25	¥542.90

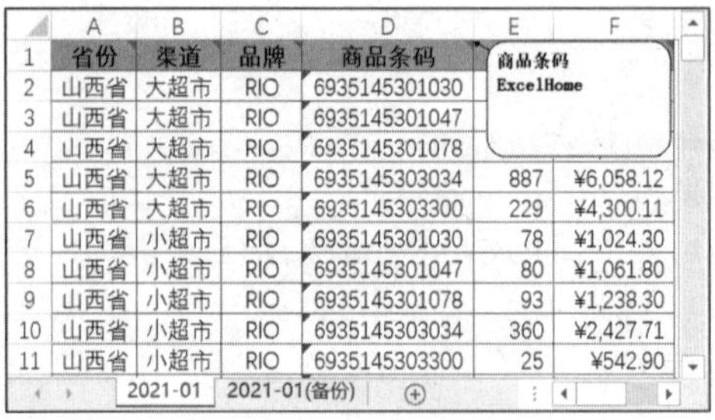

图 7-58　圆角矩形注释

7.6.4　批量设置图片注释

示例文件中的“2021-01”工作表，标题行单元格已添加注释，如图 7-59 所示。

	A	B	C	D	E	F
1	省份	渠道	品牌	商品条码		
2	山西省	大超市	RIO	6935145301030		
3	山西省	大超市	RIO	6935145301047		
4	山西省	大超市	RIO	6935145301078		
5	山西省	大超市	RIO	6935145303034	887	¥6,058.12
6	山西省	大超市	RIO	6935145303300	229	¥4,300.11
7	山西省	小超市	RIO	6935145301030	78	¥1,024.30
8	山西省	小超市	RIO	6935145301047	80	¥1,061.80
9	山西省	小超市	RIO	6935145301078	93	¥1,238.30
10	山西省	小超市	RIO	6935145303034	360	¥2,427.71
11	山西省	小超市	RIO	6935145303300	25	¥542.90

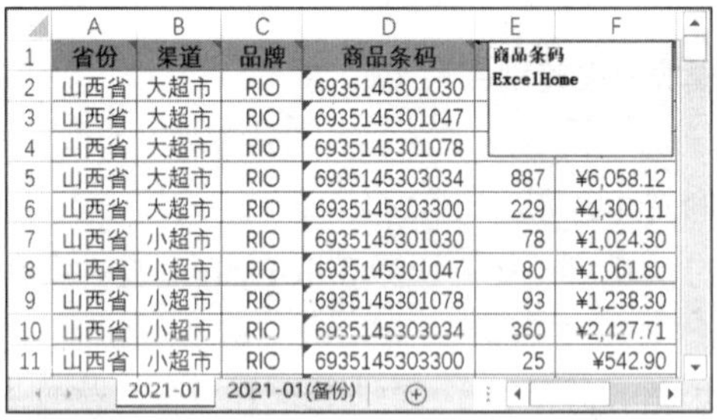

图 7-59　示例数据表

以下示例代码可以批量设置图片注释，并调整注释图形框的尺寸。

```
#001  import xlwings as xw
#002  import os
#003  file_name = 'Demo_PicNote.xlsx'
#004  logo_name = 'EH.gif'
#005  dest_path = os.path.dirname (__file__)
#006  xl_file = os.path.join(dest_path, file_name)
#007  logo_file = os.path.join(dest_path, logo_name)
#008  with xw.App(visible = False, add_book = False) as xlapp:
#009      wbook = xlapp.books.open(xl_file)
#010      wsheet = wbook.sheets['2021-01']
#011      for cell in wsheet.range('A1').expand('right'):
#012          shp = cell.api.Comment.Shape
#013          shp.Fill.UserPicture(logo_file)
#014          shp.Height = 60
#015          shp.Width = 146
#016      wbook.save()
#017      wbook.close()
```

➢ 代码解析

第 1 行代码导入 xlwings 模块，设置别名为 xw。

第 2 行代码导入 os 模块。

第 3 行代码指定 Excel 示例文件名称。

第 4 行代码指定图片文件名称。

第 5 行代码使用 os 模块的 path.dirname 函数获取 Python 文件所在目录，其中 __file__ 属性返回 Python 文件的全路径。

第 6~7 行代码使用 os 模块的 path.join 函数连接目录名和文件名获取全路径，其中 dest_path 为当前目录，file_name 为 Excel 文件名，logo_name 为图片文件名。

第 8 行代码启动 Excel 应用程序（处于隐藏状态）。

第 9 行代码打开指定的 Excel 文件。

第 10 行代码使用名称引用工作表，并将工作表对象的引用赋值给变量 wsheet。

第 11 行代码循环遍历标题行中的单元格，其中 expand 函数的返回值为 A1 单元格向右扩展的单元格区域（即 A1:F1）。

第 12 行代码调用 api.Comment.Shape 获取单元格注释对应的 Shape 对象。

第 13 行代码调用 Fill.UserPicture 在注释中填充图片，其参数为图片的全路径。

第 14~15 行代码设置注释图形框的高度和宽度以适应图片的比例。

第 16 行代码保存工作簿。

第 17 行代码关闭工作簿。

运行示例代码为注释添加图片背景，效果如图 7-60 所示。

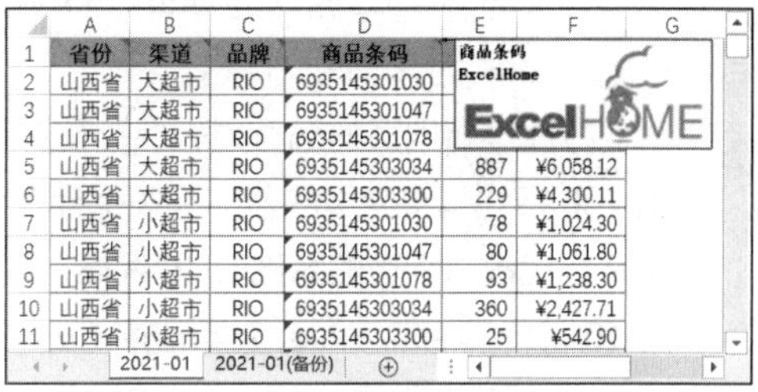

图 7-60　图片注释

7.7　操作超链接

本节将介绍如何创建和删除超链接。

7.7.1　添加网页超链接

以下示例代码在工作表中创建网页超链接，实现单击单元格跳转至 ExcelHome 技术论坛页面的功能。

```
#001   import xlwings as xw
#002   import os
#003   file_name = 'Demo_URLLink.xlsx'
#004   dest_path = os.path.dirname(__file__)
#005   xl_file = os.path.join(dest_path, file_name)
#006   key_list = [1, 2, 3, 6, 123]
#007   board_list = ['Excel基础应用', 'Excel VBA程序开发',
#008           'Excel函数与公式', 'Excel图表与图形', 'Excel透视表']
#009   base_url = r'https://club.excelhome.net'
#010   with xw.App(visible = False, add_book = False) as xlapp:
#011       wbook = xlapp.books.open(xl_file)
#012       wsheet = wbook.sheets['ExcelHome']
#013       for index, key in enumerate(key_list):
#014           url = base_url + f'/forum-{key}-1.html'
```

```
#015              wsheet.range(index+2, 1).add_hyperlink(url,
#016                  text_to_display = board_list[index],
#017                  screen_tip = f'点击访问:{board_list[index]}')
#018      wbook.save()
#019      wbook.close()
```

➤ 代码解析

第 1 行代码导入 xlwings 模块，设置别名为 xw。

第 2 行代码导入 os 模块。

第 3 行代码指定 Excel 示例文件名称。

第 4 行代码使用 os 模块的 path.dirname 函数获取 Python 文件所在目录，其中 __file__ 属性返回 Python 文件的全路径。

第 5 行代码使用 os 模块的 path.join 函数连接目录名和文件名获取全路径，其中 dest_path 为当前目录，file_name 为 Excel 文件名。

第 6 行代码将网页的编号列表保存在变量 key_list 中。

第 7~8 行代码将网页的名称列表保存在变量 board_list 中。

第 9 行代码将网页的基础 URL 保存在变量 base_url 中。

第 10 行代码启动 Excel 应用程序（处于隐藏状态）。

第 11 行代码打开指定的 Excel 文件。

第 12 行代码使用名称引用工作表，并将工作表对象的引用赋值给变量 wsheet。

第 13 行代码使用 enumerate 函数循环遍历参数列表，其中 index 为序号（从 0 开始），key 为页面编号。

第 14 行代码根据基础 URL 和页面编号构建页面地址。

第 15~17 行代码调用 add_hyperlink 函数添加超链接，其中第一个参数为页面地址，参数 text_to_display 用于设置单元格的内容，参数 screen_tip 用于设置超链接的屏幕提示文字。

第 18 行代码保存工作簿。

第 19 行代码关闭工作簿。

运行示例代码后设置超链接，效果如图 7-61 所示。

图 7-61　网页超链接

7.7.2　添加指向单元格的超链接

示例文件中有 3 个工作表，如图 7-62 所示。

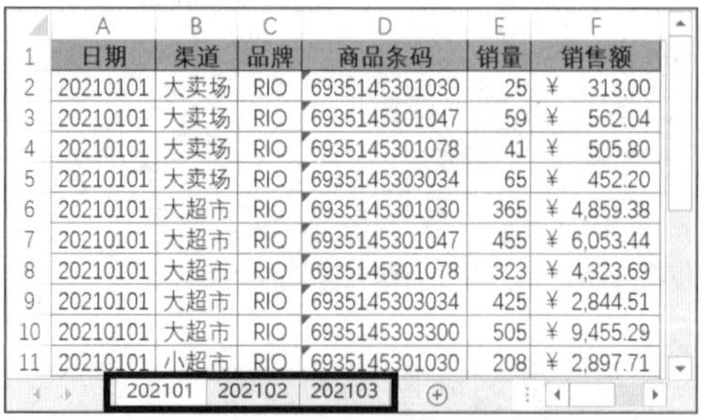

图 7-62　示例文件中的 3 个工作表

以下示例代码新建"索引"工作表，并在其中创建工作表的超链接。

```
#001  import xlwings as xw
```

```
#002    import os
#003    src_fname = 'Demo-LinkCell.xlsx'
#004    dest_path = os.path.dirname (__file__)
#005    xl_file = os.path.join(dest_path, src_fname)
#006    with xw.App(visible = False, add_book = False) as xlapp:
#007        wbook = xlapp.books.open(xl_file)
#008        wsheets = wbook.sheets
#009        ws_name = "索引"
#010        try:
#011            ws_index = wsheets.add(name = ws_name, before = wsheets[0])
#012        except ValueError:
#013            ws_index = wsheets[ws_name]
#014            ws_index.clear()
#015            if wsheets[0].name != ws_name:
#016                ws_index.api.Move(Before = wsheets[0].api)
#017        finally:
#018            for index in range(1, len(wsheets)):
#019                wsheet = wsheets[index]
#020                sub_address = wsheet.range('A1').get_address(
#021                                    False, False, True, False)
#022                ws_index.api.Hyperlinks.Add(
#023                    Anchor = ws_index.range(index, 1).api,
#024                    Address = '',
#025                    SubAddress = sub_address,
#026                    ScreenTip = f'点击跳转至工作表:{wsheet.name}',
#027                    TextToDisplay = wsheet.name)
#028        wbook.save()
#029        wbook.close()
```

➤ 代码解析

第 1 行代码导入 xlwings 模块，设置别名为 xw。

第 2 行代码导入 os 模块。

第 3 行代码指定 Excel 文件名称。

第 4 行代码使用 os 模块的 path.dirname 函数获取 Python 文件所在目录，其中 __file__ 属性返回 Python 文件的全路径。

第 5 行代码使用 os 模块的 path.join 函数连接目录名和文件名获取全路径，其中 dest_path 为当前目录，src_fname 为文件名。

第 6 行代码启动 Excel 应用程序（处于隐藏状态）。

第 7 行代码打开指定的 Excel 文件。

第 8 行代码使将工作表对象集合赋值给变量 wsheets，可以简化后续引用工作表对象的代码。

第 9 行代码指定索引工作表的名称。

第 10~27 行代码为 try 语句结构进行异常处理。

第 11 行代码使用 add 方法在工作簿中创建工作表，其名称为"索引"，参数 before 用于指定插入位置为第一个工作表之前。代码中的 wsheets[0] 相当于 wbook.sheets[0]，代表工作簿中的第一个工作表。

如果工作簿中已经存在同名工作表，那么第 11 行代码运行时将产生错误 ValueError，转而执行 except 之后的第 13~16 行代码，清空索引工作表，并将该工作表移动到最左侧（成为第一个工作表）。

如果第 11 行代码可以正常执行，则执行 finally 之后的代码段，即跳转到第 18 行代码。

第 13 行代码将"索引"工作表对象保存在变量 ws_index 中。

第 14 行代码清空"索引"工作表。

第 15 行代码判断工作簿中第一个工作表的名称是否为"索引"，如果不是的话，那么第 16 行代码调用 api.Move 将"索引"工作表移动到最左侧。

第 18 行代码使用 for 语句进行循环，其中 len(wsheets) 的返回值为工作表的个数，代码中 range 的第一个参数指定为 1，而没有使用默认的从零开始，是由于无须为"索引"工作表创建索引，而"索引"工作表是工作簿中的第一个工作表，从 1 开始循环可以跳过"索引"工作表。

第 19 行代码将序号为 index 的工作表对象保存在变量 wsheet 中。

第 20~21 行代码使用 get_address 获取单元格的引用地址，其中 range('A1') 代表工作表中的 A1 单元格。假设当前 wsheet 变量代表的工作表名称为"202101"，那么变量 first_cell 的值为 '[Demo-LinkCell.xlsx]202101'!A1，即包含工作簿和工作表名称的非绝对引用地址。

第 22~27 行代码调用 api.Hyperlinks.Add 添加超链接，其参数及说明如表 7-13 所示。

表 7-13　添加超链接的参数

参数	说明
Anchor	超链接的定位标记
Address	超链接的地址
SubAddress	超链接的子地址
ScreenTip	超链接的屏幕提示文字
TextToDisplay	超链接显示的文本（单元格内容）

由于第 22 行代码通过 api 调用相关函数，所以参数 Anchor 的赋值应使用 range 对象的 api 属性，即 range(index, 1).api。

创建超链接至单元格时，参数 Address 设置为空，参数 SubAddress 设置为被链接单元格的引用地址。

第 28 行代码保存工作簿。

第 29 行代码关闭工作簿。

运行示例代码后创建工作表索引，可以单击跳转到相应工作表，如图 7-63 所示。

使用公式添加超链接的方法，请参阅 6.8.1 小节。

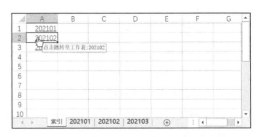

图 7-63　工作表索引

7.7.3　批量删除超链接

示例文件中的 A 列已创建超链接，如图 7-64 所示。

以下示例代码批量删除工作表中的全部超链接。

图 7-64　示例数据表

```
#001  import xlwings as xw
#002  import os
```

```
#003    file_name = 'Demo_RemoveLink.xlsx'
#004    dest_path = os.path.dirname (__file__)
#005    xl_file = os.path.join(dest_path, file_name)
#006    with xw.App(visible = False, add_book = False) as xlapp:
#007        wbook = xlapp.books.open(xl_file)
#008        wsheet = wbook.sheets['ExcelHome']
#009        hlink_list = list(wsheet.api.Hyperlinks)
#010        if hlink_list:
#011            print(f'删除工作表中的{len(hlink_list)}个超链接...')
#012            for hlink in hlink_list:
#013                hlink.Delete()
#014            wbook.save()
#015        else:
#016            print('工作表中不存在超链接')
#017        wbook.close()
```

➤ 代码解析

第 1 行代码导入 xlwings 模块，设置别名为 xw。

第 2 行代码导入 os 模块。

第 3 行代码指定 Excel 示例文件名称。

第 4 行代码使用 os 模块的 path.dirname 函数获取 Python 文件所在目录，其中 __file__ 属性返回 Python 文件的全路径。

第 5 行代码使用 os 模块的 path.join 函数连接目录名和文件名获取全路径，其中 dest_path 为当前目录，file_name 为文件名。

第 6 行代码启动 Excel 应用程序（处于隐藏状态）。

第 7 行代码打开指定的 Excel 文件。

第 8 行代码使用名称引用工作表，并将工作表对象的引用赋值给变量 wsheet。

第 9 行代码使用 api.Hyperlinks 获取超链接对象的集合，并转换为列表保存在变量 hlink_list 中。

第 10 行代码等价于如下代码，hlink_list 列表不为空时，执行后续代码。

```
if len(hlink_list) > 0:
```

如果工作表中存在超链接，那么第 11 行输出提示信息。

第 12 行代码循环遍历超链接列表，第 13 行代码删除超链接。

第 14 行代码保存工作簿。

如果工作表中不存在超链接，那么第 16 行代码输出提示信息。

第 17 行代码关闭工作簿。

运行示例代码后批量删除超链接，但是保留了单元格内容，效果如图 7-65 所示。

图 7-65　删除超链接

7.8 操作合并单元格

本节将介绍如何合并单元格、取消合并和实现保留内容合并单元格。

7.8.1 合并相同内容单元格

示例文件中的“2021-01”工作表如图 7-66 所示。

以下示例代码合并 A 列中相同内容的单元格，例如，单元格区域 A2:A16 合并后，内容为“山西省”。

	A	B	C	D	E	F
1	省份	渠道	品牌	商品条码	销量	销售额
2	山西省	大超市	RIO	6935145301030	278	¥3,541.75
15	山西省	便利店	RIO	6935145303034	31	¥249.90
16	山西省	食杂店	RIO	6935145303034	55	¥319.00
17	广东省	大卖场	RIO	6935145301030	127	¥1,557.40
39	广东省	食杂店	RIO	6935145301078	9	¥117.50
40	广东省	食杂店	RIO	6935145303034	1	¥7.00
41	河北省	大卖场	RIO	6935145301030	25	¥313.00
58	河北省	便利店	RIO	6935145303034	575	¥4,535.79
59	河北省	便利店	RIO	6935145303300	21	¥332.80
60	河南省	大卖场	RIO	6935145301030	556	¥7,174.10
61	河南省	大卖场	RIO	6935145301047	604	¥7,750.70
62	河南省	大卖场	RIO	6935145301078	414	¥5,301.11

2021-01　2021-01(备份)

图 7-66　示例数据表

```
#001 import xlwings as xw
#002 import os
#003 file_name = 'Demo_MergeArea.xlsx'
#004 dest_path = os.path.dirname(__file__)
#005 xl_file = os.path.join(dest_path, file_name)
#006 with xw.App(visible = False, add_book = False) as xlapp:
#007     wbook = xlapp.books.open(xl_file)
#008     wsheet = wbook.sheets['2021-01']
#009     prov_list = wsheet.range('A2').expand('down').value
#010     dict_s = {}
#011     dict_e = {}
#012     for index, province in enumerate(prov_list):
#013         if province not in dict_s:
#014             dict_s[province] = index + 2
#015         dict_e[province] = index + 2
#016     xlapp.display_alerts = False
#017     for prov in set(prov_list):
#018         if dict_e[prov] > dict_s[prov]:
#019             ref = f'A{dict_s[prov]}:A{dict_e[prov]}'
#020             wsheet.range(ref).merge()
#021     wbook.save()
#022     wbook.close()
```

➢ 代码解析

第 1 行代码导入 xlwings 模块，设置别名为 xw。

第 2 行代码导入 os 模块。

第 3 行代码指定 Excel 示例文件名称。

第 4 行代码使用 os 模块的 path.dirname 函数获取 Python 文件所在目录，其中 __file__ 属性返回 Python 文件的全路径。

第 5 行代码使用 os 模块的 path.join 函数连接目录名和文件名获取全路径，其中 dest_path 为当前目录，file_name 为文件名。

第 6 行代码启动 Excel 应用程序（处于隐藏状态）。

第 7 行代码打开指定的 Excel 文件。

第 8 行代码使用名称引用工作表，并将工作表对象的引用赋值给变量 wsheet。

第 9 行代码中 expand 函数的返回值为 A2 单元格向下扩展的单元格区域（即 A2:A141），value 属性返回单元格的值，变量 prove_list 保存的是 A 列全部省份名称组成的列表。

第 10~11 行代码创建两个字典对象，其中 dict_s 用于保存指定省份的首行行号，dict_e 用于保存指定省份的末行行号。

第 12 行代码使用 enumerate 函数循环遍历省份名称列表，其中 index 为序号（从零开始），province 为省份名称。

第 13 行代码判断省份名称是否已经存在于 dict_s 中。如果不存在，说明当前省份名称首次出现，第 14 行代码将该行的行号（即 index+2）保存在 dict_s 对象中。

第 15 行代码将当前行的行号（即 index+2）保存在 dict_e 对象中。

第 16 行代码设置 Excel 应用程序的 display_alerts 属性为 False，禁止 Excel 显示提示信息，这样可以避免合并单元格时 Excel 弹出如图 7-67 所示的对话框。

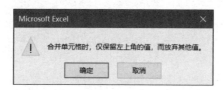

图 7-67　合并单元格时提示对话框

第 17 行代码循环遍历去重后的省份名称清单。由于 set 集合具备非重复的特性，其中 set 函数将列表转换为 set 集合时，实现了省份名称去重。

第 18 行代码判断是否需要合并单元格。如果起始行号与结束行号相同，那么就无须合并单元格。

第 19 行代码构建待合并单元格区域的引用地址字符串。

第 20 行代码调用 range 对象的 merge 函数合并单元格区域。

使用 resize 函数也可以实现相同的操作，代码如下。

```
wsheet.range('A1').resize(dict_e[prov]-dict_s[prov]+1, 1).merge()
```

第 21 行代码保存工作簿。

第 22 行代码关闭工作簿。

运行示例代码后完成单元格合并，效果如图 7-68 所示。

图 7-68　合并相同内容单元格

7.8.2　取消合并单元格并填充数据

在示例文件的"2021-01"工作表中，A 列存在大量合并单元格，如图 7-69 所示。

	A	B	C	D	E	F
1	省份	渠道	品牌	商品条码	销量	销售额
2	山西省	大超市	RIO	6935145301030	278	¥3,541.75
3		大超市	RIO	6935145301047	211	¥2,735.00
15		便利店	RIO	6935145303034	31	¥249.90
16		食杂店	RIO	6935145303034	55	¥319.00
17	广东省	大卖场	RIO	6935145301030	127	¥1,557.40
39		食杂店	RIO	6935145301078	9	¥117.50
40		食杂店	RIO	6935145303034	1	¥7.00
41	河北省	大卖场	RIO	6935145301030	25	¥313.00
58		便利店	RIO	6935145303034	575	¥4,535.79
59		便利店	RIO	6935145303300	21	¥332.80

2021-01　2021-01(备份)

图 7-69　包含合并单元格的示例数据表

以下示例代码取消 A 列的所有合并单元格，并在空白单元格中填充相应的省份名称。

```
#001   import xlwings as xw
#002   import os
#003   file_name = 'Demo_UnmergeArea.xlsx'
#004   dest_path = os.path.dirname(__file__)
#005   xl_file = os.path.join(dest_path, file_name)
#006   with xw.App(visible = False, add_book = False) as xlapp:
#007       wbook = xlapp.books.open(xl_file)
#008       wsheet = wbook.sheets['2021-01']
#009       rows_cnt = wsheet.used_range.shape[0]
#010       dict_area = {}
#011       cell = wsheet.range('A1')
#012       while True:
#013           cell = cell.end('down')
#014           if cell.row > rows_cnt:
#015               break
#016           else:
#017               area = cell.merge_area
#018               if area.merge_cells:
#019                   dict_area[area.address] = cell.value
#020       first_col = wsheet.range('A1').resize(rows_cnt)
#021       first_col.unmerge()
#022       ref_cell = wsheet.range('B1').api.Borders(7)
#023       first_col.api.Borders.Color = ref_cell.Color
#024       first_col.api.Borders.LineStyle = ref_cell.LineStyle
#025       first_col.api.Borders.Weight = ref_cell.Weight
#026       for key in dict_area:
#027           wsheet.range(key).value = dict_area[key]
#028       wbook.save()
#029       wbook.close()
```

➢ 代码解析

第 1 行代码导入 xlwings 模块，设置别名为 xw。

第 2 行代码导入 os 模块。

第 3 行代码指定 Excel 示例文件名称。

第 4 行代码使用 os 模块的 path.dirname 函数获取 Python 文件所在目录，其中 __file__ 属性返回 Python 文件的全路径。

第 5 行代码使用 os 模块的 path.join 函数连接目录名和文件名获取全路径，其中 dest_path 为当前目录，file_name 为文件名。

第 6 行代码启动 Excel 应用程序（处于隐藏状态）。

第 7 行代码打开指定的 Excel 文件。

第 8 行代码使用名称引用工作表，并将工作表对象的引用赋值给变量 wsheet。

第 9 行代码中 used_range.shape 的返回值为工作表中数据区域的形状，该元组中的第一个元素为数据区域的行数。

第 10 行代码创建字典对象，用于保存 area 对象的引用地址和首单元格的值。

第 11 行代码将 A1 单元格对象的引用保存在变量 cell 中。

第 12 行代码中的循环条件设置为 True，将成为一个永久循环。

> 使用永久循环时，在循环结构内，必须包含循环终止语句（第 15 行代码），否则将成为一个死循环。

第 13 行代码由 cell 代表的单元格开始向下定位边界单元格。end 函数的详细讲解请参阅 7.2.3 小节。

在合并单元格区域中，只有首单元格有内容，其他单元格内容为空，因此需要注意在这种情况下 end('down') 的定位效果。

在图 7- 69 所示的工作表中，A 列存在合并单元格。range('A1').end('down') 的返回值为单元格 A2，range('A2').end('down') 的返回值为单元格 A17，相当于快捷键 <Ctrl+ ↓ > 的操作效果。

第 14 行代码判断单元格的行号是否已经超出数据区域范围，如果满足条件，则第 15 行代码终止循环，否则执行第 17~19 行代码。

第 17 行代码使用 merge_cells 属性判断指定单元格是否属于合并单元格区域。

第 18 行代码使用 range 对象的 merge_cells 属性获取合并单元格区域的引用地址。

第 19 行代码将合并单元格区域的引用地址和首单元格的内容保存在字典对象中。

第 20 行代码使用 resize 函数获取 A 列有数据的单元格区域。

第 21 行代码调用 unmerge 函数取消该列中的全部合并单元格。整列操作比逐个取消合并单元格效率更高，节省代码运行时间。

第 22 行代码将 B1 单元格的左侧边框对象保存在变量 ref_cell 中，这将作为 A 列边框线格式的参考样式。

第 23~25 行代码设置 A 列数据区域边框线的颜色、线型和线宽。

第 26 行代码循环遍历字典对象 dict_area，第 27 行代码为每个合并单元格区域填充相应的值（即首个单元格的内容）。

第 28 行代码保存工作簿。

第 29 行代码关闭工作簿。

运行示例代码后，取消合并单元格并填充数据，效果如图 7-70 所示。

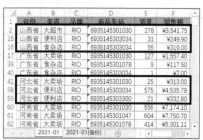

图 7-70　取消合并单元格并填充数据

图 7-71　示例数据表

7.8.3　保留内容合并单元格

示例文件中的"2021-01"工作表如图 7-71 所示。

以下示例代码将合并 A 列和 B 列的同行单元格，并将内容进行组合。

```
#001    import xlwings as xw
#002    import os
#003    file_name = 'Demo_MergeContent.xlsx'
#004    dest_path = os.path.dirname(__file__)
#005    xl_file = os.path.join(dest_path, file_name)
#006    with xw.App(visible = False, add_book = False) as xlapp:
#007        wbook = xlapp.books.open(xl_file)
#008        wsheet = wbook.sheets['2021-01']
#009        xlapp.display_alerts = False
#010        for cell in wsheet.range('A1').expand('down'):
#011            merge_range = cell.resize(1, 2)
#012            content = '-'.join(merge_range.value)
#013            merge_range.merge()
#014            cell.value = content
#015        wbook.save()
#016        wbook.close()
```

➤ 代码解析

第 1 行代码导入 xlwings 模块，设置别名为 xw。

第 2 行代码导入 os 模块。

第 3 行代码指定 Excel 示例文件名称。

第 4 行代码使用 os 模块的 path.dirname 函数获取 Python 文件所在目录，其中 __file__ 属性返回 Python 文件的全路径。

第 5 行代码使用 os 模块的 path.join 函数连接目录名和文件名获取全路径，其中 dest_path 为当前目录，file_name 为文件名。

第 6 行代码启动 Excel 应用程序（处于隐藏状态）。

第 7 行代码打开指定的 Excel 文件。

第 8 行代码使用名称引用工作表，并将工作表对象的引用赋值给变量 wsheet。

第 9 行代码设置 Excel 应用程序的 display_alerts 属性为 False，禁止显示提示信息，这样可以屏蔽合并单元格时的用户确认对话框。

第 10 行代码循环遍历数据表中的 A 列单元格，其中 expand('down') 的返回值为 A1 单元格向下扩展的单元格区域（即 A1:A141）。

第 11 行代码使用 resize 函数将单元格区域扩展为一行两列，即包含 A 列和 B 列的单元格。

第 12 行代码在合并单元格之前合并内容，其中 merge_range.value 的返回值为包含两个元素的列表，使用 join 函数将列表元素合并为字符串，并使用减号作为分隔符。

第 13 行代码合并单元格区域。

第 14 行代码为合并后的单元格赋值。

第 15 行代码保存工作簿。

第 16 行代码关闭工作簿。

运行示例代码后的效果如图 7-72 所示。

	A	B	C	D	E	F
1	省份-渠道		品牌	商品条码	销量	销售额
2	山西省-大超市		RIO	6935145301030	278	¥3,541.75
3	山西省-大超市		RIO	6935145301047	211	¥2,735.00
4	山西省-大超市		RIO	6935145301078	258	¥3,282.30
5	山西省-大超市		RIO	6935145303034	887	¥6,058.12
6	山西省-大超市		RIO	6935145303300	229	¥4,300.11
7	山西省-小超市		RIO	6935145301030	78	¥1,024.30
8	山西省-小超市		RIO	6935145301047	80	¥1,061.80
9	山西省-小超市		RIO	6935145301078	93	¥1,238.30
10	山西省-小超市		RIO	6935145303034	360	¥2,427.71
11	山西省-小超市		RIO	6935145303300	25	¥542.90

2021-01   2021-01(备份)

图 7-72　合并单元格并保留内容

7.9　操作表格

本节将介绍如何创建表格、将表格转换为数据区域，以及修改表格。

7.9.1　批量将数据区域转换为表格

⊃ I　使用 xlwings 模块批量创建表格

示例文件中有多张销售数据工作表，每个工作表中的数据行数不同，如图 7-73 所示。

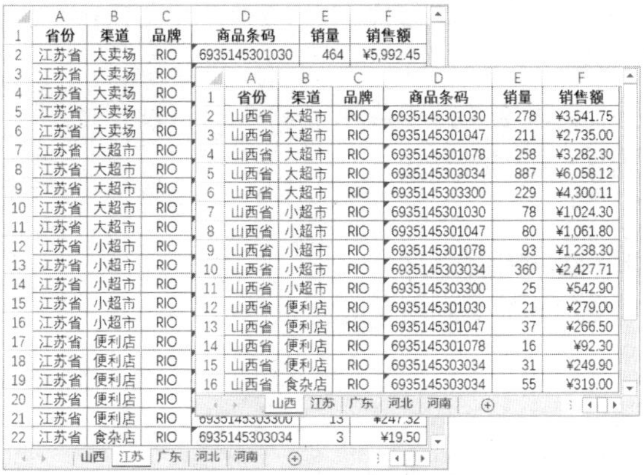

图 7-73　示例数据表

以下示例代码将工作表中的数据区域创建为包含标题的表格，工作表名称作为表格名称。

```
#001  import xlwings as xw
#002  import os
#003  file_name = 'Demo_CreateTable.xlsx'
#004  dest_path = os.path.dirname(__file__)
#005  xl_file = os.path.join(dest_path, file_name)
#006  with xw.App(visible = False, add_book = False) as xlapp:
#007      wbook = xlapp.books.open(xl_file)
#008      for wsheet in wbook.sheets:
#009          tab = wsheet.tables.add(
#010              source = wsheet.range('A1').current_region,
#011              name = wsheet.name,
#012              has_headers = True,
#013              table_style_name = 'TableStyleLight15')
#014      wbook.save(xl_file.replace('Demo', 'Demo_xw'))
#015      wbook.close()
```

➢ 代码解析

第 1 行代码导入 xlwings 模块，设置别名为 xw。

第 2 行代码导入 os 模块。

第 3 行代码指定 Excel 示例文件名称。

第 4 行代码使用 os 模块的 path.dirname 函数获取 Python 文件所在目录，其中 __file__ 属性返回 Python 文件的全路径。

第 5 行代码使用 os 模块的 path.join 函数连接目录名和文件名获取全路径，其中 dest_path 为当前

目录，file_name 为文件名。

第 6 行代码启动 Excel 应用程序（处于隐藏状态）。

第 7 行代码打开指定的 Excel 文件。

第 8 行代码循环遍历示例工作簿中的全部工作表。

第 9~13 行代码调用 tables.add 创建表格。

其中参数 source 用于指定表数据的来源，range('A1').current_region 代表 A1 单元格所在的当前数据区域。

参数 name 用于指定表格名称，第 11 行代码使用工作表名称作为表格名称。

参数 has_headers 用于指定表格是否包含标题行，第 12 行代码设置为 True，即表格包含标题。

参数 table_style_name 用于指定表格样式。

第 14 行代码将示例工作簿另存为新的 Excel 文件。

第 15 行代码关闭工作簿。

运行示例代码后批量创建表格，效果如图 7-74 所示。

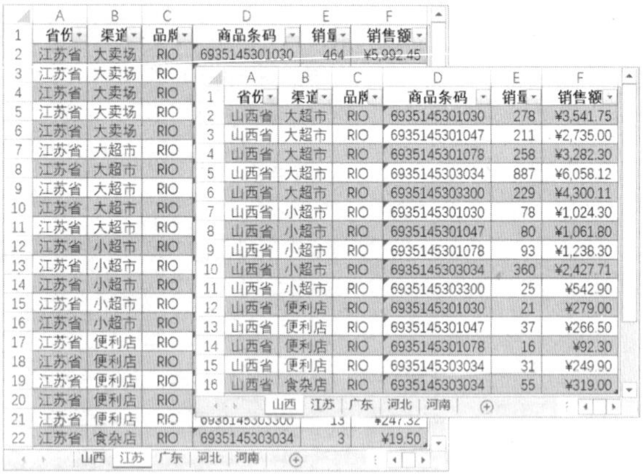

图 7-74　批量创建表格

⊃ Ⅱ　使用 openpyxl 模块批量创建表格

示例文件中有多张销售数据工作表，每个工作表中的数据行数不同，如图 7-75 所示。

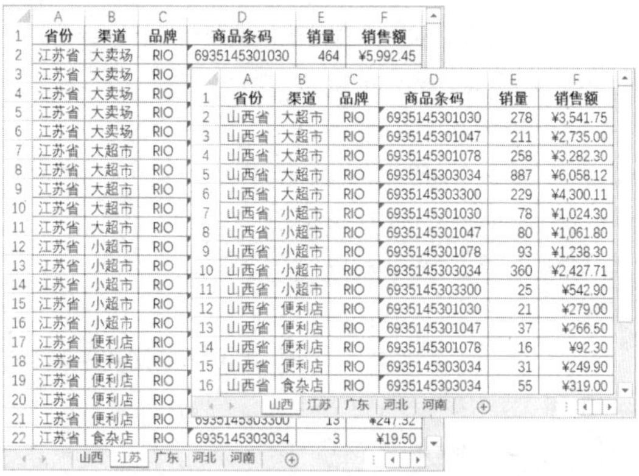

图 7-75　示例数据表

以下示例代码使用 openpyxl 模块将各工作表中的数据区域创建为包含标题的表格，工作表名称作为表格名称。

```
#001    from openpyxl import load_workbook
#002    from openpyxl.worksheet.table import Table, TableStyleInfo
#003    from openpyxl.utils import get_column_letter
#004    import os
#005    file_name = 'Demo_CreateTable.xlsx'
#006    dest_path = os.path.dirname(__file__)
#007    xl_file = os.path.join(dest_path, file_name)
```

```
#008    wbook = load_workbook(xl_file)
#009    for sht_name in wbook.sheetnames:
#010        wsheet = wbook[sht_name]
#011        lst_row = wsheet.max_row
#012        lst_col = get_column_letter(wsheet.max_column)
#013        tab = Table(displayName = sht_name,
#014                ref = f'A1:{lst_col}{lst_row}')
#015        style = TableStyleInfo(name = "TableStyleLight15",
#016                showRowStripes = True)
#017        tab.tableStyleInfo = style
#018        wsheet.add_table(tab)
#019    wbook.save(xl_file.replace('Demo', 'Demo_opx'))
```

➤ 代码解析

第 1 行代码由 openpyxl 模块导入 load_workbook 函数。

第 2 行代码由 openpyxl.worksheet.table 模块导入 Table 函数和 TableStyleInfo 函数。

第 3 行代码由 openpyxl.utils 模块导入 get_column_letter 函数。

第 4 行代码导入 os 模块。

第 5 行代码指定 Excel 示例文件名称。

第 6 行代码使用 os 模块的 path.dirname 函数获取 Python 文件所在目录，其中 __file__ 属性返回 Python 文件的全路径。

第 7 行代码使用 os 模块的 path.join 函数连接目录名和文件名获取全路径，其中 dest_path 为当前目录，file_name 为文件名。

第 8 行代码打开指定的 Excel 文件。

第 9 行代码循环遍历示例工作簿中的工作表名称。

第 10 行代码使用名称引用工作表，并将工作表对象的引用赋值给变量 wsheet。

第 11 行代码中 max_row 属性的返回值为工作表中数据区域的行数。

第 12 行代码中 max_column 属性的返回值为工作表中数据区域的列数，并调用 get_column_letter 函数将列号转换为列标，如 get_column_letter(4) 的返回值为"D"。

第 13~14 行代码调用 Table 函数创建表格对象，其中参数 displayName 用于指定表格名称，参数 ref 用于指定表数据来源的引用地址。

第 15~16 行代码设置表格样式，其中参数 name 用于指定 Excel 内置表格样式，参数 showRowStripes 用于设置是否显示镶边行。

第 17 行代码调用 tableStyleInfo 属性设置表格样式。

第 18 行代码调用 add_table 函数创建表格。

第 19 行代码将示例工作簿另存为新的 Excel 文件。

运行示例代码后批量创建表格，效果如图 7-76 所示。

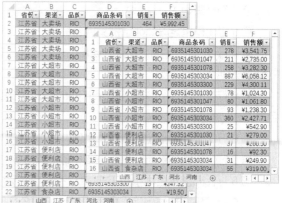

图 7-76 批量创建表格

7.9.2　批量将表格转换为数据区域

示例文件中有多张销售数据工作表，每个工作表中已经创建了表格，如图 7-77 所示。

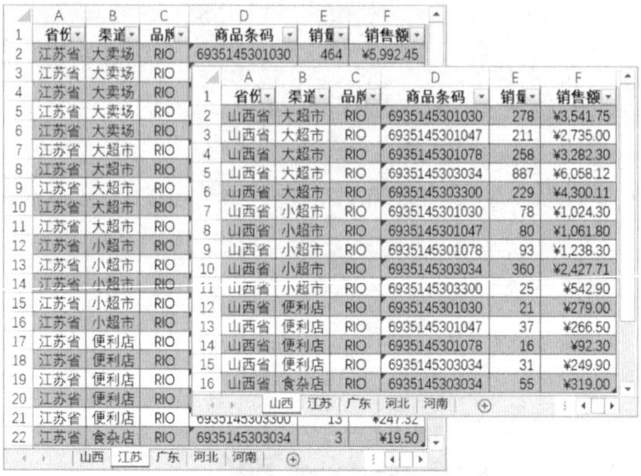

图 7-77　示例数据表

以下示例代码将批量转换工作簿的全部表格为数据区域。

```
#001    from openpyxl import load_workbook
#002    import os
#003    file_name = 'Demo_Table2Range.xlsx'
#004    dest_path = os.path.dirname(__file__)
#005    xl_file = os.path.join(dest_path, file_name)
#006    wbook = load_workbook(xl_file)
#007    for sht_name in wbook.sheetnames:
#008        wsheet = wbook[sht_name]
#009        for ta in list(wsheet.tables):
#010            print(f'转换表格[{ta}] ...')
#011            del wsheet.tables[ta]
#012    wbook.save(xl_file)
#013    wbook.close()
```

➢ 代码解析

第 1 行代码由 openpyxl 模块导入 load_workbook 函数。

第 2 行代码导入 os 模块。

第 3 行代码指定 Excel 示例文件名称。

第 4 行代码使用 os 模块的 path.dirname 函数获取 Python 文件所在目录，其中 __file__ 属性返回 Python 文件的全路径。

第 5 行代码使用 os 模块的 path.join 函数连接目录名和文件名获取全路径，其中 dest_path 为当前目录，file_name 为文件名。

第 6 行代码打开指定的 Excel 文件。

第 7 行代码循环遍历示例工作簿中的工作表名称。

第 8 行代码使用名称引用工作表，并将工作表对象的引用赋值给变量 wsheet。

第 9 行代码循环遍历工作表中的 tables 对象列表。

第 10 行代码输出提示信息。

第 11 行代码调用 del 方法删除指定的 table 对象。

第 12 行代码保存工作簿。

第 13 行代码关闭工作簿。

运行示例代码后，原有的表格全部转换为了数据区域，效果如图 7-78 所示。

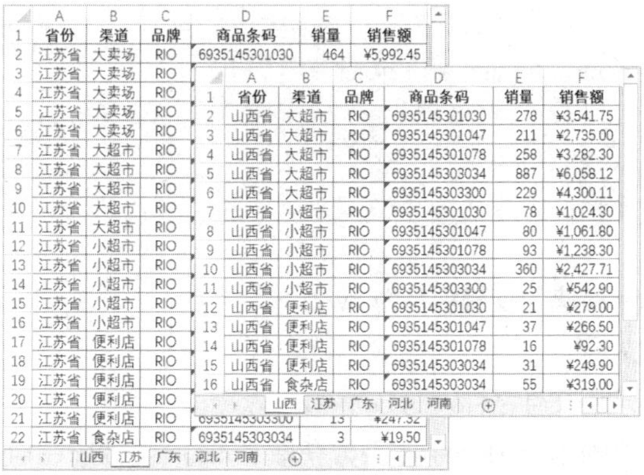

图 7-78　批量将表格转换为数据区域

7.9.3　批量修改表格添加总计行

示例文件中有多张销售数据工作表，每个工作表中已经创建了表格，如图 7-79 所示。

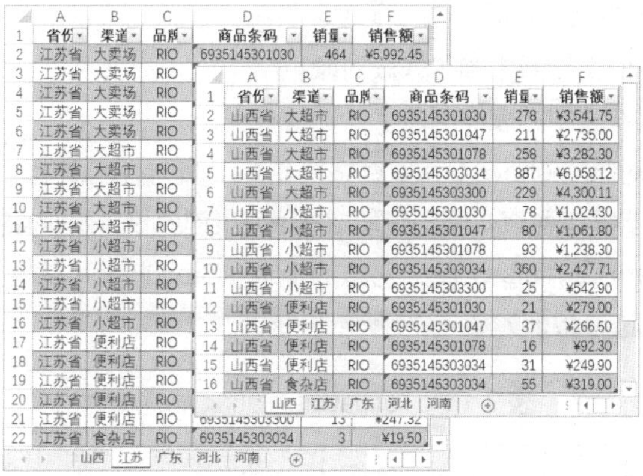

图 7-79　示例数据表

以下示例代码为每个表格添加总计行，并在销量和销售额两列设置汇总方式为"求和"。

```
#001  import xlwings as xw
#002  import os
#003  file_name = 'Demo_ModifyTable.xlsx'
#004  dest_path = os.path.dirname(__file__)
#005  xl_file = os.path.join(dest_path, file_name)
#006  with xw.App(visible = False, add_book = False) as xlapp:
#007      wbook = xlapp.books.open(xl_file)
#008      for wsheet in wbook.sheets:
#009          for tab in wsheet.tables:
#010              tab.show_totals = True
#011              for measure in ['销量', '销售额']:
```

```
#012                        wsheet.api.ListObjects(wsheet.name). \
#013                    ListColumns(measure).TotalsCalculation = 1
#014              wsheet.autofit()
#015              total_row = tab.totals_row_range
#016              total_row[0].value = '合计'
#017              qty = total_row[-2].value
#018              amt = total_row[-1].value
#019              print(f'表格:{tab.name}，总销量:{qty}，总销售额:{amt}')
#020         wbook.save()
#021         wbook.close()
```

➤ 代码解析

第 1 行代码导入 xlwings 模块，设置别名为 xw。

第 2 行代码导入 os 模块。

第 3 行代码指定 Excel 示例文件名称。

第 4 行代码使用 os 模块的 path.dirname 函数获取 Python 文件所在目录，其中 __file__ 属性返回 Python 文件的全路径。

第 5 行代码使用 os 模块的 path.join 函数连接目录名和文件名获取全路径，其中 dest_path 为当前目录，file_name 为文件名。

第 6 行代码启动 Excel 应用程序（处于隐藏状态）。

第 7 行代码打开指定的 Excel 文件。

第 8 行代码循环遍历示例工作簿中的工作表对象。

第 9 行代码循环遍历工作表中的表格对象。

第 10 行代码设置表格对象的 show_totals 属性为 True，即显示总计行。

第 11 行代码循环遍历字符串列表，用于获取数据表中相应列的标题内容。

第 12~13 行代码通过 api 调用 ListObject 对象的 TotalsCalculation 属性，设置汇总方式为"求和"。TotalsCalculation 属性的可选参数值如表 7-14 所示。

表 7-14　TotalsCalculation 属性值

参数值	说明
0	无计算
1	列表列中所有值的和
2	平均
3	对非空单元格进行计数
4	对数值单元格进行计数
5	列表中的最小值
6	列表中的最大值
7	标准偏差值
8	变量
9	自定义计算

第 14 行代码调用工作表对象的 autofit 函数自动调整行高和列宽以适应单元格内容。

第 15 行代码中 totals_row_range 属性的返回值为表格对象的总计行单元格区域。

第 16 行代码设置总计行中的第一个单元格（A 列单元格）的内容为"合计"。

第 17~18 行代码从汇总行中读取"销量"和"销售额"的总计值保存在变量 qty 和变量 amt 中。

第 19 行代码输出合计信息。

第 20 行代码保存工作簿。

第 21 行代码关闭工作簿。

运行示例代码后添加总计行，效果如图 7-80 所示。

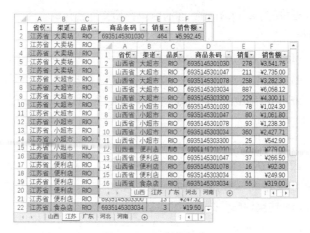

图 7-80　添加合计行

运行示例代码后输出结果如下所示。

表格:山西, 总销量:2659.0, 总销售额:27418.99

表格:江苏, 总销量:9949.0, 总销售额:138961.97

表格:广东, 总销量:3144.0, 总销售额:37961.57

表格:河北, 总销量:4500.0, 总销售额:55914.46

表格:河南, 总销量:13138.0, 总销售额:175374.91

7.9.4　批量更新表格添加数据列

示例文件中有多张销售数据工作表，每个工作表中已经创建表格，如图 7-81 所示。

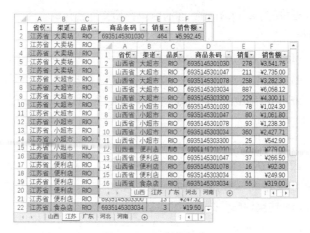

图 7-81　示例数据表

以下示例代码为每个表格添加数据列"售价"，并设置数字格式。

```
#001   import xlwings as xw
#002   import pandas as pd
#003   import os
#004   file_name = 'Demo_UpdateTable.xlsx'
#005   dest_path = os.path.dirname(__file__)
#006   xl_file = os.path.join(dest_path, file_name)
#007   dict = pd.read_excel(xl_file, sheet_name = None)
#008   for prov in dict:
#009       df = dict[prov]
#010       df['售价'] = round(df['销售额']/df['销量'], 2)
#011   with xw.App(visible = False, add_book = False) as xlapp:
#012       wbook = xlapp.books.open(xl_file)
#013       for wsheet in wbook.sheets:
#014           df = dict[wsheet.name]
#015           data = list([price] for price in df['售价'])
#016           cell = wsheet.range('A1').end('right').offset(0, 1)
#017           cell.value = '售价'
#018           cell.offset(1, 0).value = data
#019           cell.expand('down').number_format = '¥#, ##0.00'
#020           wsheet.autofit()
#021       wbook.save()
#022       wbook.close()
```

➤ 代码解析

第 1 行代码导入 xlwings 模块，设置别名为 xw。

第 2 行代码导入 pandas 模块，设置别名为 pd。

第 3 行代码导入 os 模块。

第 4 行代码指定 Excel 示例文件名称。

第 5 行代码使用 os 模块的 path.dirname 函数获取 Python 文件所在目录，其中 __file__ 属性返回 Python 文件的全路径。

第 6 行代码使用 os 模块的 path.join 函数连接目录名和文件名获取全路径，其中 dest_path 为当前目录，file_name 为文件名。

第 7 行代码调用 pandas 模块的 read_excel 函数读取示例工作簿中的数据。其中第一个参数用于指定源工作簿的全路径，参数 sheet_name 设置为 None，则读取工作簿中的全部工作表，此时 read_excel 函数的返回值为多个 DataFrame 组成的字典对象，字典对象的键值为工作表名称。

第 8 行代码循环遍历字典对象。

第 9 行代码提取单个工作表的全部数据（DataFrame 类型）。

第 10 行代码创建"售价"列，其值为"销售额 / 销量"，其中 round 函数用于对计算结果进行四舍五入处理，第二个参数设置为 2，则结果保留两位小数。

第 11 行代码启动 Excel 应用程序（处于隐藏状态）。

第 12 行代码打开指定的 Excel 文件。

第 13 行代码循环遍历示例工作簿中的全部工作表对象。

第 14 行代码提取指定工作表数据（DataFrame 类型）。

第 15 行代码将 DataFrame 中的"售价"列转换为嵌套列表，用于单元格区域赋值。

第 16 行代码定位"售价"的首行单元格，range('A1').end('right') 的返回值为 A1 单元格向右的边界单元格（即 F1），offset(0, 1) 将单元格向右偏移一列（即 G1）。

第 17 行代码将"售价"列标题写入 G1 单元格。

第 18 行代码将"售价"列数据写入 G 列第 2 行开始的单元格区域。

第 19 行代码设置数据表中 G 列的数字格式。

第 20 行代码自动调整行高和列宽以适应单元格内容。

第 21 行代码保存工作簿。

第 22 行代码关闭工作簿。

运行示例代码后为表格添加数据列，效果如图 7-82 所示。

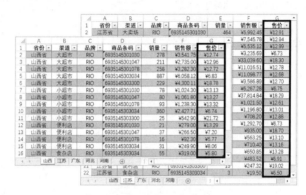

图 7-82　添加"售价"列

7.10　复制粘贴

本节将介绍如何使用复制粘贴合并数据、创建链接图片等。

7.10.1　复制粘贴合并数据

示例文件中有多张销售数据工作表，每张工作表中的数据行数不同，如图 7-83 所示。

图 7-83　示例数据表

以下示例代码使用复制粘贴的方式，将不同区域的销售记录合并至一张新工作表中。

```
#001   import xlwings as xw
#002   import os
#003   file_name = 'Demo_CopyPaste.xlsx'
#004   dest_path = os.path.dirname(__file__)
#005   xl_file = os.path.join(dest_path, file_name)
#006   with xw.App(visible = False, add_book = False) as xlapp:
#007       wbook = xlapp.books.open(xl_file)
#008       sht_name = '合并数据'
#009       try:
#010           wsheet = wbook.sheets.add(name = sht_name,
#011                            before = wbook.sheets[0])
#012       except ValueError:
#013           wsheet = wbook.sheets[sht_name]
#014           wsheet.clear()
#015       finally:
#016           for sht_data in wbook.sheets:
#017               if sht_data.name != sht_name:
#018                   if wsheet.range('A1').value is None:
#019                       sht_data.range('A1').current_region.copy()
#020                       wsheet.range('A1').paste()
#021                   else:
#022                       data = sht_data.range('A2').expand('table')
#023                       last_cell = wsheet.range('A1').end('down')
#024                       data.copy(last_cell.offset(1, 0))
#025       wsheet.autofit()
#026       wbook.save()
#027       wbook.close()
```

➢ 代码解析

第 1 行代码导入 xlwings 模块，设置别名为 xw。

第 2 行代码导入 os 模块。

第 3 行代码指定 Excel 示例文件名称。

第 4 行代码使用 os 模块的 path.dirname 函数获取 Python 文件所在目录，其中 __file__ 属性返回 Python 文件的全路径。

第 5 行代码使用 os 模块的 path.join 函数连接目录名和文件名获取全路径，其中 dest_path 为当前目录，file_name 为文件名。

第 6 行代码启动 Excel 应用程序（处于隐藏状态）。

第 7 行代码打开指定的 Excel 文件。

第 8 行代码指定保存合并后数据的工作表名称。

第 9~24 行代码为 try 语句结构进行异常处理。

第 10~11 行代码使用 add 方法在工作簿中创建工作表，其名称为"合并数据"（下文称为目标工作表），参数 before 用于指定工作表插入位置为第一个工作表之前。

如果工作簿中已经存在同名工作表，那么创建工作表代码运行时将产生错误 ValueError，转而执行 except 之后的第 13~14 行代码，清空目标工作表。

如果第 10~11 行代码可以正常执行，则直接跳转 finally 之后执行第 16 行代码。

第 16 行代码循环遍历示例工作簿中的全部工作表对象。

第 17 行代码判断循环变量 sht_data 所代表的工作表（下文称为源工作表）名称是否为"合并数据"，如果满足条件，则不做处理。

第 18 行代码判断目标工作表中的 A1 单元格是否为空，如果为空，则应将源工作表中的全部内容（包含标题行）复制到目标工作表中。

第 19 行代码调用 copy 函数复制指定的单元格区域，其中 range('A1').current_region 的返回值为 A1 单元格所在的当前数据区域。

第 20 行代码将剪贴板内容粘贴至目标工作表中，A1 单元格为左上角的单元格区域。

如果目标工作表中的 A1 单元格不为空，那么应将源工作表中的数据表（不包含标题行）复制到目标工作表中的已有数据行之下。

第 22 行代码获取数据工作表中的数据表（不包含标题行），range('A2').expand('table') 的返回值为 A2 单元格向右再向下扩展的单元格区域，注意此处的起始单元格为 A2，expand 的返回值为不包含标题行的数据表单元格区域。

第 23 行代码获取目标工作表中 A 列的最后一个非空单元格。

第 24 行代码将源工作表中的数据复制至目标工作表中 A 列的第一个空单元格。

第 25 行代码自动调整行高和列宽以适应单元格内容。

第 26 行代码保存工作簿。

第 27 行代码关闭工作簿。

运行示例代码后合并多张工作表的数据，效果如图 7-84 所示。

	A	B	C	D	E	F
1	省份	渠道	品牌	商品条码	销量	销售额
2	山西省	大超市	RIO	6935145301030	278	¥3,541.75
3	山西省	大超市	RIO	6935145301047	211	¥2,735.00
4	山西省	大超市	RIO	6935145301078	258	¥3,282.30
5	山西省	大超市	RIO	6935145303034	887	¥6,058.12
6	山西省	大超市	RIO	6935145303300	229	¥4,300.11
7	山西省	小超市	RIO	6935145301030	78	¥1,024.30
8	山西省	小超市	RIO	6935145301047	80	¥1,061.80
9	山西省	小超市	RIO	6935145301078	93	¥1,238.30
10	山西省	小超市	RIO	6935145303034	360	¥2,427.71
11	山西省	小超市	RIO	6935145303300	25	¥542.90
12	山西省	便利店	RIO	6935145301030	21	¥279.00
13	山西省	便利店	RIO	6935145301047	37	¥266.50
14	山西省	便利店	RIO	6935145301078	16	¥92.30
15	山西省	便利店	RIO	6935145303034	31	¥249.90
16	山西省	食杂店	RIO	6935145303034	55	¥319.00
17	江苏省	大卖场	RIO	6935145301030	464	¥5,992.45
18	江苏省	大卖场	RIO	6935145301047	583	¥7,545.78
19	江苏省	大卖场	RIO	6935145301078	426	¥5,535.12
20	江苏省	大卖场	RIO	6935145303034	481	¥3,235.69

合并数据　山西　江苏　广东　河北　河南　⊕

图 7-84　合并多张工作表的数据

7.10.2 选择性粘贴保留值和数字格式

示例文件中有多张销售数据工作表，各工作表的 G 列都使用公式计算售价，如图 7-85 所示。

省份	渠道	品牌	商品条码	销量	销售额	售价
江苏省	大卖场	RIO	6935145301030	464	¥5,992.45	¥12.91
江苏省	大卖场	RIO	6935145301047	583	¥7,545.78	¥12.94

（G2 单元格公式：=ROUND(F2/E2,2)）

省份	渠道	品牌	商品条码	销量	销售额	售价
山西省	大超市	RIO	6935145301030	278	¥3,541.75	¥12.74
山西省	大超市	RIO	6935145301047	211	¥2,735.00	¥12.96
山西省	大超市	RIO	6935145301078	258	¥3,282.30	¥12.72
山西省	大超市	RIO	6935145303034	887	¥6,058.12	¥6.83
山西省	大超市	RIO	6935145303300	229	¥4,300.11	¥18.78
山西省	小超市	RIO	6935145301030	78	¥1,024.30	¥13.13
山西省	小超市	RIO	6935145301047	80	¥1,061.80	¥13.27
山西省	小超市	RIO	6935145301078	93	¥1,238.30	¥13.32
山西省	小超市	RIO	6935145303034	360	¥2,427.71	¥6.74
山西省	小超市	RIO	6935145303300	25	¥542.90	¥21.72
山西省	便利店	RIO	6935145301030	21	¥279.00	¥13.29
山西省	便利店	RIO	6935145301047	37	¥266.50	¥7.20
山西省	便利店	RIO	6935145301078	16	¥92.30	¥5.77
山西省	便利店	RIO	6935145303034	31	¥249.90	¥8.06
山西省	食杂店	RIO	6935145303034	55	¥319.00	¥5.80

图 7-85　示例数据表

以下示例代码使用复制粘贴的方式，将不同区域的销售记录合并至一张新工作表中，合并数据时只保留值和数字格式。

```python
#001   import xlwings as xw
#002   import os
#003   file_name = 'Demo_PasteNumFormat.xlsx'
#004   dest_path = os.path.dirname(__file__)
#005   xl_file = os.path.join(dest_path, file_name)
#006   with xw.App(visible = False, add_book = False) as xlapp:
#007       wbook = xlapp.books.open(xl_file)
#008       sht_name = '合并数据'
#009       try:
#010           wsheet = wbook.sheets[sht_name]
#011           wsheet.clear()
#012       except ValueError:
#013           wsheet = wbook.sheets.add(name = sht_name,
#014                                 before = wbook.sheets[0])
#015       finally:
#016           for sht_data in wbook.sheets:
#017               if sht_data.name != sht_name:
#018                   des_cell = wsheet.range('A1')
#019                   if wsheet.range('A1').value is None:
#020                       src_cell = sht_data.range('A1')
#021                   else:
#022                       src_cell = sht_data.range('A2')
#023                       des_cell = des_cell.end('down').offset(1, 0)
#024                   src_cell.expand('table').copy()
#025                   des_cell.paste(paste = 'values_and_number_formats')
```

```
#026          wsheet.autofit()
#027          wbook.save()
#028          wbook.close()
```

➢ 代码解析

第 1 行代码导入 xlwings 模块，设置别名为 xw。

第 2 行代码导入 os 模块。

第 3 行代码指定 Excel 示例文件名称。

第 4 行代码使用 os 模块的 path.dirname 函数获取 Python 文件所在目录，其中 __file__ 属性返回 Python 文件的全路径。

第 5 行代码使用 os 模块的 path.join 函数连接目录名和文件名获取全路径，其中 dest_path 为当前目录，file_name 为文件名。

第 6 行代码启动 Excel 应用程序（处于隐藏状态）。

第 7 行代码打开指定的 Excel 文件。

第 8 行代码指定保存合并后数据的工作表名称。

第 9~25 行代码为 try 语句结构进行异常处理。

第 10~11 行代码将清空"合并数据"工作表，如果代码可以正常执行，则跳转到第 15 行执行 finally 之后的代码段。

如果工作簿中不存在"合并数据"工作表，那么第 10~11 行代码将产生错误 ValueError，转而执行第 13~14 行代码使用 add 方法在工作簿中创建工作表，新工作表名称为"合并数据"（下文称为目标工作表），参数 before 用于指定新建工作表插入位置为第一张工作表之前。

第 16 行代码循环遍历示例工作簿中的全部工作表对象。

第 17 行代码判断循环变量 sht_data 所代表的工作表（下文称为源工作表）名称是否为"合并数据"，如果是，则不做处理。

第 18 行代码将目标工作表的 A1 单元格对象保存在变量 des_cell 中。

第 19 行代码判断目标工作表中的 A1 单元格是否为空，如果为空，则应将源工作表中的全部内容（包含标题行）复制到目标工作表中。

第 20 行代码设置源工作表的 A1 单元格作为数据表的起始单元格。

如果目标工作表中的 A1 单元格不为空，就将源工作表中的数据表（不包含标题行）复制到目标工作表中已有数据行之下。

第 22 行代码设置源工作表的 A2 单元格作为数据表的起始单元格。

第 23 行代码设置目标工作表中 A 列的第一个非空单元格作为粘贴位置。

第 24 行代码调用 copy 函数复制指定的单元格区域，src_cell.expand('table') 的返回值为源工作表中相应的数据区域。

第 25 行代码调用 paste 函数将剪贴板内容粘贴至目标工作表中以 des_cell 单元格为左上角的单元格区域，参数 paste 设置为 "values_and_number_formats"，则只粘贴"值和数字格式"，此操作相当于 Excel 中的选择性粘贴，如图 7-86 所示。

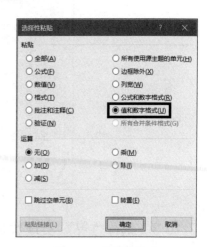

图 7-86　选择性粘贴

paste 函数的参数 paste 可选参数值如表 7-15 所示。

表 7-15　参数 paste 可选参数值

参数值	说明
all	粘贴全部内容
all_except_borders	粘贴除边框外的全部内容
all_merging_conditional_formats	粘贴所有内容，并且合并条件格式
all_using_source_theme	使用源主题粘贴全部内容
column_widths	粘贴列宽
comments	粘贴批注
formats	粘贴源格式
formulas	粘贴公式
formulas_and_number_formats	粘贴公式和数字格式
validation	粘贴有效性
values	粘贴值
values_and_number_formats.	粘贴值和数字格式

第 26 行代码自动调整行高和列宽以适应单元格内容。

第 27 行代码保存工作簿。

第 28 行代码关闭工作簿。

运行示例代码后合并多张工作表的数据，并且将 G 列数据公式转换为静态数据，效果如图 7-87 所示。

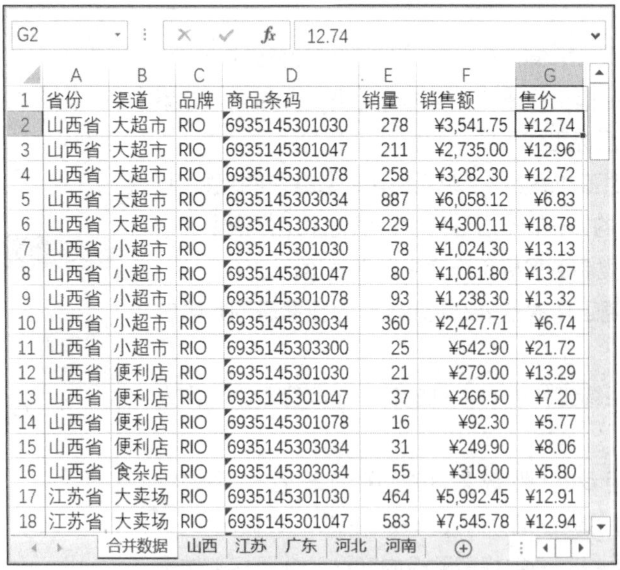

G2　12.74

	A	B	C	D	E	F	G
1	省份	渠道	品牌	商品条码	销量	销售额	售价
2	山西省	大超市	RIO	6935145301030	278	¥3,541.75	¥12.74
3	山西省	大超市	RIO	6935145301047	211	¥2,735.00	¥12.96
4	山西省	大超市	RIO	6935145301078	258	¥3,282.30	¥12.72
5	山西省	大超市	RIO	6935145303034	887	¥6,058.12	¥6.83
6	山西省	大超市	RIO	6935145303300	229	¥4,300.11	¥18.78
7	山西省	小超市	RIO	6935145301030	78	¥1,024.30	¥13.13
8	山西省	小超市	RIO	6935145301047	80	¥1,061.80	¥13.27
9	山西省	小超市	RIO	6935145301078	93	¥1,238.30	¥13.32
10	山西省	小超市	RIO	6935145303034	360	¥2,427.71	¥6.74
11	山西省	小超市	RIO	6935145303300	25	¥542.90	¥21.72
12	山西省	便利店	RIO	6935145301030	21	¥279.00	¥13.29
13	山西省	便利店	RIO	6935145301047	37	¥266.50	¥7.20
14	山西省	便利店	RIO	6935145301078	16	¥92.30	¥5.77
15	山西省	便利店	RIO	6935145303034	31	¥249.90	¥8.06
16	山西省	食杂店	RIO	6935145303034	55	¥319.00	¥5.80
17	江苏省	大卖场	RIO	6935145301030	464	¥5,992.45	¥12.91
18	江苏省	大卖场	RIO	6935145301047	583	¥7,545.78	¥12.94

合并数据　山西　江苏　广东　河北　河南

图 7-87　合并多张工作表的数据

7.10.3　选择性粘贴实现数据转置

示例文件中的“统计表”工作表如图 7-88 所示。

	A	B	C	D	E	F	G
1	省份	大卖场	大超市	小超市	便利店	食杂店	总计
2	山西省		¥19,917	¥6,295	¥888	¥319	¥27,419
3	广东省	¥5,582	¥18,812	¥3,669	¥9,538	¥361	¥37,962
4	河北省	¥1,833	¥27,536	¥10,438	¥16,107		¥55,914
5	河南省	¥45,276	¥98,874	¥9,067	¥22,158		¥175,375
6	江苏省	¥55,349	¥75,784	¥5,154	¥2,655	¥20	¥138,962
7	山东省	¥20,247	¥44,616	¥2,199	¥5,017	¥27	¥72,106
8	浙江省	¥1,922	¥6,667	¥153	¥749		¥9,491
9	总计	¥130,208	¥292,207	¥36,976	¥57,112	¥726	¥517,229

图 7-88　示例数据表

以下示例代码利用选择性粘贴实现数据表行列转置。

```
#001   import xlwings as xw
#002   import os
#003   file_name = 'Demo_Transpose.xlsx'
#004   dest_path = os.path.dirname(__file__)
#005   xl_file = os.path.join(dest_path, file_name)
#006   with xw.App(visible = False, add_book = False) as xlapp:
#007       wbook = xlapp.books.open(xl_file)
#008       wsheet = wbook.sheets['统计表']
#009       wsheet.range('A1').current_region.copy()
#010       dest_cell = wsheet.range('A1').end('right').offset(0, 2)
#011       dest_cell.paste(paste = 'all_except_borders', transpose = True)
#012       wsheet.autofit()
#013       wbook.save()
#014       wbook.close()
```

➢ 代码解析

第 1 行代码导入 xlwings 模块，设置别名为 xw。

第 2 行代码导入 os 模块。

第 3 行代码指定 Excel 示例文件名称。

第 4 行代码使用 os 模块的 path.dirname 函数获取 Python 文件所在目录，其中 __file__ 属性返回 Python 文件的全路径。

第 5 行代码使用 os 模块的 path.join 函数连接目录名和文件名获取全路径，其中 dest_path 为当前目录，file_name 为文件名。

第 6 行代码启动 Excel 应用程序（处于隐藏状态）。

第 7 行代码打开指定的 Excel 文件。

第 8 行代码使用名称引用工作表，并将工作表对象的引用赋值给变量 wsheet。

第 9 行代码调用 copy 函数复制源数据区域，其中 current_region 属性的返回值为包含 A1 单元格的当前数据区域（即 A1:G9）。

第 10 行代码设置粘贴数据的起始位置单元格，其中 range('A1').end('right').offset(0, 2) 的返回值为首行最右侧单元格（即 G1）向右偏移两列的单元格（即 I1）。

第 11 行代码调用 paste 函数将剪贴板内容粘贴至目标工作表中以 dest_cell 单元格为左上角的单元格区域，参数 paste 设置为 all_except_borders，则粘贴除边框外的全部内容，参数 transpose 设置为 True，则粘贴经过行列转置的数据表。

07 章

第 12 行代码自动调整行高和列宽以适应单元格内容。

第 13 行代码保存工作簿。

第 14 行代码关闭工作簿。

运行示例代码后实现了行列转置，效果如图 7-89 所示。

	I	J	K	L	M	N	O	P	Q
1	省份	山西省	广东省	河北省	河南省	江苏省	山东省	浙江省	总计
2	大卖场		¥5,582	¥1,833	¥45,276	¥55,349	¥20,247	¥1,922	¥130,208
3	大超市	¥19,917	¥18,812	¥27,536	¥98,874	¥75,784	¥44,616	¥6,667	¥292,207
4	小超市	¥6,295	¥3,669	¥10,438	¥9,067	¥5,154	¥2,199	¥153	¥36,976
5	便利店	¥888	¥9,538	¥16,107	¥22,158	¥2,655	¥5,017	¥749	¥57,112
6	食杂店	¥319	¥361			¥20	¥27		¥726
7	总计	¥27,419	¥37,962	¥55,914	¥175,375	¥138,962	¥72,106	¥9,491	¥517,229

图 7-89　数据表行列转置

7.10.4　选择性粘贴实现文本格式数字转数值

示例文件中的"2021-01"工作表，F 列数据为文本性数字（单元格左上角有绿色三角标志），如图 7-90 所示。

示例代码利用选择性粘贴将文本格式数字转为数值。

	A	B	C	D	E	F
1	省份	渠道	品牌	商品条码	销量	销售额
2	山西省	大超市	RIO	6935145301030	278	3541.75
3	山西省	大超市	RIO	6935145301047	211	2735
4	山西省	大超市	RIO	6935145301078	258	3282.3
5	山西省	大超市	RIO	6935145303034	887	6058.12
6	山西省	大超市	RIO	6935145303300	229	4300.11
7	山西省	小超市	RIO	6935145301030	78	1024.3
8	山西省	小超市	RIO	6935145301047	80	1061.8
9	山西省	小超市	RIO	6935145301078	93	1238.3
10	山西省	小超市	RIO	6935145303034	360	2427.71
11	山西省	小超市	RIO	6935145303300	25	542.9

图 7-90　示例数据表

```
#001   import xlwings as xw
#002   import os
#003   file_name = 'Demo_Text2Num.xlsx'
#004   dest_path = os.path.dirname(__file__)
#005   xl_file = os.path.join(dest_path, file_name)
#006   with xw.App(visible = False, add_book = False) as xlapp:
#007       wbook = xlapp.books.open(xl_file)
#008       wsheet = wbook.sheets['2021-01']
#009       temp_cell = wsheet.range('A1').end('right').offset(0, 2)
#010       temp_cell.value = 0
#011       temp_cell.copy()
#012       dest_range = wsheet.range('F2').expand('down')
#013       dest_range.paste(paste = 'values', operation = 'add')
#014       dest_range.number_format = '¥#, ##0.00'
#015       temp_cell.clear()
#016       wbook.save()
#017       wbook.close()
```

➤ 代码解析

第 1 行代码导入 xlwings 模块，设置别名为 xw。

第 2 行代码导入 os 模块。

第 3 行代码指定 Excel 示例文件名称。

第 4 行代码使用 os 模块的 path.dirname 函数获取 Python 文件所在目录，其中 __file__ 属性返回 Python 文件的全路径。

第 5 行代码使用 os 模块的 path.join 函数连接目录名和文件名获取全路径，其中 dest_path 为当前目录，file_name 为文件名。

第 6 行代码启动 Excel 应用程序（处于隐藏状态）。

第 7 行代码打开指定的 Excel 文件。

第 8 行代码使用名称引用工作表，并将工作表对象的引用赋值给变量 wsheet。

第 9 行代码定位保存临时数据的单元格，其中 range('A1').end('right').offset(0, 2) 的返回值为首行最右侧单元格（即 G1）向右偏移两列的单元格（即 I1）。

第 10 行代码设置临时单元格的值为 0。

第 11 行代码调用 copy 函数将临时单元格内容复制至系统剪贴板。

第 12 行代码获取粘贴的目标单元格区域，其中 range('F2').expand('down') 的返回值为 F2 单元格向下扩展的单元格区域（即 F2:F141）。

第 13 行代码调用 paste 函数将剪贴板内容粘贴至目标单元格区域，其中参数 paste 设置为 values，则只粘贴数值；参数 operation 设置为 add，则粘贴时执行"加"操作。

第 14 行代码设置目标区域的数字格式。

第 15 行代码调用 clear 函数清空临时单元格。

第 16 行代码保存工作簿。

第 17 行代码关闭工作簿。

运行示例代码后将文本格式的数字转为数值，效果如图 7-91 所示。

图 7-91　F 列文本格式的数字转为数值

7.10.5　将单元格区域粘贴为链接图片

示例文件中的"数据透视表"工作表如图 7-92 所示。

以下示例代码将指定的单元格区域复制为图片，在"图表"工作表中粘贴为链接图片，数据透视表内容发生变化时，链接图片的内容自动随之更新。

图 7-92　示例数据表

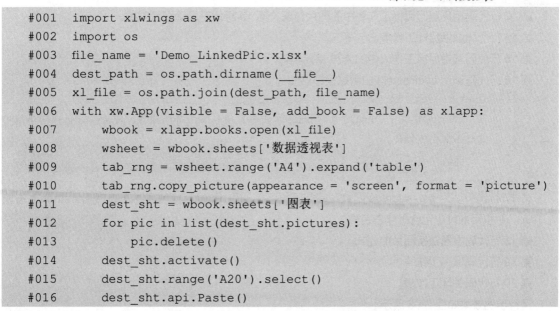

```
#001    import xlwings as xw
#002    import os
#003    file_name = 'Demo_LinkedPic.xlsx'
#004    dest_path = os.path.dirname(__file__)
#005    xl_file = os.path.join(dest_path, file_name)
#006    with xw.App(visible = False, add_book = False) as xlapp:
#007        wbook = xlapp.books.open(xl_file)
#008        wsheet = wbook.sheets['数据透视表']
#009        tab_rng = wsheet.range('A4').expand('table')
#010        tab_rng.copy_picture(appearance = 'screen', format = 'picture')
#011        dest_sht = wbook.sheets['图表']
#012        for pic in list(dest_sht.pictures):
#013            pic.delete()
#014        dest_sht.activate()
#015        dest_sht.range('A20').select()
#016        dest_sht.api.Paste()
```

07章

```
#017        tab_address = tab_rng.get_address(include_sheetname = True)
#018        dest_sht.pictures[0].api.Formula = f'={tab_address}'
#019        wbook.save()
#020        wbook.close()
```

➤ 代码解析

第 1 行代码导入 xlwings 模块，设置别名为 xw。

第 2 行代码导入 os 模块。

第 3 行代码指定 Excel 示例文件名称。

第 4 行代码使用 os 模块的 path.dirname 函数获取 Python 文件所在目录，其中 __file__ 属性返回 Python 文件的全路径。

第 5 行代码使用 os 模块的 path.join 函数连接目录名和文件名获取全路径，其中 dest_path 为当前目录，file_name 为文件名。

第 6 行代码启动 Excel 应用程序（处于隐藏状态）。

第 7 行代码打开指定的 Excel 文件。

第 8 行代码使用名称引用工作表，并将工作表对象的引用赋值给变量 wsheet。

第 9~10 行代码调用 copy_picture 函数将单元格区域复制为图片，其中 expand 函数的返回值为 A4 单元格向右再向下扩展的单元格区域（即 A4:G12）。

参数 appearance 用于设置图片的外观，其可选值如表 7-16 所示。

参数 format 用于设置图片的格式，其可选值如表 7-17 所示。

表 7-16　参数 appearance 可选值

参数值	说明
screen	如屏幕所示
printer	如打印效果

表 7-17　参数 format 可选值

参数值	说明
picture	图片
bitmap	位图

第 11 行代码将目标工作表对象保存在变量 dest_sht 中。

第 12 行代码循环遍历目标工作表中的图片对象，第 13 行代码删除图片对象。

第 14 行代码激活目标工作表。

第 15 行代码选中目标工作表中的 A20 单元格。

第 16 行代码调用 api.Paste() 由剪贴板粘贴图片。

> **注意**
>
> xlwings 模块中 range 对象的 paste 方法不支持粘贴图片的操作，即 15~16 行代码不能使用如下代码替代。
>
> ```
> dest_sht.range('A20').paste()
> ```

第 17 行代码使用 get_address 函数获取单元格区域的引用地址，其参数 include_sheetname 设置为 True，则引用地址中包含工作表名称。

第 18 行代码设置链接图片的公式。

第 19 行代码保存工作簿。

第 20 行代码关闭工作簿。

运行示例效果如图 7-93 所示。

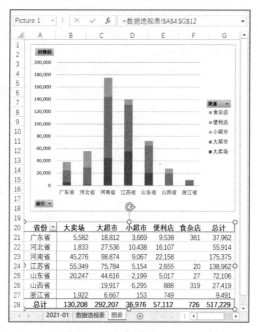

图 7-93　粘贴为链接图片

7.11　操作行和列

本节将介绍如何插入行、删除数据行和更新数据列等操作。

7.11.1　间隔插入多行

示例文件中的 "2021-01" 工作表如图 7-94 所示。

	A	B	C	D	E	F
1	省份	渠道	品牌	商品条码	销量	销售额
2	山西省	大超市	RIO	6935145301030	278	¥3,541.75
3	山西省	大超市	RIO	6935145301047	211	¥2,735.00
4	山西省	大超市	RIO	6935145301078	258	¥3,282.30
5	山西省	大超市	RIO	6935145303034	887	¥6,058.12
6	山西省	大超市	RIO	6935145303300	229	¥4,300.11
7	山西省	小超市	RIO	6935145301030	78	¥1,024.30
8	山西省	小超市	RIO	6935145301047	80	¥1,061.80
9	山西省	小超市	RIO	6935145301078	93	¥1,238.30
10	山西省	小超市	RIO	6935145303034	360	¥2,427.71
11	山西省	小超市	RIO	6935145303300	25	¥542.90
12	山西省	便利店	RIO	6935145301030	21	¥279.00
13	山西省	便利店	RIO	6935145301047	37	¥266.50
14	山西省	便利店	RIO	6935145301078	16	¥92.30
15	山西省	便利店	RIO	6935145303034	31	¥249.90
16	山西省	食杂店	RIO	6935145303034	55	¥319.00
17	广东省	大卖场	RIO	6935145301030	127	¥1,557.40
18	广东省	大卖场	RIO	6935145301047	131	¥1,610.00
19	广东省	大卖场	RIO	6935145301078	70	¥929.30
20	广东省	大卖场	RIO	6935145303034	114	¥731.50
21	广东省	大卖场	RIO	6935145303300	39	¥743.40

2021-01　2021-01(备份)

图 7-94　示例数据表

以下示例代码将数据表按照省份分隔，并添加标题行。

```
#001  import xlwings as xw
```

```
#002    import os
#003    file_name = 'Demo_InsertRows. xlsx'
#004    dest_path = os.path.dirname (__file__)
#005    xl_file = os.path.join(dest_ path, file_name)
#006    with xw.App(visible = False, add_book = False) as xlapp:
#007        wbook = xlapp.books.open (xl_file)
#008        wsheet = wbook.sheets['2021-01']
#009        prov_list = wsheet.range('A2').expand('down').value
#010        prov_dict = {}
#011        for index, province in enumerate(prov_list):
#012            if province not in prov_dict:
#013                prov_dict[province] = index + 2
#014        header = wsheet.range('A1').expand('right')
#015        col_cnt = header.count
#016        for row in list(prov_dict.values())[1:][::-1]:
#017            wsheet.range(f'{row}:{row+1}').insert()
#018            sep_range = wsheet.range(row, 1).resize(1, col_cnt)
#019            sep_range.api.Borders.LineStyle = -4142
#020            sep_range.api.Borders(8).LineStyle = 1
#021            header.copy(wsheet.range(row+1, 1))
#022        wbook.save()
#023        wbook.close()
```

➢ 代码解析

第 1 行代码导入 xlwings 模块，设置别名为 xw。

第 2 行代码导入 os 模块。

第 3 行代码指定 Excel 示例文件名称。

第 4 行代码使用 os 模块的 path.dirname 函数获取 Python 文件所在目录，其中 __file__ 属性返回 Python 文件的全路径。

第 5 行代码使用 os 模块的 path.join 函数连接目录名和文件名获取全路径，其中 dest_path 为当前目录，file_name 为文件名。

第 6 行代码启动 Excel 应用程序（处于隐藏状态）。

第 7 行代码打开指定的 Excel 文件。

第 8 行代码使用名称引用工作表，并将工作表对象的引用赋值给变量 wsheet。

第 9 行代码中 expand 函数的返回值为 A2 单元格向下扩展的单元格区域（即 A2:A141）。

第 10 行代码创建字典对象，用于保存每个省份的首行行号。

第 11 行代码使用 enumerate 函数循环遍历省份名称列表，其中 index 为序号（从 0 开始），province 为省份名称。

第 12 行代码判断省份名称是否已经存在于 prov_dict 对象中。如果不存在，说明当前省份名称首次出现，第 13 行代码将该行的行号（即 index+2）保存在 prov_dict 中。

第 14 行代码中 expand 函数的返回值为 A1 单元格向下扩展的单元格区域（即 A1:G1）。

第 15 行代码使用 count 函数返回标题行的单元格数量，相当于数据区域列数。

第 16 行代码循环遍历 prov_dict 字典对象的值，其中 list(prov_dict.values( )) 将字典对象的值转换为列表，切片 [1:] 提取列表中第二个元素及其之后的全部元素，切片 [::-1] 将对列表进行逆序遍历。

> **注意**
>
> 执行插入和删除操作时，通常需要逆序操作，也就是优先处理行号较大的数据，否则执行一次插入和删除操作，下面数据行的行号都会相应地发生变化，继续执行后续操作时就会发生错位。

第 17 行代码调用 insert 函数插入两行。

第 18 行代码获取新插入行与数据区域交叉的单元格区域（下文称为目标区域）。

第 19 行代码设置目标区域边框的 LineStyle 属性为 –4142，即去除全部边框。

第 20 行代码设置目标区域的上边框线 LineStyle 属性为 1，即实线边框。

第 21 行代码调用 copy 函数，将标题行区域复制到目标区域的第二行，作为目标区域之下的省份数据的标题行。

第 22 行代码保存工作簿。

第 23 行代码关闭工作簿。

运行示例代码后拆分各省份数据，效果如图 7-95 所示。

图 7-95　拆分各省份数据

7.11.2　插入数据行且格式跟随下行

示例文件中包含"2021-01"工作表和"Data"工作表，如图 7-96 所示。

图 7-96　示例数据表

以下示例代码将"Data"工作表中的数据插入"2021-01"工作表中的第 2~4 行，并且设置插入的数据行格式与下行匹配。

```
#001   import xlwings as xw
#002   import os
```

```
#003    file_name = 'Demo_Insert RowFormat.xlsx'
#004    dest_path = os.path.dirname(__file__)
#005    xl_file = os.path.join (dest_path, file_name)
#006    with xw.App(visible = False, add_book = False) as xlapp:
#007        wbook = xlapp.books.open(xl_file)
#008        wsheet = wbook.sheets['2021-01']
#009        data = wbook.sheets['Data'].used_range
#010        row_cnt = data.shape[0]
#011        dest_range = wsheet.range(f'2:{row_cnt+1}')
#012        dest_range.insert(copy_origin = 'format_from_right_or_below')
#013        wsheet.range('A2').value = data.value
#014        wbook.save()
#015        wbook.close()
```

➢ 代码解析

第 1 行代码导入 xlwings 模块，设置别名为 xw。

第 2 行代码导入 os 模块。

第 3 行代码指定 Excel 示例文件名称。

第 4 行代码使用 os 模块的 path.dirname 函数获取 Python 文件所在目录，其中 __file__ 属性返回 Python 文件的全路径。

第 5 行代码使用 os 模块的 path.join 函数连接目录名和文件名获取全路径，其中 dest_path 为当前目录，file_name 为文件名。

第 6 行代码启动 Excel 应用程序（处于隐藏状态）。

第 7 行代码打开指定的 Excel 文件。

第 8 行代码使用名称引用工作表，并将工作表对象的引用赋值给变量 wsheet。

第 9 行代码中 used_range 属性的返回值为"Data"工作表中的数据区域。

第 10 行代码中的 shape 属性返回 range 对象的形状，其中第一个元素为该单元格区域的行数。

第 11 行代码获取插入新增数据的区域（下文称为目标区域），例如，"Data"工作表中有 3 行新增数据，那么插入区域为工作表中的第 2~4 行。

第 12 行代码调用 insert 方法插入空行，参数 copy_origin 用于指定从何处复制插入单元格的格式，其默认值为 format_from_left_or_above，即从左侧或者上方复制格式，如果设置为 format_from_right_or_below，则从右侧或者下方复制格式。

第 13 行代码将新增数据写入目标区域。

第 14 行代码保存工作簿。

第 15 行代码关闭工作簿。

运行示例代码后，新数据插入工作表中并设置了格式，效果如图 7-97 所示。

	A	B	C	D	E	F
1	省份	渠道	品牌	商品条码	销量	销售额
2	山西省	大超市	RIO	6935145301030	268	¥3,414.35
3	山西省	小超市	RIO	6935145301030	68	¥892.98
4	山西省	便利店	RIO	6935145301030	11	¥146.14
5	山西省	大超市	RIO	6935145301030	278	¥3,541.75
6	山西省	大超市	RIO	6935145301047	211	¥2,735.00
7	山西省	大超市	RIO	6935145301078	258	¥3,282.30
8	山西省	大超市	RIO	6935145303034	887	¥6,058.12
9	山西省	大超市	RIO	6935145303300	229	¥4,300.11
10	山西省	小超市	RIO	6935145301030	78	¥1,024.30
11	山西省	小超市	RIO	6935145301047	80	¥1,061.80

图 7-97   插入新数据

7.11.3   批量删除符合指定条件的数据行

示例文件中的"2021-01"工作表如图 7-98 所示。

图 7-98　示例数据表

以下示例代码将删除空行和多余的标题行，将分省数据合并为一个数据表。

```
#001   import xlwings as xw
#002   import os
#003   file_name = 'Demo_DelRows.xlsx'
#004   dest_path = os.path.dirname(__file__)
#005   xl_file = os.path.join(dest_path, file_name)
#006   with xw.App(visible = False, add_book = False) as xlapp:
#007       wbook = xlapp.books.open(xl_file)
#008       wsheet = wbook.sheets['2021-01']
#009       prov_list = wsheet.used_range.columns(1).value
#010       row_cnt = len(prov_list)
#011       for index, prov in enumerate(prov_list[1:][::-1]):
#012           if (prov is None) or (prov == '省份'):
#013               row = row_cnt - index
#014               wsheet.range(f'{row}:{row}').api.Delete()
#015       wbook.save()
#016       wbook.close()
```

➤ 代码解析

第 1 行代码导入 xlwings 模块，设置别名为 xw。

第 2 行代码导入 os 模块。

第 3 行代码指定 Excel 示例文件名称。

第 4 行代码使用 os 模块的 path.dirname 函数获取 Python 文件所在目录，其中 __file__ 属性返回 Python 文件的全路径。

第 5 行代码使用 os 模块的 path.join 函数连接目录名和文件名获取全路径，其中 dest_path 为当前目录，file_name 为文件名。

第 6 行代码启动 Excel 应用程序（处于隐藏状态）。

第 7 行代码打开指定的 Excel 文件。

第 8 行代码使用名称引用工作表，并将工作表对象的引用赋值给变量 wsheet。

07章

第 9 行代码获取数据区域中第一列（即"省份"列）的值，其中 used_range.columns(1) 的返回值为工作表中已经使用的单元格区域的第一列。

第 10 行代码中 len 函数的返回值为 prov_list 列表中元素的个数，即数据区域的行数。

第 11 行代码使用 enumerate 函数循环遍历省份名称列表，其中 index 为序号（从 0 开始），province 为省份名称。切片 [1:] 提取列表中第二个元素及其之后的全部元素，切片 [::-1] 将对列表进行逆序遍历。

第 12 行代码判断省份列单元格的值，如果为空或者是"省份"，则该行应删除。

第 13 行代码计算符合条件的数据行在工作表中的行号。

第 14 行代码调用 api.Delete 方法删除指定数据行。

第 15 行代码保存工作簿。

第 16 行代码关闭工作簿。

运行示例代码后合并分省数据，效果如图 7-99 所示。

	A	B	C	D	E	F
1	省份	渠道	品牌	商品条码	销量	销售额
2	山西省	大超市	RIO	6935145301030	278	¥3,541.75
3	山西省	大超市	RIO	6935145301047	211	¥2,735.00
4	山西省	大超市	RIO	6935145301078	258	¥3,282.30
5	山西省	大超市	RIO	6935145303034	887	¥6,058.12
6	山西省	大超市	RIO	6935145303300	229	¥4,300.11
7	山西省	小超市	RIO	6935145301030	78	¥1,024.30
8	山西省	小超市	RIO	6935145301047	80	¥1,061.80
9	山西省	小超市	RIO	6935145301078	93	¥1,238.30
10	山西省	小超市	RIO	6935145303034	360	¥2,427.71
11	山西省	小超市	RIO	6935145303300	25	¥542.90
12	山西省	便利店	RIO	6935145301030	21	¥279.00
13	山西省	便利店	RIO	6935145301047	37	¥266.50
14	山西省	便利店	RIO	6935145301078	16	¥92.30
15	山西省	便利店	RIO	6935145303034	31	¥249.90
16	山西省	食杂店	RIO	6935145303034	55	¥319.00
17	广东省	大卖场	RIO	6935145301030	127	¥1,557.40
18	广东省	大卖场	RIO	6935145301047	131	¥1,610.00
19	广东省	大卖场	RIO	6935145301078	76	¥939.30
20	广东省	大卖场	RIO	6935145303034	114	¥731.50
21	广东省	大卖场	RIO	6935145303300	39	¥743.40

图 7-99　合并分省数据

7.11.4　删除重复数据行

示例文件的"2021-01"工作表中，标记颜色的数据行为重复数据，如图 7-100 所示。

	A	B	C	D	E	F
1	省份	渠道	品牌	商品条码	销量	销售额
2	山西省	大超市	RIO	6935145301030	278	¥3,541.75
3	山西省	大超市	RIO	6935145301047	211	¥2,735.00
4	山西省	大超市	RIO	6935145301078	258	¥3,282.30
5	山西省	大超市	RIO	6935145303034	887	¥6,058.12
6	山西省	大超市	RIO	6935145303300	229	¥4,300.11
7	山西省	小超市	RIO	6935145301030	78	¥1,024.30
8	山西省	小超市	RIO	6935145301030	78	¥1,024.30
9	山西省	小超市	RIO	6935145301047	80	¥1,061.80
10	山西省	小超市	RIO	6935145301078	93	¥1,238.30
11	山西省	小超市	RIO	6935145303034	360	¥2,427.71
12	山西省	小超市	RIO	6935145303300	25	¥542.90
13	山西省	便利店	RIO	6935145301030	21	¥279.00
14	山西省	便利店	RIO	6935145301047	37	¥266.50
15	山西省	便利店	RIO	6935145301078	16	¥92.30
16	山西省	便利店	RIO	6935145303034	31	¥249.90
17	山西省	食杂店	RIO	6935145303034	55	¥319.00
18	广东省	大卖场	RIO	6935145301030	127	¥1,557.40
19	广东省	大卖场	RIO	6935145303300	39	¥743.40
20	广东省	大卖场	RIO	6935145301047	131	¥1,610.00
21	广东省	大卖场	RIO	6935145301078	76	¥939.30
22	广东省	大卖场	RIO	6935145303034	114	¥731.50
23	广东省	大卖场	RIO	6935145303300	39	¥743.40
24	广东省	大超市	RIO	6935145301030	382	¥4,771.39

图 7-100　示例数据表

以下示例代码将清理重复数据，只保留首次出现的数据行。

```
#001   import pandas as pd
#002   import os
#003   src_fname = 'Demo_RemoveDup.xlsx'
#004   dest_fname = 'Demo_Sales. xlsx'
#005   dest_path = os.path.dirname(__file__)
#006   src_file = os.path.join (dest_path, src_fname)
#007   dest_file = os.path.join (dest_path, dest_fname)
#008   df = pd.read_excel(src_file, sheet_name = '2021-01')
```

```
#009    df['商品条码'] = df['商品条码'].apply(str)
#010    key_col = ['省份', '渠道', '商品条码']
#011    sales = df.drop_duplicates(subset = key_col, keep = 'first')
#012    with pd.ExcelWriter(dest_file) as wbook:
#013        sales.to_excel(wbook, sheet_name = '去重数据', index = False)
```

> 代码解析

第 1 行代码导入 pandas 模块，设置别名为 pd。

第 2 行代码导入 os 模块。

第 3 行代码指定 Excel 原始数据文件名称（以下称为源工作簿）。

第 4 行代码指定保存合并数据的 Excel 文件名称（以下称为目标工作簿）。

第 5 行代码使用 os 模块的 path.dirname 函数获取 Python 文件所在目录，其中 __file__ 属性返回 Python 文件的全路径。

第 6~7 行代码使用 os 模块的 path.join 函数连接目录名和文件名获取全路径，其中 dest_path 为当前目录，src_fname 为源工作簿文件名，dest_fname 为目标工作簿文件名。

第 8 行代码调用 pandas 模块的 read_excel 函数读取源工作簿中的数据。其中第一个参数用于指定源工作簿的全路径，参数 sheet_name 指定被读取的工作表。

第 9 行代码使用 apply 方法将"商品条码"列转换为字符类型，由于商品条码由 13 位数字组成，pandas 模块读取数据时，将被识别为数字类型，所以需要进行转换。

第 10 行代码指定关键字段列表用于数据去重，即使用"省份""渠道"和"商品条码"作为判断依据。

第 11 行代码调用 DataFrame 对象的 drop_duplicates 方法去除重复数据行，其中参数 subset 用于指定关键字段清单，如果省略此参数，则使用全部字段，参数 keep 用于指定重复数据行的处理方式，其可选值如表 7-18 所示。

图 7-101　去重数据

表 7-18　参数 keep 可选值

参数值	说明
first	保留第一个，默认值
last	保留最后一个
False	全部删除

第 12 行代码使用 pandas 模块的 ExcelWriter 函数创建目标工作簿文件。

第 13 行代码使用 DataFrame 对象的 to_excel 方法，将数据写入工作表。

运行示例代码后清理重复数据，效果如图 7-101 所示。

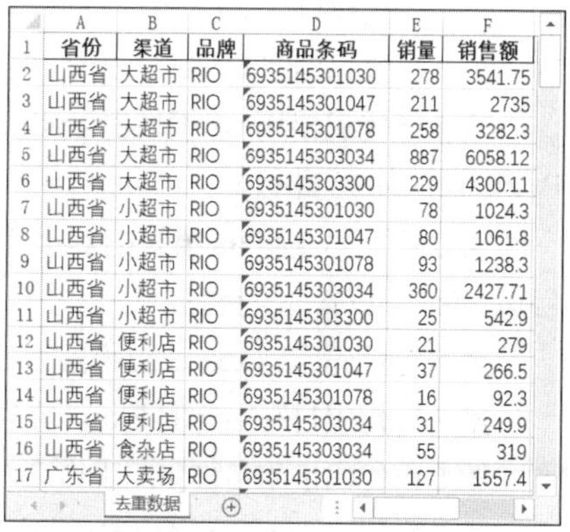

7.11.5　更新数据列

示例文件中的"2021-01"工作表如图 7-102 所示。

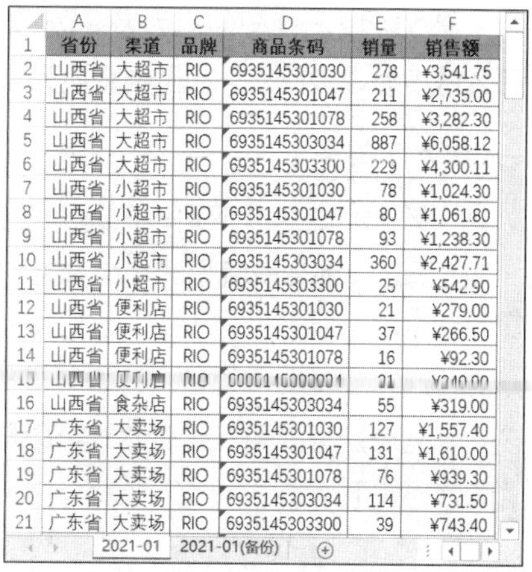

以下示例代码将更新"渠道"列数据，如果是"大超市"

图 7-102　示例数据表

或者"大卖场"，那么替换为"大业态"，否则替换为"小业态"。

```
#001    import xlwings as xw
#002    import os
#003    file_name = 'Demo_UpdateCol.xlsx'
#004    dest_path = os.path.dirname(__file__)
#005    xl_file = os.path.join(dest_path, file_name)
#006    with xw.App(visible = False, add_book = False) as xlapp:
#007        wbook = xlapp.books.open(xl_file)
#008        wsheet = wbook.sheets['2021-01']
#009        channel_col = wsheet.range('B2').expand('down')
#010        data = channel_col.value
#011        new_data = [['大业态'] if x.startswith('大')
#012                    else ['小业态'] for x in data]
#013        channel_col.value = new_data
#014        wbook.save()
#015        wbook.close()
```

➢ 代码解析

第 1 行代码导入 xlwings 模块，设置别名为 xw。

第 2 行代码导入 os 模块。

第 3 行代码指定 Excel 示例文件名称。

第 4 行代码使用 os 模块的 path.dirname 函数获取 Python 文件所在目录，其中 __file__ 属性返回 Python 文件的全路径。

第 5 行代码使用 os 模块的 path.join 函数连接目录名和文件名获取全路径，其中 dest_path 为当前目录，file_name 为文件名。

第 6 行代码启动 Excel 应用程序（处于隐藏状态）。

第 7 行代码打开指定的 Excel 文件。

第 8 行代码使用名称引用工作表，并将工作表对象的引用赋值给变量 wsheet。

第 9 行代码中 expand 函数的返回值为 B2 单元格向下扩展的单元格区域（即 B2:B141）。

第 10 行代码读取"渠道"列（不含标题行）数据，其返回值为列表类型。

第 11~12 行代码使用列表推导式创建嵌套列表。如果"渠道"列单元格的值的第一个字符为"大"，那么替换为"大业态"，否则替换为"小业态"。

深入了解

第 11~12 行代码可以改写为三元表达式，如下所示。"x.startswith('大')"为判断条件，如果条件满足，那么取值为"and"之后的"['大业态']"，反之，取值为"or"之后的"['小业态']"。

```
new_data = [x.startswith('大') and ['大业态'] or ['小业态'] for x in data]
```

列表推导式和三元表达式可以简化代码，但是理解起来略有难度，使用普通的 if 条件判断实现的代码如下所示。

```
#001    new_data = []
#002    for x in data:
```

```
#003        if x.startswith('大'):
#004          new_data.append(['大业态'])
#005        else:
#006          new_data.append(['小业态'])
```

第 13 行代码将数据写入“渠道”列。

第 14 行代码保存工作簿。

第 15 行代码关闭工作簿。

运行示例代码后更新“渠道”列，效果如图 7-103 所示。

	A	B	C	D	E	F
1	省份	渠道	品牌	商品条码	销量	销售额
2	山西省	大业态	RIO	6935145301030	278	¥3,541.75
3	山西省	大业态	RIO	6935145301047	211	¥2,735.00
4	山西省	大业态	RIO	6935145301078	258	¥3,282.30
5	山西省	大业态	RIO	6935145303034	887	¥6,058.12
6	山西省	大业态	RIO	6935145303300	229	¥4,300.11
7	山西省	小业态	RIO	6935145301030	78	¥1,024.30
8	山西省	小业态	RIO	6935145301047	80	¥1,061.80
9	山西省	小业态	RIO	6935145301078	93	¥1,238.30
10	山西省	小业态	RIO	6935145303034	360	¥2,427.71
11	山西省	小业态	RIO	6935145303300	25	¥542.90
12	山西省	小业态	RIO	6935145301030	21	¥279.00
13	山西省	小业态	RIO	6935145301047	37	¥266.50
14	山西省	小业态	RIO	6935145301078	16	¥92.30
15	山西省	小业态	RIO	6935145303034	31	¥249.90
16	山西省	小业态	RIO	6935145303034	55	¥319.00
17	广东省	大业态	RIO	6935145301030	127	¥1,557.40
18	广东省	大业态	RIO	6935145301047	131	¥1,610.00
19	广东省	大业态	RIO	6935145301078	76	¥939.30
20	广东省	大业态	RIO	6935145303034	114	¥731.50
21	广东省	大业态	RIO	6935145303300	39	¥743.40

2021-01　2021-01(备 ...

图 7-103　更新“渠道”列

7.11.6　插入列并添加公式

示例文件中的“2021-01”工作表如图 7-104 所示。

	A	B	C	D	E	F
1	省份	渠道	品牌	商品条码	销量	销售额
2	山西省	大超市	RIO	6935145301030	278	¥3,541.75
3	山西省	大超市	RIO	6935145301047	211	¥2,735.00
4	山西省	大超市	RIO	6935145301078	258	¥3,282.30
5	山西省	大超市	RIO	6935145303034	887	¥6,058.12
6	山西省	大超市	RIO	6935145303300	229	¥4,300.11
7	山西省	小超市	RIO	6935145301030	78	¥1,024.30
8	山西省	小超市	RIO	6935145301047	80	¥1,061.80
9	山西省	小超市	RIO	6935145301078	93	¥1,238.30
10	山西省	小超市	RIO	6935145303034	360	¥2,427.71
11	山西省	小超市	RIO	6935145303300	25	¥542.90
12	山西省	便利店	RIO	6935145301030	21	¥279.00
13	山西省	便利店	RIO	6935145301047	37	¥266.50
14	山西省	便利店	RIO	6935145301078	16	¥92.30
15	山西省	便利店	RIO	6935145303034	31	¥249.90
16	山西省	食杂店	RIO	6935145303034	55	¥319.00
17	广东省	大卖场	RIO	6935145301030	127	¥1,557.40
18	广东省	大卖场	RIO	6935145301047	131	¥1,610.00
19	广东省	大卖场	RIO	6935145301078	76	¥939.30
20	广东省	大卖场	RIO	6935145303034	114	¥731.50
21	广东省	大卖场	RIO	6935145303300	39	¥743.40

2021-01　2021-01(备份)

图 7-104　示例数据表

以下示例代码在 E 列前插入“售价”列，并创建公式计算售价。

```
#001  import xlwings as xw
#002  import os
#003  file_name = 'Demo_InsertCol.xlsx'
```

```
#004  dest_path = os.path.dirname(__file__)
#005  xl_file = os.path.join(dest_path, file_name)
#006  with xw.App(visible = False, add_book = False) as xlapp:
#007      wbook = xlapp.books.open(xl_file)
#008      wsheet = wbook.sheets['2021-01']
#009      wsheet.range('E:E').insert()
#010      wsheet.range('E1').value = '售价'
#011      price_col = wsheet.range('D2').expand('down').offset(0, 1)
#012      price_col.formula = '=ROUND(G2/F2,2)'
#013      price_col.api.NumberFormat = '¥#,##0.00'
#014      price_col.api.HorizontalAlignment = -4152
#015      wsheet.autofit()
#016      wbook.save()
#017      wbook.close()
```

➢ 代码解析

第 1 行代码导入 xlwings 模块，设置别名为 xw。

第 2 行代码导入 os 模块。

第 3 行代码指定 Excel 示例文件名称。

第 4 行代码使用 os 模块的 path.dirname 函数获取 Python 文件所在目录，其中 __file__ 属性返回 Python 文件的全路径。

第 5 行代码使用 os 模块的 path.join 函数连接目录名和文件名获取全路径，其中 dest_path 为当前目录，file_name 为文件名。

第 6 行代码启动 Excel 应用程序（处于隐藏状态）。

第 7 行代码打开指定的 Excel 文件。

第 8 行代码使用名称引用工作表，并将工作表对象的引用赋值给变量 wsheet。

第 9 行代码在工作表中插入 E 列。

第 10 行代码设置 E1 单元格值为“售价”。

第 11 行代码获取 E 列待填充数据的单元格区域，其中 expand 函数的返回值为 D2 单元格向下扩展的单元格区域（即 D2:D141），offset 函数将该单元格区域向右偏移一列（即 E2:E141）。

第 12 行代码使用 formula 属性设置 E 列公式。

第 13 行代码调用 api.NumberFormat 属性设置 E 列数字格式。

第 14 行代码调用 api.HorizontalAlignment 属性设置 E 列水平对齐方式为靠右对齐。

第 15 行代码使用 autofit 函数将工作表的全部单元格设置为自适应行高和列宽。

第 16 行代码保存工作簿。

第 17 行代码关闭工作簿。

运行示例代码后插入“售价”列并创建公式，效果如图 7-105 所示。

E2 =ROUND(G2/F2,2)

	A	B	C	D	E	F	G
1	省份	渠道	品牌	商品条码	售价	销量	销售额
2	山西省	大超市	RIO	6935145301030	¥12.74	278	¥3,541.75
3	山西省	大超市	RIO	6935145301047	¥12.96	211	¥2,735.00
4	山西省	大超市	RIO	6935145301078	¥12.72	258	¥3,282.30
5	山西省	大超市	RIO	6935145303034	¥6.83	887	¥6,058.12
6	山西省	大超市	RIO	6935145303300	¥18.78	229	¥4,300.11
7	山西省	小超市	RIO	6935145301030	¥13.13	78	¥1,024.30
8	山西省	小超市	RIO	6935145301047	¥13.27	80	¥1,061.80
9	山西省	小超市	RIO	6935145301078	¥13.32	93	¥1,238.30
10	山西省	小超市	RIO	6935145303034	¥6.74	360	¥2,427.71
11	山西省	小超市	RIO	6935145303300	¥21.72	25	¥542.90
12	山西省	便利店	RIO	6935145301030	¥13.29	21	¥279.00
13	山西省	便利店	RIO	6935145301047	¥7.20	37	¥266.50
14	山西省	便利店	RIO	6935145301078	¥5.77	16	¥92.30
15	山西省	便利店	RIO	6935145303034	¥8.06	31	¥249.90
16	山西省	食杂店	RIO	6935145303034	¥5.80	55	¥319.00
17	广东省	大卖场	RIO	6935145301030	¥12.26	127	¥1,557.40
18	广东省	大卖场	RIO	6935145301047	¥12.29	131	¥1,610.00
19	广东省	大卖场	RIO	6935145301078	¥12.36	76	¥939.30
20	广东省	大卖场	RIO	6935145303034	¥6.42	114	¥731.50
21	广东省	大卖场	RIO	6935145303300	¥19.06	39	¥743.40

2021-01　2021-01(备份)

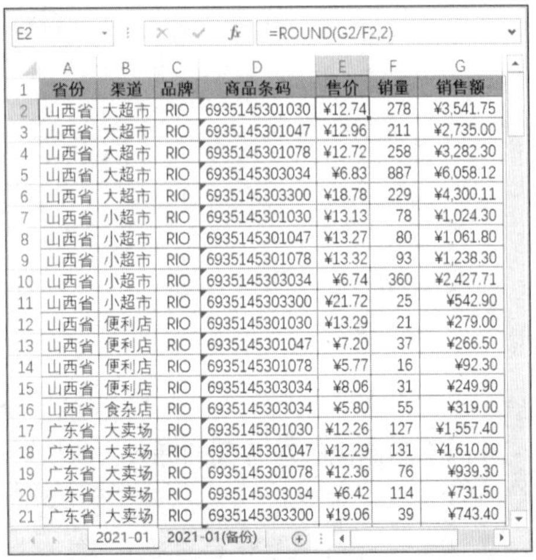

图 7-105　插入“售价”列

第8章 使用 Python 操作 Excel 中的 Shape 对象

Excel 中的 Shape 对象包括自选图形、任意多边形、OLE（Object Linking and Embedding，对象连接与嵌入）和图片等，Shape 对象位于绘图层（Draw Layer）中，浮于工作表上。Python 可以很方便地操作各种类型的 Shape 对象。

本章将介绍使用 xlwings 库对 Excel 进行操作，该库封装了非常丰富、便捷的类和方法来简化对 Excel 的处理，此外还支持通过 Python 代码结合 VBA 操作 Excel，以完成某些未被 xlwings 封装但被 VBA 支持的操作。

8.1 使用 xlwings 遍历工作表中的 Shape 对象

工作表中可能存在多个不同类型的 Shape 对象，如果只要处理部分 Shape 对象，可以先遍历所有的 Shape 对象，对其类型进行判断，再进行相应的操作。例如，在示例文件的"Shape 对象"工作表中有如图 8-1 所示的多个 Shape 对象。

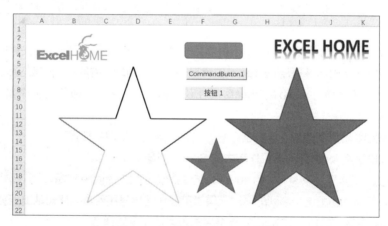

图 8-1 工作表中的 Shape 对象

遍历并输出 Shape 对象信息的演示代码如下。

```
#001   import os
#002   import xlwings as xw
#003
#004   xl_dir = os.path.dirname(__file__)
#005   xl_path = os.path.join(xl_dir, '遍历工作表中的Shape对象.xlsx')
#006   wb = xw.Book(xl_path)
#007   sheet = wb.sheets['Shape对象']
#008   print('序号 | 名称 | 类型 | 说明')
#009   for i, shape in enumerate(sheet.shapes):
#010       index = i + 1
#011       name = shape.name
#012       t = shape.type
#013       if t == 'line':
```

```
#014              desc = '线条'
#015         elif t == 'free_form':
#016              desc = '任意多边形'
#017         elif t == 'picture':
#018              desc = '图片'
#019         elif t == 'auto_shape':
#020              desc = '自选图形'
#021         elif t == 'form_control':
#022              desc = '窗体控件'
#023         elif t == 'ole_control_object':
#024              desc = 'OLE控件对象'
#025         else:
#026              desc = ''
#027         print(f'{index:} | {name} | {t} | {desc}')
```

➢ 代码解析

第 1 行代码导入 os 库，用于后续处理路径。

第 2 行代码导入 xlwings 库，并起别名为 xw。

第 4 行代码使用 os.path 模块的 dirname 函数获取 Python 文件所在目录，其中 __file__ 属性返回 Python 文件的全路径。

第 5 行代码使用 os.path 模块的 join 函数拼接目录名和文件名获取示例 Excel 文件的全路径。

第 6 行代码使用 xw.Book 打开示例 Excel 文件获取工作簿对象，并赋值给变量 wb。

第 7 行代码使用工作簿对象 wb 的 sheets 属性获取名为"Shape 对象"的工作表，并赋值给变量 sheet。

第 8 行代码输出统计结果的表头，包含序号、名称、类型、说明和位置。

第 9~27 行代码使用 for 循环遍历工作表中的 Shape 对象。

第 9 行代码使用工作表对象 sheet 的 shapes 属性获取所有的 Shape 对象序列。对该序列使用内置函数 enumerate，能够在遍历这个序列的同时获得当前迭代的序号和元素，序号从 0 开始递增。

第 10 行代码对序号 i 加 1，这样输出统计结果时可以从 1 开始递增。

第 11~12 行代码分别获取 Shape 对象的名称和类型。

第 13~26 行代码判断 Shape 对象的类型，并将类型说明赋值给变量 desc。

Shape 对象的类型与说明如表 8-1 所示。

表 8-1　Shape 对象的类型与说明

类型	说明
auto_shape	自选图形
form_control	窗体控件
free_form	任意多边形
line	线条
ole_control_object	OLE 控件对象
picture	图片

Shape 对象提供了多种属性和函数，如表 8-2 所示。

表 8-2　Shape 对象的属性和函数说明

属性 / 函数	说明
name	返回或设置名称
text	返回或设置文本内容
type	返回 Shape 的类型
api	返回 xlwings 所使用的引擎（底层使用的操作系统相关库）的原生对象（Windows 上为 pywin32 对象，Mac 上为 appscript 对象）
top	返回或设置 Shape 对象的垂直位置
left	返回或设置 Shape 对象的水平位置
height	返回或设置 Shape 对象的高度
width	返回或设置 Shape 对象的宽度
scale_height(factor, relative_to_original_size=False, scale='scale_from_top_left')	按比例调整 Shape 对象的高度
scale_width(factor, relative_to_original_size=False, scale='scale_from_top_left')	按比例调整 Shape 对象的宽度
activate( )	激活 Shape 对象
delete( )	删除 Shape 对象

第 27 行代码输出获取到的 Shape 对象的序号、名称、类型和说明。

运行示例代码，输出结果如下。

```
序号 | 名称 | 类型 | 说明
1 | Straight Connector 40 | line | 线条
2 | Straight Connector 41 | line | 线条
3 | Straight Connector 42 | line | 线条
4 | Straight Connector 43 | line | 线条
5 | Straight Connector 44 | line | 线条
6 | Straight Connector 45 | line | 线条
7 | Straight Connector 46 | line | 线条
8 | Straight Connector 47 | line | 线条
9 | Straight Connector 48 | line | 线条
10 | Straight Connector 49 | line | 线条
11 | 任意多边形 50 | free_form | 任意多边形
12 | Picture 51 | picture | 图片
13 | Rectangle 52 | auto_shape | 自选图形
14 | Button 1 | form_control | 窗体控件
15 | CommandButton1 | ole_control_object | OLE控件对象
16 | 圆角矩形 1 | auto_shape | 自选图形
17 | 五角星 2 | auto_shape | 自选图形
```

从输出结果中可以看到，所有类型的 Shape 对象都被识别了出来。不过序号为 13、16 和 17 的 Shape 对象只识别出了类型为 auto_shape，而没有将类型进一步细分。为了实现此目标，需要使用 Shape 对象的 api 属性，它在 Windows 上返回 VBA Shape 对象。

8.2 通过 xlwings 执行 VBA 操作遍历对象

xlwings 虽然为常用 Excel 操作提供了 Python 对象和函数级别的封装，但是仍然缺少对很多 Excel 对象的支持。但是，xlwings 提供了 api 属性来访问 Excel 对象模型，以便完成更多的 Excel 操作。由于 api 底层在 Windows 和 maxOS 上分别使用 pywin32 和 appscript 实现，行为差别较大，意味着如果使用此功能就需要考虑跨平台兼容性。本书涉及 api 属性相关的代码均只考虑 Windows 平台。

借助 VBA 进一步识别 Shape 对象的演示代码如下。

```
#001    import os
#002    import xlwings as xw
#003
#004    xl_dir = os.path.dirname(__file__)
#005    xl_path = os.path.join(xl_dir, '遍历工作表中的Shape对象.xlsx')
#006    wb = xw.Book(xl_path)
#007    sheet = wb.sheets['Shape对象']
#008    print('序号 | 名称 | 类型 | 说明')
#009    for i, shape in enumerate(sheet.shapes):
#010        index = i + 1
#011        name = shape.name
#012        t = shape.type
#013        if t == 'line':
#014            desc = '线条'
#015        elif t == 'free_form':
#016            desc = '任意多边形'
#017        elif t == 'picture':
#018            desc = '图片'
#019        elif t == 'auto_shape':
#020            vba_shape = shape.api
#021            auto_shape_type = vba_shape.AutoShapeType
#022            if auto_shape_type == 1:
#023                desc = '矩形'
#024            elif auto_shape_type == 5:
#025                desc = '圆角矩形'
#026            elif auto_shape_type == 92:
#027                desc = '五角星'
#028            else:
#029                desc = '自选图形'
#030        elif t == 'form_control':
#031            desc = '窗体控件'
```

```
#032          elif t == 'ole_control_object':
#033              desc = 'OLE控件对象'
#034          else:
#035              desc = ''
#036          print(f'{index:} | {name} | {t} | {desc}')
```

➤ 代码解析

相对于 8.1 节的示例代码，第 20~29 行代码为新增内容。

第 20 行代码获取类似 VBA 中的 Shape 对象，简称为 VBA Shape 对象。

第 21~29 行代码使用 VBA Shape 对象的 AutoShapeType 属性判断自选图形对象的类型，并将结果赋值给变量 desc。

VBA Shape 对象的 AutoShapeType 属性返回或设置一个 MsoAutoShapeType 值，该值指定 Shape 对象的类型，该对象必须是自选图形，不能是直线、任意多边形或连接符。MsoAutoShapeType 常量值与说明如表 8-3 所示。

表 8-3　MsoAutoShapeType 常量值与说明

常量	值	说明
msoShapeRectangle	1	矩形
msoShapeRoundedRectangle	5	圆角矩形
msoShape5pointStar	92	五角星
msoShapeMixed	−2	只返回值，表示其他状态的组合

在 Windows 中，一般情况下可以直接通过 api 属性调用 VBA 方法或属性。为了简单，通常将 xlwings 中对象 X 的 api 属性称为 VBA X 对象。例如，示例代码中的变量 sheet 是 xlwings 中的 Sheet 对象，sheet.api 则是 VBA Sheet 对象。如果要调用 VBA 方法，就要在 Python 代码中加上圆括号，比如 sheet.api.ClearFormats( )。不同对象的 api 属性返回不同的 VBA 对象，每个 VBA 对象支持的方法和属性请在 Excel VBA 参考文档中查看相应的 Excel 对象模型。

　　　　不同版本的 Excel 中，相同 Shape 对象的 AutoShapeType 属性值可能不同。例如，艺术字在 Excel 2003 中的 AutoShapeType 属性值为 −2（即 msoShapeMixed），本示例中的艺术字（即序号为 13 的 Shape 对象）的 AutoShapeType 属性值为 1（即 msoShapeRectangle）。

本示例代码只针对部分 AutoShapeType 属性值进行了转换，如果需要使用更多 AutoShapeType 常量，请参阅 VBA 帮助文档（https://docs.microsoft.com/zh-cn/office/vba/api/office.msoautoshapetype）。

运行示例代码，输出结果如下。

```
序号 | 名称 | 类型 | 说明
1 | Straight Connector 40 | line | 线条
2 | Straight Connector 41 | line | 线条
3 | Straight Connector 42 | line | 线条
4 | Straight Connector 43 | line | 线条
5 | Straight Connector 44 | line | 线条
6 | Straight Connector 45 | line | 线条
```

```
7  | Straight Connector 46 | line | 线条
8  | Straight Connector 47 | line | 线条
9  | Straight Connector 48 | line | 线条
10 | Straight Connector 49 | line | 线条
11 | 任意多边形 50 | free_form | 任意多边形
12 | Picture 51 | picture | 图片
13 | Rectangle 52 | auto_shape | 矩形
14 | Button 1 | form_control | 窗体控件
15 | CommandButton1 | ole_control_object | OLE控件对象
16 | 圆角矩形 1 | auto_shape | 圆角矩形
17 | 五角星 2 | auto_shape | 五角星
```

8.3 批量插入图片并按指定格式排列

在实际工作中，有时需要在 Excel 工作表中批量插入多张图片，并将这些图片按指定格式排列，比如批量将指定文件夹中的图片插入工作表中，形成一份如图 8-2 所示的图册。原始图片的分辨率可能不同，但在插入工作表时，所有图片指定为统一高度和宽度，且锚定在各个单元格中，单元格的大小和图片大小一致，图片下方单元格显示此图片的名称。这样的需求使用手动操作比较烦琐，而使用 Python 则可以迅速完成。

图 8-2 所有图片按 3 列 N 行的版式依次显示的动物图册

8.3.1 所有图片按 3 列 N 行的版式依次显示

每行显示有 3 张图片，列之间有间隔，所有图片依次显示，这种插入效果的演示代码如下。

```
#001  import os
#002  import xlwings as xw
#003
#004  xl_dir = os.path.dirname(__file__)
```

```
#005    xl_path = os.path.join(xl_dir, '批量插入图片并按指定格式排列.xlsx')
#006    wb = xw.Book(xl_path)
#007    sheet = wb.sheets['Sheet1']
#008    row = 2
#009    column = 1
#010    columns = 3
#011    for filename in os.listdir(xl_dir):
#012        if not filename.endswith('.jpg'):
#013            continue
#014        img_path = os.path.join(xl_dir, filename)
#015        anchor = sheet.range((row, column))
#016        anchor.column_width = 26
#017        anchor.row_height = 100
#018        sheet.pictures.add(
#019            img_path,
#020            anchor = anchor,
#021            width = anchor.width,
#022            height = anchor.height)
#023        name = filename[:-4]
#024        sheet.range((row+1, column)).value = name
#025        if column >= columns*2-1:
#026            column = 1
#027            row += 2
#028        else:
#029            column += 2
```

➢ 代码解析

第 1 行代码导入 os 库，用于后续处理路径。

第 2 行代码导入 xlwings 库，并起别名为 xw。

第 4 行代码使用 os.path 模块的 dirname 函数获取 Python 文件所在目录，其中 __file__ 属性返回 Python 文件的全路径。

第 5 行代码使用 os.path 模块的 join 函数拼接目录名和文件名获取示例 Excel 文件的全路径。

第 6 行代码使用 xw.Book 打开示例 Excel 文件获取工作簿对象，并赋值给变量 wb。

第 7 行代码使用工作簿对象 wb 的 sheets 属性获取名为 "Sheet1" 的工作表，并赋值给变量 sheet。

第 8~9 行代码声明 row 和 column 变量，分别表示图片插入的单元格所在的行和列，初始为第 2 行、第 1 列。

第 10 行代码声明 columns 变量，表示图片显示的列数。

第 11~20 行代码遍历文件夹中的所有图片，将之批量插入工作表中。遍历时以图片的文件名为关键字进行排序。

第 12~13 行代码判断文件夹中的文件名是否以 ".jpg" 结尾，若不是则跳过，以此确保后续处理的文件都是图片。

第 14 行代码使用文件夹路径和文件名合并成文件的绝对路径。

第 15 行代码获取特定位置的单元格作为插入图片的锚点，赋值给变量 anchor。

第 16~17 行代码分别调整单元格的宽度和高度，后续插入的图片也会调整成此大小。需要注意的是，Excel 单元格宽度的单位（0.1 英寸）和高度的单位（磅）并不相同。

第 18~22 行代码将图片插入锚点所在的单元格，且插入后的图片的宽度和高度与锚点所在单元格的宽和高相等。变量 sheet 的 pictures 属性返回 Pictures 对象，即 picture 对象的集合。Pictures 对象的 add 方法用来插入图片，语法如下：

```
xlwings.main.Pictures.add(image, link_to_file = False, save_with_document = True, left = None, top = None, width = None, height = None, name = None, update = False, scale = None, format = None, anchor = None)
```

add 方法的参数 image 是必选的。

参数 image 为字符串或 matplotlib.figure.Figure 类型，表示图片路径或 Matlotlib 库中的图形对象。

参数 left 和 top 为 float 类型，表示图片左上角相对于工作表左上角的水平和垂直坐标，默认为 0。当使用参数 left 和 top 时，则不能使用参数 anchor。

参数 width 和 height 为浮点型，表示图片的宽度和高度，默认和源图片的尺寸相同。

参数 name 为字符串类型，表示图片的名称，默认为 Excel 的标准名称，如"Picture 1"。

参数 update 为布尔类型，表示是否替换同名图片。如果为 True，要求指定参数 name。

参数 scale 为浮点型，表示调整图片的比例大小。

参数 format 为字符串类型，仅在传入的参数 image 是 Matplotlib 或 Plotly 图表时使用，表示图表格式，如 png、svg 等。

参数 anchor 为 xlwings.Range 类型，表示插入图片的锚点。当使用参数 anchor 时，则不能使用参数 left 和 top。

第 23~24 行代码将图片名称填入图片锚点下方的单元格中。

第 25~29 行代码计算下张图片的行和列。由于图片均间隔一列显示，初始列为 1，下张图片的列号要加 2，即为第 29 行代码逻辑；当列号超过列数的 2 倍减 1 时，需要重新显示在第 1 列，并且在新的一行显示，即为第 25~27 行代码逻辑。

运行示例代码后，在示例 Excel 文件的 Sheet1 工作表中得到图片大小统一、包含 9 种动物且布局为 3 行 3 列的动物图册，如图 8-2 所示。

8.3.2　每行重复显示图片

每行重复显示 3 次图片，列之间有间隔，不同的图片放在不同的行中依次显示，这种插入效果的演示代码如下。

```
#001   import os
#002   import xlwings as xw
#003
#004   xl_dir = os.path.dirname(__file__)
#005   xl_path = os.path.join(xl_dir, '批量插入图片并按指定格式排列.xlsx')
#006   wb = xw.Book(xl_path)
#007   sheet = wb.sheets['Sheet1']
#008   row = 2
#009   columns = 3
#010   for filename in os.listdir(xl_dir):
```

```
#011            if not filename.endswith('.jpg'):
#012                continue
#013            img_path = os.path.join(xl_dir, filename)
#014            for i in range(columns):
#015                column = 2*i+1
#016                anchor = sheet.range((row, column))
#017                anchor.column_width = 26
#018                anchor.row_height = 100
#019                sheet.pictures.add(
#020                    img_path,
#021                    anchor = anchor,
#022                    width = anchor.width,
#023                    height = anchor.height)
#024                name = filename[:-4]
#025                sheet.range((row+1, column)).value = name
#026            row += 2
```

➢ 代码解析

第 1 行代码导入 os 库，用于后续处理路径。

第 2 行代码导入 xlwings 库，并起别名为 xw。

第 4 行代码使用 os.path 模块的 dirname 函数获取 Python 文件所在目录，其中 __file__ 属性返回 Python 文件的全路径。

第 5 行代码使用 os.path 模块的 join 函数拼接目录名和文件名获取示例 Excel 文件的全路径。

第 6 行代码使用 xw.Book 打开示例 Excel 文件获取工作簿对象，并赋值给变量 wb。

第 7 行代码使用工作簿对象 wb 的 sheets 属性获取名为"Sheet1"的工作表，并赋值给变量 sheet。

第 8 行代码声明 row 变量，表示图片插入的单元格所在的行，初始为第 2 行。

第 9 行代码声明 columns 变量，表示图片显示的列数，即同一张图片重复显示的次数。

第 10~26 行代码遍历文件夹中的所有图片，将之批量插入工作表中。遍历时以图片的文件名为关键字进行排序。

第 11~12 行代码判断文件夹中的文件名是否以".jpg"结尾，若不是则跳过，以此确保后续处理的文件都是图片。

第 13 行代码使用文件夹路径和文件名合并成文件的绝对路径。

第 14~25 行代码将图片重复 count 次插入当前行的单元格中。

第 15 行代码计算图片要插入的单元格的列，重复图片之间间隔一个单元格，那么计算列的公式为 2*i+1，当 i=0 时，column=1；当 i=1 时，column=3；当 i=2 时，column=5。

第 16 行代码获取特定位置的单元格作为插入图片的锚点，赋值给变量 anchor。

第 17~18 行代码分别调整单元格的宽度和高度，后续插入的图片也会调整成此大小。需要注意的是，Excel 单元格宽度的单位（0.1 英寸）和高度的单位（磅）并不相同。

第 19~23 行代码将图片插入锚点所在的单元格，且插入后的图片的宽度和高度与锚点所在单元格的宽和高相等。

第 24~25 行代码将图片名称填入图片锚点下方的单元格中。

第 26 行代码计算下张图片的行号，由于图片下方要显示名称，下张图片的行号要加 2。

运行示例代码后，在示例 Excel 文件的 Sheet1 工作表中得到图片大小统一、包含 9 种动物且重复 3 次的动物图册，如图 8-3 所示。

图 8-3　每行重复显示 3 次的动物图册

8.4　批量将指定类型的 Shape 对象导出图片

工作表中如果存在不同类型的 Shape 对象，可能需要将指定类型的 Shape 对象另存为图片，并指定不同的图片格式（如 PNG、JPG、BMP 等）。在如图 8-4 所示的工作表中，需要将自选图形类型的 Shape 对象另存为图片。使用 Python 可以非常方便地实现，尤其是针对批量另存为的情况，将会大幅节省处理时间。

图 8-4　工作表中不同类型的 Shape 对象

本案例需要使用 Pillow 库对图片进行处理，需先安装此库（pip install Pillow）。

演示代码如下。

```
#001   import os
#002   import xlwings as xw
#003   from PIL import Image
#004
#005   def export_shapes(shape_type, image_format):
#006       xl_dir = os.path.dirname(__file__)
#007       xl_path = os.path.join(xl_dir, '批量将指定类型的Shape对象导出图片.xlsx')
#008       wb = xw.Book(xl_path)
#009       sheet = wb.sheets['Sheet1']
#010       for shape in sheet.shapes:
#011           if shape.type == shape_type:
#012               shape.api.Copy()
#013               vba_chart = sheet.charts.api.Add(
#014                   0, 0, shape.width, shape.height)
#015               vba_chart.Select()
#016               vba_chart.Chart.Paste()
#017
#018       for i, chart in enumerate(sheet.charts):
#019           name = f'export-{i+1}.png'
#020           path = os.path.join(xl_dir, name)
#021           chart.to_png(path)
#022           chart.delete()
#023
#024           if image_format != '.png':
#025               image = Image.open(path)
#026               if image_format in ('.jpg', 'jpeg'):
#027                   image = image.convert('RGBA').convert('RGB')
#028               image.save(path.replace('.png', image_format))
#029               os.remove(path)
#030
#031   export_shapes('auto_shape', '.jpg')
```

➤ 代码解析

第 1 行代码导入 os 库，用于后续处理路径和操作文件。

第 2 行代码导入 xlwings 库，并起别名为 xw。

第 3 行代码从 PIL 库中导入 Image 模块，用于后续转换图片格式。

第 5~29 行代码定义 export_shapes 函数，用于将指定类型的 Shape 对象批量导出为指定格式的图片，其中参数 snape_type 用于指定 Shape 对象类型，参数 image_format 用于指定导出图片格式。

第 6 行代码使用 os.path 模块的 dirname 函数获取 Python 文件所在目录，其中 __file__ 属性返回 Python 文件的全路径。

第 7 行代码使用 os.path 模块的 join 函数拼接目录名和文件名获取示例 Excel 文件的全路径。

第 8 行代码使用 xw.Book 打开示例 Excel 文件获取工作簿对象，并赋值给变量 wb。

第 9 行代码使用工作簿对象 wb 的 sheets 属性获取名为"Sheet1"的工作表，并赋值给变量 sheet。

第 10~16 行代码遍历工作表中的每个 Shape 对象，并将指定类型的 Shape 对象复制粘贴到 Chart 对象中。

第 11 行代码筛选出指定类型的 Shape 对象。

第 12 行代码通过 shape.api 获取 VBA Shape 对象，紧接着调用 Copy( ) 方法将 Shape 对象复制到剪贴板中。这里使用 VBA Shape 对象是因为 xlwings 的 Shape 对象（即变量 shape）没有用于复制的方法。

第 13~14 行代码通过 sheet.charts.api 获取 VBA ChartObjects 对象，即图表对象。该对象的 Add 方法用来创建新的嵌入图表并返回 VBA ChartObject 对象。ChartObjects 对象代表图表工作表或工作表上的所有 ChartObject 对象组成的集合。Add 方法的语法如下：

```
expression.Add(Left, Top, Width, Height)
```

Add 方法的参数 Left 和 Width 是必选的。其中，参数 Left 和 Top 用来指定 ChartObject 对象边框相对于工作表左上角的水平和垂直坐标。参数 Width 和 Height 用来指定 ChartObject 对象的宽度和高度。

第 15~16 行代码选中 VBA ChartObject 对象，并将剪贴板中的内容粘贴到 Chart 对象中。

第 18~29 行代码遍历工作表中的每个 Chart 对象，并依次导出成 PNG 格式的图片，再将该对象删除，根据情况将图片转换成其他格式（如 JPG）。

第 18 行代码使用 sheet.charts 获取 Chart 对象并进行遍历。由于第 13~16 行代码使用 VBA ChartObjects 对象最终添加了 VBA Chart 对象，xlwings 的 sheet.charts 中也会有对应的 xlwings Chart 对象。VBA Chart 对象和 xlwings Chart 对象都指向 Excel 工作表中的图表对象，前者提供了 Excel 图表对象所支持的所有方法且具 VBA 风格，而后者提供一些便捷的方法（如 to_png、delete 方法等）且具 Python 风格。

第 19~20 行代码生成要导出图片的名称和路径。

第 21 行代码将 Chart 对象导出为 PNG 格式的图片。to_png 方法的语法如下：

```
xlwings.Chart.to_png(path = None)
```

to_png 方法的参数 path 是可选的，它表示导出图片的路径。如果不传，则以 Chart 对象的名称作为文件名保存在当前目录。

第 22 行代码删除 Chart 对象。delete 方法的语法如下：

```
xlwings.Chart.delete()
```

delete 方法无须传入参数，用于删除当前 Chart 对象。

第 24~29 行代码用于将 PNG 格式的图片转换成其他格式。由于 xlwings 只提供了导出成 PNG 图片的方法，如果需要将 Shape 对象导出成其他格式，需要借助 Pillow 库转换图片格式。

第 25 行代码使用 Image.open 方法打开图片，并返回 Image 对象。

第 26~27 行代码针对 JPG 或 JPEG 格式的图片，将色彩模式转换成 RGBA，再转换成 RGB。原因在于此类格式相较 PNG 缺少对透明度的支持，需要转换成合适的色彩模式。

第 28 行代码将图片另存为指定格式，这里只需修改图片名称的后缀，Pillow 就能识别出想要保存的图片格式。

第 29 行代码删除原来的 PNG 图片。

第 31 行代码调用 export_shapes 函数，批量将类型为自选图形的 Shape 对象另存为 JPG 格式的图片。

8.5 批量删除指定类型的 Shape 对象

工作表中如果存在不同类型的 Shape 对象，可能需要删除指定类型的 Shape 对象。在如图 8-4 所示的 Shape 对象中，需要删除自选图形类型的 Shape 对象。使用 Python 可以非常方便地实现，演示代码如下。

```
#001   import os
#002   import xlwings as xw
#003
#004   def delete_shapes(shape_type):
#005       xl_dir = os.path.dirname(__file__)
#006       xl_path = os.path.join(xl_dir, '批量删除指定类型的Shape对象.xlsx')
#007       wb = xw.Book(xl_path)
#008       sheet = wb.sheets['Sheet1']
#009       for shape in sheet.shapes:
#010           if shape.type == shape_type:
#011               shape.delete()
#012
#013   delete_shapes('auto_shape')
```

➤ 代码解析

第 1 行代码导入 os 库，用于后续处理路径。

第 2 行代码导入 xlwings 库，并起别名为 xw。

第 4~11 行代码定义了 delete_shapes 函数，用于批量删除指定类型的 Shape 对象，其中参数 shape_type 用于指定 Shape 对象类型。

第 5 行代码使用 os.path 模块的 dirname 函数获取 Python 文件所在目录，其中 __file__ 属性返回 Python 文件的全路径。

第 6 行代码使用 os.path 模块的 join 函数拼接目录名和文件名获取示例 Excel 文件的全路径。

第 7 行代码使用 xw.Book 打开示例 Excel 文件获取工作簿对象，并赋值给变量 wb。

第 8 行代码使用工作簿对象 wb 的 sheets 属性获取名为 "Sheet1" 的工作表，并赋值给变量 sheet。

第 9~11 行代码遍历工作表中的每个 Shape 对象，删除指定类型的 Shape 对象。

第 10 行代码筛选出指定类型的 Shape 对象。

第 11 行代码调用 Shape 对象的 delete 方法删除 Shape 对象。

第 13 行代码调用 delete_shapes 函数，删除类型为自选图形的 Shape 对象。

8.6 箭头追踪单元格数据

工作表中的数据往往有关联关系，需要展现特定数据的变化趋势。在如图 8-5 所示的表格中，有 5 位同学在每个月的排名数据。使用 Python 可以轻松地绘制出某一位同学的排名变化趋势。

	A	B	C	D	E	F	G
1	排名	2022年1月	2022年2月	2022年3月	2022年4月	2022年5月	2022年6月
2	1	张飞	武曌	张飞	武曌	赵云	张飞
3	2	武曌	张飞	赵云	虞姬	虞姬	赵云
4	3	赵云	赵云	虞姬	张飞	武曌	蔡琰
5	4	蔡琰	虞姬	蔡琰	蔡琰	蔡琰	武曌
6	5	虞姬	蔡琰	武曌	赵云	张飞	虞姬

图 8-5　工作表中学生排名数据

演示代码如下。

```
#001   import os
#002   import xlwings as xw
#003
#004   xl_dir = os.path.dirname(__file__)
#005   xl_path = os.path.join(xl_dir, '箭头追踪单元格数据.xlsx')
#006   wb = xw.Book(xl_path)
#007   sheet = wb.sheets['Sheet1']
#008
#009   def add_line(c1, c2):
#010       vba_line = sheet.shapes.api.AddLine(
#011           c1.left + c1.width/2,
#012           c1.top + c1.height/2,
#013           c2.left + c2.width/2,
#014           c2.top + c2.height/2
#015       ).Line
#016       vba_line.EndArrowheadStyle = 2
#017       vba_line.Weight = 2
#018       vba_line.ForeColor.RGB = 0xFF
#019
#020   def draw(name):
#021       columns = sheet.range('B2:G6').columns
#022       cells = []
#023       for column in columns:
#024           for cell in column:
#025               if cell.value == name:
#026                   cells.append(cell)
#027                   break
#028       for i in range(len(cells)-1):
#029           add_line(cells[i], cells[i+1])
#030
#031   def clear():
#032       for shape in sheet.shapes:
#033           shape.delete()
#034
#035   clear()
#036   draw('张飞')
```

> 代码解析

第 1 行代码导入 os 库，用于后续处理路径。

第 2 行代码导入 xlwings 库，并起别名为 xw。

第 4 行代码使用 os.path 模块的 dirname 函数获取 Python 文件所在目录，其中 __file__ 属性返回 Python 文件的全路径。

第 5 行代码使用 os.path 模块的 join 函数拼接目录名和文件名获取示例 Excel 文件的全路径。

第 6 行代码使用 xw.Book 打开示例 Excel 文件获取工作簿对象，并赋值给变量 wb。

第 7 行代码使用工作簿对象 wb 的 sheets 属性获取名为"Sheet1"的工作表，并赋值给变量 sheet。

第 9~18 行代码定义了 add_line 函数，给定两个单元格变量作为参数，在两者的中点绘制带有箭头的直线。其中，参数 c1 是起点单元格，参数 c2 是终点单元格。

第 10 行代码通过 sheet.shapes.api 获取 VBA Shapes 对象，紧接着调用 AddLine 方法来绘制直线，并返回 VBA Shape 对象。AddLine 方法的语法如下：

```
expression.AddLine (BeginX, BeginY, EndX, EndY)
```

AddLine 方法的所有参数都是必选的。其中，参数 BeginX 和 BeginY 用来指定直线起点相对于工作表左上角的水平和垂直坐标，参数 EndX 和 EndY 用来指定直线终点相对于工作表左上角的水平和垂直坐标。

第 11~12 行代码计算直线起点的坐标为传入单元格 c1 的中点。

第 13~14 行代码计算直线起点的坐标为传入单元格 c2 的中点。

第 15 行代码将 AddLine 方法返回的 Shape 对象的 Line 属性赋给变量 vba_line。Line 属性返回的是 VBA LineFormat 对象，可以通过它设置直线的各种格式，如是否有箭头、粗细和颜色。

第 16 行代码通过 EndArrowheadStyle 属性将直线的终点设置为箭头样式。VBA LineFormat 对象的 EndArrowheadStyle 属性返回或设置一个 MsoArrowheadStyle 值，该值指定直线终点的样式。MsoArrowheadStyle 常量值与说明如表 8-4 所示。

表 8-4　MsoArrowheadStyle 常量值与说明

常量	值	说明
msoArrowheadDiamond	5	菱形
msoArrowheadNone	1	无箭头
msoArrowheadOpen	3	开放箭头
msoArrowheadOval	6	椭圆形
msoArrowheadStealth	4	隐形
msoArrowheadTriangle	2	三角形
msoArrowheadStyleMixed	−2	仅返回值；表示其他状态的组合

第 17 行代码通过 Weight 属性设置直线的宽度为 2。

第 18 行代码设置直线的颜色为红色。VBA LineFormat 对象的 ForeColor 属性返回或设置表示指定前景填充或纯色的 VBA ColorFormat 对象。而 VBA ColorFormat 对象的 RGB 属性用来设置颜色，类型为整型。这里使用十六进制 0xFF 表示红色。

第 20~29 行代码定义了 draw 函数，给定 name 作为参数，用于在工作表中的 B2:G6 范围内找到值等于 name 的单元格，并将它们绘制成线。

第 21 行代码获得工作表中 B2:G6 范围内的所有列。

第 22 行代码初始化 cells 列表，用于存放符合条件的用于绘制直线的单元格。

第 23~27 行代码遍历每一列中的每个单元格，找到值为参数 value 的单元格，存放在 cells 中，并继续在下一列中继续寻找，直至遍历完成。

第 28~29 行代码依次遍历 cells 中紧邻的两个单元格，并绘制带有箭头的直线。

第 31~33 行代码实现了 clear 函数，用来清除工作表中所有的 Shape 对象。

第 35 行代码调用 clear 函数清除上一次运行绘制出的所有直线。

第 36 行代码调用 draw 函数，指定参数值为 A，表示在工作表中值为 A 的单元格上绘制带有箭头的直线。

运行代码后，可以获得如图 8-6 所示的箭头首尾相连的效果。

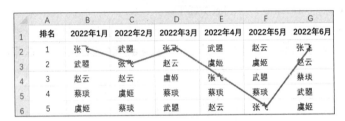

图 8-6　用箭头追踪数据

8.7　为产品目录添加图片与二维码

如果需要制作一份产品目录，要求将如图 8-7 所示的文件夹中的每张图片放到表格中的对应位置，且尺寸与单元格保持一致，并能根据产品编号动态生成二维码，手动实现既困难又复杂，而使用 Python 则能高效解决。

图 8-7　产品目录表与对应图片

本案例需要使用 qrcode 库生成二维码，需先安装此库（pip install qrcode[pil]）。

演示代码如下。

```
#001    import os
#002    import xlwings as xw
#003    import qrcode
#004
#005    xl_dir = os.path.dirname(__file__)
#006    xl_path = os.path.join(xl_dir, '为产品目录添加图片与二维码.xlsx')
#007    wb = xw.Book(xl_path)
#008    sheet = wb.sheets['Sheet1']
#009    for cell in sheet.range('A3:A5'):
#010        name = cell.value
#011        image = os.path.join(xl_dir, f'{name}.png')
#012        anchor = sheet.range((cell.row, cell.column + 1))
#013        sheet.pictures.add(
#014            image,
#015            anchor = anchor,
#016            width = anchor.width,
#017            height = anchor.height)
#018        qr = qrcode.make(name)
#019        qr_path = os.path.join(xl_dir, f'{name}-qr.png')
#020        qr.save(qr_path)
#021        anchor = sheet.range((cell.row, cell.column + 2))
#022        sheet.pictures.add(
#023            qr_path,
#024            anchor = anchor,
#025            width = anchor.width,
#026            height = anchor.height)
#027        os.remove(qr_path)
```

➢ 代码解析

第 1 行代码导入 os 库，用于后续处理路径。

第 2 行代码导入 xlwings 库，并起别名为 xw。

到 3 行代码导入 qrcode 库，用于生成产品二维码。

第 5 行代码使用 os.path 模块的 dirname 函数获取 Python 文件所在目录，其中 __file__ 属性返回 Python 文件的全路径。

第 6 行代码使用 os.path 模块的 join 函数拼接目录名和文件名获取示例 Excel 文件的全路径。

第 7 行代码使用 xw.Book 打开示例 Excel 文件获取工作簿对象，并赋值给变量 wb。

第 8 行代码使用工作簿对象 wb 的 sheets 属性获取名为 "Sheet1" 的工作表，并赋值给变量 sheet。

第 9 行代码遍历 A3 到 A5 单元格的每一行，将之赋值给变量 cell。由于此范围只有一列（A 列即 "产品编号" 列），也就意味着每行的单元格只有一个，因此变量名取为 cell。

第 10 行代码获取单元格的值，即具体的产品编号。

第 11 行代码生成要插入图片的路径，这里产品编号和图片名称相同。

第 12 行代码获取变量 cell 所在单元格的右侧单元格，即 "图片" 列的单元格，赋值给变量 anchor。

此单元格将作为锚点插入图片。

第 13~17 行代码将图片插入锚点所在的单元格，且插入后的图片的宽度和高度与锚点所在单元格的宽度和高度相等。变量 sheet 的 pictures 属性返回 Pictures 对象，即 picture 对象的集合。Pictures 对象的 add 方法用来插入图片，语法见 8.3 节。

第 18 行代码根据产品编号生成二维码。

第 19~20 行代码将二维码图片临时保存在指定路径上，以供后续插入 Excel 中。

第 21~26 行将二维码图片插入"二维码"列的单元格中，并将图片大小调整到单元格的大小。

第 27 行代码删除临时保存的二维码图片。

运行示例代码，在示例 Excel 的 Sheet1 工作表的"图片"列中将插入计算机产品图片，在"二维码"列中将插入产品编码所对应的二维码图片，所有图片尺寸自动调整至单元格大小，如图 8-8 所示。

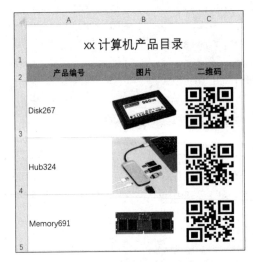

图 8-8　自动填写产品目录

第 9 章　使用 Python 操作 Excel 图表

图表能够使枯燥的数字变得直观生动，通过 Python 可以控制 Excel 图表的普通属性，Excel VBA 则几乎可以控制图表的所有属性。本章将介绍通过 Python 代码结合 VBA 操作 Excel 图表，实现图表自动化。

9.1　自动创建图表

Excel 图表根据在工作表中存在的形式分为嵌入式图表和图表工作表，下面以图 9-1 所示的数据源为例，介绍如何使用 Python 代码结合 VBA 分别创建两种图表。

	A	B	C	D	E
1	区域	橘子	草莓	樱桃	苹果
2	杭州仓库	70	35	93	68
3	上海仓库	61	43	56	82

图 9-1　图表数据源表

9.1.1　创建嵌入式图表

根据图 9-1 所示的数据源创建嵌入式图表，设置图表类型为簇状柱形图，同时设置图表标题，并且为所有的数据系列都显示一个默认的数据标签。演示代码如下。

```
#001   import os
#002   import xlwings as xw
#003   from xlwings.constants import RowCol
#004
#005   xl_dir = os.path.dirname(__file__)
#006   xl_path = os.path.join(xl_dir, '自动创建图表.xlsx')
#007   wb = xw.Book(xl_path)
#008   sheet = wb.sheets['Sheet1']
#009   chart = sheet.charts.add(0, 50, 400, 300)
#010   chart.set_source_data(sheet.range('A1:E3'))
#011   chart.name = '水果销量图表'
#012   chart.chart_type = 'column_clustered'
#013   vba_chart = chart.api[1]
#014   vba_chart.PlotBy = RowCol.xlColumns
#015   vba_chart.ApplyDataLabels()
#016   vba_chart.HasTitle = True
#017   vba_chart.ChartTitle.Text = '水果销量'
```

➤ 代码解析

第 1 行代码导入 os 库，用于后续处理路径。

第 2 行代码导入 xlwings 库，并起别名为 xw。

第 3 行代码从 xlwings 库中导入常量 RowCol，用于后续设置图表的数据系列。

第 5 行代码使用 os.path 模块的 dirname 函数获取 Python 文件所在目录，其中 __file__ 属性返回

Python 文件的全路径。

第 6 行代码使用 os.path 模块的 join 函数拼接目录名和文件名获取示例 Excel 文件的全路径。

第 7 行代码使用 xw.Book 打开示例 Excel 文件获取工作簿对象，并赋值给变量 wb。

第 8 行代码使用工作簿对象 wb 的 sheets 属性获取名为"Sheet1"的工作表，并赋值给变量 sheet。

第 9 行代码中的 sheet.charts 返回 Charts 对象，调用该对象的 add 方法在当前工作表中添加嵌入图表，并返回 Chart 对象赋值给变量 chart。该图表的左上角坐标点为 (0, 50)，宽和长分别为 400 和 300。Charts 对象的 add 方法语法如下：

```
xlwings.main.Charts.add(left = 0, top = 0, width = 355, height = 211)
```

add 方法的所有参数都是可选的。

参数 left 和 top 为浮点类型，表示图片左上角相对于工作表左上角的水平和垂直坐标，默认为 0。

参数 width 和 height 为浮点类型，表示图表的宽度和高度。

第 10 行代码指定工作表的 A1:E3 单元格区域作为图表数据源。sheet.range('A1:E3') 返回指定单元格区域的 Range 对象；Chart 对象的 set_source_data 方法接收 Range 对象作为入参，用来设置图表的数据源。

第 11 行代码设置图表名称。

第 12 行代码设置图表类型为簇状杜形图。xlwings 库支持的图表类型非常丰富，表 9-1 列举了部分类型，更多内容请参阅 xlwings 官方文档。

表 9-1　Chart 对象的类型与说明

类型	说明
area	面积图
line	折线图
line_markers	带数据标识的折线图
pie	饼图
bubble	气泡图
column_clustered	簇状柱形图
3d_column_clustered	三维簇状柱形图
column_stacked	堆积柱形图
3d_column_stacked	三维堆积柱状图
column_stacked_100	百分比堆积柱形图
3d_column_stacked_100	三维百分比堆积柱形图

第 13 行代码获取 VBA Chart 对象。由于 xlwings 提供的 Chart 对象不支持设置数据系列使用的方式、数据标签等，需要借助 VBA 的能力来实现。

第 14 行代码指定数据系列取自数据列。PlotBy 属性值可以是常量 RowCol.xlColumns（表示列）或 RowCol.xlRows（表示行）。

第 15 行代码在所有系列显示默认的数据标签。VBA Chart 对象的 ApplyDataLabels 方法的语法如下：

```
expression.ApplyDataLabels(Type, LegendKey, AutoText, HasLeaderLines,
ShowSeriesName, ShowCategoryName, ShowValue, ShowPercentage, ShowBubbleSize,
Separator)
```

全部参数均可选，其中参数 Type 指定数据标签的类型，其值可使用表 9-2 列举的 DataLabelsType（xlwings.contants.DataLabelsType）常量。

表 9-2　DataLabelsType 常量

常量	值	说明
xlDataLabelsShowValue	2	数据点的值（默认）
xlDataLabelsShowPercent	3	占总数的百分比（仅用于饼图和圆环图）
xlDataLabelsShowLabel	4	数据点所属的分类
xlDataLabelsShowLabelAndPercent	5	占总数的百分比及数据点所属的分类（仅用于饼图和圆环图）
xlDataLabelsShowBubbleSizes	6	数据标签的气泡尺寸
xlDataLabelsShowNone	−4142	无数据标签

参数 LegendKey 为布尔类型，指定是否在数据点旁边显示图例项。

参数 AutoText 为布尔类型，指定是否根据内容自动生成相应的文字。

参数 HasLeaderLines 应用于 Chart 和 Series 对象时有效，如果数据系列有引导线，则为 True。

参数 ShowSeriesName 为布尔类型，指定对象是否在数据标签中显示系列名称。

参数 ShowCategoryName 为布尔类型，指定对象是否在数据标签中显示分类名称。

参数 ShowValue 为布尔类型，指定对象是否在数据标签中显示值。

参数 ShowPercentage 为布尔类型，指定对象是否在数据标签中显示百分比。

参数 ShowBubbleSize 为布尔类型，指定对象是否启用数据标签的气泡大小。

参数 Separator 指定数据标签的分隔符。

第 16 行代码设置图表有可见标题。

第 17 行代码设置图表标题文本。当指定图表有可见标题时（HasTitle 属性值为 True），VBA Chart 对象的 ChartTitle 属性返回 VBA ChartTitle 对象，其 Text 属性可以返回或设置对象中的文本。

运行示例 Python 文件，在示例 Excel 的 Sheet1 工作表中即出现如图 9-2 所示的嵌入式图表。

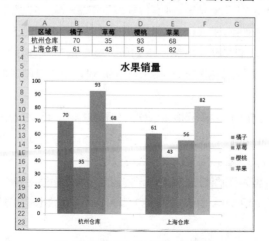

图 9-2　自动生成的嵌入式图表

9.1.2　创建图表工作表

根据图 9-1 所示的数据源创建图表工作表，设置图表类型为簇状柱形图，同时设置图表标题和显示数据表，并且为所有的数据系列都显示一个默认的数据标签。演示代码如下。

```
#001   import os
#002   import xlwings as xw
#003   from xlwings.constants import RowCol, ChartType
#004
#005   xl_dir = os.path.dirname(__file__)
#006   xl_path = os.path.join(xl_dir, '自动创建图表.xlsx')
#007   wb = xw.Book(xl_path)
#008   sheet = wb.sheets['Sheet1']
#009   vba_chart = wb.api.Charts.Add()
#010   vba_chart.SetSourceData(sheet.range('A1:E3').api)
#011   vba_chart.ChartType = ChartType.xlColumnClustered
#012   vba_chart.PlotBy = RowCol.xlRows
#013   vba_chart.ApplyDataLabels()
#014   vba_chart.HasLegend = False
#015   vba_chart.HasDataTable = True
#016   vba_chart.HasTitle = True
#017   vba_chart.ChartTitle.Text = '水果销量'
#018   vba_chart.Name = '水果销量图表'
```

➢ 代码解析

第 1 行代码导入 os 库，用于后续处理路径。

第 2 行代码导入 xlwings 库，并起别名为 xw。

第 3 行代码从 xlwings 库中导入常量 RowCol，用于后续设置图表的数据系列；导入常量 ChartType，用于后续设置图表类型。

第 5 行代码使用 os.path 模块的 dirname 函数获取 Python 文件所在目录，其中 __file__ 属性返回 Python 文件的全路径。

第 6 行代码使用 os.path 模块的 join 函数拼接目录名和文件名获取示例 Excel 文件的全路径。

第 7 行代码使用 xw.Book 打开示例 Excel 文件获取工作簿对象，并赋值给变量 wb。

第 8 行代码使用工作簿对象 wb 的 sheets 属性获取名为 "Sheet1" 的工作表，并赋值给变量 sheet。

第 9 行代码使用 wb.api 获取 VBA Workbook 对象，其 Charts 属性返回 VBA Charts 对象，该对象的 Add 方法返回 VBA Chart 对象。由于 xlwings 的 Chart 对象只支持创建嵌入式图表，因此需要借助 VBA 来创建图表工作表。

第 10 行代码指定工作表的 A1:E3 单元格区域作为图表数据源。sheet.range('A1:E3') 返回指定单元格区域的 Range 对象，该对象的 api 属性返回对应的 VBA Range 对象；VBA Chart 对象的 SetSourceData 方法接收 VBA Range 对象作为入参，用来设置图表的数据源。

第 11 行代码设置图表类型为簇状柱形图。类似于内嵌图表示例中使用 xlwings Chart 对象的 chart_type 属性设置图表类型，这里使用 VBA Chart 对象的 ChartType 属性设置图表类型，其值可为列举的 ChartType 常量之一。

表 9-3　ChartType 常量

常量	值	说明
xlArea	1	面积图
xlLine	4	折线图
xlLineMarkers	65	带数据标识的折线图
xlPie	5	饼图
xlBubble	15	气泡图
xlColumnClustered	51	簇状柱形图
xl3DColumnClustered	54	三维簇状柱形图
xlColumnStacked	51	堆积柱形图
xl3DColumnStacked	55	三维堆积柱状图
xlColumnStacked100	51	百分比堆积柱形图
xl3DColumnStacked100	56	三维百分比堆积柱形图

第 12 行代码指定数据系列取自数据行。

第 13 行代码在所有系列显示默认的数据标签。

第 14 行代码设置图表不显示图例。若将 HasLegend 属性设置为 True，图表将显示图例，此时通过 VBA Chart 对象的 Legend 属性可返回 VBA Legend 对象。

第 15 行代码在图表上显示数据表。若将 HasDataTable 属性设置为 True，图表将显示数据表，此时通过 VBA Chart 对象的 DataTable 属性可返回 VBA DataTable 对象。

第 16~17 行代码设置图表有可见标题及设置标题文本。

第 18 行代码设置图表名称。

运行示例 Python 文件，在示例 Excel 文件中会出现如图 9-3 所示的图表工作表。

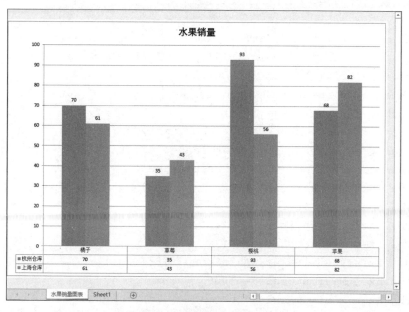

图 9-3　自动生成的图表工作表

9.2 创建线柱组合图表

使用 Python 代码结合 VBA 除了能创建基础图表外，还可以创建组合图表，如线柱组合图。

下面以图 9-4 所示的数据源为例，介绍如何通过代码在 D7 单元格位置创建宽 450 磅、高 300 磅的线柱组合图表。

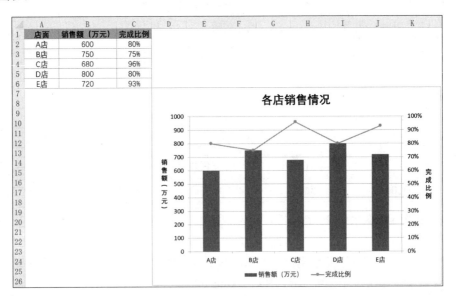

图 9-4 线柱组合图表

演示代码如下。

```
#001   import os
#002   import xlwings as xw
#003   from xlwings.constants import AxisType, AxisGroup, \
#004       ChartType, MarkerStyle
#005
#006   xl_dir = os.path.dirname(__file__)
#007   xl_path = os.path.join(xl_dir, '创建线柱组合图表.xlsx')
#008   wb = xw.Book(xl_path)
#009   sheet = wb.sheets['Sheet1']
#010   anchor = sheet.range('D7')
#011   chart = sheet.charts.add(anchor.left, anchor.top, 450, 300)
#012   chart.set_source_data(sheet.range('A1:C6'))
#013   chart.chart_type = 'column_clustered'
#014   vba_chart = chart.api[1]
#015   vba_chart.HasTitle = True
#016   vba_chart.ChartTitle.Text = '各店销售情况'
#017   vba_axes = vba_chart.Axes(
#018       AxisType.xlValue, AxisGroup.xlPrimary)
#019   vba_axes.MaximumScale = 1000
#020   vba_axes.MinimumScale = 0
#021   vba_axes.MajorUnit = 100
```

```
#022    vba_axes.HasTitle = True
#023    vba_axes.AxisTitle.Text = sheet.range('B1').value
#024    vba_series = vba_chart.SeriesCollection(2)
#025    vba_series.ChartType = ChartType.xlLineMarkers
#026    vba_series.AxisGroup = AxisGroup.xlSecondary
#027    vba_series.MarkerStyle = MarkerStyle.xlMarkerStyleCircle
#028    vba_series.MarkerSize = 5
#029    vba_axes = vba_chart.Axes(
#030        AxisType.xlValue, AxisGroup.xlSecondary)
#031    vba_axes.MaximumScale = 1
#032    vba_axes.MinimumScale = 0
#033    vba_axes.HasTitle = True
#034    vba_axes.AxisTitle.Text = sheet.range('C1').value
#035    for element in (104, 310, 322):
#036        vba_chart.SetElement(element)
```

➢ 代码解析

第 1 行代码导入 os 库，用于后续处理路径。

第 2 行代码导入 xlwings 库，并起别名为 xw。

第 3~4 行代码从 xlwings 库中导入常量 AxisType 和 AxisGroup，用于后续设置图表上的坐标轴属性；导入常量 ChartType，用于后续设置图表类型；导入常量 MarkerStyle，用于后续设置数据系列的数据标志样式。

第 6 行代码使用 os.path 模块的 dirname 函数获取 Python 文件所在目录，其中 __file__ 属性返回 Python 文件的全路径。

第 7 行代码使用 os.path 模块的 join 函数拼接目录名和文件名获取示例 Excel 文件的全路径。

第 8 行代码使用 xw.Book 打开示例 Excel 文件获取工作簿对象，并赋值给变量 wb。

第 9 行代码使用工作簿对象 wb 的 sheets 属性获取名为"Sheet1"的工作表，并赋值给变量 sheet。

第 10 行代码获取 D7 单元格，用来作为图表的锚点。

第 11 行代码中的 sheet.charts 返回 Charts 对象，调用该对象的 add 方法在当前工作表中添加图表，并返回 Chart 对象赋值给变量 chart。该图表的左上角坐标点即为 D1 单元格的坐标，宽和长分别为 450 和 300。

第 12 行代码指定工作表的 A1:C6 单元格区域作为图表数据源。

第 13 行代码设置图表类型为簇状柱形图。

第 14 行代码获取 VBA Chart 对象，由于 xlwings 提供的 Chart 对象不支持设置数值轴、数据系列等，需要借助 VBA 的能力来实现。

第 15~16 行代码设置图表有可见标题和标题文本。

第 17~23 行代码设置主数值轴相关属性。

第 17~18 行代码引用 VBA Chart 对象的主数值轴，其 Axes 方法返回代表图表上单个坐标轴或坐标轴集合的对象，语法格式如下。

```
expression.Axes(Type, AxisGroup)
```

参数 Type 是可选的，用于指定要返回的坐标轴，可使用表 9-4 列举的 AxisType 常量。

表 9-4　AxisType 常量

常量	值	说明
xlCategory	1	坐标轴显示类别
xlValue	2	坐标轴显示值
xlSeriesAxis	3	坐标轴显示数据系列

参数 AxisGroup 是可选的，用于指定坐标轴组，可使用表 9-5 列举的 AxisGroup 常量。

表 9-5　AxisGroup 常量

常量	值	说明
xlPrimary	1	主坐标轴组
xlSecondary	2	次坐标轴组

第 19~20 行代码设置数值轴的最大值和最小值分别为 1000 和 0。

第 21 行代码设置数值轴的刻度单位为 100。

第 22~23 行代码设置显示坐标轴标题及设置标题文本。

第 24 行代码引用 VBA Chart 对象的第 2 个数据系列，其 SeriesCollection 方法返回图表中指定索引的数据系列 SeriesCollection 对象，语法格式如下。

```
expression.SeriesCollection(Index)
```

参数 Index 是可选的，用于指定数据系列的名称或索引。

第 25 行代码设置数据系列的图表类型为带数据标识的折线图。

第 26 行代码设置数据系列的 AxisGroup 属性为 AxisGroup.xlSecondary，表示将数据系列绘制在次坐标轴上。AxisGroup 属性值可为表 9-5 列举的 AxisGroup 常量之一。

第 27 行代码设置数据系列的 MarkerStyle 属性为 MarkerStyle.xlMarkerStyleCircle，表示将数据系列的数据标志样式设置为圆形标记。MarkerSytle 属性可使用表 9-6 列举的 MarkerStyle 常量。

表 9-6　MarkerStyle 常量

常量	值	说明
xlMarkerStyleAutomatic	−4105	自动设置标记
xlMarkerStyleCircle	8	圆形标记
xlMarkerStyleDash	−4115	长条形标记
xlMarkerStyleDiamond	2	菱形标记
xlMarkerStyleDot	−4118	短条形标记
xlMarkerStyleNone	−4142	无标记
xlMarkerStylePicture	−4147	图片标记
xlMarkerStylePlus	9	加号标记
xlMarkerStyleSquare	1	方形标记
xlMarkerStyleStar	5	星号标记
xlMarkerStyleTriangle	3	三角形标记
xlMarkerStyleX	−4168	X 记号标记

第 28 行代码设置数据标志的大小为 5，单位为磅。MarkerSize 属性的取值范围为 2~72 的整数。

第 29~34 行代码设置次数值轴相关属性。

第 29~30 行代码引用 VBA Chart 对象的次数值轴。

第 31~32 行代码设置数值轴的最大值和最小值分别为 1 和 0。

第 33~34 行代码设置显示坐标轴标题及设置标题文本。

第 35~36 行使用 VBA Chart 对象的 SetElement 方法设置图表中的图表元素，该方法可以完成 Excel 中【布局】选项卡的部分功能。SetElement 方法的语法格式如下。

```
expression.SetElement(Element)
```

参数 Element 是必选的，可为 MsoChartElementType 常量之一，部分常量如表 9-7 列举。

表 9-7　MsoChartElementType 部分常量

常量	值	说明
msoElementLegendBottom	104	底部显示图例
msoElementPrimaryValueAxisTitleVertical	310	主坐标轴标题文本为竖排文字
msoElementPrimaryValueAxisTitleHorizontal	311	主坐标轴标题文本为横排文字
msoElementSecondaryValueAxisTitleVertical	322	次坐标轴标题文本为竖排文字
msoElementSecondaryValueAxisTitleHorizontal	323	次坐标轴标题文本为横排文字

运行示例 Python 文件，在示例 Excel 中会出现如图 9-4 所示的线柱组合图表。

9.3　自定义数据标签文本

Excel 图表能够为每个数据系列或数据点显示一个相关的数据标签，但是内置的显示选项在多数情况下并不能满足用户的需求。如图 9-5 所示的散点图中，用户无法通过内置功能将名称列显示为数据标签的文本，只能通过编辑功能逐个对数据标签进行修改。

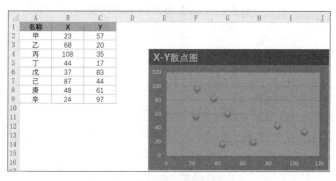

图 9-5　没有数据标签的图表

使用 Python 结合 VBA 能够自动完成指定图表中数据系列的数据标签文本的设置，演示代码如下。

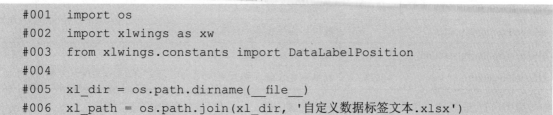

```
#001  import os
#002  import xlwings as xw
#003  from xlwings.constants import DataLabelPosition
#004
#005  xl_dir = os.path.dirname(__file__)
#006  xl_path = os.path.join(xl_dir, '自定义数据标签文本.xlsx')
```

```
#007    wb = xw.Book(xl_path)
#008    sheet = wb.sheets['Sheet1']
#009    vba_chart = sheet.charts[0].api[1]
#010    vba_series = vba_chart.SeriesCollection(1)
#011    vba_series.HasDataLabels = True
#012    vba_series.DataLabels().Position = \
#013        DataLabelPosition.xlLabelPositionAbove
#014    labels = sheet.range('A2:A9').value
#015    for i in range(vba_series.Points().Count):
#016        vba_series.Points(i+1).DataLabel.Text = labels[i]
```

➢ 代码解析

第 1 行代码导入 os 库，用于后续处理路径。

第 2 行代码导入 xlwings 库，并起别名为 xw。

第 3 行代码从 xlwings 库中导入常量 DataLabelPosition，用于后续设置数据标签的位置。

第 5 行代码使用 os.path 模块的 dirname 函数获取 Python 文件所在目录，其中 __file__ 属性返回 Python 文件的全路径。

第 6 行代码使用 os.path 模块的 join 函数拼接目录名和文件名获取示例 Excel 文件的全路径。

第 7 行代码使用 xw.Book 打开示例 Excel 文件获取工作簿对象，并赋值给变量 wb。

第 8 行代码使用工作簿对象 wb 的 sheets 属性获取名为"Sheet1"的工作表，并赋值给变量 sheet。

第 9 行代码使用 sheet.charts[0] 获取工作表中的第 1 个 Chart 对象，该对象的 api 属性返回包含 VBA ChartObject 对象和 Chart 对象的元组，这里取第 2 个元素（即 VBA Chart 对象）赋值给变量 vba_chart。

第 10 行代码引用 VBA Chart 对象的第 1 个数据系列——VBA Series 对象，赋值给变量 vba_series。

第 11~13 行代码设置显示数据标签，且数据标签的位置显示在数据点上方。Position 属性可使用表 9-8 列举的 DataLabelPosition 常量。

表 9-8　DataLabelPosition 常量

常量	值	说明
xlLabelPositionAbove	0	数据标签在数据点上方
xlLabelPositionBelow	1	数据标签在数据点下方
xlLabelPositionBestFit	5	由 MS Office 自动控制数据标签的位置
xlLabelPositionCenter	−4108	数据标签在数据点中心或条形图、饼图的内部
xlLabelPositionCustom	7	数据标签在自定义位置
xlLabelPositionInsideBase	4	数据标签在底部边缘的数据点内
xlLabelPositionInsideEnd	3	数据标签在顶部边缘的数据点内
xlLabelPositionLeft	−4131	数据标签在数据点左侧
xlLabelPositionMixed	6	数据标签位于多个位置
xlLabelPositionOutsideEnd	2	数据标签在顶部边缘的数据点之外
xlLabelPositionRight	−4152	数据标签在数据点右侧

第 15 行代码获取工作表的 A2:A9 单元格区域的值，后续作为散点图中的数据标签。

第 16 行代码通过循环为每个数据标签指定文本。其中 VBA Series 对象的 Points( ).Count 返回数据系列中数据点的数量，Points(i+1) 返回特定索引的 VBA Point 对象。由于 range( ) 函数返回的索引从 0 开始，Points( ) 方法接受的索引从 1 开始，因此这里使用 i+1 作为索引。

VBA Point 对象代表数据系列中的单个数据点，其 DataLabel 属性返回一个 VBA DataLabel 对象，代表与数据点相关的数据标签。VBA DataLabel 对象的 Text 属性返回或设置数据标签对象的文本，这里将 labels[i] 赋值给 Text 属性。

运行示例 Python 文件，在示例 Excel 中会出现如图 9-6 所示的线柱组合图表。

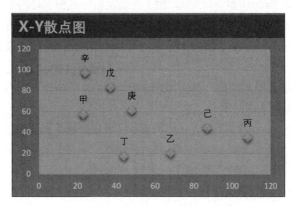

图 9-6 具有数据标签的散点图

9.4 将 Excel 图表保存为图片

为了方便传输 Excel 图表，或防止 Excel 图表被意外修改，将图表保存为图片是一个很好的方法。通过 Python 可以将 Excel 图表轻松保存成 PNG 格式的图片，还可以借助 Pillow 图像处理库将图片保存为 JPG、BMP 等格式。演示代码如下。

```
#001   import os
#002   import xlwings as xw
#003   from PIL import Image
#004
#005   def export_chart(name, image_format):
#006       xl_dir = os.path.dirname(__file__)
#007       xl_path = os.path.join(xl_dir, '将图表保存为图片.xlsx')
#008       img_path = os.path.join(xl_dir, 'export.png')
#009       wb = xw.Book(xl_path)
#010       sheet = wb.sheets['Sheet1']
#011       chart = sheet.charts[name]
#012       chart.to_png(img_path)
#013       if image_format != '.png':
#014           image = Image.open(img_path)
#015           if image_format in ('.jpg', 'jpeg'):
#016               image = image.convert('RGBA').convert('RGB')
#017           image.save(img_path.replace('.png', image_format))
```

```
#018                os.remove(img_path)
#019
#020   export_chart('水果销量图表', '.jpg')
```

> 代码解析

第 1 行代码导入 os 库，用于后续处理路径和操作文件。

第 2 行代码导入 xlwings 库，并起别名为 xw。

第 3 行代码从 PIL 库（即 Pillow 库）中导入 Image 模块，用于后续转换图片格式。

第 5~18 行代码定义了 export_chart 函数，用于将指定名称的图表导出为指定格式的图片，其中参数 name 用于指定图表对象名称，参数 image_format 用于指定导出图片格式。

第 6 行代码使用 os.path 模块的 dirname 函数获取 Python 文件所在目录，其中 __file__ 属性返回 Python 文件的全路径。

第 7 行代码使用 os.path 模块的 join 函数拼接目录名和文件名获取示例 Excel 文件的全路径。

第 8 行代码获取将图表保存为图片的路径。

第 9 行代码使用 xw.Book 打开示例 Excel 文件获取工作簿对象，并赋值给变量 wb。

第 10 行代码使用工作簿对象 wb 的 sheets 属性获取名为"Sheet1"的工作表，并赋值给变量 sheet。

第 11 行代码获取指定名称的图表对象。

第 12 行代码将图表对象导出成 PNG 格式的图片，图片保存的路径由第 8 行代码计算得到。to_png 方法的语法如下：

```
xlwings.Chart.to_png(path = None)
```

to_png 方法的参数 path 是可选的，它表示导出图片的路径。如果不指定，则以 Chart 对象的名称作为文件名保存在当前目录。

第 13~18 行代码用于将 PNG 格式的图片转换成其他格式。由于 xlwings 只提供了导出成 PNG 图片的方法，如果需要将 Shape 对象导出成其他格式，需要借助 Pillow 转换图片格式。

第 14 行代码使用 Image.open 方法打开刚才导出的 PNG 图片，并返回 Image 对象。

第 15~16 行代码针对 JPG 或 JPEG 格式的图片，将色彩模式先转换成 RGBA，再转换成 RGB。原因在于此类格式相较 PNG 缺少对透明度的支持，需要转换合适的色彩模式。

第 17 行代码将图片另存为指定格式，这里只需修改图片名称的后缀，Pillow 就能识别出想要保存的图片格式。

第 18 行代码删除刚才导出的 PNG 图片。

第 20 行代码调用 export_chart 函数，将名称为"水果销量图表"的图表对象另存为 JPG 格式的图片。

运行示例 Python 文件，在示例 Excel 文件所在的文件夹中会出现名为"export.jpg"的图片，打开后如图 9-7 所示。

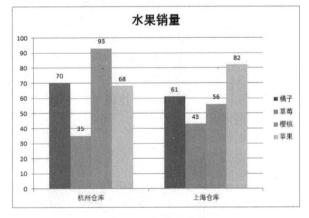

图 9-7　水果销量图

第 10 章 使用 Python 操作 Excel 综合实例

本章将综合运用 Python 操作 Excel 的知识点，使用两个实例展示如何使用 Python 开发高效办公辅助工具。

- ❖ 批量制作准考证
- ❖ 自动创建零售业务分析仪表盘

10.1 批量制作准考证

学校安排考试时，为了保证考试环境的公平合理，通常会随机安排座位号，并且为全体学生打印准考证，其中包含学生信息、座位号和学生照片，如图 10-1 所示。

如果用手工操作完成此任务，首先在 Excel 模板中逐个填写相关信息，然后插入学生照片并调整图片尺寸，不仅工作量巨大，而且非常容易出错。

使用 Python 可以高效准确地完成此任务。除了准考证，日常工作中经常遇到类似任务，例如，制作工作证、出入证、缴费通知单等，都可以套用此实例代码。

示例文件中的"名单"工作表中提供了 16 个学生的相关信息，如图 10-2 所示。

图 10-1 准考证   图 10-2 学生名单

"模板"工作表中提供了准考证模板，其中灰色虚线为剪裁线，打印输出准考证后，便于进行剪裁，如图 10-3 所示。

图 10-3 准考证模板

每个班级提供的学生照片的命名并不规范，首先文件类型有 PNG 和 JPG 两种，其次照片文件名称中除了包含学号外，部分文件名中还包含图片尺寸、班级等信息，如图 10-4 所示。由于图片文件名不规范，因此无法直接使用 Word 的邮件合并功能制作准考证。

图 10-4　学生照片不规范

以下示例代码将根据学生名单自动填写学生信息和随机分配座位号（只使用奇数座位号），然后插入学生照片，并调整照片的尺寸，以适应照片区域的预留位置。

```
#001    from random import sample
#002    import xlwings as xw
#003    import os
#004    import re
#005    def main():
#006        file_name = 'Demo_StudentID.xlsx'
#007        dest_path = os.path.dirname(__file__)
#008        pic_path = os.path.join(dest_path, 'image')
#009        xl_file = os.path.join(dest_path, file_name)
#010        pic_dict = get_files(pic_path)
#011        with xw.App(visible = False, add_book = False) as xlapp:
#012            wbook = xlapp.books.open(xl_file)
#013            wsheets = wbook.sheets
#014            stu_list = wsheets['名单'].range('A1'). \
#015                options(expand = 'table').value
#016            ws_name = "准考证"
#017            sht_list = [sht.name for sht in wsheets]
#018            if ws_name in sht_list:
#019                wsheets[ws_name].delete()
#020            wsheet = wsheets['模板'].copy(after = wbook.sheets[-1])
#021            wsheet.name = ws_name
#022            stud_cnt = len(stu_list)
#023            seat = [x * 2 - 1 for x in
#024                    sample(range(1, stud_cnt), stud_cnt - 1)]
#025            missing_list = []
#026            for index in range(1, stud_cnt, 2):
#027                row = (index - 1) // 2
```

```
#028                    if row > 0:
#029                        dest_cell = wsheet.range(11 * row + 1, 1)
#030                        wsheets['模板'].range('1:11').copy(dest_cell)
#031                        if (row / 4) == (row // 4):
#032                            wsheet.api.HPageBreaks.Add(
#033                                            Before = dest_cell.api)
#034                    for col in range(2):
#035                        if index + col > = stud_cnt:
#036                            break
#037                        data_row = stu_list[index+col]
#038                        stu_no = data_row[3]
#039                        print(f'正在制作【{stu_no}】的准考证 ...')
#040                        if stu_no in pic_dict:
#041                            pic_file = os.path.join(pic_path,
#042                                            f'{pic_dict[stu_no]}')
#043                            r, c = 5 + 11 * row, 5 + 7 * col
#044                            top_left = wsheet.range(r, c)
#045                            dime = top_left.width - 1
#046                            obj_pic = wsheet.pictures.add(pic_file,
#047                                        anchor = top_left,
#048                                        width = dime, height = dime)
#049                            obj_pic.left = obj_pic.left + 1
#050                            obj_pic.top = obj_pic.top + 1
#051                        else:
#052                            stu = f'{stu_no}/{data_row[0]}'
#053                            missing_list.append(stu)
#054                        data_row.append(seat[index+col-1])
#055                        data = [[x] for x in data_row]
#056                        r, c = 5 + 11 * row, 4 + 7 * col
#057                        wsheet.range(r, c).value = data
#058            print(f'{stud_cnt -1}名同学准考证制作完成!')
#059            if missing_list:
#060                print(f'请注意如下{len(missing_list)}名同学缺少照片:')
#061                print(', '.join(missing_list))
#062            wbook.to_pdf(include = [ws_name])
#063            wbook.save()
#064            wbook.close()
#065    def get_files(data_path):
#066        fname_dict = {}
#067        types_list = ['.jpg', '.png']
#068        for root, dirs, files in os.walk(data_path):
#069            for file in files:
#070                base, ext = os.path.splitext(file)
#071                ext = ext.lower()
#072                if ext in types_list:
```

10章

327

```
#073                         pattern = r'[A-D]\d{4}(? = (\D|$))'
#074                         result = re.search(pattern, base)
#075                         if result:
#076                             fname_dict[result.group()] = file
#077        return fname_dict
#078  if __name__ == '__main__':
#079        main()
```

➢ 代码解析

第 1 行代码从 random 模块导入 sample 函数。

第 2 行代码导入 xlwings 模块，设置别名为 xw。

第 3 行代码导入 os 模块。

第 4 行代码导入 re 模块。

第 5~64 行代码定义主函数 main( )，示例代码从此函数开始执行。

第 6 行代码指定 Excel 文件名称。

第 7 行代码使用 os 模块的 path.dirname 函数获取 Python 文件所在目录，其中 __file__ 属性返回 Python 文件的全路径。

第 8 行代码使用 os 模块的 path.join 函数获取照片文件所在目录的全路径，其中 dest_path 为当前目录，"image" 为保存学生照片的目录。

第 9 行代码使用 os 模块的 path.join 函数连接目录名和文件名获取示例文件的全路径，其中 dest_path 为当前目录，file_name 为示例文件名称。

第 10 行代码调用自定义函数 get_files 查找指定目录中的学生照片文件，返回值为文件清单字典对象。

第 11 行代码启动 Excel 应用程序（处于隐藏状态）。

第 12 行代码打开指定的 Excel 示例文件。

第 13 行代码将工作表对象集合赋值给变量 wsheets，以简化后续引用工作表对象的代码。

第 14~15 行代码读取"名单"工作表中的数据。

xlwings 读取单元格内容时，使用 options 选项，将参数 expand 设置为"table"，实现单元格的区域扩展，其效果与 range('A1').expand('table') 完全相同。

第 16 行代码指定准考证工作表的名称。

第 17 行代码将工作表名称列表保存在变量 sht_list 中。

第 18 行代码判断示例文件中是否已经存在名称为"准考证"的工作表，如果已经存在，那么第 19 行代码将删除该工作表。

第 20 行代码复制"模板"工作表，插入工作簿的最后位置。

第 21 行代码修改新建工作表的名称为"准考证"。

第 22 行代码获取"名单"工作表中的数据行，注意此数据中包含标题行，所以实际学生人数为数据行数减 1。

第 23~24 行代码创建考场座号随机列表，其中列表推导式"x*2–1"用于由连续整数生成奇数座位编号。

其中 sample 函数用于从数据集中随机抽取指定个数的数据，第一个参数使用 range 函数指定数据集为从 1 开始的连续整数，数字个数与学生人数相同，第二个参数指定抽取数据的个数。

第 25 行代码创建空列表用于保存照片缺失的学生名单。

第 26~57 行代码循环遍历学生名单制作准考证。

由于准考证模板为每排两个准考证，因此第 26 行代码中的循环变量步进值为 2（range 函数的第 3 个参数）。

第 27 行代码计算准考证所处的排数。例如，为第 3 个学生制作准考证时，index 值为 3，通过计算 row 的值为 1，所以该学生的准考证位于第 2 排。

"准考证"工作表是对"模板"工作表进行复制而创建的，所以已经具备了第一排准考证模板。

第 28 行代码判断准考证的排数位置，如果大于零，那么第 29 行代码获取目标区域的单元格，第 30 行代码将"模板"工作表中的前 11 行复制到目标单元格区域。由于准考证模板中单元格的行高不尽相同，所以此处应使用行复制，确保准考证格式的一致性。

第 31~33 行代码在工作表中每 4 排准考证之后插入一个水平分页符，这样可以避免准考证跨页打印影响使用。

第 34~57 行代码循环制作位于同一排的两个准考证。

如果学生数量为奇数，那么最后一排右侧的准考证将为空白，第 35 行代码判断准考证个数是否大于学生数量，如果满足条件，第 36 行代码将终止内层循环。

第 37 行代码读取学生信息和考场信息，返回值为列表，保存在变量 data_row 中。

第 38 行代码读取学生姓名。

第 39 行代码输出提示信息，如下所示。

正在制作【A1001】的准考证 ...

第 40 代码判断当前学生的学号是否已经找到对应的照片文件。如果不存在，那么第 52~53 行代码将学生信息追加到 missing_list 列表中。如果学生照片存在，那么第 41~50 行代码将在准考证中插入照片。

第 41~42 行代码使用 os 模块的 path.join 函数获取学生照片文件的全路径。

第 43 行代码计算照片锚点单元格的行列位置。

第 44 行代码获取锚点单元格对象的引用。

锚点单元格为合并单元格，第 45 行代码获取合并单元格的宽度。

第 46~48 行代码在准考证中插入照片，参数 anchor 指定锚点单元格，参数 width 和参数 height 设置图片尺寸。

第 49~50 行代码将图片的锚点坐标向右向下各偏移一个像素，结合第 45 行代码中的尺寸进行微调（单元格宽度减 1），可以避免图片遮挡照片区域的边框线。

第 52 行代码将缺少照片的学生学号和姓名保存在变量 stu 中。

第 53 行代码将学生信息保存在 missing_list 列表中。

第 54 行代码将座号追加到 missing_list 列表中。

第 55 行代码将学生数据转换为嵌套列表。

第 56 行代码获取学生信息单元格区域的起始位置。

第 57 行代码写入学生信息和座号信息。

第 58 行代码输出提示，如下所示。

16名同学准考证制作完成！

如果无法找到某个同学的照片，那么 missing_list 列表不为空，第 60~61 行代码输出提示信息，如下所示。

请注意如下1名同学缺少照片：
B2001/曹竹林

第 62 行代码将工作簿保存为 PDF 文件。

第 63 行代码保存工作簿文件。

第 64 行代码关闭工作簿文件。

第 65~77 行代码定义函数 get_files( )，用于查找指定目录中的学生照片文件，返回值为文件清单字典对象，参数 data_path 为目录全路径。

第 66 行代码创建空字典对象，用于保存文件清单。

第 67 行代码创建文件类型列表，本示例中的照片文件有如下两种：JPG 文件和 PNG 文件。

第 68 行代码使用 os 模块的 walk 函数遍历指定目录中的文件和目录，其返回值是 3 元组（root，dirs，files）。

第 69 行代码循环遍历文件名集合。

第 70 行代码调用 os 函数 path.splitext 将文件名拆分为两部分（主名称和扩展名），例如，"D4001-4 班 .jpg"将被拆分为"D4001-4 班"和".jpg"。

使用字符串对象的 split 函数也可以实现类似效果，代码如下所示，拆分结果为"D4001-4 班"和"jpg"。两种实现方式的区别在于第 2 个元素是否包含分隔符号（小数点符号）。

```
base, ext = file.split('.')
```

第 71 行代码调用 lower 函数，将扩展名转换为小写字母。Windows 中的文件名称中可能存在大小写混用，为了确保文件类型判断的准确性，应统一转换为小写（或者大写）格式。

第 72 行代码判断数据文件扩展名是否包含在指定的文件类型列表中。

如果符合条件，那么第 73 行代码执行正则查找，第 74 行代码设置正则匹配模式，用于定位学号，其含义为以 A~D 开头的 4 位数字。

第 75 行代码判断正则查找结果是否为空。如果不为空，则第 76 行代码将文件信息保存在字典对象中。字典对象中的键为学号，即 result.group( ) 的返回值；字典对象中的值为照片文件名。

第 77 行代码设置函数返回值。

如果此 Python 文件作为脚本执行，那么第 78~79 行代码指定函数 main( ) 为程序执行入口。

运行示例代码制作准考证，使用虚拟打印机"Microsoft Print to PDF"输出为 PDF 文件，如图 10-5 所示。

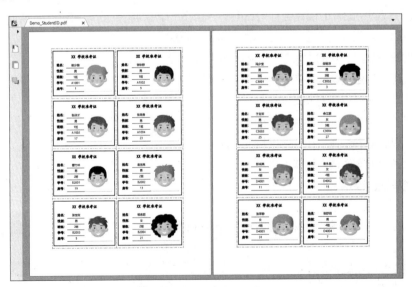

图 10-5　批量制作准考证

10.2 自动创建零售业务分析仪表盘

某公司准备进行 2021 年上半年零售业务分析会议，因此数据分析部需要为管理层制作“零售业务分析仪表盘”。

经过数据普查，基础销售数据如下。

2021 年 1 月销售数据文件为 2021-01.csv，文件编码格式 UTF-8，如图 10-6 所示。

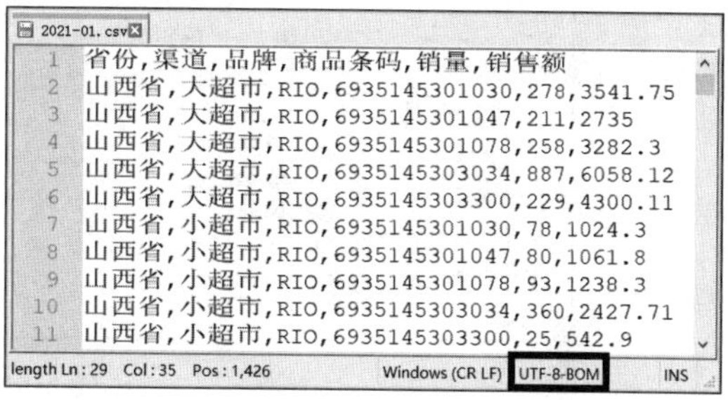

```
2021-01.csv
省份,渠道,品牌,商品条码,销量,销售额
山西省,大超市,RIO,6935145301030,278,3541.75
山西省,大超市,RIO,6935145301047,211,2735
山西省,大超市,RIO,6935145301078,258,3282.3
山西省,大超市,RIO,6935145303034,887,6058.12
山西省,大超市,RIO,6935145303300,229,4300.11
山西省,小超市,RIO,6935145301030,78,1024.3
山西省,小超市,RIO,6935145301047,80,1061.8
山西省,小超市,RIO,6935145301078,93,1238.3
山西省,小超市,RIO,6935145303034,360,2427.71
山西省,小超市,RIO,6935145303300,25,542.9
length Ln : 29  Col : 35  Pos : 1,426  Windows (CR LF)  UTF-8-BOM  INS
```

图 10-6 csv 文件

2021 年 2 月销售数据文件为 2021-02.txt，文件编码格式 GBK，如图 10-7 所示。

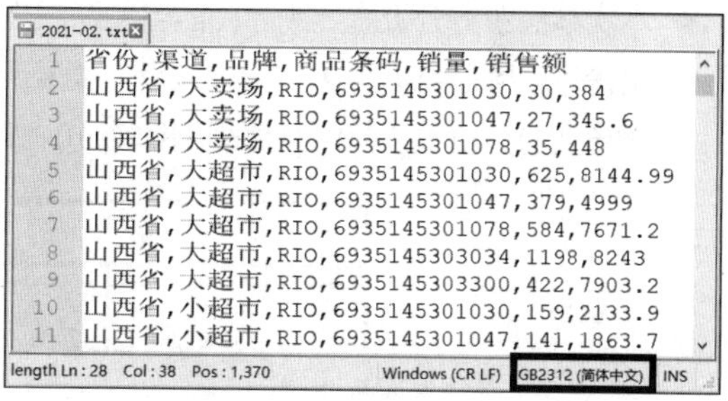

```
2021-02.txt
省份,渠道,品牌,商品条码,销量,销售额
山西省,大卖场,RIO,6935145301030,30,384
山西省,大卖场,RIO,6935145301047,27,345.6
山西省,大卖场,RIO,6935145301078,35,448
山西省,大超市,RIO,6935145301030,625,8144.99
山西省,大超市,RIO,6935145301047,379,4999
山西省,大超市,RIO,6935145301078,584,7671.2
山西省,大超市,RIO,6935145303034,1198,8243
山西省,大超市,RIO,6935145303300,422,7903.2
山西省,小超市,RIO,6935145301030,159,2133.9
山西省,小超市,RIO,6935145301047,141,1863.7
length Ln : 28  Col : 38  Pos : 1,370  Windows (CR LF)  GB2312 (简体中文)  INS
```

图 10-7 txt 文件

2021 年 3 月销售数据文件为 2021-03.xlsx，如图 10-8 所示。

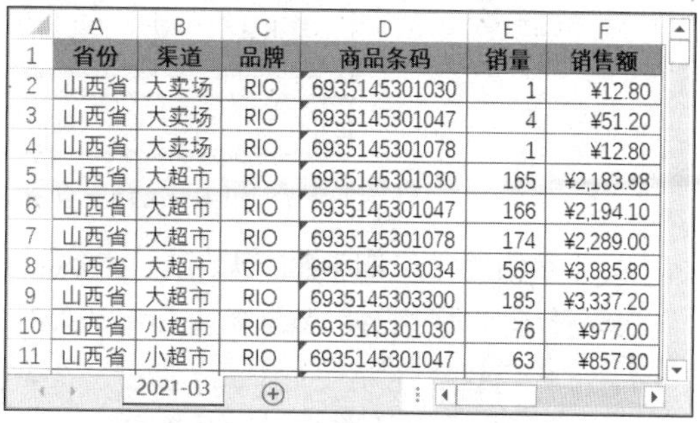

	A	B	C	D	E	F
1	省份	渠道	品牌	商品条码	销量	销售额
2	山西省	大卖场	RIO	6935145301030	1	¥12.80
3	山西省	大卖场	RIO	6935145301047	4	¥51.20
4	山西省	大卖场	RIO	6935145301078	1	¥12.80
5	山西省	大超市	RIO	6935145301030	165	¥2,183.98
6	山西省	大超市	RIO	6935145301047	166	¥2,194.10
7	山西省	大超市	RIO	6935145301078	174	¥2,289.00
8	山西省	大超市	RIO	6935145303034	569	¥3,885.80
9	山西省	大超市	RIO	6935145303300	185	¥3,337.20
10	山西省	小超市	RIO	6935145301030	76	¥977.00
11	山西省	小超市	RIO	6935145301047	63	¥857.80

2021-03

图 10-8 单工作表数据文件

2021 年 4~6 月销售数据文件为 2021-Q2.xlsx，每个月的销售数据保存在单独的工作表中，如图 10-9 所示。

	A	B	C	D	E	F
1	省份	渠道	品牌	商品条码	销量	销售额
2	山西省	大卖场	RIO	6935145301047	1	¥12.80
3	山西省	大卖场	RIO	6935145301078	2	¥25.60
4	山西省	大超市	RIO	6935145301030	128	¥1,674.30
5	山西省	大超市	RIO	6935145301047	151	¥1,956.30
6	山西省	大超市	RIO	6935145301078	147	¥1,889.60
7	山西省	大超市	RIO	6935145303034	503	¥3,430.41
8	山西省	大超市	RIO	6935145303300	136	¥2,619.90
9	山西省	小超市	RIO	6935145301030	72	¥963.30
10	山西省	小超市	RIO	6935145301047	66	¥895.60
11	山西省	小超市	RIO	6935145301078	42	¥567.30

2021-04 | 2021-05 | 2021-06

图 10-9 多工作表数据文件

零售业务分析需求如下。

- 所有月度数据保存在 Data 目录中，并且该目录中同时保存了其他非数据文件（如 Readme.MD），如图 10-10 所示。仅汇总扩展名为 csv、txt 和 xlsx 的数据文件，忽略其他类型的文件。

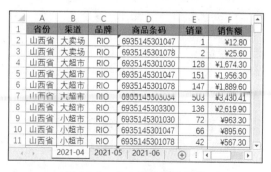

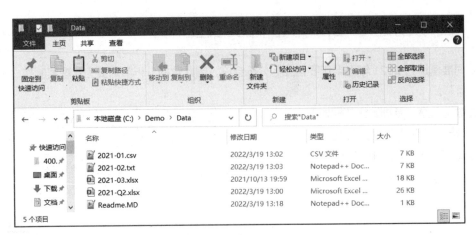

图 10-10　数据文件夹

❖ 数据文件中缺失"月份"字段，数据汇总时需要根据文件名或者工作表名称创建"月份"字段。

❖ 本次零售业务分析需要剔除山西省和浙江省的相关销售数据。

❖ 省份月度销量目标为 1 万，仪表盘需要展示每个省份销售业绩的完成情况。

零售业务分析仪表盘的布局规划如图 10-11 所示。

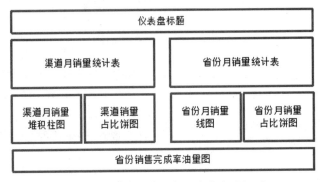

图 10-11　零售业务分析仪表盘布局规划

以下示例代码实现自动汇总数据，动态创建"月份"字段，并创建零售业务分析仪表盘。

运行代码前需要安装 plotly 模块（pip install plotly）和 kaleido 模块（pip install kaleido==0.1.0 post1）。

```python
#001   import plotly.graph_objects as go
#002   import xlwings as xw
#003   import pandas as pd
#004   import os
#005   def main():
#006       file_name = 'Demo_Dashboard.xlsx'
#007       ws_name = 'Dashboard'
#008       ex_prov = ['山西省', '浙江省']
#009       dest_path = os.path.dirname(__file__)
#010       data_path = os.path.join(dest_path, 'Data')
#011       print('读取文件清单 ...')
#012       files_list = get_files(data_path)
#013       print('读取并合并数据 ...')
#014       df_data = get_data(data_path, files_list)
```

```
#015        df_data = df_data[~df_data['省份'].isin(ex_prov)]
#016        df_ByChan = pd.pivot_table(df_data, values = '销量',
#017                        index = '渠道', aggfunc = 'sum')
#018        df_ByChan.sort_values(by = ['销量'], ascending = False,
#019                        inplace = True)
#020        df_ByProv = pd.pivot_table(df_data, values = '销量',
#021                        index = '省份', aggfunc = 'sum')
#022        df_ByProv_Sorted = df_ByProv.sort_values(by = ['销量'],
#023                                ascending = False)
#024        df_MthChan = get_ct_df(df_data, df_data['渠道'])
#025        chan_list = ['大超市', '大卖场', '便利店', '小超市', '食杂店', '月销量']
#026        df_MthChan = df_MthChan[chan_list]
#027        df_MthProv = get_ct_df(df_data, df_data['省份'])
#028        print('创建Excel文件 ...')
#029        xl_file = os.path.join(dest_path, file_name)
#030        with pd.ExcelWriter(xl_file) as wbook:
#031            df_data.to_excel(wbook, sheet_name = 'Data', index = False)
#032            df_ByChan.to_excel(wbook, sheet_name = 'ByChannel')
#033            df_ByProv.to_excel(wbook, sheet_name = 'ByProvince')
#034            df_ByProv_Sorted.to_excel(wbook,
#035                            sheet_name = 'ByProvinceSorted')
#036            df_MthChan.to_excel(wbook, sheet_name = 'ByMthChannel')
#037            df_MthProv.to_excel(wbook, sheet_name = 'ByMthProvince')
#038        with xw.App(visible = False, add_book = False) as xlapp:
#039            wbook = xlapp.books.open(xl_file)
#040            wsheets = wbook.sheets
#041            try:
#042                wsheet = wsheets.add(name = ws_name)
#043            except ValueError:
#044                wsheet = wsheets[ws_name]
#045                wsheet.clear()
#046                for chart in list(wsheet.charts):
#047                    chart.delete()
#048            if wsheets[0].name != ws_name:
#049                wsheet.api.Move(Before = wsheets[0].api)
#050            xlapp.api.ActiveWindow.DisplayGridlines = False
#051            print('创建统计报表 ...')
#052            anchor_l = wsheet.range('A1')
#053            wsheets['ByMthChannel'].used_range.copy(anchor_l)
#054            anchor_r = wsheet.range('A1').end('right').offset(0, 2)
#055            wsheets['ByMthProvince'].used_range.copy(anchor_r)
#056            wsheet.used_range.api.ClearFormats()
#057            wsheet.cells.font.name = '等线 Light'
#058            wsheet.cells.font.size = 13
#059            create_table(wsheet, anchor_l, 'ByMthChannel')
```

```
#060             create_table(wsheet, anchor_r, 'ByMthProvinceSorted')
#061             wsheet.autofit()
#062             print('创建图表 ...')
#063             create_bar(wsheet, anchor_l, 2)
#064             create_line(wsheet, wsheets['ByProvince'], anchor_r, 2)
#065             create_pie(wsheet, wsheets['ByChannel'], anchor_l, 2)
#066             create_pie(wsheet, wsheets['ByProvinceSorted'],
#067                     anchor_r, 2)
#068             for chart in wsheet.charts:
#069                 chart.api[1].SetElement(0)
#070             create_dial(wsheets['ByProvince'], wsheet.range('I1'),
#071                     dest_path)
#072             print('创建标题 ...')
#073             col_cnt = wsheet.used_range.shape[1]
#074             wsheet.range('1:2').insert()
#075             title = wsheet.range('A1')
#076             title.value = '2021年上半年零售业务分析'
#077             title.font.color = (0, 0, 255)
#078             title.font.size = 46
#079             title.font.name = '楷体'
#080             title.resize(1, col_cnt).merge()
#081             title.api.HorizontalAlignment = -4108
#082             print('保存文件 ...')
#083             for sht in wsheets:
#084                 if sht.name != ws_name:
#085                     sht.visible = False
#086             wbook.save()
#087             wbook.close()
#088         print('成功创建仪表盘！')
#089     def get_files(data_path):
#090         fname_list = []
#091         types_list = ['.txt', '.csv', '.xlsx']
#092         for root, dirs, files in os.walk(data_path):
#093             for file in files:
#094                 base, ext = os.path.splitext(file)
#095                 ext = ext.lower()
#096                 if ext in types_list:
#097                     fname_list.append((file, base, ext))
#098         return fname_list
#099     def get_data(data_path, files_list):
#100         df_all = pd.DataFrame()
#101         for file in files_list:
#102             data_file = os.path.join(data_path, file[0])
#103             if file[-1] == '.txt' or file[-1] == '.csv':
#104                 encoding = ('UTF8' if file[-1] == '.csv'
```

```
#105                         else 'GBK')
#106              df = pd.read_csv(data_file, encoding = encoding)
#107              df['月份'] = file[1]
#108              df_all = pd.concat([df_all, df])
#109          elif file[-1] == '.xlsx':
#110              dfs = pd.read_excel(data_file, sheet_name = None)
#111              for mth in dfs.keys():
#112                  df = dfs[mth]
#113                  df['月份'] = mth
#114                  df_all = pd.concat([df_all, df])
#115      df_all['商品条码'] = df_all['商品条码'].apply(str)
#116      return df_all
#117  def get_ct_df(df_data, col):
#118      df = pd.crosstab(index = df_data['月份'], columns = col,
#119                       values = df_data['销量'], aggfunc = 'sum')
#120      df.fillna(value = 0, inplace = True)
#121      df['月销量'] = df.sum(axis = 1)
#122      total = df.sum()
#123      total.name = '合计'
#124      df2 = pd.concat([df, total.to_frame().T])
#125      return df
#126  def create_table(wsheet, anchor, tab_name):
#127      wsheet.tables.add(
#128                  source = anchor.current_region,
#129                  name = tab_name,
#130                  has_headers = True,
#131                  table_style_name = 'TableStyleMedium16')
#132      anchor.offset(1, 1).expand('table'). \
#133                      number_format = '#,##0_'
#134      anchor.expand('right').api.HorizontalAlignment = -4108
#135      anchor.end('down').expand('right').api \
#136                      .Borders(8).LineStyle = -4119
#137  def create_bar(wsheet, anchor, y_offset):
#138      chart = wsheet.charts.add()
#139      anchor_2 = anchor.end('down').offset(y_offset)
#140      chart.top = anchor_2.top
#141      chart.left = anchor_2.left + 2
#142      src_range = anchor.current_region
#143      dimension = src_range.width / 2
#144      chart.width = dimension
#145      chart.height = dimension
#146      chart.chart_type = 'column_stacked'
#147      src_range = src_range.resize(src_range.shape[0] - 1,
#148                          src_range.shape[1] - 1)
#149      chart.set_source_data(src_range)
```

```python
#150         chart.api[1].ChartStyle = 305
#151     def create_line(wsheet, data_sht, anchor, y_offset):
#152         chart = wsheet.charts.add()
#153         anchor_2 = anchor.end('down').offset(y_offset)
#154         chart.top = anchor_2.top
#155         chart.left = anchor_2.left + 2
#156         dimension = anchor.current_region.width / 2
#157         chart.width = dimension
#158         chart.height = dimension
#159         chart.chart_type = 'line_markers'
#160         src_range = data_sht.used_range
#161         chart.set_source_data(src_range)
#162         chart.api[1].ChartStyle = 234
#163         wsheet.api.ChartObjects(chart.name).Select()
#164         wsheet.book.app.api.ActiveChart.FullSeriesCollection(1) \
#165                 .DataLabels(0).NumberFormat = '#,##0'
#166         chart.api[1].ChartTitle.Text = "省份销量统计"
#167         chart.api[1].SetElement(100)   # msoElementLegendNone
#168     def create_pie(wsheet, data_sht, anchor, y_offset):
#169         chart = wsheet.charts.add()
#170         anchor_2 = anchor.end('down').offset(y_offset)
#171         dimension = anchor.current_region.width / 2
#172         chart.top = anchor_2.top
#173         chart.left = anchor_2.left + 2 + dimension
#174         chart.width = dimension
#175         chart.height = dimension
#176         chart.chart_type = 'pie'
#177         src_range = data_sht.used_range
#178         chart.set_source_data(src_range)
#179         chart.api[1].ChartStyle = 261
#180     def create_dial(data_sht, anchor, dest_path):
#181         png_file = os.path.join(dest_path, 'dial.png')
#182         wsheet = anchor.sheet
#183         data_rng = data_sht.used_range
#184         row_cnt = data_rng.shape[0]
#185         data = data_rng.value
#186         fig = go.Figure()
#187         for row in range(1, row_cnt):
#188             fig = fig.add_trace(go.Indicator(
#189                 domain = {'row': 0, 'column': row - 1},
#190                 value = round(data[row][1] / 10000, 1),
#191                 mode = 'gauge+number+delta',
#192                 title = {'text': data[row][0]},
#193                 delta = {'reference': 6, 'relative': True,
#194                     'valueformat': '.0%'},
```

```
#195                     gauge = {'axis': {'range': [0, 10]},
#196                         'bar': {'color': 'yellow'},
#197                         'steps':
#198                         [{'range': [0, 4], 'color': '#dc3912'},
#199                             {'range': [4, 8], 'color': '#ff9900'},
#200                             {'range': [8, 10], 'color': '#109618'}],
#201                         'threshold': {'line':
#202                                     {'color': 'red', 'width': 5},
#203                                     'thickness': 0.75, 'value': 6}}))
#204        fig.update_layout(
#205            grid = {'rows': 1, 'columns': row_cnt - 1,
#206                    'pattern': 'independent'},
#207            height = 250,
#208            width = 2000,
#209            margin = dict(l = 40, r = 40, t = 45, b = 0),
#210            paper_bgcolor = 'lavender',
#211            font = {'color': 'darkblue', 'family': 'Agency FB',
#212                    'size': 16})
#213        fig.write_image(png_file, scale = 4)
#214        top_left = wsheet.range(26, 1)
#215        dime = wsheet.used_range.width
#216        wsheet.pictures.add(png_file, anchor = top_left, width = dime)
#217    if __name__ == '__main__':
#218        main()
```

➤ 代码解析

由于示例代码量较多，为了便于维护，按照功能将代码划分为几个函数模块，如表 10-1 所示。

表 10-1　示例代码中函数概览

函数名称	代码	用途
main( )	第 5~88 行代码	主函数，示例代码从此函数开始执行
get_files( )	第 89~98 行代码	查找指定目录中的文件，返回值为文件清单列表
get_data( )	第 99~116 行代码	读取、合并数据文件的内容，返回值为 DataFrame
get_ct_df( )	第 117~125 行代码	创建交叉表（crosstab），返回值为 DataFrame
create_table( )	第 126~136 行代码	在工作表中创建表格
create_bar( )	第 137~150 行代码	创建 Excel 堆积柱形图
create_line( )	第 151~167 行代码	创建 Excel 线图
create_pie( )	第 168~179 行代码	创建 Excel 饼图
create_dial( )	第 180~216 行代码	创建油量图，并插入仪表盘中

第 1 行代码导入 plotly.graph_objects 模块，设置别名为 go，用于绘制油量图。

第 2 行代码导入 xlwings 模块，设置别名为 xw。

第 3 行代码导入 pandas 模块，设置别名为 pd。

第 4 行代码导入 os 模块。

第 5 行代码定义主函数 main( )。

第 6 行代码指定 Excel 文件名称。

第 7 行代码指定保存仪表盘的工作表名称（下文称为"仪表盘工作表"）。

第 8 行代码指定数据清洗时需要剔除的省份列表。

第 9 行代码使用 os 模块的 path.dirname 函数获取 Python 文件所在目录，其中 __file__ 属性返回 Python 文件的全路径。

第 10 行代码使用 os 模块的 path.join 函数获取数据文件所在目录的全路径，其中 dest_path 为当前目录，"Data"为保存数据的目录名称。

第 11 行代码输出提示信息。

如果代码运行时间较长，那么执行过程中在终端窗口中适当地显示提示信息，可以让用户更好地了解代码的执行状态，其作用类似于安装 Windows 软件时的进度条。

第 12 行代码调用 get_files 函数，检索"Data"目录中符合条件的数据文件，其返回值为文件名列表。

第 13 行代码输出提示信息。

第 14 行代码调用 get_data 函数，读取、合并数据文件的内容，其返回值为 DataFrame。

第 15 行代码进行数据清洗，剔除山西省和浙江省的相关数据。

数据筛选条件为"~df_data[' 省份 '].isin(ex_prov)"，其中 isin 函数用于判断"省份"列的数据是否存在于列表 ex_prov 中，如果满足条件，那么返回值为 True，否则返回值 False。波浪号（~）运算符实现布尔值反转，相当于"Not"。数据筛选将剔除山西省和浙江省的相关数据，保留其他省份的全部数据。

第 16~17 行代码使用 pandas 模块的 pivot_table 函数统计渠道销量汇总。其中聚合函数设置为"sum"（即求和），聚合字段为"销量"，索引字段为"渠道"。

pivot_table 函数的语法格式如下所示。

```
pandas.pivot_table(data, values = None, index = None, columns = None,
aggfunc = 'mean', fill_value = None, margins = False, dropna = True,
margins_name = 'All', observed = False, sort = True)
```

pivot_table 函数的部分参数如表 10-2 所示。

表 10-2　pivot_table 函数的部分参数

参数	含义
data	用于指定创建透视表的 DataFrame 数据源
values	用于指定被聚合的指标字段
index	用于指定索引字段，相当于 Excel 数据透视表中的行字段
aggfunc	用于指定聚合函数，默认值为"mean"，即平均值

提示 ■■■→　　　由于本示例中用到的部分函数参数较多，限于图书篇幅，仅对代码中使用的参数进行讲解，读者如果希望深入了解其他参数的用法，请参考相关模块的在线帮助文档。

第 18~19 行代码调用 sort_values 函数，按照"销量"列对 df_ByChan 进行倒序排序，用于制作渠道销量占比饼图。

第 20~21 行代码使用类似的方法统计省份销量汇总。其中聚合函数设置为"sum"（即求和），聚合字段为"销量"，索引字段为"省份"。

第 22~23 行代码调用 sort_values 函数，按照"销量"列对 df_ByProv 进行倒序排序，并将结果保存在变量 df_ByProv_Sorted 中，用于制作省份销量占比饼图。

第 24 行代码调用 get_ct_df 函数，进行渠道月度销量统计，其返回值为 DataFrame。

第 25 行代码指定渠道列表。

第 26 行代码将 DataFrame 的数据列按照渠道列表调整顺序。

第 27 行代码调用 get_ct_df 函数，进行省份月度销量统计，其返回值为 DataFrame。

第 28 行代码输出提示信息。

第 29 行代码使用 os 模块的 path.join 函数连接目录名和文件名获取示例文件的全路径，其中 dest_path 为当前目录，file_name 为文件名。

第 30~37 行代码调用 pandas 模块的 ExcelWriter 函数，将 DataFrame 数据写入工作表中。

第 30 行代码在当前目录中创建示例文件"Demo_Dashboard.xlsx"。

 如果已经存在同名文件，那么 ExcelWriter 将直接覆盖原文件，不提供任何提示信息。

示例文件中 6 个工作表的数据来源如表 10-3 所示。

表 10-3 工作表的数据来源

工作表	数据来源
Data	从数据文件中提取的原始数据
ByChannel	渠道销量统计（销量倒序排序）
ByProvince	省份销量统计
ByProvinceSorted	省份销量统计（销量倒序排序）
ByMthChannel	渠道月度销量统计
ByMthProvince	省份月度销量统计

第 38 行代码启动 Excel 应用程序（处于隐藏状态）。

第 39 行代码打开 pandas 模块创建的 Excel 示例文件"Demo_Dashboard.xlsx"。

第 40 行代码将工作表对象集合赋值给变量 wsheets，以简化后续引用工作表对象的代码。

第 41~49 行代码使用 try 语句结构进行异常处理。

第 42 行代码使用 add 方法在工作簿中创建仪表盘工作表，其名称为"Dashboard"。

如果工作簿中已经存在同名工作表，那么第 42 行代码运行时将产生错误 ValueError，转而执行 except 之后的第 44~49 行代码，清空仪表盘工作表，并将该工作表移动到最左侧（成为第一个工作表）。

第 43 行代码使用工作表名称获取仪表盘工作表，并保存在变量 wsheet 中。

第 45 行代码调用工作表的 clear 方法，清空工作表中的全部单元格内容和格式，但是并不能删除工作表中的图表。

第 46 行代码循环遍历仪表盘工作表中的图表对象。

第 47 行代码删除图表对象。

第 48 行代码判断示例工作簿中第一个工作表的名称是否与仪表盘工作表相同，如果二者不同，那么第 49 行代码调用工作表对象的 api.Move 方法，将仪表盘工作表移到工作簿的最前位置。

第 50 行代码将 Excel 应用程序对象的 api.ActiveWindow.DisplayGridlines 属性设置为 False，即在仪表盘工作表中取消显示网格线。

第 51 行代码输出提示信息。

第 52 行代码指定仪表盘工作表中左侧数据表的起始单元格。为了便于定位仪表盘工作表中的元素（数据表和图表），本示例将创建仪表盘标题作为最后一个操作步骤，因此代码中指定单元格 A1 作为起始单元格。

第 53 行代码将渠道月销量统计数据复制到仪表盘工作表中的指定位置，其中 used_range 的返回值为该工作表中的已使用单元格区域。

第 54 行代码获取仪表盘工作表中右侧数据表的起始单元格，其中 wsheet.range('A1').end('right') 的返回值为左侧数据表标题行的最后一列单元格，offset(0, 2) 将单元格向右偏移两列，即左侧数据表与右侧数据表之间保留一个空列。

第 55 行代码使用类似方法将省份月销量统计数据复制到仪表盘工作表中的指定位置。

第 56 行代码调用 api.ClearFormats 方法，清除仪表盘工作表中两个数据表的格式。

由于 pandas 将 DataFrame 数据写入工作表时，会添加边框线设置粗体样式，如图 10-12 所示。为了避免对于仪表盘工作表格式的影响，在设置数据表格式之前，应清除所有格式。

月份	大超市	大卖场	便利店	小超市	食杂店	月销量
2021-01	19995	9334	4746	2564	34	36673
2021-02	66988	32647	7665	5997	31	113328
2021-03	16932	7634	4432	2611	26	31635
2021-04	14071	6873	3891	2215	29	27079
2021-05	14472	7465	3927	2491	47	28402
2021-06	13585	6938	3283	2048	8	25862
合计	146043	70891	27944	17926	175	262979

图 10-12　pandas 写入工作表的单元格格式

第 57~58 行代码设置仪表盘工作表的字体为"等线 Light"，字号为 13。

第 59~60 行代码调用 create_table 函数创建表格并设置格式。

第 61 行代码设置仪表盘工作表为自适应行高和列宽。调整单元格格式之后，可能会出现单元格内容显示不全的问题，使用自适应行高和列宽，可以确保单元格内容的正确显示。

设置格式之后，仪表盘工作表中的"渠道月销量统计表"和"省份月销量统计表"如图 10-13 所示。

月份	大超市	大卖场	便利店	小超市	食杂店	月销量		月份	山东省	广东省	江苏省	河北省	河南省	月销量
2021-01	19,995	9,334	4,746	2,564	34	36,673		2021-01	5,942	3,144	9,949	4,500	13,138	36,673
2021-02	66,988	32,647	7,665	5,997	31	113,328		2021-02	17,623	5,841	32,236	10,384	47,244	113,328
2021-03	16,932	7,634	4,432	2,611	26	31,635		2021-03	3,837	4,148	9,782	3,723	10,145	31,635
2021-04	14,071	6,873	3,891	2,215	29	27,079		2021-04	3,181	3,686	8,466	2,977	8,769	27,079
2021-05	14,472	7,465	3,927	2,491	47	28,402		2021-05	3,639	4,142	8,750	3,263	8,608	28,402
2021-06	13,585	6,938	3,283	2,048	8	25,862		2021-06	3,331	4,046	7,685	2,731	8,069	25,862
合计	146,043	70,891	27,944	17,926	175	262,979		合计	37,553	25,007	76,868	27,578	95,973	262,979

图 10-13　两个数据表

第 62 行代码输出提示信息。

第 63 行代码调用 create_bar 函数创建渠道月销量堆积柱图。

第 64 行代码调用 create_line 函数创建省份月销量线图。

第 65 行代码调用 create_pie 函数创建渠道销量占比饼图。

第 66~67 行代码调用 create_pie 函数创建省份销量占比饼图。

第 68 行代码循环遍历仪表盘工作表中的图表对象。

第 69 行代码设置图表对象的 api[1].SetElement 属性，参数值指定为 0，则取消显示图表标题。

第 70~71 行代码调用 create_dial 函数创建省份销售完成率油量图。

第 72 行代码输出提示信息。

第 73~81 行代码创建仪表盘标题行。

第 73 行代码使用 used_range.shape[1] 获取仪表盘工作表中已使用数据区域的列数。

第 74 行代码在仪表盘工作表顶部插入两行，原有单元格向下顺次移动。

第 75 行代码将仪表盘工作表的单元格 A1 保存在变量 title 中。

第 76 行代码设置标题行文字。

第 77~79 行代码设置标题行字体为蓝色 46 号楷体。

第 80 行代码合并标题行单元格区域。

第 81 行代码设置标题行 api.HorizontalAlignment 属性为 –4108，即水平居中对齐。

第 82 行代码输出提示信息。

第 83~85 行代码循环遍历示例文件中的工作表，第 85 行代码将隐藏除仪表盘外的其他工作表。

第 86 行代码保存工作簿。

第 87 行代码关闭工作簿。

第 88 行代码输出提示信息。

第 89~98 行代码为 get_files() 函数，用于查找指定目录中的文件，返回值为文件清单列表。参数 data_path 为数据目录。

第 90 行代码创建空列表，用于保存文件列表。

第 91 行代码创建文件类型列表，本示例只汇总 3 种类型的数据文件（即 csv、txt 和 xlsx），数据目录中的 "Readme.MD" 将被忽略。

第 92 行代码使用 os 模块的 walk 函数遍历指定目录中的文件和目录，其返回值是 3 元组（root，dirs，files）。

第 93 行代码循环遍历文件名集合。

第 94 行代码调用 os.path.splitext 将文件名拆分为两部分（主名称和扩展名），例如，2021-01.csv 将被拆分为 "2021-01" 和 ".csv"。

第 95 行代码调用 lower 函数，将扩展名转换为小写字母。Windows 中的文件名称中可能存在大小写混用，为了确保文件类型判断的准确性，应统一转换为小写（或者大写）格式。

第 96 行代码判断数据文件扩展名是否包含在指定的文件类型列表中，如果符合条件，那么第 97 行代码将元组追加到 fname_file 列表中，元组中的 3 个元素分别为文件全名称、主名称和扩展名。

第 98 行代码设置返回值。

第 99~116 行代码为 get_data() 函数，用于读取、合并数据文件的内容，返回值为 DataFrame。参数 data_path 为数据目录，files_list 为文件列表清单。

第 100 行代码创建空的 DataFrame 变量。

第 101 行代码循环遍历文件列表。

第 102 行代码使用 os 模块的 path.join 函数连接目录名和文件全名称（file[0]）获取数据文件的全路径。

第 103~114 行代码根据文件类型（即扩展名）调用相应的 pandas 函数读取其中的数据。

对于 txt 和 csv 数据文件，第 104~105 行代码指定相应的编码格式，csv 文件为 UTF-8 编码，txt 文件为 GBK 编码。

第 106 行代码调用 read_csv 函数读取文本文件中的数据。

第 107 行代码创建 DataFrame 数据列，列名为"月份"，数据文件主名称（即 file[1]）作为该列的值。

第 108 行代码调用 concat 方法将文本文件中的数据追加到 df_all 中。

xlsx 数据文件可能只有单个工作表，也可能包含多个工作表，第 110~114 行代码将读取数据文件中的全部工作表内容。

第 110 行代码调用 read_excel 函数读取工作簿中的全部工作表中的数据，参数 sheet_name 设置为 None，则读取全部工作表，返回值为 DataFrame 组成的字典对象。

第 111 行代码循环遍历字典的键值（即工作表名称）。

第 112 行代码读取对应的 DataFrame，即名称为 mth 的工作表中的数据。

第 113 行代码创建 DataFrame 数据列，列名为"月份"，工作表名称作为该列的值。

第 114 行代码调用 concat 方法将工作表中的数据追加到 df_all 中。

第 115 行代码使用 apply 方法将"商品条码"列转换为字符类型，由于商品条码由 13 位数字组成，pandas 模块读取数据时将被识别为数字类型，所以需要进行转换。

第 116 行代码设置返回值。

第 117~125 行代码为 get_ct_df( ) 函数，用于创建交叉表（crosstab），返回值为 DataFrame。参数 df_data 为 DataFrame 数据，参数 col 为交叉表的列字段。

第 118~119 行代码使用 pandas 模块的 crosstab 函数统计月度销量汇总。其中聚合函数设置为 "sum"（即求和），聚合字段为"销量"，索引字段为"月份"，列自动指定为"渠道"或者"省份"。

crosstab 函数的语法格式如下所示。

```
pandas.crosstab(index, columns, values = None, rownames = None, colnames =
None, aggfunc = None, margins = False, margins_name = 'All', dropna = True,
normalize = False)
```

crosstab 函数的部分参数如表 10-4 所示。

表 10-4　crosstab 函数的部分参数

参数	含义
index	用于指定索引字段，相当于 Excel 数据透视表的行字段
columns	用于指定列字段
values	用于指定被聚合的字段
aggfunc	用于指定聚合函数

第 120 行代码调用 fillna 方法，将 DataFrame 中的空值填充为 0，参数 inplace 设置为 True，则将结果保存在原 DataFrame 变量中。

第 121 代码创建 DataFrame 数据列，用于保存行汇总结果，列名为"月销量"，sum 方法的参数 axis 设置为 1，则按行进行合计汇总。

第 122 行代码中省略参数调用 sum 方法，则使用默认方式按列进行汇总。

第 123 行代码设置汇总数据标题为"合计"。

第 124 行代码调用 concat 方法将汇总数据追加到 DataFrame 中，其中 to_frame( ) 方法将 Series 转换为 DataFrame，T 方法将 DataFreame 进行行列转置。

　　第 125 行代码设置返回值。

　　第 126~136 行代码为 create_table( ) 函数，用于在工作表中创建表格。参数 wsheet 为目标工作表，参数 anchor 为锚点单元格，即表格的左上角单元格，参数 tab_name 为表格名称。

　　第 127~131 行代码创建表格，参数 source 用于指定表格数据单元格区域，current_region 返回值为锚点单元格的当前数据区域，参数 name 用于指定表格名称，参数 has_headers 设置为 True，即表格包含标题行，参数 table_style_name 用于指定表格样式。

　　第 132~133 行代码设置表格数据区域（不含标题行和第一列）的数字格式为 "#,##0_ "。

　　第 134 行代码设置标题行的水平对齐方式为居中对齐。

　　第 135~136 行代码设置合计行的上边框线为双线。anchor.end('down') 返回值为 "合计" 单元格，即由锚点单元格向下定位到的边界单元格。

> **深入了解**
>
> 　　使用 Python 制作 Excel 仪表盘时，关于图表通常有如下两种实现方式。
>
> 　　（1）Python 代码直接在 Excel 中创建内置图表。其优点在于完全使用 Excel 功能实现，用户可以对图表进行进一步调整，图表链接的数据源更新后，图表可以自动更新。其缺点在于，受限于 Excel 中的内置图表类型，图表种类较少，图表样式在不同计算机上可能会有差异。例如，图表中使用了某种特殊字体，在没有此字体的计算机中将无法完全重现设计效果。
>
> 　　（2）Python 创建图表，输出为图片，然后再插入 Excel 中。其优点在于 Python 具备丰富的扩展库，理论上说，可以创建任何图表，由于图表是以图片形式插入 Excel 中，因此可以确保图表的最终展示效果。其缺点则在于数据变更后图表无法自动更新，只能再次运行 Python 程序更新仪表盘，用户也无法对这种图表进行任何调整。

　　第 137~150 行代码为 create_bar( ) 函数，用于创建堆积柱形图。参数 wsheet 为目标工作表，参数 anchor 为锚点单元格，参数 y_offset 为纵向偏移的单元格数量。

　　第 138 行代码调用 charts.add，在目标工作表中创建图表。

　　第 139 行 代 码 定 位 图 表 锚 点 单 元 格，anchor.end('down') 返回值为锚点单元格所在数据表的下边界单元格，offset(y_offset) 返回值为向下偏移指定行数的单元格。

　　第 140~141 行代码设置图表的 top 和 left 属性，即图表的锚点位置。其中 left 属性值设置偏移量为 2，使图表边框可以正常显示，而不会被行标题栏遮挡。

　　第 142 行代码获取锚点单元格所在的当前单元格区域。

　　第 143~145 行代码将图表的宽度和高度设置为 src_range 宽度的一半，这样可以实现两个图表并排的效果，如图 10-14 所示。

图 10-14　图表并排

第 146 行代码指定图表类型为堆积柱图。

第 147~148 行代码获取月度明细数据单元格区域，即图表数据源区域。由于数据表包含行总计和列总计，因此需要使用 resize 将 src_range 数据区域缩减一行和一列。

第 149 行代码设置图表的数据源单元格区域。

第 150 行代码使用 api[1].ChartStyle 设置图表的样式。

第 151~167 行代码为 create_line( ) 函数，用于创建线图。参数 wsheet 为目标工作表，参数 data_sht 为图表数据源工作表，参数 anchor 为锚点单元格，参数 y_offset 为纵向偏移的单元格数量。

第 152~158 行代码的功能与第 138~145 行代码相同，此处不再赘述。

第 159 行代码指定图表类型为线图。

第 160~161 行代码获取数据工作表中的已使用单元格区域，并设置为图表的数据源。

第 162 行代码使用 api[1].ChartStyle 设置图表的样式。

第 163~165 行代码设置图表中数据标签的数字格式。第 163 行代码选中图表对象，第 164~165 行代码设置数字格式为 "#,##0"。

第 166 行代码使用 api[1].ChartTitle.Text 设置图表标题。

第 167 行代码设置图表不显示图例。

create_line( ) 函数创建的线图如图 10-15 所示。

第 168~179 行代码为 create_pie( ) 函数，用于创建饼图。参数 wsheet 为目标工作表，参数 data_sht 为图表数据源工作表，参数 anchor 为锚点单元格，参数 y_offset 为纵向偏移的单元格数量。

第 169~175 行代码的功能与第 138~145 行代码相同，此处不再赘述。

第 176 行代码指定图表类型为饼图。

第 177~178 行代码获取数据工作表中的已使用单元格区域，并设置为图表的数据源。

第 179 行代码使用 api[1].ChartStyle 设置图表的样式。

create_pie( ) 函数创建的饼图如图 10-16 所示。

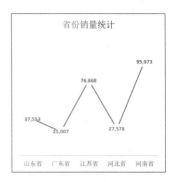

图 10-15　创建线图

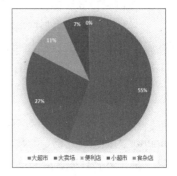

图 10-16　创建饼图

> **深入了解**
>
> 油量图用来展示指标的进度（完成情况），通常为一个圆形（或者部分圆形）的表盘，并配以指针或者进度条，如图 10-17 所示。油量图的突出优势在于可以直观地在一个图中展示多重指标。
>
>
>
> 图 10-17　油量图
>
> 此油量图展示的是省销量统计，数据单位为万。表盘分为 3 段，标记为不同颜色，红色区域为严重未达标，绿色区域为优秀。刻度 "6" 对应位置的参考线（红色粗线）为销售目标。表盘中的黄色进度条为实际销量，根据黄色进度条的终点位置，可以非常直观地了解销售目标的完成情况。
>
> 以江苏省为例，油量图中央的数字 "7.7" 为江苏省实际销售数据，即累计销量 7.7 万，这与黄

色进度条的终点位置是一致的，下方 28% 代表超额完成的比例（（7.7-6）/6*100%），百分数左侧显示绿色三角形标识。与之对应，如果没有完成销售目标，则百分比数字显示为红色，百分数左侧为红色倒三角标识，如河北省油量图。

在 Excel 中利用圆环图也可以实现油量图，但是操作步骤较多，如果使用 Python 去操控 Excel 制作油量图，过程会非常复杂，因此本示例采用插入图片的实现方式。

第 180~216 行代码为 create_dial( ) 函数，用于创建油量图。参数 data_sht 为图表数据源工作表，参数 anchor 为锚点单元格，参数 dest_path 为示例文件所在目录。

第 181 行代码使用 os 模块的 path.join 函数连接目录名和文件名获取图片文件的全路径。

第 182 行代码使用 sheet 属性返回锚点单元格所在的工作表对象。

第 183 行代码获取数据工作表中的已使用单元格区域。

第 184 行代码获取数据源单元格区域的行数。

第 185 行代码读取数据源单元格区域的内容。

第 186 行代码创建 plotly.graph_objects 图表。

第 187~203 行代码循环遍历省份销售汇总数据，为每个省创建油量图。

第 187 行代码中的循环变量起始值设置为 1，则可以跳过数据源中的标题行。

第 188~203 行代码创建油量图。

第 189 行代码中的参数 domain 用于指定油量图的位置，最终效果为 5 个省份的油量图并排放置在同一行。

第 190 行代码中的参数 value 用于指定油量图展示的值，由于展示单位为"万"，因此需要将数值除以 10000，然后使用 round 函数进行四舍五入，保留一位小数。

第 191 行代码中的参数 mode 用于设置油量图的类型，包含数值和差异百分比。

第 192 行代码中的参数 title 用于设置油量图的标题，本示例中为省份名称。

第 193~194 行代码中的参数 delta 用于设置油量图中差异的相关参数，reference 为参考值，即销售目标 6 万，relative 设置为 True，则显示百分比，valueformat 用于设置百分比格式。

第 195~203 行代码设置表盘的相关参数。

axis 设置表盘的数值范围为 0~10，bar 设置进度条颜色为黄色。

steps 设置表盘的 3 个分段区域，range 指定数值范围，color 设置颜色。

threshold 设置参考线相关参数，color 设置为红色，width 设置线宽为 5，thickness 设置参考线的厚度，即参考线厚度相对于表盘厚度的比值。

value 设置参考线的显示位置。

第 204~212 行代码设置图表布局的相关参数。

grid 设置 5 个油量图并列单行排列。

height 和 width 设置画布的尺寸。

margin 设置画布的边距，参数字典的 4 个键值对分别对应左、右、上、下边距。

paper_bgcolor 设置画布背景色。

font 设置使用蓝色 16 号 Agency FB 字体。

第 213 行代码调用 write_image 方法将油量图保存为 PNG 文件，如图 10-18 所示。

图 10-18　将油量图导出为 PNG 文件

> plotly 模块的 write_image 方法依赖 kaleido 模块，运行示例代码之前请使用如下命令安装指定版本。
>
> ```
> pip install kaleido==0.1.0post1
> ```
>
> 默认安装版本为 0.2.1，其中 write_image 方法无法正常使用。

第 214 行代码指定图片的锚点单元格。

第 215 行代码获取仪表盘工作表中已使用数据区域的宽度。

第 216 行代码将油量图插入工作表中的指定位置，并调整图片的宽度与数据区域保持一致。

如果此 Python 文件作为脚本执行，那么第 217~218 行代码指定函数 main( ) 为程序执行入口。

运行示例代码，终端窗口输出的提示信息如下所示。

```
读取文件清单 ...
读取并合并数据 ...
创建Excel文件 ...
创建统计报表 ...
创建图表 ...
保存文件 ...
成功创建仪表盘!
```

Python 创建的零售业务分析仪表盘如图 10-19 所示。

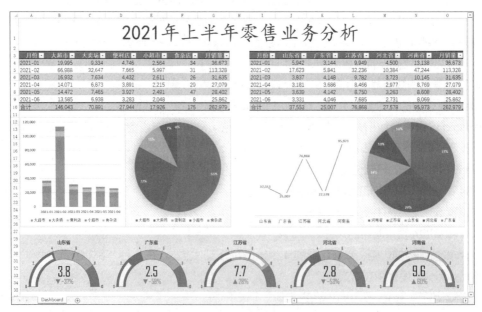

图 10-19　零售业务分析仪表盘